结晶器冶金过程模拟

雷 洪 张红伟 著

北 京
冶 金 工 业 出 版 社
2014

内容提要

本书阐述了动量、热量和质量传输基本规律在结晶器冶金学中的应用。从物理学基本理论出发，建立了湍流输运的通用微分方程组，给出了冶金传输控制方程组的起源和前提条件，系统地介绍了控制体积法原理和关键求解过程，并结合结晶器内传输行为特点，介绍了结晶器内钢液流动、凝固和溶质偏析、渣金界面行为、夹杂物的形核和长大，电磁制动技术、元胞自动机等理论和实验研究结果。

本书可作为有关院校冶金专业研究生的教材，也可以作为连续铸钢领域的教师和工程技术人员的参考书。

图书在版编目(CIP)数据

结晶器冶金过程模拟/雷洪，张红伟著．—北京：冶金工业出版社，2014.11

ISBN 978-7-5024-6635-0

Ⅰ.①结…　Ⅱ.①雷…　②张…　Ⅲ.①铸造—结晶器(冶金炉)—冶金工程—过程模拟　Ⅳ.①TF3

中国版本图书馆 CIP 数据核字(2014)第 244526 号

出 版 人　谭学余

地　　址　北京市东城区嵩祝院北巷 39 号　邮编　100009　电话　(010)64027926

网　　址　www.cnmip.com.cn　电子信箱　yjcbs@cnmip.com.cn

责任编辑　常国平　美术编辑　彭子赫　版式设计　孙跃红

责任校对　卿文春　责任印制　牛晓波

ISBN 978-7-5024-6635-0

冶金工业出版社出版发行；各地新华书店经销；三河市双峰印刷装订有限公司印刷

2014 年 11 月第 1 版，2014 年 11 月第 1 次印刷

787mm×1092mm　1/16；19.75 印张；473 千字；299 页

59.00 元

冶金工业出版社　投稿电话　(010)64027932　投稿信箱　tougao@cnmip.com.cn

冶金工业出版社营销中心　电话　(010)64044283　传真　(010)64027893

冶金书店　地址　北京市东四西大街 46 号(100010)　电话　(010)65289081(兼传真)

冶金工业出版社天猫旗舰店　yjgy.tmall.com

前　言

结晶器是连铸机的关键部件。钢液一经凝固成铸坯，其成分偏析、内部裂纹等缺陷将永远保留在最终产品中，无法通过热处理等工艺手段去除，因此结晶器又被称为连铸机的心脏。铸坯的缺陷往往与结晶内传输现象密切相关，主要涉及钢液的流动和凝固、夹杂物行为、渣金界面行为及相关的电磁控制技术。这些因素的相互作用和影响，形成了结晶器内十分复杂的冶金现象。

在结晶器内复杂的冶金现象中，渣金界面行为，钢液的流动、凝固和溶质偏析，夹杂物的去除构成了结晶器冶金的三大核心问题。在现有的研究手段中，水力学模拟和数学模拟一直是冶金工作者研究传输现象的有力工具。这两个工具相辅相成，互为补充。

随着计算机硬件和软件的发展，数值模拟技术得到了越来越广泛的应用，FLUENT、CFX、PHENICS、STAR-CD、PROCAST 等商业软件在冶金领域的应用日渐深入。在这些商业软件的帮助下，冶金工作者对冶金传输过程的数值模拟有了更深刻的认识。但是，人们在从事冶金过程模拟仿真过程中存在着一些误区，如经常使用商业软件中的各种默认模式，而不深究选取这些默认模式的原因以及是否存在其他更有效的模式。因而这些误区的存在不利于对冶金现象开展深入细致的基础研究，在某些情况下甚至还会将研究工作引入歧途。可喜的是，作者进入数值模拟领域是从 FORTRAN 编程开始的。在编程过程中，对控制方程的离散、边界条件的设定逐项进行核实，对数值模拟中数学模型的选择、方程的离散等有着较为深刻的认识，积累的每个数值结果都记录着编程过程有所突破的喜悦。

结晶器内传输现象的数值仿真主要涉及高等数学、线性代数、偏微分方程、电磁学、流体力学、传热学、传质学和金属学等课程。虽然冶金专业学生在本科和研究生期间均系统地学习了上述课程，但是利用这些知识来解决实际冶金问题仍需一个长期的融合过程。当前，我国冶金工程技术人员及研究人员，都迫切希望缩短各学科知识的融会贯通过程，尽快地、高质量地完成各自的科研任务。另外，虽然国内外冶金工作者针对结晶器进行了大量的研究，取得了重要的进展，发表了大量论文，但结晶器冶金的复杂性导致不同学者仅针对结晶器某一部分领域开展工作，无法窥其全貌。而且目前还缺少类似的完整、系统地阐述结晶器冶金过程数值仿真的书籍。因此，作者在国内外冶金学者的研究基础上，总结了自己在结晶器冶金方面的研究成果，并经多年教学实践，撰写成本书，希望本书的出版能对揭示结晶器冶金的复杂性起到抛砖引玉的作用。

随着冶金过程的数学模拟工作的推广，更需要强调掌握基本理论的重要性。只有在深入了解流体力学、传热学和传质学及冶金原理的基础上，才能建立正确的数学模型，才能选择正确合理的数值方法，才能对数值结果进行正确的分析。不对数值结果进行验证，轻信并盲目地应用数值结果在很多情况下会带来十分危险的后果。同时对于同一个问题，往往存在不同的解决方案。这些解决方案，有时会给出相同的答案（如第6章电磁制动中感生电流的计算），但是在更多情况下不同解决方案（如第2章介绍的不同湍流模型）会给出不同的答案。在这些情况下，对冶金基本过程的深入理解和对结果的仔细甄别直接决定了科研工作的成败。

本书按照由浅入深的原则，使相近学科的读者在掌握基本理论后，能将相关课程串连在一起，并将其他学科的相关知识应用于本学科的研究中。编入本书各章节内容，大部分是作者主持和参与的研究工作，也引用了一些已发表的国内外专家最新研究成果。本书中所介绍数值模拟工作均通过作者开发的自编程序完成。全书对《结晶器冶金学》内容进行了补充，并邀请张红伟副教授撰写了凝固部分（第8~10章和附录）。第1章介绍了结晶器冶金的相关技术和主要研究手段。第2章介绍了湍流的特性和各种数学模型之间的区别和联系。第3章介绍了控制体积方法所关注的核心问题。第4~7章分别介绍了作者采用水力学模型、数学模型和数值模拟方法在结晶器内钢液流动、渣金界面行为、夹杂物运动和碰撞聚合行为以及电磁制动技术等方面进行的研究工作。第8~10章和附录部分介绍了凝固过程宏观传输过程、合金凝固路径和凝固组织预测方面的理论和应用。

在作者从事研究和写作过程中，得到了国内外多位专家的大力帮助。在此，作者向东北大学赫冀成教授、王文忠教授、朱苗勇教授、邹宗树教授、施月循教授，辽宁科技大学赵连刚教授，清华大学吴子牛教授、袁新教授、王连泽副教授，法国里昂中央理工大学 Dianel Henry 教授、Hamda Benhadid 教授，美国俄亥俄州立大学 Yogeshwar Sahai 教授，日本东北大学谷口尚司教授，瑞典皇家工学院中岛敬治教授，法国巴黎矿业大学材料成型中心 Charles-André Gandin 教授表示深深的谢意。在书稿的整理过程中，得到作者团队中研究生们的大力协助，在此一并表示感谢！

本书在出版方面得到了辽宁省百千万人才工程培养经费（2013921073）和北京科技大学钢铁冶金新技术国家重点实验室开放课题（KF13-10）的资助。在书稿准备与出版过程中，冶金工业出版社的编辑人员也给予了大力支持，在此一并表示感谢。

本书主要面向工科研究生和科研人员。写作过程中在保证基础理论完整的同时，尽量避免繁琐的公式推导，力求简单、易懂。但由于作者水平所限，缺点和错误在所难免，欢迎读者批评指正。

雷　洪

2014 年 7 月于东北大学

目　录

1 绪 论

1.1 钢铁工业的发展

钢铁，素有“工业粮食”之称，在国民经济中具有重要地位。20 世纪的实践表明，国家的工业化必须有钢铁工业的支撑。一个经济体系完善的国家要进入工业化阶段，人均钢消费量必须达到一个最低门槛；随着工业化进程的深入，人均钢消费量不断增长；在基础设施建设完备之后，人均钢消费量将逐渐下降。经济增长带来的市场需求是钢铁工业增长的强劲动力。1850 年全球粗钢产量仅为 6.6 万吨，1900 年为 2850 万吨，1950 年接近 2 亿吨，2000 年突破 8 亿吨，2010 年达到 14 亿吨。图 1-1 所示的是世界粗钢产量的发展历程，这实际上就是一百多年来世界经济、科技迅猛发展的一个缩影。

自新中国成立以后，特别是改革开放以来，钢铁工业取得了举世瞩目的成就，如图 1-2所示，1936 年，钢产量仅 4 万余吨；1949 年为 15.8 万吨；到 2007 年，我国钢产量达到 4.89 亿吨，占世界钢产量的 36.4%，是世界钢产量第二～第八名的总和。

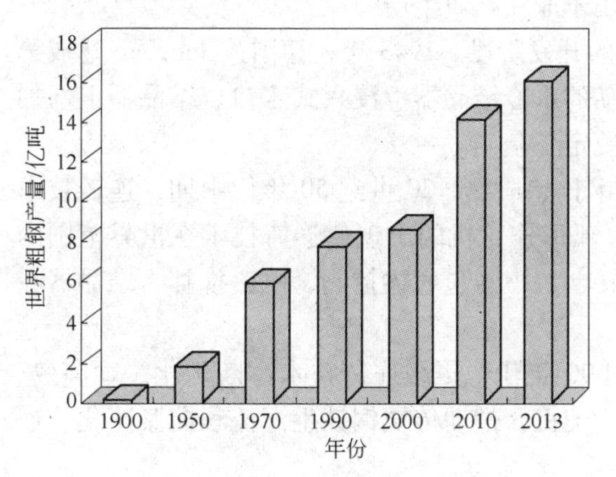

图 1-1 世界粗钢产量的发展历程

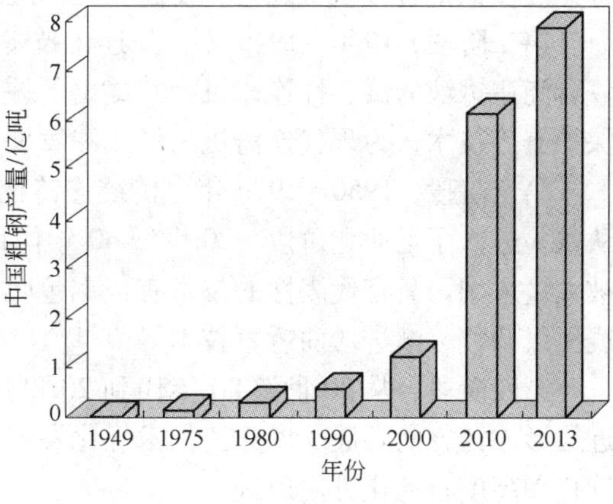

图 1-2 中国粗钢产量的发展历程

总体上，中国钢铁工业的发展可分为以下三个阶段。

第一阶段，1949～1978 年。建国初期，我国钢铁工业十分薄弱，全国几乎没有一家完整的钢铁联合企业。在“以钢为纲”的工业发展方针指导下，中国的钢铁工业走上了以追求产值、产量为目标的粗放型发展道路。1978 年，钢铁产量达到 3178 万吨，占世界钢产量的 4.5%，居世界第四位。

第二阶段，1978～2000 年。1978 年，在改革开放政策指引下，中国钢铁工业进入了现代化、大型化的稳步快速发展阶段。1980 年，中国粗钢产量仅为 3712 万吨，是日本的 1/3；1986 年，中国钢产量达到 5221 万吨；1996 年，中国钢产量首次超过 1 亿吨，达到

1.01 亿吨[1]，占世界钢产量的13.5%，成为世界第一产钢大国；2000 年，中国钢产量达到1.28 亿吨，占世界钢产量的15.0%。

第三阶段，2000 年至今的持续高速发展阶段。2003 年，我国钢产量达到2.22 亿吨，占世界钢产量的22.9%；2005 年，钢产量超过3 亿吨，达到3.56 亿吨，占世界钢产量的31.0%；2006 年，钢产量超过4 亿吨，达到4.23 亿吨，占世界钢产量的33.8%；2008 年，钢产量超过5 亿吨，占世界钢产量的37.6%。2001～2007 年期间，钢产量年均增长率达21%。2013 年我国钢产量达到7.79 亿吨，占世界钢产量的48.5%。

作为资源和能源的消耗大户，钢铁工业的发展、产量的增加必然受到资源、能源和环境的限制。近年来，通过抑制钢铁工业低水平重复建设，淘汰落后产能，加快结构调整等措施，使中国钢铁工业走上了从钢铁大国向钢铁强国转变的道路。

1.2 连铸技术的发展及现状

连铸是钢铁生产的重要环节。连铸技术具有显著的高生产效率，高成材率，高质量和低成本的优点，对现代钢铁工业生产流程的变革、产品质量的提高和结构优化等方面起到了革命性的作用。连铸技术的发展大致可以分为四个阶段[2]。

第一阶段，1840～1930 年，是连铸思想的启蒙阶段。1840 年，美国人 Sellers 获水平连铸铅管专利，1846 年英国人 Bessemer 提出使用水冷旋转双辊式连铸机生产锡箔、铅板和玻璃板。1933 年，德国人 Junghan 建成了第一台1700t/月立式带振动结晶器的连铸机，首先浇注铜铝合金获得成功，使连续浇注应用于非铁金属生产[3]。

第二阶段，1940～1949 年，是连铸技术的开发阶段。1943 年，德国人 Junghan 建成第一台浇注钢液的试验性连铸机，并提出了振动的水冷结晶器、浸入式水口、结晶器上部加保护渣等技术，为现代连铸机的形成和发展奠定了基础。

第三阶段，1950～1976 年，传统连铸技术日趋成熟。20 世纪50 年代中期，连铸技术从试验进入了工业化阶段。20 世纪60 年代，弧形连铸机的出现使连铸技术在世界范围内被大量采用，具有代表性的技术有：钢包回转台，中间包塞棒控制，电磁搅拌，结晶器在线无级调宽，渐进弯曲矫直技术等[3～5]。

第四阶段，从20 世纪80 年代到20 世纪90 年代，传统连铸技术不断优化，朝高效、近终形连铸方向发展。以连铸技术优化发展为契机，带动传统钢铁生产流程向紧凑化、连续化和高度自动化方向迈进。

1964 年，全世界仅有80 多台连铸机，年产铸坯仅为700 万吨。到1970 年，世界连铸坯产量为3500 万吨，连铸比仅为6.0%。20 世纪70 年代后期，虽受两次能源危机的影响，钢铁生产不景气，各国普遍压缩钢铁生产规模，但是连铸技术由于可以显著提高金属收得率，节约能源，提高劳动生产率等突出优点得到了突飞猛进的发展。到1980 年，全世界连铸机增加到1000 台以上，连铸坯产量超过2 亿吨，连铸比达到30%。到1987 年连铸坯产量超过4 亿吨，连铸比达到54.8%[6]。到1996 年，连铸坯的年产量已达到5.8 亿吨，连铸比达到77.6%。1999 年连铸坯产量达到6.62 亿吨，连铸比为84.4%。目前，各钢铁工业强国的连铸生产量已接近饱和，连铸比已达到95%以上[7]。连铸技术早已成为钢铁企业必不可少的一个工艺环节。连铸技术和连铸比也已成为衡量一个国家、一个钢铁企业工业现代化程度的重要标志。

我国也是连铸技术开发研究起步较早的国家之一，但经历了一个曲折的过程。从1957年开始试验研究，1958年12月在重庆钢铁公司第三钢铁厂建成我国第一台立式双流方坯连铸机，用以浇注175mm×200mm的铸坯。1964年6月，世界第一台弧形板坯连铸机在重庆钢铁公司第三钢铁厂问世[5,6]。但从1958年到1980年，我国仅建造了25台连铸机，设计能力为年产铸坯345万吨，1980年生产铸坯230万吨，连铸比仅为6.18%。1985年，连铸机数量增加到49台，连铸比增长到10.83%。这5年间连铸比平均增长不足1%。经过认真总结经验和教训，于1988年提出了大力发展连铸的战略思想。1988年的连铸比为14.67%，1990年达到22.7%，1998年提高到68.8%[8]。1999年我国共有连铸机342台1088流，生产能力达到1.35亿吨，连铸坯产量达到9367万吨，同比增加了1484万吨，居世界第一位[9,10]。2000年连铸坯产量为1.096亿吨，连铸比达到85.3%[11]。2001年连铸比超过90%[12]。2003年，连铸比达到96%[13]。2007年全国连铸坯产量为4.74亿吨，连铸比达96.95%[11]。

1.3 结晶器冶金学的形成

连铸结晶器是冶金工作者最为关注的冶金反应器。这是因为液态钢液一经凝固成铸坯，其成分偏析、内部裂纹等缺陷将永远保留在最终产品中，无法通过热处理工艺来去除，因而结晶器被称为连铸机的心脏，它的性能对连铸机的生产能力和铸坯质量起着决定性的作用。在连铸工艺中，结晶器所起的主要作用是：

（1）高效率传热器，把钢液热量迅速地传递给冷却水。

（2）钢液凝固成型器，把钢液凝固成所规定的形状。

（3）钢液净化器，促进钢液中的非金属夹杂物上浮至渣层而被保护渣吸收，提高钢液的纯净度。

（4）铸坯表面质量控制器，结晶器内钢液-渣相-铜板-坯壳之间的相互作用是一个复杂的动态过程，相关参数的合理匹配，对铸坯表面质量具有决定性的影响。

为了充分发挥结晶器的效能，近年来，先后出现了预熔型保护渣、结晶器在线调宽、结晶器喂丝、低过热度浇注、水口吹氩、电磁制动、电磁搅拌和电磁软接触等结晶器冶金技术。其中，本书将围绕水口吹氩和电磁制动技术展开讨论。

在浸入式水口吹入氩气不仅可以防止注流卷吸空气和水口堵塞，而且进入结晶器内的氩气泡能起到搅拌钢液，均匀钢液成分和温度，促进夹杂物上浮等作用。但是如果水口参数设计不合理，那么吹氩就会带来负面影响，氩气泡及其所吸附的夹杂物一旦被结晶器内凝固坯壳所捕获就会造成严重的铸坯皮下缺陷。此外，当氩气泡通过钢液和保护渣界面时，会产生液面波动而导致卷渣，从而影响铸坯质量[14~18]。

电磁制动是利用稳恒磁场来控制连铸结晶器内钢液流动的技术。具体而言，当运动的钢液通过稳恒磁场时，就会在钢液内部形成感生电流回路，此感生电流与磁场相互作用就会形成一个和钢液运动速度平行但方向相反的电磁制动力。由于此电磁力的存在，减缓并重新分配了来自水口的钢液主流股，改善了非金属夹杂物和气泡的上浮条件，稳定了弯月面的波动，促进保护渣的均匀分布。由于在板坯生产中，稳恒磁场对结晶器铜板的穿透力很强，并且设备投资较少，经济效益明显，因此，电磁制动技术已经被日本和欧洲的钢铁公司应用于板坯尤其是薄板坯连铸生产中[19~22]。

总之，在现代连铸的应用和发展过程中，结晶器的作用显得越来越重要，其内涵也在被不断地扩大，从而形成了一个独特的领域——结晶器冶金学。

1.4 结晶器冶金过程研究方法

结晶器冶金的诸多技术都涉及钢液流动、传热、传质等复杂现象相伴的液态金属凝固过程。在进行结晶器冶金技术研究中，最可靠的实验结果是在1：1的设备上进行研究，可以得到相同设备在相同条件下的冶金规律。但是这种实验设备非常昂贵，并且受冶金过程原料复杂，设备庞大，操作人员素质的差异等影响，很难实现实验与现场冶金过程的完全一致；同时，冶金反应是一个高温过程，高温测量手段的匮乏又是一个制约因素。因此，冶金学者大多采用数学物理模拟的方法开发结晶器冶金过程的研究。

在冶金研究中，一般将数学模拟（Mathematical Simulation）和物理模拟（Physical Simulation）统称为数学物理模拟。物理模拟和数学模拟这两种研究方法相辅相成，互为补充。物理模拟是指基于相似原理建立物理模型，利用水（或低熔点合金）代替钢液，并借助于必要的测试手段观察和测量在物理模型中再现的冶金现象或过程。数学模拟则将冶金基本现象用数学公式表达出来（这就是建立数学模型的内涵）再对数学模型进行求解。部分数学模型比较简单，可以直接给出解析解；而大部分数学模型十分复杂，必须依赖于数值技术才能给出结果。

冶金过程的数值模拟（Numerical Simulation）是计算流体力学、传输原理和计算机科学相结合的具有强大生命力的边缘科学。它以计算机为物质基础，应用各种离散化的数值方法，对冶金过程的各类传输问题进行数值实验，分析研究传输现象的发生和发展过程，为解决各种实际问题提供切实可行的方案。冶金过程数值模拟的基本特征是从物理定理出发，采用数值实验替代耗资巨大的高温实验设备，针对一个或多个关键因素进行分析，提供大量的数据信息并实现冶金过程的可视化，对科学研究和工程技术产生巨大的影响。

结晶器冶金涉及多相流动、凝固、渣金反应等多种传输现象，导致描述这些冶金过程的数学模型十分复杂；对于部分冶金现象，人们至今还不了解其产生机理，因而无法建立合适的数学模型进行描述。同时，已有的数学模型通常无法给出解析解，只能给出数值解。在很多情况下，研究工作既涉及数学模型的建立又涉及数值技术的求解，因此可将数学模型（Mathematical Modeling）方法和数值模拟（Numerial Simulation）方法统称为数学模拟。

在本书中，将数学模型的建立作为区别数学模型方法和数值模拟（或数值仿真）方法的标志。如果研究建立了一个新的数学模型，无论是给出解析解还是给出数值解，则称此种研究方法为数学模型方法，例如，本书第5章基于能量守恒和边界层理论给出的卷渣数学模型。如果研究工作是利用已有的数学模型，采用数值方法进行求解，则此种研究方法被称为数值模拟方法，例如，第4章基于流体力学基本理论采用控制体积法给出的结晶器内钢液流动分布。当然一些研究工作是利用已有的冶金数学模型，给出解析解，但这些工作一般与常微分方程或偏微分方程的求解有关，属于数学专业的范畴，在本书中恕不涉及。

物理模拟在连铸过程的模拟研究中占有非常重要的地位。它可以避开由于高温冶金过程的复杂性和测试手段的限制而难以对反应器内传输过程进行研究的状况，而且实验消耗低，更重要的在于可验证和完善数学模型的结果，从而为反应器内传输过程的准确数学模拟和优化提供保障。物理模拟就是利用物理模型与原型的几何相似、相似准数相等和过程机理相同则模拟效果相同的原理，按一定的规则把原型放大（或缩小），并更换实验介质，以常温液体（水或其他介质）代替高温介质，测定模型条件下的参数，找出模型中的规律，并利用相似原理推算原型的参数，达到直观检验其效果的作用。如果模拟钢液的替代物是水，则称为水力学模拟（或水模型实验）；如果模拟钢液的替代物是低熔点合金，则称为低熔点合金模拟。低熔点合金的导电性比水溶液要好，但其价格昂贵，又不易操作，因此，一般仅限于电磁冶金学的物理模拟工作。由于水力学模拟成本低廉，操作简单，容易实现可视化，因此水力学模拟在实际研究中得到广泛应用。

数学模拟与物理模拟相比，不受材料、设备和场地的限制，可以方便地改变各种实验参数，从而准确地确定新工艺和新设备的优点和缺点。随着计算流体理论的发展和计算机硬件、软件水平的不断提高，冶金过程的数值模拟在实际研究中应用越来越广泛。在20世纪80年代以前，由于计算机硬件水平限制，数学模拟以数学模型为主。在20世纪80年代和20世纪90年代初期，受计算机运算速度和内存数量的限制，数值模拟以二维或三维的稳态流场计算为主[14]。到了20世纪90年代后期，逐渐进入了三维多场（流动、传热、凝固及电磁场）稳态耦合计算时代[23,24]。进入21世纪后，冶金工作者又将目光转向非稳态计算[25]，并对 Monte Carlo 等非确定性方法[26]产生了浓厚的兴趣。

随着多核 CPU（中央处理器）的问世和低成本高性能计算服务器的出现，各种并行计算方法不断涌现，使冶金领域内大规模计算成为可能，结晶器冶金的数值模拟内容发生了质的改变，如对于结晶器内钢液流动，以往大多数冶金学者一般采用 k-ε 湍流模型描述钢液的稳态流动[14]，现在部分学者开始尝试利用大涡模拟研究钢液的非稳态流动[25]。对于钢的凝固，以往利用薄片移动法[27]研究液相穴长度，利用流动、凝固和溶质偏析模型研究连铸坯内碳的偏析行为[23]，现在则将元胞自动机方法[28]引入到这些已有的数学模型中来，研究凝固过程等轴晶和枝晶的形核及长大；部分学者开始尝试采用相场方法研究钢加热过程中正常晶粒和异常晶粒的长大过程[29]。对于钢中夹杂物行为，以往大多数冶金学者采用数值模拟方法，研究结晶器内夹杂物的运动轨迹[30]或特定粒径夹杂物在结晶器内的分布[31]，现在部分学者开始尝试将欧拉方法和拉格朗日方法相结合，研究结晶器内夹杂物的形核、碰撞长大行为，并给出簇状夹杂物的形成过程[26]。

总之，结晶器冶金学的发展已经离不开数学物理模拟方法。尤其伴随着计算机硬件和软件的飞速发展，数学模拟手段越来越强大，通过耦合求解多物理场控制方程，人们可以更深入地研究结晶器内更复杂的冶金现象。

参考文献

[1] 殷瑞钰. 中国连铸的快速发展[J]. 钢铁，2004，39(Z1)：1~7.

[2] 干勇. 连续铸钢前沿技术的工程化[J]. 中国工程科学，2002，4(9)：12~18.

[3] 蔡开科，程士富. 连续铸钢原理与工艺[M]. 北京：冶金工业出版社，1994.

[4] 郑沛然. 连续铸钢工艺及设备[M]. 北京：冶金工业出版社，1991.
[5] 郭戈，乔俊飞. 连铸过程控制理论与技术[M]. 北京：冶金工业出版社，2003.
[6] 周金泉. 对加快发展我省电炉连铸的初步探讨[J]. 水钢科技，1993(2)：14～21.
[7] 雷洪. 连铸结晶器内异相迁移行为的数学物理模拟 [D]. 沈阳：东北大学，2001.
[8] 苏天森，蓝德年，刘润藻，等. 我国“十五”连铸技术发展方向及预测[J]. 华东冶金学院学报，2000，17(4)：271～274.
[9] 蒲海清. 依靠科技进步促进结构调整[J]. 炼钢，2000，16(3)：1～4.
[10] 单亦合. 以钢的质量成本为基础全面优化炼钢连铸生产结构提高经济效益[J]. 炼钢，2000，16(3)：5～10.
[11] 殷瑞钰. 我国炼钢连铸技术发展和2010年展望[J]. 炼钢，2008，24(6)：1～12.
[12] 张兴中，倪满森. 连铸技术的发展状况及高效连铸[J]. 中国冶金，2003(3)：17～20.
[13] 张兴中. 我国连续铸钢技术的发展状况和趋势[J]. 钢铁研究学报，2004，16(6)：1～6.
[14] Thomas B G，Mika L J，Najjar F M. Simulation of fluid flow inside a continuous slab casting machine[J]. Metallurgical Transactions B，1990，21(4)：387～400.
[15] Bessho N，Yoda R，Yamasaki H，et al. Numerical analysis of fluid flow in the continuous casting mold by a bubble dispersion model[J]. Iron & Steelmaker，1991，18(4)：39～44.
[16] Gupta D，Lahiri A K. Water modeling study of the surface disturbances in continuous slab caster[J]. Metallurgical and Materials Transaction B，1994，25(4)：227～237.
[17] Thomas B G，Huang X，Sussman R C. Simulation of argon gas flow effects in a continuous slab caster[J]. Metallurgical and Materials Transaction B，1994，25(8)：527～547.
[18] 张炯明，赫冀成，李宝宽. 吹入气体对连铸结晶器流体流动的影响[J]. 金属学报，1995，31(6)：269～274.
[19] Zeze M，Harada H. Application of a DC magnetic field for the control of flow in the continuous casting strand[J]. Iron & Steelmaker，1993，20(11)：53～57.
[20] Kollberg S G，Hackl H R，Hanley P J. Improving quality of flat rolled products using electromagnetic brake (EMBR) in continuous casting[J]. Iron and Steel Engineer，1996，73(7)：24～28.
[21] Idogawa A，Kitano Y，Tozawa H. Control of molten steel flow in continuous casting mold by two static magnetic fields covering whole width[J]. Kawasaki Steel Technical Report，1996，35(11)：74～81.
[22] Hwang Y S，Cha P R，Nam H S，et al. Numerical analysis of the influences of operational parameters on the fluid flow and meniscus shape in slab caster with EMBR [J]. ISIJ International，1997，37(7)：659～667.
[23] Aboutalebi M R，Hasan M，Guthrie R I L. Coupled turbulent flow，heat，and solute transport in continuous casting process[J]. Metallurgical and Materials Transaction B，1995，26(4)：731～744.
[24] Yang H，Zhang X，Qiu S，et al. Mathematical study on EMBR in a slab continuous casting process[J]. Scandinavian Journal of Metallurgy，1998，27(5)：196～204.
[25] Yuan Q，Thomas B G，Vanka S P. Study of transient flow and particle transport in continuous steel caster molds：part Ⅰ. fluid flow[J]. Metallurgical and Materials Transaction B，2004，35(4)：685～702.
[26] 雷洪，赫冀成. 连铸结晶器内簇状夹杂物分形生长的 Monte Carlo 模拟[J]. 金属学报，2008，44(6)：698～702.
[27] Mazumdar D A. Consideration about the concept of effective thermal conductivity in continuous casting[J]. ISIJ International，1989，29(6)：524～528.
[28] 康秀红，杜强，李殿中，等. 用元胞自动机与宏观传输模型耦合方法模拟凝固组织[J]. 金属学报，2004，40(5)：452～456.

[29] 闫牧夫，董大伟，汪向荣. AerMet100 钢再结晶过程的相场模拟[J]. 机械工程材料，2007，31(4)：89 ~ 91.

[30] Santis M D，Ferretti A. Thermo-fluid-dynamics modelling of the solidification process and behaviour of non-metallic inclusions in the continuous casting slabs [J]. ISIJ International，1996，36(6)：673 ~ 680.

[31] Javurek M，Gittler P，Rossler R，et al. Simulation of nonmetallic inclusions in a continuous casting strand [J]. Steel Research International，2005，76(1)：64 ~ 70.

2　结晶器内流体流动分析基础

经典流体动力学的支柱是阐述流体的质量、动量和能量三大守恒定律。18 世纪，荷兰科学家伯努利（D. Bernoulli），瑞士科学家欧拉（L. Euler），意大利科学家拉格朗日（J. L. Lagrange）等人创立了理想流体动力学，给出了不考虑黏性影响的流体动力学方程，即欧拉方程。19 世纪，法国科学家纳维（C. L. Navier）和英国科学家斯托克斯（Stokes）建立了连续介质流体力学基本方程，即纳维-斯托克斯（Navier-Stokes）方程；德国科学家雷诺（O. Reynolds）建立了雷诺平均的纳维-斯托克斯方程研究湍流；19 世纪中期，法国科学家布辛涅斯克（J. V. Boussinesq）提出涡黏性假设，认为雷诺应力与当地平均速度梯度成线性关系；20 世纪初，德国科学家普朗特（L. Prandtl）和美国科学家卡门（V. Karman）等人对雷诺平均的纳维-斯托克斯方程进行了简化和封闭，并创建了边界层理论、混合长度理论等[1~6]。连铸过程的主要研究对象是钢液，由于液体很难被压缩，所以钢液通常被看成不可压缩流体。本章的重点是从质量守恒、动量守恒和能量守恒定律出发，推导出不可压缩流体的控制方程组。这些方程的起源和相互关系，以及它们所涉及的主要前提条件，如图 2-1 所示。

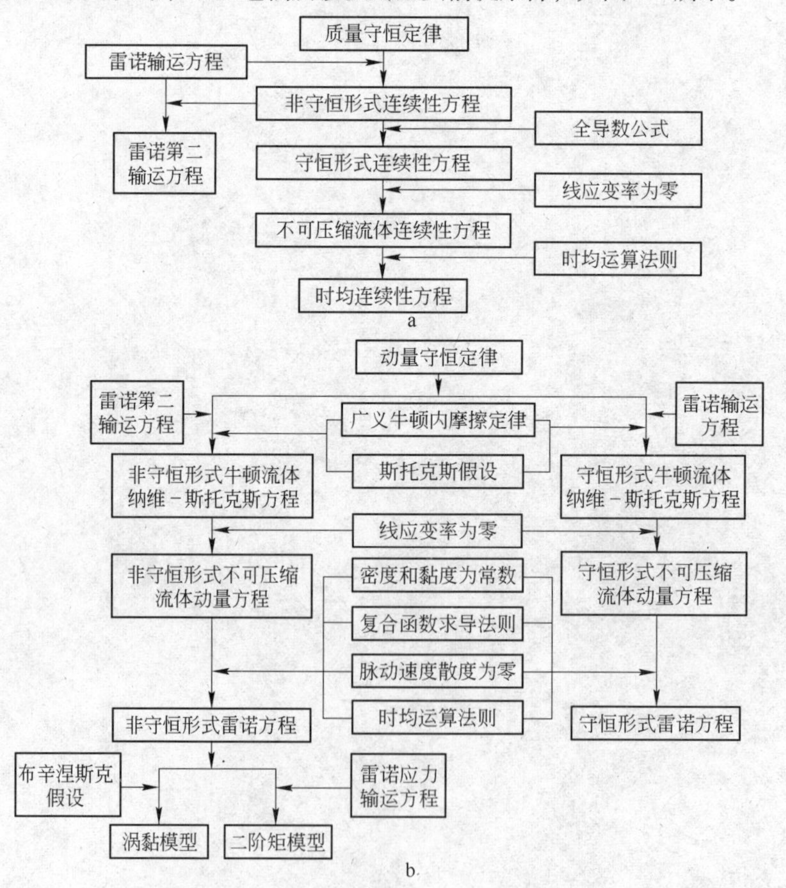

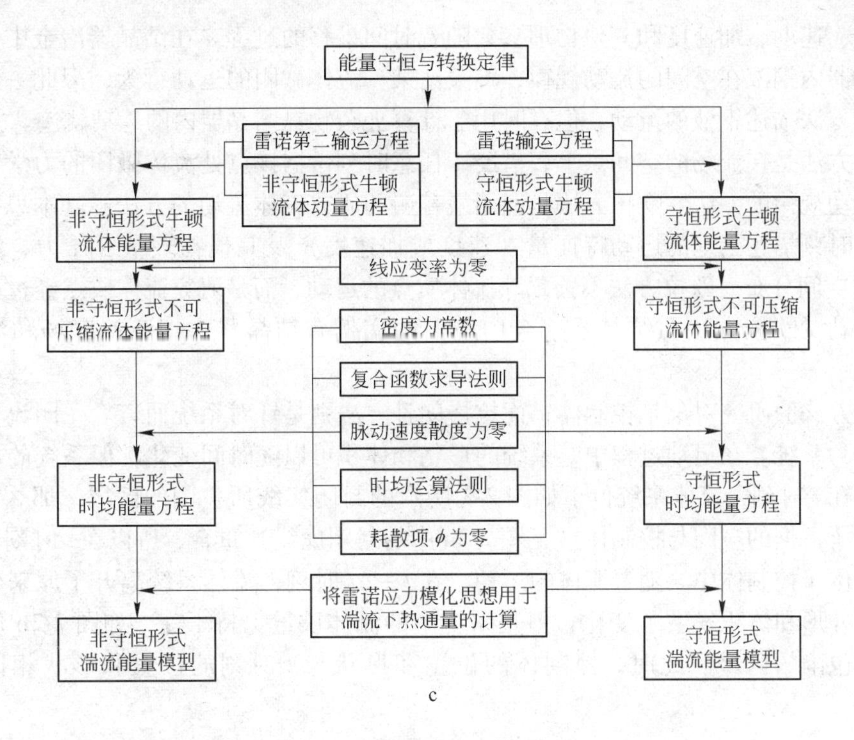

图 2-1 流体流动分析常用方程的承接关系图

a—质量守恒方程；b—动量守恒方程；c—能量守恒方程

结晶器冶金数学模型大多采用时均化的连续性方程、涡黏模型和湍流能量模型[7~12]。其中，雷诺时均法（对时均化的雷诺方程的雷诺应力项建立模型）是目前唯一能够用于工程计算的方法，这是本章重点介绍的内容。同时，随着计算机硬件的进步，预期大涡模拟[1]不久也会在工业中得到应用，因此对大涡模拟技术也进行了简要的介绍。

2.1 欧拉方法和拉格朗日方法

连续介质假设认为流体由无穷多个流体微团构成。在研究流体宏观运动规律时，认为这些流体微团宏观上是无穷小的“质点”，流体具有的力学性质可以看成是关于这些“质点”的连续函数。同时，流体微团又是具有许多分子的微观上充分大的物质集合。任何一个流体微团都服从热力学的基本原理，具有描述宏观热力学状态的热力学参数。

描述流体流动有两种方法。最直观的方法是通过跟踪流体内任何一个流体微团的运动来研究整个流体的运动规律。另一种方法是，由于流体可以充满它所占据的空间，因此研究者不必关注任一时刻占据空间某一点处不同流体微团运动行为的差别，而只需关注流体的力学行为在空间的分布及其演变过程，这样也能研究流体的运动规律。这两种描述流体运动行为的方法，在流体力学中分别称为拉格朗日方法（Lagrangian Approach）和欧拉方法（Eulerian Approach）。

拉格朗日方法是通过跟踪流体微团来描述流体运动的方法，又称为物质描述方法。对于流体总体而言，不同的质点在任一时刻处于不同的位置，具有不同的速度、加速度和其他物理参数。拉格朗日方法的基本思想是，从某一时刻开始跟踪每一个质点，记录这些质点的位置、速度、加速度和其他物理参数随着时间推移的过程。在结晶器冶金中，人们仅关注结晶器内钢液在空间的流动规律，不关注某一流体微团的运动行为，因此一般不采用拉格朗日方法描述钢液的流动，但有时用于计算夹杂物在结晶器内的运动轨迹。

欧拉方法是在流场的空间点上，借助于任意时刻占据该点处流体微团的力学特点来描述流体运动规律的方法。欧拉方法是应用最普遍的研究流体流动的方法。基本思想是，在任意指定时刻描述当地的运动特征量（速度或加速度）及其他物理量（压力、温度和密度等）的空间分布。欧拉方法不去跟踪流体质点的运动，而是研究流体质点经过某一个几何点的运动。欧拉方法在结晶器冶金中应用的实例有结晶器内钢液速度场和温度场的计算。

欧拉方法的研究对象是控制体，而拉格朗日方法则是针对系统而言。一团流体质点的集合体称为系统。在运动过程中，系统的形状和体积可以随时间变化，但系统的质量不发生改变。在 t 时刻，流体系统位于如图 2-2 所示的封闭实线所包围的区域，那么在 t 时刻流体系统所占据的空间与控制体（见图 2-2a 中的封闭虚线）重合，所以在 t 时刻系统中的流体正好位于控制体中。随着流体的运动，在 $t+\Delta t$ 时刻，流体系统离开了原来位置。虽然系统的外形和体积发生了变化，但是系统中的流体质量保持不变，如图 2-2b 所示的封闭实线所包围的区域。此时，控制体的位置和形状与 t 时刻的位置和形状相同，没有变化。

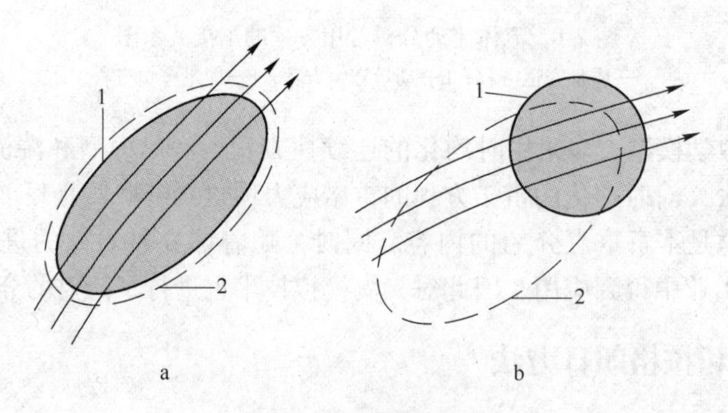

图 2-2 系统和控制体

a—t 时刻；b—$t+\Delta t$ 时刻

1—流体系统；2—控制体

总体而言，系统的边界随系统一起运动；外力可以作用在边界上使边界变形或者使系统体积压缩或膨胀；在边界上，可以有能量交换，外力可以对系统做功，但是在边界上不能发生质量交换。

而控制体是空间内某一个坐标系中一个固定不变的几何体。在不同时刻，控制体可以被不同的流体质点所占据。这些流体质点可以分别属于不同的系统，但是控制体的表面不随时间变化。控制体的表面称为控制面，在控制面上，可以有外力的作用、质量和能量的交换。

2.2 雷诺输运方程

物理学研究的对象是系统（或封闭体系）。然而在实际应用中，研究人员通常关注的是某一确定空间区域（或开口体系，也称控制体）内流体的流动规律。控制体的形状是根据流体流动情况和边界位置来确定的，一旦选定以后，控制体的边界不会随流体的流动而发生变化。换言之，控制体的形状和位置相对于所选定的坐标系而言是固定不变的。

物理规律一般无法采用欧拉方法对一个空间直接写出，而是采用拉格朗日方法对某一确定的体系进行阐述。因此，必须找出拉格朗日方法和欧拉方法之间的联系。雷诺输运方程正是连接拉格朗日方法和欧拉方法的桥梁。

设 N 是时刻 t 该系统内流体的某一物理量，可以是标量或矢量。定义流体的系统体积 $\hat{V}$ 是流体系统所占的体积，该体积随着流体的运动而发生变形。换言之，流体的系统体积随时间的推移而发生变化。在 t 时刻，与流体系统体积 $\hat{V}$ 重合的确定几何区域 V，称为控制体体积。那么，通过跟踪流体质点来描述因流体运动而产生的物理量 N 在系统体积 $\hat{V}$ 内的变化率可表示为

$$\frac{\mathrm{D}}{\mathrm{D}t}\int_{\hat{V}} N\mathrm{d}V = \int_V \left[\frac{\mathrm{D}N}{\mathrm{D}t} + (\nabla \cdot \boldsymbol{u})N\right]\mathrm{d}V = \int_V \left[\frac{\partial N}{\partial t} + \nabla \cdot (\boldsymbol{u}N)\right]\mathrm{d}V \tag{2-1}$$

式中 $\boldsymbol{u}$——流体的运动速度，m/s；

$\frac{\mathrm{D}}{\mathrm{D}t}$——对时间的全导数（随体导数，物质导数或质点导数），1/s。

对于物理量 $A = A(t, x, y, z)$，则 A 的全导数可表示为

$$\frac{\mathrm{D}A}{\mathrm{D}t} = \left(\frac{\partial}{\partial t} + \boldsymbol{u} \cdot \nabla\right)A = \frac{\partial A}{\partial t} + u\frac{\partial A}{\partial x} + v\frac{\partial A}{\partial y} + w\frac{\partial A}{\partial z} \tag{2-2}$$

式中 u，v，w——流体的运动速度 $\boldsymbol{u}$ 在 3 个互相垂直的坐标轴上的分量，m/s；

$\frac{\partial}{\partial t}$——局部导数（或当地导数），1/s；

$\boldsymbol{u} \cdot \nabla$——迁移导数（对流导数或位变导数），1/s。

利用式（2-2）和高斯散度定理可将式（2-1）转化为如下形式

$$\frac{\mathrm{D}}{\mathrm{D}t}\int_{\hat{V}} N\mathrm{d}V = \int_V \frac{\partial N}{\partial t}\mathrm{d}V + \oint_S N\boldsymbol{u} \cdot \boldsymbol{n}\mathrm{d}A \tag{2-3}$$

式中 S——控制体 V 的表面积；

$\boldsymbol{n}$——控制体的微元表面积 $\mathrm{d}A$ 垂直向外的单位法向向量。

式（2-3）就是雷诺输运方程。该式说明：系统内部的物理量 N 随时间的变化率等于控制体内 N 的时间变化率加上单位时间内经过控制体表面的 N 的净通量。

2.3 连续性方程

质量守恒定律是表达流体质量不变的基本规律。由于它不涉及流体在运动过程中所受的各种力，仅表述流体的运动学性质，因此适用于理想流体和黏性流体。

对于系统体积为 $\hat{V}$（单位为 $\mathrm{m^3}$）、密度为 ρ（单位为 $\mathrm{kg/m^3}$）的流体，其质量为 $\int_{\hat{V}} \rho\mathrm{d}V$。质量守恒定律要求流体的质量随时间的总变化率为零，即

$$\frac{\mathrm{D}}{\mathrm{D}t}\int_{\hat{V}} \rho\mathrm{d}V = 0 \tag{2-4}$$

利用式（2-1），可得

$$\int_V \left[\frac{D\rho}{Dt} + (\nabla \cdot \boldsymbol{u})\rho \right] dV = 0 \tag{2-5}$$

因为控制体 V 的选择是任意的，因此上式成立的条件是被积函数为零，即

$$\frac{D\rho}{Dt} + \rho \nabla \cdot \boldsymbol{u} = 0 \tag{2-6a}$$

这是非守恒形式的连续性方程。

利用全导数公式（2-2）对式（2-6a）进行整理，得

$$\frac{\partial \rho}{\partial t} + (\boldsymbol{u} \cdot \nabla)\rho + \rho \nabla \cdot \boldsymbol{u} = 0 \tag{2-6b}$$

或

$$\frac{\partial \rho}{\partial t} + \nabla \cdot (\rho \boldsymbol{u}) = 0 \tag{2-6c}$$

式（2-6a）、式（2-6b）和式（2-6c）就是连续性方程的微分形式，其中式（2-6c）称为守恒形式的连续性方程。

2.4　雷诺第二输运方程

如果式（2-1）中 N 等于流体密度和另外一个变量的乘积，则利用连续性方程式（2-6a）可将雷诺输运方程简化。令 $N=\rho\varphi$，则得到雷诺第二输运方程

$$\frac{D}{Dt}\int_{\hat{V}} \rho\varphi dV = \int_V \rho \frac{D\varphi}{Dt} dV \tag{2-7}$$

当 φ 分别取系统的 $\boldsymbol{u}$，$\boldsymbol{u} \cdot \boldsymbol{u}/2$ 时，则系统体积积分 $\int_{\hat{V}} \rho\varphi dV$ 分别表示系统的动量和动能。因此，式（2-7）能方便地将系统的动量和动能转变为控制体的动量和动能。这是流体力学中常用的一个公式。

2.5　黏性流体力学

2.5.1　牛顿内摩擦定律

地球上大部分物质是以流体的形式存在的。实际流体都是有黏性的。流体黏性是指流体抵抗流体微团之间相对运动的能力。

英国科学家牛顿通过观察作简单剪切运动的流体实验，提出了流体层间所产生的切应力 τ 与层间的速度梯度 $\frac{du}{dy}$ 成正比，即

$$\tau = \mu_1 \frac{du}{dy} \tag{2-8}$$

式中　u——流体运动速度，m/s；

y——坐标，m；

μ_1——动力黏度，Pa · s。

动力黏度的大小取决于流体的种类。在同一温度下，油的动力黏度比水大，而水的动

力黏度比空气大得多。对于同一种流体，动力黏度与温度密切相关，而与压强关系不大。一般而言，液体的动力黏度随温度的升高而减小，而气体的动力黏度随温度的升高而增大。

式（2-8）即为著名的牛顿内摩擦定律。从式（2-8）可以看出，切应力的单位是 N/m^2 或 Pa 或 $kg/(m \cdot s^2)$，即单位时间通过单位面积的动量，因此，也将切应力称为动量通量。

在流体力学中，还经常用到流体动力黏度与密度 ρ 的比值，称为运动黏度或动量扩散系数（单位为 m^2/s），用 ν_1 表示，即

$$\nu_1 = \frac{\mu_1}{\rho} \tag{2-9}$$

2.5.2 流体微团运动分析

2.5.2.1 速度分解定理的数学推导

如图 2-3 所示，在某一时刻 t，流体微团内一点 M_0 的速度为 $\boldsymbol{u}$，则 M_0 点邻域内与点 M_0 相距为 $\delta \boldsymbol{r}$ 的邻点 M_1 的速度 $\boldsymbol{u}_1$，可表示为

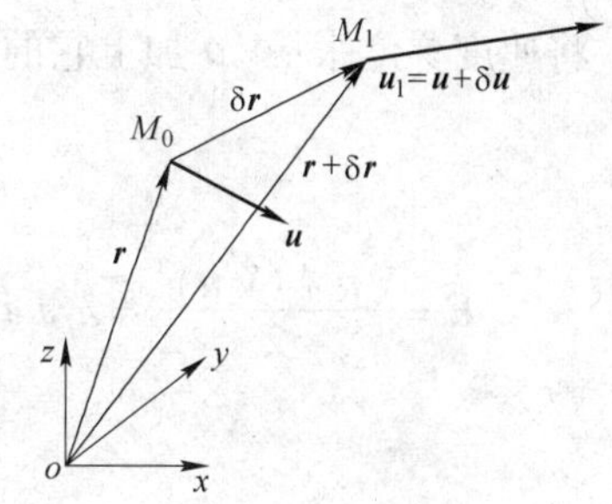

图 2-3 流体微团邻近两点的速度关系

$$\begin{aligned}\boldsymbol{u}_1 &= \boldsymbol{u} + \delta\boldsymbol{u} = \boldsymbol{u} + \delta\boldsymbol{r} \cdot \nabla \boldsymbol{u} \\ &= \boldsymbol{u} + \frac{\partial \boldsymbol{u}}{\partial x}\delta x + \frac{\partial \boldsymbol{u}}{\partial y}\delta y + \frac{\partial \boldsymbol{u}}{\partial z}\delta z\end{aligned} \tag{2-10a}$$

或

$$\boldsymbol{u}_{1,j} = u_j + \frac{\partial u_j}{\partial x_i}\delta x_i \quad (i, j = 1, 2, 3) \tag{2-10b}$$

式中，$\nabla \boldsymbol{u}$ 为点 M_0 处流体的速度梯度，称为速度梯度张量，1/s，即

$$\nabla \boldsymbol{u} = \frac{\partial u_j}{\partial x_i}\boldsymbol{e}_j\boldsymbol{e}_i = \begin{bmatrix} \frac{\partial u}{\partial x} & \frac{\partial v}{\partial x} & \frac{\partial w}{\partial x} \\ \frac{\partial u}{\partial y} & \frac{\partial v}{\partial y} & \frac{\partial w}{\partial y} \\ \frac{\partial u}{\partial z} & \frac{\partial v}{\partial z} & \frac{\partial w}{\partial z} \end{bmatrix} (i, j = 1, 2, 3) \tag{2-11}$$

速度梯度张量是一个二阶张量，式中，$\boldsymbol{e}_i$ 和 $\boldsymbol{e}_j$ 表示沿坐标轴的单位矢量。

本书所涉及张量的最高阶数为二阶，常见的二阶张量有以下几种表示方法

$$\begin{aligned}\overline{\overline{\boldsymbol{E}}} = \begin{bmatrix} \varepsilon_{11} & \varepsilon_{12} & \varepsilon_{13} \\ \varepsilon_{21} & \varepsilon_{22} & \varepsilon_{23} \\ \varepsilon_{31} & \varepsilon_{32} & \varepsilon_{33} \end{bmatrix} &= \varepsilon_{ij}\boldsymbol{e}_i\boldsymbol{e}_j = \varepsilon_{11}\boldsymbol{e}_1\boldsymbol{e}_1 + \varepsilon_{12}\boldsymbol{e}_1\boldsymbol{e}_2 + \varepsilon_{13}\boldsymbol{e}_1\boldsymbol{e}_3 + \\ &\quad \varepsilon_{21}\boldsymbol{e}_2\boldsymbol{e}_1 + \varepsilon_{22}\boldsymbol{e}_2\boldsymbol{e}_2 + \varepsilon_{23}\boldsymbol{e}_2\boldsymbol{e}_3 + \varepsilon_{31}\boldsymbol{e}_3\boldsymbol{e}_1 + \varepsilon_{32}\boldsymbol{e}_3\boldsymbol{e}_2 + \varepsilon_{33}\boldsymbol{e}_3\boldsymbol{e}_3\end{aligned} \tag{2-12a}$$

式（2-12a）等号左端项是二阶张量的简写形式，$\overline{\overline{\boldsymbol{E}}}$ 字上端两条横线表示张量的阶数是二阶。等号右端依次是二阶张量的矩阵形式、分量形式和分量的完全展开形式。式中 i 和 j 的取值分别为 1、2 和 3，代表着三维正交坐标系的 3 个方向。这里还应指出的是 0 阶张量就是标量，1 阶张量就是矢量。例如，速度 $\boldsymbol{u}$ 可表示为如下形式

$$\boldsymbol{u}=\begin{bmatrix}u_1\\u_2\\u_3\end{bmatrix}=u_i\boldsymbol{e}_i=u_1\boldsymbol{e}_1+u_2\boldsymbol{e}_2+u_3\boldsymbol{e}_3 \tag{2-12b}$$

速度梯度张量$\nabla \boldsymbol{u}$ 的转置张量可以用$(\nabla \boldsymbol{u})^{\mathrm{T}}$ 表示

$$(\nabla \boldsymbol{u})^{\mathrm{T}}=\frac{\partial u_i}{\partial x_j}\boldsymbol{e}_i\boldsymbol{e}_j=\begin{bmatrix}\frac{\partial u}{\partial x} & \frac{\partial u}{\partial y} & \frac{\partial u}{\partial z}\\ \frac{\partial v}{\partial x} & \frac{\partial v}{\partial y} & \frac{\partial v}{\partial z}\\ \frac{\partial w}{\partial x} & \frac{\partial w}{\partial y} & \frac{\partial w}{\partial z}\end{bmatrix} \tag{2-13}$$

将速度梯度张量$\nabla \boldsymbol{u}$ 加上它的转置张量$(\nabla \boldsymbol{u})^{\mathrm{T}}$ 后，除以 2，就得到对称张量$\overline{\overline{\boldsymbol{E}}}$，即

$$\overline{\overline{\boldsymbol{E}}}=\frac{\nabla \boldsymbol{u}+(\nabla \boldsymbol{u})^{\mathrm{T}}}{2}=\varepsilon_{ij}\boldsymbol{e}_i\boldsymbol{e}_j=\begin{bmatrix}\frac{\partial u}{\partial x} & \frac{1}{2}\left(\frac{\partial u}{\partial y}+\frac{\partial v}{\partial x}\right) & \frac{1}{2}\left(\frac{\partial u}{\partial z}+\frac{\partial w}{\partial x}\right)\\ \frac{1}{2}\left(\frac{\partial v}{\partial x}+\frac{\partial u}{\partial y}\right) & \frac{\partial v}{\partial y} & \frac{1}{2}\left(\frac{\partial v}{\partial z}+\frac{\partial w}{\partial y}\right)\\ \frac{1}{2}\left(\frac{\partial w}{\partial x}+\frac{\partial u}{\partial z}\right) & \frac{1}{2}\left(\frac{\partial w}{\partial y}+\frac{\partial v}{\partial z}\right) & \frac{\partial w}{\partial z}\end{bmatrix} \tag{2-14a}$$

或
$$\varepsilon_{ij}=\frac{1}{2}\left(\frac{\partial u_i}{\partial x_j}+\frac{\partial u_j}{\partial x_i}\right) \tag{2-14b}$$

此对称张量称为应变率张量，ε_{ij}中有 6 个独立分量，除对角线分量外，非对角线分量两两对应相等。

由矢量关系可知：对称张量与任意矢量 $\boldsymbol{F}$ 的点积具有交换律，即

$$\boldsymbol{F}\cdot\overline{\overline{\boldsymbol{E}}}=\overline{\overline{\boldsymbol{E}}}\cdot\boldsymbol{F} \tag{2-15}$$

将速度梯度张量$\nabla \boldsymbol{u}$ 减去它的转置张量$(\nabla \boldsymbol{u})^{\mathrm{T}}$ 后，除以 2，得到反对称张量$\overline{\overline{\boldsymbol{A}}}$

$$\overline{\overline{\boldsymbol{A}}}=\frac{\nabla \boldsymbol{u}-(\nabla \boldsymbol{u})^{\mathrm{T}}}{2}=\alpha_{ij}\boldsymbol{e}_i\boldsymbol{e}_j=\begin{bmatrix}0 & \frac{1}{2}\left(\frac{\partial u}{\partial y}-\frac{\partial v}{\partial x}\right) & \frac{1}{2}\left(\frac{\partial u}{\partial z}-\frac{\partial w}{\partial x}\right)\\ \frac{1}{2}\left(\frac{\partial v}{\partial x}-\frac{\partial u}{\partial y}\right) & 0 & \frac{1}{2}\left(\frac{\partial v}{\partial z}-\frac{\partial w}{\partial y}\right)\\ \frac{1}{2}\left(\frac{\partial w}{\partial x}-\frac{\partial u}{\partial z}\right) & \frac{1}{2}\left(\frac{\partial w}{\partial y}-\frac{\partial v}{\partial z}\right) & 0\end{bmatrix} \tag{2-16}$$

此反对称张量只有 3 个独立分量，对角线分量为零，非对角线分量两两互为相反数。因此，可以利用这 3 个独立分量唯一地确定一个矢量，称此矢量为反对称二阶张量的反偶矢量（或对偶矢量）[13]。

令反对称二阶张量$\overline{\overline{\boldsymbol{A}}}$ 的反偶矢量为 $\overline{\boldsymbol{\omega}}$，则

$$\overline{\boldsymbol{\omega}}=\frac{1}{2}\nabla\times\boldsymbol{u} \tag{2-17}$$

由矢量关系可知：反对称二阶张量对任意矢量 $\boldsymbol{F}$ 的点积恒等于反对称二阶张量的反偶

矢量与矢量 $\boldsymbol{F}$ 的叉积，即

$$\boldsymbol{F}\cdot\overline{\overline{\boldsymbol{A}}}=\overline{\boldsymbol{\omega}}\times\boldsymbol{F} \tag{2-18}$$

将式（2-14a）与式（2-16）相加，可知速度梯度张量可分解为对称张量$\overline{\overline{\boldsymbol{E}}}$和反对称张量$\overline{\overline{\boldsymbol{A}}}$的和，即

$$\nabla\boldsymbol{u}=\overline{\overline{\boldsymbol{E}}}+\overline{\overline{\boldsymbol{A}}} \tag{2-19}$$

因此，速度分解定理式（2-10a）可改写为

$$\boldsymbol{u}_1=\boldsymbol{u}+\overline{\boldsymbol{\omega}}\times\delta\boldsymbol{r}+\delta\boldsymbol{r}\cdot\overline{\overline{\boldsymbol{E}}} \tag{2-20}$$

2.5.2.2 流体微团运动形式

在理论力学中，刚体的运动形式有两种：平动和转动。刚体是一个特殊的质点组，它的大小和形状始终保持不变，即刚体内任意两质点之间的距离保持不变。

如图 2-4 所示为物体运动前后的状态。实线矩形 $ABCD$ 为物体运动前的状态，虚线矩形 $A'B'C'D'$为物体运动后的状态。刚体平动时，刚体内任意一条直线在运动过程中始终保持与自身平行。因此，刚体各质点的运动情况完全相同，任一质点的运动均可代表整个刚体的运动，如图 2-4a 所示。

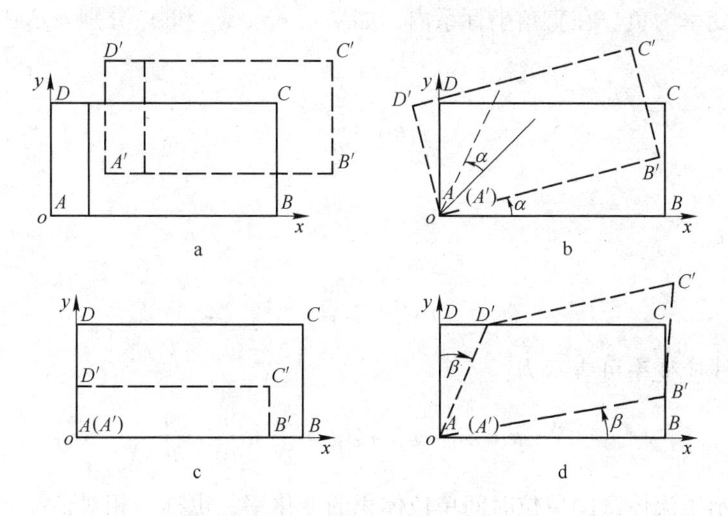

图 2-4 流体微团运动的基本形式

a—平动；b—转动（角平分线转动）；c—线变形；d—剪切变形（角平分线不动）

刚体的转动指整个刚体绕一个固定轴转动，所以刚体各点的位移、速度和加速度是不相同的，但各点转动的角度却相同。如图 2-4b 所示为物体以垂直于纸面经过矩形左下角的顶点 A 的直线为轴转动，因此物体转动的角度与左下角的角平分线转过的角度相同。

需要指出的是，刚体速度分解定理 $\boldsymbol{u}_1=\boldsymbol{u}+\overline{\boldsymbol{\omega}}\times\delta\boldsymbol{r}$ 对整个刚体成立，是一个整体性定理；而流体速度分解定理只是在流体微团内部成立，是一个局部性定理。

流体与刚体之间的重要区别在于流体具有变形性。流体的变形性表现在流体运动过程中流体内两点之间的距离可以发生改变，流体的变形性与流体微团的运动形式密切相关。流体微团运动是分析各种宏观流体流动规律的基础，流体微团的运动形式既有刚体的平动和转动，也有线变形与剪切变形两种变形运动。

流体微团的平动速度可表示为

$$\boldsymbol{u} = u\boldsymbol{i} + v\boldsymbol{j} + w\boldsymbol{k} \tag{2-21}$$

流体微团的旋转（刚体称为转动）角速度可表示为

$$\overline{\boldsymbol{\omega}} = \frac{1}{2}\nabla \times \boldsymbol{u} = \frac{1}{2}\Omega \tag{2-22a}$$

或

$$\overline{\boldsymbol{\omega}} = \frac{1}{2}\left(\frac{\partial w}{\partial y} - \frac{\partial v}{\partial z}\right)\boldsymbol{i} + \frac{1}{2}\left(\frac{\partial u}{\partial z} - \frac{\partial w}{\partial x}\right)\boldsymbol{j} + \frac{1}{2}\left(\frac{\partial v}{\partial x} - \frac{\partial u}{\partial y}\right)\boldsymbol{k} \tag{2-22b}$$

式中，$\boldsymbol{i}$、$\boldsymbol{j}$ 和 $\boldsymbol{k}$ 分别为沿 x、y 和 z 轴的单位矢量。

式（2-22）给出了速度的旋度与流体微团旋转角速度之间的关系。在流体力学中通常用速度的旋度来衡量流体涡旋运动强度，因此将速度的旋度称为涡量（或涡强）用 Ω 表示。

线变形是指引起流体微团体积大小变化时边长的伸缩运动。当流体微团仅存在线变形运动，不存在角变形运动时，流体微团的体积会发生变化，但是形状不会发生变化，如图 2-4c 所示。应变率是单位时间内单位长度的微元的伸长量或压缩量。当伸长时应变率为正，压缩时应变率为负。在直角坐标系内，如果用 ε_{11}、ε_{22} 和 ε_{33} 分别表示在 x、y 和 z 方向的伸长率，即

$$\varepsilon_{11} = \frac{\partial u}{\partial x} \tag{2-23a}$$

$$\varepsilon_{22} = \frac{\partial v}{\partial y} \tag{2-23b}$$

$$\varepsilon_{33} = \frac{\partial w}{\partial z} \tag{2-23c}$$

则流体微团的线应变率可表示为

$$\nabla \cdot \boldsymbol{u} = \varepsilon_{11} + \varepsilon_{22} + \varepsilon_{33} = \frac{\partial u}{\partial x} + \frac{\partial v}{\partial y} + \frac{\partial w}{\partial z} \tag{2-24}$$

式（2-24）表示了流体微团单位时间单位体积的变化率，也称为相对体膨胀率或流体速度的散度。

式（2-24）以速度的散度表示流体的线应变率。不可压缩流体意味着流体的线应变率等于零，即

$$\nabla \cdot \boldsymbol{u} = 0 \tag{2-25}$$

式（2-25）即为不可压缩流体的连续性方程。此式说明不可压缩流体在某个方向被压缩时，必定在另一个方向或另两个方向存在伸长，从而保证不可压缩流体的体积不变。

剪切变形是指引起流体微团形状变化的角变形运动。当流体微团仅存在角变形运动，不存在线变形时，流体微团的形状会发生变化，但是体积不会发生变化。如图 2-4d 所示，如果流体微团各点速度不相同（例如，流体微团左下角顶点 A 保持静止，右下角顶点 B 沿 y 轴正方向运动到点 B'，左上角顶点 C 沿 x 轴正方向运动到点 C'），那么在垂直于 z 轴的平面上，流体微团的角变形率为

$$\varepsilon_{12}=\varepsilon_{21}=\frac{1}{2}\left(\frac{\partial v}{\partial x}+\frac{\partial u}{\partial y}\right) \tag{2-26a}$$

同理，在垂直于 x 轴的平面上，流体微团的角变形率为

$$\varepsilon_{23}=\varepsilon_{32}=\frac{1}{2}\left(\frac{\partial w}{\partial y}+\frac{\partial v}{\partial z}\right) \tag{2-26b}$$

在垂直于 y 轴的平面上，流体微团的角变形率为

$$\varepsilon_{13}=\varepsilon_{31}=\frac{1}{2}\left(\frac{\partial u}{\partial z}+\frac{\partial w}{\partial x}\right) \tag{2-26c}$$

2.5.2.3 速度分解定理中各项物理意义

速度分解定理式（2-20）表明，流体微团的运动速度可分解为平动速度 $\boldsymbol{u}$，旋转角速度 $\overline{\boldsymbol{\omega}}$ 和变形率 $\overline{\overline{\boldsymbol{E}}}$。与平动速度和旋转角速度不同，变形率不是一个矢量而是一个二阶张量，通常被称为应变率张量 $\overline{\overline{\boldsymbol{E}}}$[式(2-14a)]。应变率张量 $\overline{\overline{\boldsymbol{E}}}$ 具有两组分量，主对角线上的分量表示线应变率[式(2-23)]，反映的是流体微团的伸长和压缩；非主对角线上的分量则表示角应变率，反映的是流体微团的剪切变形[式(2-26)]。旋转角速度虽然是一个矢量[式(2-22)]，但它有一个相对应的反对称二阶张量 $\overline{\overline{\boldsymbol{A}}}$[式(2-16)]。应变率张量 $\overline{\overline{\boldsymbol{E}}}$ 和反对称张量 $\overline{\overline{\boldsymbol{A}}}$ 共同组成了速度梯度张量 $\nabla\boldsymbol{u}$，用式（2-19）表达。

2.5.3 面积力和应力张量

面积力是流体或固体通过接触面而施加在另一部分流体上的力。在流体运动过程中，固体壁面对流动的流体会施加面积力；而作用在流体内部假想表面上的面积力则是由于流体的变形或相互作用而在流体内部产生的各种应力。

任取具有一定体积的流体，它的表面受到周围流体或其他物体的接触力，这种力分布在流体表面，如图 2-5a 所示。有限体积流体表面微元面积 δA 上单位面积的表面力称为应力，单位为 $\mathrm{N/m^2}$ 或 Pa，即

$$\boldsymbol{R}_n=\lim_{\delta A\to 0}\frac{\delta\boldsymbol{F}}{\delta A} \tag{2-27}$$

应力 $\boldsymbol{R}_n$ 是一个向量，下标 n 表示被施加表面力的表面 δA 的法向向量。通常情况下，应力并不垂直于它的作用面。因此，应力 $\boldsymbol{R}_n$ 可分解为 3 个分量：垂直于作用面的分量 $R_{n,n}$，平行于作用面的两个垂直分量 $R_{n,s}$ 和 $R_{n,t}$。如图 2-5b 所示的直角坐标系（$\boldsymbol{n}$，$\boldsymbol{t}$，$\boldsymbol{s}$）满足右

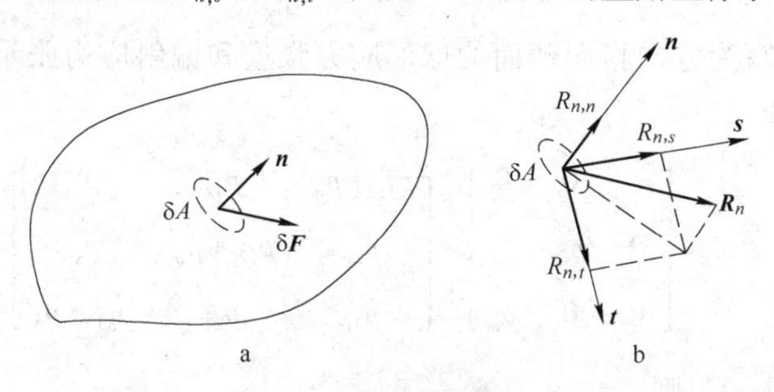

图 2-5 流体上的表面力

a—表面微元的应力；b—应力的分解

手法则。通常将应力向量在作用面法线方向的分量称为正应力，如图 2-5b 所示的 $R_{n,n}$；将应力向量在作用面切线方向的分量称为切应力，如图2-5b 所示的 $R_{n,s}$ 和 $R_{n,t}$。

在点 M 附近取一个立方体的流体微团，此流体微团有 6 个表面，在每个表面上的应力 $\boldsymbol{R}_n$ 可分解为 3 个应力分量，如图 2-6 所示。例如，$ABB'A'$ 表面受到的总应力为 $\boldsymbol{R}_x$，$\boldsymbol{R}_x$ 沿 x 轴、y 轴和 z 轴 3 个方向的应力分量分别为 p_{xx}、p_{xy} 和 p_{xz}（第 1 个角标表示作用面的外法线方向，第二个角标表示应力分量的方向），那么 $\boldsymbol{R}_x$ 可表示为

$$\boldsymbol{R}_x = p_{xx}\boldsymbol{i} + p_{xy}\boldsymbol{j} + p_{xz}\boldsymbol{k} \tag{2-28}$$

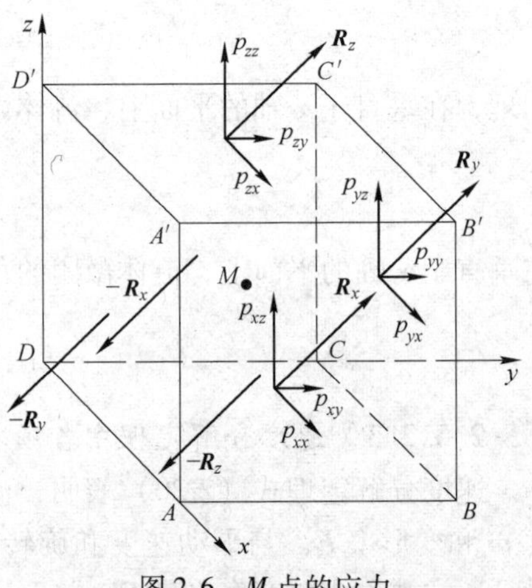

图 2-6 M 点的应力

M 点处的流体微团有 6 个表面力 $\boldsymbol{R}_x$、$\boldsymbol{R}_y$、$\boldsymbol{R}_z$ 和 $-\boldsymbol{R}_x$、$-\boldsymbol{R}_y$、$-\boldsymbol{R}_z$。当此流体微团趋近于无穷小时，6 个表面力两两大小相等且方向相反。因此当此流体微团趋向于无穷小时，可以用 $\boldsymbol{R}_x$、$\boldsymbol{R}_y$ 和 $\boldsymbol{R}_z$ 表示流体微团的应力状态。这 3 个应力的 9 个分量组成了应力张量 $\overline{\overline{\boldsymbol{P}}}$。

$$\overline{\overline{\boldsymbol{P}}} = p_{ij}\boldsymbol{e}_i\boldsymbol{e}_j = p_{xx}\boldsymbol{e}_x\boldsymbol{e}_x + p_{xy}\boldsymbol{e}_x\boldsymbol{e}_y + p_{xz}\boldsymbol{e}_x\boldsymbol{e}_z + p_{yx}\boldsymbol{e}_y\boldsymbol{e}_x + p_{yy}\boldsymbol{e}_y\boldsymbol{e}_y + p_{yz}\boldsymbol{e}_y\boldsymbol{e}_z + p_{zx}\boldsymbol{e}_z\boldsymbol{e}_x + p_{zy}\boldsymbol{e}_z\boldsymbol{e}_y + p_{zz}\boldsymbol{e}_z\boldsymbol{e}_z \tag{2-29a}$$

或

$$p_{ij}\boldsymbol{e}_i\boldsymbol{e}_j = p_{11}\boldsymbol{e}_1\boldsymbol{e}_1 + p_{12}\boldsymbol{e}_1\boldsymbol{e}_2 + p_{13}\boldsymbol{e}_1\boldsymbol{e}_3 + p_{21}\boldsymbol{e}_2\boldsymbol{e}_1 + p_{22}\boldsymbol{e}_2\boldsymbol{e}_2 + p_{23}\boldsymbol{e}_2\boldsymbol{e}_3 + p_{31}\boldsymbol{e}_3\boldsymbol{e}_1 + p_{32}\boldsymbol{e}_3\boldsymbol{e}_2 + p_{33}\boldsymbol{e}_3\boldsymbol{e}_3 \tag{2-29b}$$

或

$$\overline{\overline{\boldsymbol{P}}} = \begin{bmatrix} p_{xx} & p_{xy} & p_{xz} \\ p_{yx} & p_{yy} & p_{yz} \\ p_{zx} & p_{zy} & p_{zz} \end{bmatrix} = \begin{bmatrix} p_{11} & p_{12} & p_{13} \\ p_{21} & p_{22} & p_{23} \\ p_{31} & p_{32} & p_{33} \end{bmatrix} \tag{2-29c}$$

式中，正压力 p_{ii} 和切应力 p_{ij}（$i \neq j$）的单位均为 Pa。

定义平均压强 p_{m} 等于正压力的算术平均值的负值，单位为 Pa，即

$$p_{\mathrm{m}} = -\frac{p_{11} + p_{22} + p_{33}}{3} \tag{2-30}$$

则应力张量 $\overline{\overline{\boldsymbol{P}}}$ 可改写为方向指向球面的球形应力张量和偏斜应力张量（Deviatoric Stress Tensor）$\overline{\overline{\boldsymbol{D}}}$ 之和，即

$$\overline{\overline{\boldsymbol{P}}} = -\begin{bmatrix} p_{\mathrm{m}} & 0 & 0 \\ 0 & p_{\mathrm{m}} & 0 \\ 0 & 0 & p_{\mathrm{m}} \end{bmatrix} + \begin{bmatrix} p_{11} + p_{\mathrm{m}} & p_{12} & p_{13} \\ p_{21} & p_{22} + p_{\mathrm{m}} & p_{23} \\ p_{31} & p_{32} & p_{33} + p_{\mathrm{m}} \end{bmatrix} \tag{2-31a}$$

如果单位张量用 $\overline{\overline{\boldsymbol{I}}}$ 表示，则

$$\overline{\overline{\boldsymbol{P}}} = -p_{\mathrm{m}}\overline{\overline{\boldsymbol{I}}} + \overline{\overline{\boldsymbol{D}}} \tag{2-31b}$$

其中

$$\overline{\overline{I}} = \begin{bmatrix} 1 & 0 & 0 \\ 0 & 1 & 0 \\ 0 & 0 & 1 \end{bmatrix} \tag{2-32a}$$

$$\overline{\overline{D}} = \begin{bmatrix} p_{11} + p_{\mathrm{m}} & p_{12} & p_{13} \\ p_{21} & p_{22} + p_{\mathrm{m}} & p_{23} \\ p_{31} & p_{32} & p_{33} + p_{\mathrm{m}} \end{bmatrix} \tag{2-32b}$$

对于静止流体，静压强（或热力学压强），在各方向的法向正应力大小相等，而流动流体各方向的法向正应力并不相等。因此式（2-31）表明：流动流体所受应力与静止流体所受应力的区别可用偏斜应力张量 $\overline{\overline{D}}$ 来表示。

2.5.4 广义牛顿内摩擦定律

2.5.4.1 基本公式

1845 年，英国数学家斯托克斯提出了 3 个假设，将牛顿内摩擦定律推广到黏性流体的任意流动状态中。

（1）流体是连续的，它的应力张量是应变率张量的线性函数，与流体的平动和转动无关。

（2）流体是各向同性的，流体中的应力与应变率的线性关系与坐标系的选择和位置无关。

（3）当流体静止时，应变率为零，流体中的应力只有正应力，切应力为零。

实验证明上述假设对大多数常见流体是正确的。根据斯托克斯假设，可将应力张量与应变率张量的线性关系表示为

$$p_{ij} = \left[-p + \left(\mu' - \frac{2}{3}\mu_1 \right) \nabla \cdot \boldsymbol{u} \right] \delta_{ij} + 2\mu_1 \varepsilon_{ij} \tag{2-33}$$

式（2-33）通常被称为广义牛顿内摩擦定律（广义的牛顿应力公式或黏性流体的本构方程）。式中，$\delta_{ij} = \begin{cases} 1 & i = j \\ 0 & i \neq j \end{cases}$ 为脉冲函数；μ_1 为第一黏性系数，或动力学黏度，Pa · s；μ' 为第二黏性系数或容积黏性系数或体黏系数，Pa · s。

在直角坐标系下，广义牛顿内摩擦定律的分量形式可写为

$$p_{xx} = -p + \left(\mu' - \frac{2}{3}\mu_1 \right) \nabla \cdot \boldsymbol{u} + 2\mu_1 \frac{\partial u}{\partial x} \tag{2-34a}$$

$$p_{yy} = -p + \left(\mu' - \frac{2}{3}\mu_1 \right) \nabla \cdot \boldsymbol{u} + 2\mu_1 \frac{\partial v}{\partial y} \tag{2-34b}$$

$$p_{zz} = -p + \left(\mu' - \frac{2}{3}\mu_1 \right) \nabla \cdot \boldsymbol{u} + 2\mu_1 \frac{\partial w}{\partial z} \tag{2-34c}$$

$$p_{xy} = p_{yx} = \mu_1 \left(\frac{\partial u}{\partial y} + \frac{\partial v}{\partial x} \right) \tag{2-34d}$$

$$p_{yz} = p_{zy} = \mu_1 \left(\frac{\partial v}{\partial z} + \frac{\partial w}{\partial y} \right) \tag{2-34e}$$

$$p_{zx} = p_{xz} = \mu_1\left(\frac{\partial u}{\partial z} + \frac{\partial w}{\partial x}\right) \tag{2-34f}$$

如果流体的应力与应变率之间不能用广义牛顿内摩擦定律来描述，则这种流体就称为非牛顿流体。例如，油漆、泥浆、血液等均属于非牛顿流体。这方面的内容可查阅非牛顿流体力学相关专著。

2.5.4.2 *应力张量和压强*

广义的牛顿内摩擦定律表明，质点的应力状态由三部分构成：

（1）$-p\delta_{ij}$是处于局部平衡状态下的热力学压强。

（2）$\left(\mu' - \frac{2}{3}\mu_1\right)\nabla \cdot \boldsymbol{u}\delta_{ij}$是流体的线应变率（或体积膨胀率）导致的各向同性黏性应力。

（3）$2\mu_1\varepsilon_{ij}$是运动流体的变形率（应变率）引起的黏性张力，称为偏应力张量。

关于局部平衡状态下的热力学压强，需作出如下说明：

（1）热力学研究的是处于热力学平衡（热平衡、力平衡和化学平衡）状态的系统，从一个平衡状态向另一个平衡状态转化过程的能量传递和转换规律，但无法给出转变过程的细节。流体的流动则是一个典型的非平衡过程，因此热力学理论无法直接应用于流体流动分析，只能在满足热力学的基本原理的局部平衡状态假设下研究流体流动的细节。

（2）流动的流体内部不存在一个内部均匀、满足热力学平衡的流体微团。因此，对于流动的流体而言，局部平衡状态下的热力学压强并不是真实存在的物理量，而仅是一个数学形式。

广义牛顿内摩擦定律表明：

（1）由动量矩守恒原理可以证明应力张量$\overline{\overline{\boldsymbol{P}}}$是一个对称二阶张量，即

$$p_{12} = p_{21} \tag{2-35a}$$

$$p_{23} = p_{32} \tag{2-35b}$$

$$p_{13} = p_{31} \tag{2-35c}$$

（2）流体的平均压强由处于局部平衡状态下的热力学压强p和与线应变率成正比的附加应力组成，即

$$p_{\mathrm{m}} = p - \mu'\nabla \cdot \boldsymbol{u} \tag{2-36}$$

为了方便地分析黏性的作用，可将应力张量写成与黏性有关的部分加上与黏性无关的部分的形式，即

$$\overline{\overline{\boldsymbol{P}}} = -p\overline{\overline{\boldsymbol{I}}} + \overline{\overline{\boldsymbol{T}}} \tag{2-37a}$$

或

$$p_{ij} = -p\delta_{ij} + \tau_{ij} \tag{2-37b}$$

则与黏性有关的部分即黏性应力张量（Viscous Stress Tensor）$\overline{\overline{\boldsymbol{T}}}$的分量形式为

$$\tau_{ij} = \left(\mu' - \frac{2}{3}\mu_1\right)\frac{\partial u_{\mathrm{k}}}{\partial x_{\mathrm{k}}}\delta_{ij} + 2\mu_1\varepsilon_{ij} \tag{2-38}$$

那么，黏性应力张量$\overline{\overline{\boldsymbol{T}}}$与偏斜应力张量$\overline{\overline{\boldsymbol{D}}}$存在如下关系

$$\overline{\overline{\boldsymbol{T}}} = \mu'(\nabla \cdot \boldsymbol{u})\overline{\overline{\boldsymbol{I}}} + \overline{\overline{\boldsymbol{D}}} \tag{2-39a}$$

而偏斜应力张量$\overline{\overline{\boldsymbol{D}}}$与偏应力张量$2\mu_1\overline{\overline{\boldsymbol{\varepsilon}}}$存在如下关系

$$\overline{\overline{\boldsymbol{D}}} = -\frac{2}{3}\mu_1(\nabla \cdot \boldsymbol{u})\overline{\overline{\boldsymbol{I}}} + 2\mu_1\overline{\overline{\boldsymbol{\varepsilon}}} \tag{2-39b}$$

（3）牛顿流体所受的正压力为p_{ij}。在大多数情况下，不同方向的正应力互不相等。但是对于理想流体或静止的牛顿流体，流体所受各个方向的正应力（或压强）彼此相等。

对于不可压缩流体，$\nabla \cdot \boldsymbol{u} = 0$表明广义的牛顿应力公式中含$\mu'$项为零。那么由式（2-36）可知不可压缩流体一点的法向应力的算术平均值等于局部平衡状态下的热力学压强，即

$$p_{\mathrm{m}} = p \tag{2-40}$$

对于可压缩流体，式（2-36）表明，在运动过程中流体微团体积的变化会引起平均压强的变化，其变化量为$-\mu'\nabla \cdot \boldsymbol{u}$。因此，$\mu'$实际上反映了由于体积变化引起流体偏离热力学压强的黏性应力。在高温或高频声场情况下应考虑气体的容积黏性系数，在一般情况下可认为气体满足$\mu' = 0$。

在实际运动流体中，如果两层流体间有相对位移，即存在剪切变形率，具有黏性的流体就会在流体内部产生剪切应力抵抗这个变形。但是当流体的黏性很小，或者流体的剪切变形率很小时，流体内的剪切应力可以忽略，这种流体称为理想流体。因为静止流体没有运动，所以，流体内就不存在剪切变形，也就没有剪切应力。

对于理想流体和静止流体，由式（2-38）可得

$$\tau_{ij} = 0 \tag{2-41}$$

进而由式（2-31）、式（2-37）和式（2-39）可知，应力张量中三个法向应力等于该点热力学压强，即

$$p_{ij} = \begin{bmatrix} -p & 0 & 0 \\ 0 & -p & 0 \\ 0 & 0 & -p \end{bmatrix} = \begin{bmatrix} -p_{\mathrm{m}} & 0 & 0 \\ 0 & -p_{\mathrm{m}} & 0 \\ 0 & 0 & -p_{\mathrm{m}} \end{bmatrix} \tag{2-42}$$

对于静止流体而言，此热力学压强即为静压强。

2.5.5 牛顿流体的动量方程

动量守恒定律（或牛顿第二定律）表明，对于系统体积为$\hat{V}$的流体，在任一时刻，流体动量的变化率等于作用在该流体系统上的合力，即

$$\frac{\mathrm{D}}{\mathrm{D}t}\int_{\hat{V}} \rho \boldsymbol{u} \mathrm{d}V = \Sigma \boldsymbol{F} \tag{2-43}$$

作用在流体上的力可分为体积力和表面力，体积力是作用于每一个流体质点上的非接触力。如果在此时刻与系统体积$\hat{V}$重合的控制体体积为V，那么系统体积$\hat{V}$的表面$\hat{S}$也与控制体表面S相重合。因此作用在流体系统上的力也就是作用在控制体上的力。

单位体积力可表示为$\rho \boldsymbol{f}$，单位为$\mathrm{N/m^3}$；而$\boldsymbol{f}$为单位质量力，单位为N/kg。因此，式（2-43）中等号的右端可写为

$$\Sigma \boldsymbol{F} = \int_V (\rho \boldsymbol{f} + \nabla \cdot \overline{\overline{\boldsymbol{P}}}) \mathrm{d}V \tag{2-44}$$

而式（2-43）等号的左端项则可利用雷诺第二输运方程式(2-7)将对系统体积积分转换为对控制体积分，因此，动量方程式（2-43）可改写为

$$\int_V \rho \frac{\mathrm{D}\boldsymbol{u}}{\mathrm{D}t} \mathrm{d}V = \int_V (\rho \boldsymbol{f} + \nabla \cdot \overline{\overline{\boldsymbol{P}}}) \mathrm{d}V \tag{2-45}$$

考虑到控制体积 V 的任意性，则动量方程的微分形式为

$$\rho \frac{\mathrm{D}\boldsymbol{u}}{\mathrm{D}t} = \rho \boldsymbol{f} + \nabla \cdot \overline{\overline{\boldsymbol{P}}} \tag{2-46a}$$

或

$$\rho \frac{\partial \boldsymbol{u}}{\partial t} + \rho(\boldsymbol{u} \cdot \nabla)\boldsymbol{u} = \rho \boldsymbol{f} + \nabla \cdot \overline{\overline{\boldsymbol{P}}} \tag{2-46b}$$

将广义的牛顿内摩擦定律式（2-33）代入式（2-46b），得

$$\rho \frac{\mathrm{D}\boldsymbol{u}}{\mathrm{D}t} = \rho \boldsymbol{f} - \nabla \boldsymbol{p} + \nabla\left[\left(\mu' - \frac{2}{3}\mu_1\right)\nabla \cdot \boldsymbol{u}\right] + \nabla \cdot (2\mu_1 \overline{\overline{\boldsymbol{E}}}) \tag{2-47a}$$

式（2-47a）就是非守恒形式的牛顿流体动量方程的微分形式。它的分量形式为

$$\rho \frac{\partial u_i}{\partial t} + \rho u_j \frac{\partial u_i}{\partial x_j} = \rho f_i - \frac{\partial p}{\partial x_i} + \frac{\partial}{\partial x_i}\left[\left(\mu' - \frac{2}{3}\mu_1\right)\frac{\partial u_j}{\partial x_j}\right] + \frac{\partial}{\partial x_j}\left[\mu_1\left(\frac{\partial u_i}{\partial x_j} + \frac{\partial u_j}{\partial x_i}\right)\right] \tag{2-47b}$$

对于大多数黏性流体，体黏系数比动力学黏度低 4 ~6 个数量级，因此可忽略体黏系数，即 $\mu' = 0$。那么式（2-47b）可简化为

$$\rho \frac{\partial \boldsymbol{u}}{\partial t} + \rho(\boldsymbol{u} \cdot \nabla)\boldsymbol{u} = \rho \boldsymbol{f} - \nabla p - \nabla\left(\frac{2}{3}\mu_1 \nabla \cdot \boldsymbol{u}\right) + \nabla \cdot (2\mu_1 \overline{\overline{\boldsymbol{E}}}) \tag{2-48a}$$

如果动力黏度 μ_1 为常数，则上式可进一步简化为

$$\rho \frac{\partial \boldsymbol{u}}{\partial t} + \rho(\boldsymbol{u} \cdot \nabla)\boldsymbol{u} = \rho \boldsymbol{f} - \nabla p + \frac{1}{3}\mu_1 \nabla(\nabla \cdot \boldsymbol{u}) + \mu_1 \nabla^2 \boldsymbol{u} \tag{2-48b}$$

这就是常见的非守恒形式的牛顿流体动量方程。此方程由法国数学家纳维于 1821 年提出，英国数学家斯托克斯于 1845 年完成最终的形式。因此式（2-48）通常称为纳维-斯托克斯方程，简称 N-S 方程。

采用非守恒形式的牛顿流体动量方程式（2-47）类似的推导过程，并应用雷诺输运方程式（2-1），则可得到守恒形式的动量方程，即

$$\frac{\partial(\rho \boldsymbol{u})}{\partial t} + \nabla \cdot (\rho \boldsymbol{u}\boldsymbol{u}) = \rho \boldsymbol{f} + \nabla \cdot \overline{\overline{\boldsymbol{P}}} \tag{2-49a}$$

利用广义雷诺内摩擦定律，可得

$$\frac{\partial(\rho \boldsymbol{u})}{\partial t} + \nabla \cdot (\rho \boldsymbol{u}\boldsymbol{u}) = \rho \boldsymbol{f} - \nabla p + \nabla\left[\left(\mu' - \frac{2}{3}\mu_1\right)\nabla \cdot \boldsymbol{u}\right] + \nabla \cdot (2\mu_1 \overline{\overline{\boldsymbol{E}}}) \tag{2-49b}$$

应用体黏系数 $\mu' = 0$ 条件，可得

$$\frac{\partial(\rho \boldsymbol{u})}{\partial t} + \nabla \cdot (\rho \boldsymbol{u}\boldsymbol{u}) = \rho \boldsymbol{f} - \nabla p - \nabla\left(\frac{2}{3}\mu_1 \nabla \cdot \boldsymbol{u}\right) + \nabla \cdot (2\mu_1 \overline{\overline{\boldsymbol{E}}}) \tag{2-49c}$$

这就是牛顿流体纳维-斯托克斯方程的守恒形式。

2.5.6 牛顿流体的能量方程

能量守恒与转换定律表明，对于系统体积为 $\hat{V}$ 的流体，在任一时刻，流体能量增加随时间的变化率等于以热的形式传递给流体能量的时间变化率和环境对流体所做的功的时间变化率（即功率）之和。

令流体单位质量的内能为 e（单位为 J/kg），动能为$\frac{|\boldsymbol{u}|^2}{2}$（单位为 J/kg），单位时间内单位质量流体内热源产生的热量为 q_r（单位为 J/kg），导热系数为 λ（单位为 W/(m·K)），流体温度为 T（单位为 K），则牛顿流体的能量方程可表示为

$$\frac{\mathrm{D}}{\mathrm{D}t}\int_{\hat{V}} \rho\left(e+\frac{|\boldsymbol{u}|^2}{2}\right)\mathrm{d}V$$

$$=\int_{\hat{V}}[\rho q_r+\nabla\cdot(\lambda\nabla T)]\mathrm{d}V+\int_{\hat{V}}[\rho\boldsymbol{f}\cdot\boldsymbol{u}+\nabla\cdot(\boldsymbol{u}\cdot\overline{\overline{\boldsymbol{P}}})]\mathrm{d}V \tag{2-50a}$$

与动量方程相类似，如果在此时刻与系统体积 $\hat{V}$ 重合的控制体体积为 V，那么系统体积 $\hat{V}$ 的表面 $\hat{S}$ 也与控制体表面 S 相重合。因此，传递给流体系统上的能量和环境对系统所做的功也就是传递给控制体的能量和环境对控制体所做的功。而式（2-50a）等号左端则可利用雷诺第二输运方程式（2-7）将对系统体积积分转换为对控制体积分，因此，能量方程式（2-50a）可改写为

$$\int_V \rho\frac{\mathrm{D}}{\mathrm{D}t}\left(e+\frac{|\boldsymbol{u}|^2}{2}\right)\mathrm{d}V=\int_V[\rho q_r+\nabla\cdot(\lambda\nabla T)]\mathrm{d}V+\int_V[\rho\boldsymbol{f}\cdot\boldsymbol{u}+\nabla\cdot(\boldsymbol{u}\cdot\overline{\overline{\boldsymbol{P}}})]\mathrm{d}V \tag{2-50b}$$

考虑到控制体积 V 的任意性，则动量方程的微分形式为

$$\rho\frac{\mathrm{D}}{\mathrm{D}t}\left(e+\frac{|\boldsymbol{u}|^2}{2}\right)=\rho\boldsymbol{f}\cdot\boldsymbol{u}+\nabla\cdot(\boldsymbol{u}\cdot\overline{\overline{\boldsymbol{P}}})+\rho q_r+\nabla\cdot(\lambda\nabla T) \tag{2-51a}$$

或

$$\rho\frac{\partial}{\partial t}\left(e+\frac{u_j\cdot u_j}{2}\right)+\rho u_i\frac{\partial}{\partial x_i}\left(e+\frac{u_j\cdot u_j}{2}\right)$$

$$=\rho f_j u_j+\frac{\partial}{\partial x_i}(u_j p_{ij})+\rho q_r+\frac{\partial}{\partial x_i}\left(\lambda\frac{\partial T}{\partial x_i}\right) \tag{2-51b}$$

能量守恒定律表明，微团单位质量流体的能量增长率等于体积力的功率、表面力功率、微团内流体的生成热以及由热传导输入的热量之和。

将流体速度 $\boldsymbol{u}$ 点乘牛顿动量方程式（2-46），得

$$\rho\frac{\mathrm{D}}{\mathrm{D}t}\left(\frac{\boldsymbol{u}\cdot\boldsymbol{u}}{2}\right)=\rho\boldsymbol{f}\cdot\boldsymbol{u}+\nabla\cdot\overline{\overline{\boldsymbol{P}}}\cdot\boldsymbol{u} \tag{2-52}$$

将式（2-51a）减去式（2-52），并利用张量运算法则进行化简，得到非守恒形式的牛顿流体能量方程，即

$$\rho\frac{\mathrm{D}e}{\mathrm{D}t}=-p\nabla\cdot\boldsymbol{u}+2\mu_1\varepsilon_{ij}\varepsilon_{ij}+\frac{\partial}{\partial x_i}\left(\lambda\frac{\partial T}{\partial x_i}\right)+\rho q_r \tag{2-53}$$

单位质量流体焓 h（单位为 J/kg）与内能 e（单位为 J/kg）的关系式为

$$h = e + p/\rho \tag{2-54}$$

由非守恒形式的连续性方程（2-6a），可得

$$\nabla \cdot \boldsymbol{u} = -\frac{1}{\rho}\frac{\mathrm{D}\rho}{\mathrm{D}t} = \rho\frac{\mathrm{D}}{\mathrm{D}t}\left(\frac{1}{\rho}\right) \tag{2-55a}$$

对式（2-54）等号两边求全导数，并应用式（2-55a）可得

$$\rho\frac{\mathrm{D}h}{\mathrm{D}t} = \rho\frac{\mathrm{D}e}{\mathrm{D}t} + \rho\frac{\mathrm{D}(p/\rho)}{\mathrm{D}t} = \rho\frac{\mathrm{D}e}{\mathrm{D}t} + \rho\frac{1}{\rho}\frac{\mathrm{D}p}{\mathrm{D}t} + \rho p\frac{\mathrm{D}(1/\rho)}{\mathrm{D}t}$$

$$= \rho\frac{\mathrm{D}e}{\mathrm{D}t} + \frac{\mathrm{D}p}{\mathrm{D}t} + p\,\nabla \cdot \boldsymbol{u} \tag{2-55b}$$

将式（2-55b）代入式（2-53），可得用焓表示的内能方程

$$\rho\frac{\mathrm{D}h}{\mathrm{D}t} = \frac{\mathrm{D}p}{\mathrm{D}t} + 2\mu_1\varepsilon_{ij}\varepsilon_{ij} + \frac{\partial}{\partial x_i}\left(\lambda\frac{\partial T}{\partial x_i}\right) + \rho q_{\mathrm{r}} \tag{2-56}$$

引入定容比热容 c_V［单位为 J/(kg · K)］和定压比热容 c_p［单位为 J/(kg · K)］，它们与内能和焓的关系[14,15]如下

在等容条件下 $$\mathrm{d}e = c_V\mathrm{d}T \tag{2-57a}$$

在等压条件下 $$\mathrm{d}h = c_p\mathrm{d}T \tag{2-57b}$$

那么，能量方程式（2-53）和式（2-56）可分别表示为

$$\rho c_V\frac{\mathrm{D}T}{\mathrm{D}t} = -p\,\nabla \cdot \boldsymbol{u} + 2\mu_1\varepsilon_{ij}\varepsilon_{ij} + \frac{\partial}{\partial x_i}\left(\lambda\frac{\partial T}{\partial x_i}\right) + \rho q_{\mathrm{r}} \tag{2-58a}$$

$$\rho c_p\frac{\mathrm{D}T}{\mathrm{D}t} = \frac{\mathrm{D}p}{\mathrm{D}t} + 2\mu_1\varepsilon_{ij}\varepsilon_{ij} + \frac{\partial}{\partial x_i}\left(\lambda\frac{\partial T}{\partial x_i}\right) + \rho q_{\mathrm{r}} \tag{2-58b}$$

式（2-58a）和式（2-58b）就是常见的以温度 T 表示的非守恒形式的牛顿流体能量方程。

采用非守恒形式的能量方程式（2-53）类似的推导过程，并应用雷诺输运方程式(2-1)，则可得到守恒形式的能量方程，即

$$\frac{\partial}{\partial t}\left[\rho\left(e + \frac{u_j \cdot u_j}{2}\right)\right] + \nabla \cdot \left[\rho u_i\left(e + \frac{u_j \cdot u_j}{2}\right)\right] = \rho f_j u_j + \frac{\partial}{\partial x_i}(u_j p_{ij}) + \rho q_{\mathrm{r}} + \frac{\partial}{\partial x_i}\left(\lambda\frac{\partial T}{\partial x_i}\right) \tag{2-59a}$$

将流体速度 $\boldsymbol{u}$ 点乘牛顿动量方程式（2-49a），得

$$\frac{\partial}{\partial t}\left[\rho\left(\frac{u_j \cdot u_j}{2}\right)\right] + \nabla \cdot \left[\rho u_i\left(\frac{u_j \cdot u_j}{2}\right)\right] = \rho\boldsymbol{f} \cdot \boldsymbol{u} + \nabla \cdot \overline{\overline{\boldsymbol{P}}} \cdot \boldsymbol{u} \tag{2-59b}$$

将式（2-59a）减去式（2-59b），并利用张量运算法则进行化简，就得到守恒形式的牛顿流体能量方程

$$\frac{\mathrm{D}(\rho e)}{\mathrm{D}t} = -p\,\nabla \cdot \boldsymbol{u} + 2\mu_1\varepsilon_{ij}\varepsilon_{ij} + \frac{\partial}{\partial x_i}\left(\lambda\frac{\partial T}{\partial x_i}\right) + \rho q_{\mathrm{r}} \tag{2-60a}$$

$$\frac{\mathrm{D}(\rho h)}{\mathrm{D}t} = \frac{\mathrm{D}p}{\mathrm{D}t} + 2\mu_1\varepsilon_{ij}\varepsilon_{ij} + \frac{\partial}{\partial x_i}\left(\lambda\frac{\partial T}{\partial x_i}\right) + \rho q_{\mathrm{r}} \tag{2-60b}$$

如果定容比热容 c_V 和定压比热容 c_p 是常数，则

$$\frac{\mathrm{D}(\rho c_V T)}{\mathrm{D}t} = -p\nabla\cdot\boldsymbol{u} + 2\mu_1\varepsilon_{ij}\varepsilon_{ij} + \frac{\partial}{\partial x_i}\left(\lambda\frac{\partial T}{\partial x_i}\right) + \rho q_{\mathrm{r}} \tag{2-60c}$$

$$\frac{\mathrm{D}(\rho c_p T)}{\mathrm{D}t} = \frac{\mathrm{D}p}{\mathrm{D}t} + 2\mu_1\varepsilon_{ij}\varepsilon_{ij} + \frac{\partial}{\partial x_i}\left(\lambda\frac{\partial T}{\partial x_i}\right) + \rho q_{\mathrm{r}} \tag{2-60d}$$

式（2-60）均为守恒形式的牛顿流体能量方程。如果流体是可压缩的，如气体，一般采用比定容热容表示体系内能量的改变，这样采用式（2-60a）或式（2-60c）进行描述比较方便。如果流体是不可压缩的，一般采用定压比热容表示体系内能量的改变，这样采用式（2-60b）或式（2-60d）进行描述比较方便。

2.5.7 不可压缩流体的连续性方程

不可压缩流体意味着在外力的作用下，流体系统的体积保持不变。换言之，流体的线应变率等于零，即

$$\nabla\cdot\boldsymbol{u}=0 \tag{2-61}$$

式（2-61）也被称为不可压缩流体的连续性方程。

由式（2-6a）和式（2-61）可知不可压缩流体的另一个定义等价于流体密度对时间的全导数为零，即

$$\frac{\mathrm{D}\rho}{\mathrm{D}t} = \frac{\partial\rho}{\partial t} + u\frac{\partial\rho}{\partial x} + v\frac{\partial\rho}{\partial y} + w\frac{\partial\rho}{\partial z} = 0 \tag{2-62}$$

一般情况下，液体可作为不可压缩流体；气体在流动速度远小于声速时，在工程上也可视为不可压缩流体。

如果流场各处的流体密度 ρ 均相等，即

$$\rho = 常数 \tag{2-63}$$

那么该种流体称为恒密度流体。

应该注意的是，式（2-62）表明不可压缩流体的密度可能是常数，也可能不是常数。在流动过程中，不可压缩流体的各个流体质点的密度可以保持不变，但是不同流体质点之间的密度则可以不相等。例如，在大气和海洋中，由于空气温度的变化和海水含盐量的不同会形成密度分层流动现象[5]，如图 2-7 所示。

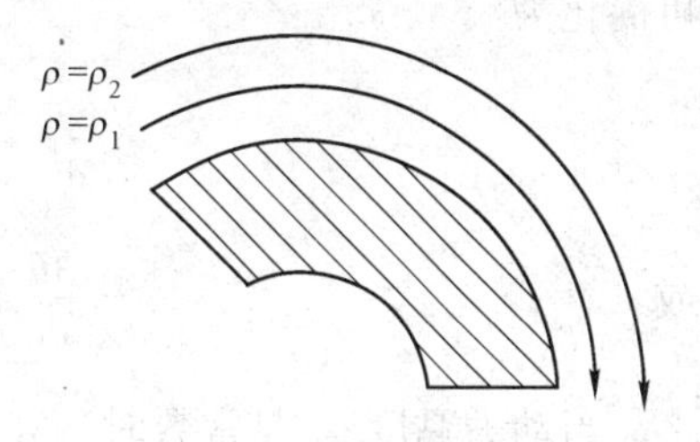

图 2-7 密度分层流动

而流体密度恒定意味着流体密度对空间和时间的导数分别为零，即

$$\frac{\partial\rho}{\partial t}=0 \tag{2-64a}$$

$$\nabla\rho=0 \tag{2-64b}$$

因此

$$\frac{\mathrm{D}\rho}{\mathrm{D}t} = \frac{\partial\rho}{\partial t} + (\boldsymbol{u}\cdot\nabla)\rho = 0 \tag{2-65}$$

以上推导说明恒密度流体也是不可压缩流体的一种。但流体密度 ρ = 常数是不可压缩流体的充分条件，而不是充分必要条件。

2.5.8 不可压缩流体的动量方程

对于不可压缩流体，由式（2-38）可知黏性应力张量可表示为

$$\overline{\overline{T}} = 2\mu_1 \overline{\overline{E}} = \tau_{ij} = \begin{cases} \mu_1\left(\dfrac{\partial u_i}{\partial x_j} + \dfrac{\partial u_j}{\partial x_i}\right) & \text{当 } i \neq j \text{ 时} \\ 2\mu_1 \dfrac{\partial u_i}{\partial x_i} & \text{当 } i = j \text{ 时} \end{cases} \tag{2-66}$$

对于不可压缩流体，有$\nabla \cdot \boldsymbol{u} = 0$，则式（2-47）可进一步简化为

$$\rho \frac{\mathrm{D}\boldsymbol{u}}{\mathrm{D}t} = \rho \boldsymbol{f} - \nabla p + \nabla \cdot (2\mu_1 \overline{\overline{\boldsymbol{E}}}) \tag{2-67a}$$

或

$$\rho \frac{\partial u_i}{\partial t} + \rho u_j \frac{\partial u_i}{\partial x_j} = \rho f_i - \frac{\partial p}{\partial x_i} + \frac{\partial}{\partial x_j}\left[\mu_1\left(\frac{\partial u_i}{\partial x_j} + \frac{\partial u_j}{\partial x_i}\right)\right] \tag{2-67b}$$

这是不可压缩流体纳维-斯托克斯方程的非守恒形式。

利用不可压缩流体的特性$\nabla \cdot \boldsymbol{u} = 0$，对广义牛顿内摩擦定律进行简化，可将式（2-49b）改写为

$$\frac{\partial}{\partial t}(\rho \boldsymbol{u}) + \nabla \cdot (\rho \boldsymbol{u}\boldsymbol{u}) = \rho \boldsymbol{f} - \nabla p + \nabla \cdot (2\mu_1 \overline{\overline{\boldsymbol{E}}}) \tag{2-68a}$$

或

$$\frac{\partial(\rho u_i)}{\partial t} + \frac{\partial(\rho u_j u_i)}{\partial x_j} = \rho f_i - \frac{\partial p}{\partial x_i} + \frac{\partial}{\partial x_j}\left[\mu_1\left(\frac{\partial u_i}{\partial x_j} + \frac{\partial u_j}{\partial x_i}\right)\right] \tag{2-68b}$$

这是不可压缩流体纳维-斯托克斯方程的守恒形式。

如果动力黏度μ_1是常数，非守恒形式的不可压缩流体纳维-斯托克斯方程式（2-67）可简化为

$$\rho \frac{\partial u_i}{\partial t} + \rho u_j \frac{\partial u_i}{\partial x_j} = \rho f_i - \frac{\partial p}{\partial x_i} + \mu_1 \frac{\partial}{\partial x_j}\left(\frac{\partial u_i}{\partial x_j}\right) \tag{2-69a}$$

或

$$\rho \frac{\partial \boldsymbol{u}}{\partial t} + \rho(\boldsymbol{u} \cdot \nabla)\boldsymbol{u} = \rho \boldsymbol{f} - \nabla p + \mu_1 \nabla^2 \boldsymbol{u} \tag{2-69b}$$

当动力黏度μ_1是常数时，守恒形式的不可压缩流体纳维-斯托克斯方程式（2-68）可简化为

$$\frac{\partial(\rho u_i)}{\partial t} + \frac{\partial(\rho u_j u_i)}{\partial x_j} = \rho f_i - \frac{\partial p}{\partial x_i} + \frac{\partial}{\partial x_j}\left(\mu_1 \frac{\partial u_i}{\partial x_j}\right) \tag{2-69c}$$

或

$$\frac{\partial(\rho \boldsymbol{u})}{\partial t} + \nabla \cdot (\rho \boldsymbol{u}\boldsymbol{u}) = \rho \boldsymbol{f} - \nabla p + \nabla \cdot (\mu_1 \nabla \boldsymbol{u}) \tag{2-69d}$$

应该注意的是，在流体温度为常数的条件下，式（2-69）对恒密度流体的流动依然成立。但是流体密度ρ和温度T均是常数意味着流体微团的热力学压强p也为常数。因此，动量方程式（2-69）中的压力项∇p恒为零。在体积力为零的条件下，恒密度流体流动的控制方程组变为

$$\begin{cases}\nabla\cdot\boldsymbol{u}=0\\ \dfrac{\mathrm{D}\boldsymbol{u}}{\mathrm{D}t}=\nu_1\nabla^2\boldsymbol{u}\end{cases}\tag{2-70}$$

这样，不可压缩流体的控制方程组有 4 个标量方程，然而未知数只有 3 个速度分量，方程组超定[4]。因此，不可压缩流体的纳维-斯托克斯方程中的压强 p 并不是热力学压强，而是式（2-40）中与压强 p 数值相同的平均压强 p_m，定义式见式（2-30）。

在物理意义上，热力学平衡要求体系同时满足热平衡、力平衡和化学平衡。但在流体流动的过程中，黏性的存在使流动的流体始终处于受力不平衡的状态中，因此流动着的黏性流体体系无法满足热力学平衡。关于局部平衡状态下的热力学压强的提法是不严谨的，体系中并不存在满足热力学平衡的热力学压强。不可压缩流体的纳维-斯托克斯方程中的压强 p 只是微元体所受正压力的算术平均值的负值 p_m，一个具有压强量纲的数学量。从数学角度来看，如果将压强作为一个未知的数学量，那么不可压缩流体的控制方程组的超定就为未知量压强的确定提供了可能，于是引出了第 3 章的 SIMPLE 算法。

2.5.9 不可压缩流体的能量方程

对于不可压缩流体，$\nabla\cdot\boldsymbol{u}=0$（即 $\varepsilon_{ii}=0$），则由能量方程（2-58a）可得

$$\rho c_V\frac{\mathrm{D}T}{\mathrm{D}t}=\frac{\partial}{\partial x_i}\left(\lambda\frac{\partial T}{\partial x_i}\right)+\rho q_r+\phi\tag{2-71}$$

式中，耗散功 $\phi=2\mu_1\varepsilon_{ij}\varepsilon_{ij}$，为黏性应力所做的变形功，它表示了单位时间内单位体积流体中黏性力做功转化为内能。耗散功使流动的机械能转化为热能从而增加了流体的内能，这种转变是不可逆的，故 ϕ 恒为正值。ϕ 的分量形式为

$$\begin{aligned}\phi&=\mu_1(2\varepsilon_{11}^2+2\varepsilon_{22}^2+2\varepsilon_{33}^2+4\varepsilon_{12}^2+4\varepsilon_{23}^2+4\varepsilon_{31}^2)\\&=\mu_1\left[2\left(\frac{\partial u}{\partial x}\right)^2+2\left(\frac{\partial v}{\partial y}\right)^2+2\left(\frac{\partial w}{\partial z}\right)^2+\left(\frac{\partial u}{\partial y}+\frac{\partial v}{\partial x}\right)^2+\left(\frac{\partial v}{\partial z}+\frac{\partial w}{\partial y}\right)^2+\left(\frac{\partial u}{\partial z}+\frac{\partial w}{\partial x}\right)^2\right]\end{aligned}\tag{2-72}$$

对于任何封闭体系，定压比热容 c_p 一般大于定容比热容 c_V。它们之间的关系如下[14,15]

$$c_p-c_V=\left[\left(\frac{\partial U}{\partial\hat{V}}\right)_T+p\right]\left(\frac{\partial\hat{V}}{\partial T}\right)_P\tag{2-73}$$

式中 $\hat{V}$——系统体积；

U——系统内能；

p——系统的热力学压强。

虽然系统的压强和温度发生改变，但是不可压缩条件要求流体体积不能发生改变，即无论体系的压强和温度如何变化，体系体积保持常数。那么存在如下的关系式

$$\frac{\partial\hat{V}}{\partial T}=0\tag{2-74a}$$

因此，不可压缩流体只有一个比热容，即定压比热容和定容比热容相等

$$c_V=c_p\tag{2-74b}$$

故式（2-71）可改写为

$$\rho c_p \frac{\partial T}{\partial t} + \rho c_p u_j \frac{\partial T}{\partial x_j} = \frac{\partial}{\partial x_i}\left(\lambda \frac{\partial T}{\partial x_i}\right) + \rho q_r + \phi \tag{2-75a}$$

或

$$\rho \frac{\partial h}{\partial t} + \rho u_j \frac{\partial h}{\partial x_j} = \frac{\partial}{\partial x_i}\left(\frac{\lambda}{c_p}\frac{\partial h}{\partial x_i}\right) + \rho q_r + \phi \tag{2-75b}$$

式（2-75b）即为非守恒形式的不可压缩流体能量方程。

式（2-71）表明，单位质量不可压缩流体内能的增长率等于热传导输入的能量、内热源的生成热和黏性耗散功之和。如果不可压缩流体运动速度很小，那么耗散项 ϕ 很小，可以忽略，因此，式（2-75）可简化为

$$\rho c_p \frac{\partial T}{\partial t} + \rho c_p u_j \frac{\partial T}{\partial x_j} = \frac{\partial}{\partial x_i}\left(\lambda \frac{\partial T}{\partial x_i}\right) + \rho q_r \tag{2-76a}$$

或

$$\rho \frac{\partial h}{\partial t} + \rho u_j \frac{\partial h}{\partial x_j} = \frac{\partial}{\partial x_i}\left(\frac{\lambda}{c_p}\frac{\partial h}{\partial x_i}\right) + \rho q_r \tag{2-76b}$$

式（2-76）就是常见的非守恒形式的不可压缩流体能量方程。

由式（2-60a）出发，采用类似于方程（2-76a）的推导过程，可得守恒形式的不可压缩流体能量方程，即

$$\frac{\partial(\rho h)}{\partial t} + \frac{\partial(\rho u_j h)}{\partial x_j} = 2\mu_1 \varepsilon_{ij}\varepsilon_{ij} + \frac{\partial}{\partial x_i}\left(\frac{\lambda}{c_p}\frac{\partial h}{\partial x_i}\right) + \rho q_r \tag{2-77a}$$

定压比热容 c_p 是温度和压力的函数。与温度的影响相比，压力对比热容的影响很小。如果体系的温度和压力变化均不大，那么 c_p 可认为是常数，则式（2-77a）可改写为

$$\frac{\partial(\rho c_p T)}{\partial t} + \frac{\partial(\rho u_j c_p T)}{\partial x_j} = 2\mu_1 \varepsilon_{ij}\varepsilon_{ij} + \frac{\partial}{\partial x_i}\left(\lambda \frac{\partial T}{\partial x_i}\right) + \rho q_r \tag{2-77b}$$

式（2-77）就是守恒形式的不可压缩流体能量方程。

式（2-77）是钢液凝固控制方程的雏形。在研究钢液流动时，通常将钢液视为不可压缩流体，因而在能量方程中一般选用焓或定压比热容和温度比较方便。研究钢液的凝固，由于涉及凝固潜热的释放，因此，自变量选用焓可以方便计算，并得到准确的结果。但采用式（2-77a）的缺点在于焓的物理意义没有温度直观，有时为简化计算，将凝固潜热的效果用等效定压比热容表达，那么自变量可选用温度，即采用式（2-77b）。

2.6 湍流的描述

2.6.1 湍流的基本特征

所谓湍流，目前尚没有一个确切的定义。1883 年，英国物理学家雷诺通过圆管实验揭示了层流和湍流是两种不同性质的流动状态，并提出用雷诺准数（Reynolds Number）区分层流和湍流。

$$Re = \frac{\rho u L}{\mu_1} \tag{2-78}$$

式中，ρ 为流体密度，kg/m^3；μ_1 为流体动力黏度，Pa · s；u 为流动的特征速度，m/s；L

为特征尺度，m。

当流体处于流动状态时，如果流体质点的轨迹是规则的光滑曲线，那么这种流动被称为层流。湍流则是一种蜿蜒曲折、起伏不定的流动。20 世纪 60 年代以来，随着湍流测试手段的进步和计算流体力学的发展，人们发现了湍流是一种混沌的不规则的流动状态。其基本特征如下：

（1）湍流是由无数形状与大小各异的漩涡叠加而成的流动形式，并且这些漩涡的运动具有随机性。

（2）湍流瞬时运动的时空特性是非定常和三维的。

（3）大尺度漩涡的运动具有拟序性。

（4）湍流运动和统计平均特征具有一定的规律性。

2.6.2 湍流的数值模拟方法

目前人们普遍认为，纳维-斯托克斯方程组能准确描述牛顿流体的湍流运动。因为，直接数值模拟（Direct Numerical Simulation）技术不需要对湍流建立模型，仅采用数值计算直接求解纳维-斯托克斯方程组即可，因此，直接数值模拟似乎是一种理想和精确的方法。但是，即使利用目前世界上运算速度最快的计算机进行计算，直接数值模拟方法也不能应用于工程中的湍流计算。其原因如下：

（1）湍流具有各种尺度的量。湍流中不同漩涡的尺寸和频率具有很大的差异。由于在湍流动力学中，发生在科尔莫戈罗夫（Kolmogorov）尺度的湍流耗散过程十分重要。因此，直接数值模拟的网格分辨率需达到科尔莫戈罗夫尺度。在目前的计算机硬件条件下，直接数值模拟能模拟的流动雷诺数一般不超过100000，而一般工程涉及流动的雷诺数为几十万至几百万，因此，它离实际工程应用尚远。

（2）不可能精确给出满足最小尺度量的合理的边界条件和初始条件。因为大雷诺数湍流流动本身就不稳定，并且边界上任何一个微小扰动都会造成流场内新的小尺度涡的生成或者改变现有的小尺度涡。

（3）为了减少截断误差和虚假扩散，直接数值模拟会采用高阶的离散格式，但是像谱方法这样的高阶格式目前无法处理具有复杂几何外形的流动。

在大多数工程应用中，人们并不关注流场中小尺度量的细节问题。雷诺时均法（Reynolds Averaged Navier-Stokes，简称 RANS）的计算量较小且能满足工程要求，因而得到了广泛的应用。其基本思路如下：

（1）将湍流瞬时运动分解为时均运动和脉动运动两部分。

（2）把脉动运动对时均运动的贡献通过雷诺应力来表达。

（3）依据湍流理论和实验结果，对雷诺应力做出各种假设，建立湍流模型使时均化的雷诺方程封闭。

雷诺时均法不需要计算各种尺度的湍流脉动，只计算平均运动，因此，它的空间分辨率要求低，计算工作量小。但是对雷诺应力建立模型进行研究存在以下缺陷：

（1）这些湍流模型都包含经验常数，而且模型越复杂，所涉及的经验常数也越多，这些常数的取值应根据实际流动情况来选择。但在多数情况下，由于研究问题的特殊性，实际流动情况并没有直接的测量数据作为参考，因此，这些常数的确定经常带有很大的主观性。

（2）湍流是由各种不同尺度的涡旋叠合而成的。大尺度的涡主要取决于流动的边界条件，其尺寸与流场的大小同属一个量级。大尺度涡具有高度的各向异性，强烈地影响着平均流动，负责大部分的质量、动量和能量的输运。小尺度涡主要是通过大涡之间的非线性相互作用间接产生的，主要由黏性力所决定。小尺度涡具有近似的各向同性，轻微地影响着平均流动，主要起黏性耗散作用。同时，大涡和小涡之间还存在着强烈的相互作用。在实际应用中，不同流动中的大涡具有不同结构。大涡的高度各向异性决定了一个事实：不存在普遍适用的湍流模型能同时考虑具有不同结构的大涡的所有特征，但是小涡的近似各向同性则可能通过一种较普遍适用的模型进行描述。

大涡模拟（Large Eddy Simulation）诞生于20世纪70年代，基本思想是，把包括脉动运动在内的湍流瞬时运动，通过某种滤波方法分解成大尺度涡和小尺度涡两部分，大尺度涡通过纳维-斯托克斯方程直接求解，小尺度涡对大尺度涡的影响则通过亚格子模式计算[1]。在一定意义上，大涡模拟是介于直接数值模拟与一般湍流模型理论之间的折中产物。它的优点是：

（1）由于不直接计算小尺度涡，对空间分辨率的要求远小于直接数值模拟方法。这样，数值模拟的时间步长和空间步长就可以放大，因此大幅度减少了对计算机内存的要求，减少了计算量。在现有条件下，大涡模拟可以模拟较高雷诺数和较复杂的湍流运动。

（2）与雷诺时均法相比，大涡模拟的求解更具普适性，结果也更精确。由于湍流流动中不同尺度的涡的特性有本质区别，一方面很难找到一种通用的湍流模型；另一方面如果忽略大涡与小涡之间本质上的区别，就必然会带来误差。大涡模拟对受边界条件和流动类型影响较大的大涡进行直接求解，而对基本各向同性的小涡采用模型描述。其思想比雷诺时均法更合理，更具通用性，结果也更精确，可以获得比雷诺时均法更多的湍流信息。

2.7 湍流基本方程

本书研究对象主要是钢液，而液体很难被压缩。这样，大多数研究者均将钢液作为不可压缩流体来处理。因此，本节湍流基本方程也是基于不可压缩流体展开的。

2.7.1 时均值和脉动值

湍流的最基本特征是它的随机性，因此要准确描述湍流运动随时间和空间的变化规律是不现实的。目前主要采取时间平均方法来描述湍流，即可将湍流基本参数的瞬时值 A 表示成时均值 $\overline{A}$ 和脉动值 A' 的和，即

$$A = \overline{A} + A' \tag{2-79}$$

式中，时均值的定义为 $\overline{A} = \frac{1}{\Delta t}\int_{t}^{t+\Delta t} A\mathrm{d}t$。当时间间隔 Δt 远大于湍流脉动周期时，时均值与所取的时间间隔无关。

为对湍流运动微分方程进行平均化处理，需了解以下时均运算规律。

2.7.1.1 瞬时量的时均运算

（1）瞬时量（A 与 B）和的平均值等于各瞬时量平均值的和

$$\overline{A+B}=\overline{A}+\overline{B} \tag{2-80a}$$

（2）瞬时量与常数（c）之积的平均值等于瞬时量平均值与常数的积

$$\overline{cA}=c\,\overline{A} \tag{2-80b}$$

（3）时均量与瞬时量之积的平均值等于两个时均量的积

$$\overline{\overline{A}\cdot\overline{B}}=\overline{A}\cdot\overline{B} \tag{2-80c}$$

（4）两个瞬时量之积的平均值等于两个时均值的积与两个脉动量的积的平均值的和

$$\overline{AB}=\overline{A}\cdot\overline{B}+\overline{A'B'} \tag{2-80d}$$

（5）瞬时量对空间（x）的各阶偏导数的平均值等于时均量对同一坐标的各阶导数值

$$\overline{\frac{\partial A}{\partial x}}=\frac{\partial\overline{A}}{\partial x},\overline{\frac{\partial^2 A}{\partial x^2}}=\frac{\partial^2\overline{A}}{\partial x^2},\overline{\frac{\partial^n A}{\partial x^n}}=\frac{\partial^n\overline{A}}{\partial x^n} \tag{2-80e}$$

（6）瞬时量对时间（t）的各阶偏导数的平均值等于时均量对时间的各阶导数

$$\overline{\frac{\partial A}{\partial t}}=\frac{\partial\overline{A}}{\partial t},\overline{\frac{\partial^2 A}{\partial t^2}}=\frac{\partial^2\overline{A}}{\partial t^2},\overline{\frac{\partial^m A}{\partial t^m}}=\frac{\partial^m\overline{A}}{\partial t^m} \tag{2-80f}$$

2.7.1.2 时均量和脉动量的时均运算

（1）时均值的平均值（$\overline{\overline{A}}$）等于原来的时均值

$$\overline{\overline{A}}=\overline{A} \tag{2-81a}$$

（2）脉动量的平均值等于零

$$\overline{A'}=0 \tag{2-81b}$$

（3）常数与脉动量之积的平均值等于零

$$\overline{cA'}=0 \tag{2-81c}$$

（4）时均量与脉动量之积的平均值等于零

$$\overline{\overline{A}B'}=0 \tag{2-81d}$$

（5）脉动量对空间坐标的各阶偏导数等于零

$$\overline{\frac{\partial^n A'}{\partial x^n}}=0 \tag{2-81e}$$

（6）脉动量对时间的各阶偏导数等于零

$$\overline{\frac{\partial^m A'}{\partial t^m}}=0 \tag{2-81f}$$

2.7.2 时均连续性方程

从质量守恒定律出发，可得到不可压缩流体的连续性方程

$$\frac{\partial u_i}{\partial x_i}=0 \tag{2-82}$$

式中，速度 u_i 为瞬时速度，对式（2-82）取时间平均，得

$$\frac{\partial\overline{u}_i}{\partial x_i}=0 \tag{2-83}$$

将式（2-82）减去式（2-83），得

$$\frac{\partial u_i'}{\partial x_i}=0 \tag{2-84}$$

因此，不可压缩流体湍流流动时的瞬时速度、时均速度和脉动速度的散度均为零。

2.7.3 时均动量方程

对于密度ρ和动力黏度μ_1均为常数的流体，将$u_i=\bar{u}_i+u_i'$和$p=\bar{p}+p'$代入非守恒形式的不可压缩流体动量守恒式（2-69a），得

$$\rho\frac{\partial(\bar{u}_i+u_i')}{\partial t}+\rho(\bar{u}_j+u_j')\frac{\partial(\bar{u}_i+u_i')}{\partial x_j}=\rho f_i-\frac{\partial(\bar{p}+p')}{\partial x_i}+\mu_1\frac{\partial^2(\bar{u}_i+u_i')}{\partial x_j\partial x_j} \tag{2-85}$$

对式（2-85）取时间平均，并应用时均运算法则，得

$$\rho\frac{\partial\bar{u}_i}{\partial t}+\rho\,\bar{u}_j\frac{\partial\bar{u}_i}{\partial x_j}+\rho\,\overline{u_j'\frac{\partial u_i'}{\partial x_j}}=\rho\bar{f}_i-\frac{\partial\bar{p}}{\partial x_i}+\mu_1\frac{\partial^2\bar{u}_i}{\partial x_j\partial x_j} \tag{2-86}$$

由复合函数求导法则和时均运算法则，可知式（2-86）等号左边第三项可表示为如下形式

$$\rho\,\overline{u_j'\frac{\partial u_i'}{\partial x_j}}=\rho\left[\frac{\partial(\overline{u_i'u_j'})}{\partial x_j}-\overline{u_i'\frac{\partial u_j'}{\partial x_j}}\right] \tag{2-87}$$

由式（2-84）可知脉动速度的散度为零，因此，式(2-87)可简化为

$$\rho\,\overline{u_j'\frac{\partial u_i'}{\partial x_j}}=\rho\frac{\partial(\overline{u_i'u_j'})}{\partial x_j} \tag{2-88}$$

将式（2-88）代入式（2-86），整理得

$$\rho\frac{\partial\bar{u}_i}{\partial t}+\rho\,\bar{u}_j\frac{\partial\bar{u}_i}{\partial x_j}=\rho\bar{f}_i-\frac{\partial\bar{p}}{\partial x_i}+\frac{\partial}{\partial x_j}\left(\mu_1\frac{\partial\bar{u}_i}{\partial x_j}-\rho\,\overline{u_i'u_j'}\right) \tag{2-89}$$

式（2-89）为湍流的时均动量方程，也称为雷诺方程。雷诺方程与纳维-斯托克斯方程式（2-69）相比，仅是将纳维-斯托克斯方程中瞬时量u_i和p分别用时均量$\bar{u}_i$和$\bar{p}$代替，并多出了与脉动速度相关的项$-\rho\,\overline{u_i'u_j'}$。这些脉动相关项在式（2-89）中以应力的形式出现，因此称为雷诺应力（单位为 Pa）

$$\tau_{ij}'=-\rho\,\overline{u_i'u_j'} \tag{2-90}$$

在一些著作中，也将$-\overline{u_i'u_j'}$称作雷诺应力。但是，雷诺应力τ_{ij}'与式（2-8）中牛顿应力具有相同的量纲，因此本书采用式（2-90）表示雷诺应力。

从推导过程可知，雷诺应力产生于纳维-斯托克斯方程中的对流项。这说明了雷诺应力的产生来源于速度场在空间分布的不均匀性。雷诺应力$-\rho\,\overline{u_i'u_j'}$是一个二阶对称张量，对应着 6 个不同的雷诺应力分量，即 3 个正应力和 3 个切应力。雷诺应力作用的结果是使流动趋于均匀化，即减小流场中的速度梯度。雷诺应力τ_{ij}'可表示为

$$\tau_{ij}'=\begin{bmatrix}-\rho\,\overline{u_1'u_1'} & -\rho\,\overline{u_1'u_2'} & -\rho\,\overline{u_1'u_3'}\\ -\rho\,\overline{u_2'u_1'} & -\rho\,\overline{u_2'u_2'} & -\rho\,\overline{u_2'u_3'}\\ -\rho\,\overline{u_3'u_1'} & -\rho\,\overline{u_3'u_2'} & -\rho\,\overline{u_3'u_3'}\end{bmatrix} \tag{2-91}$$

雷诺应力的讨论：（1）黏性应力对应于分子扩散引起界面两侧的动量交换，扩散是由分子热运动引起的；雷诺应力对应于流体微团的跳动引起界面两侧的动量交换，跳动是由大大小小的旋涡（即湍流脉动）引起的。所以，湍流平均运动的微元体除压力外还受到分子黏性应力和雷诺应力两种表面力作用。（2）雷诺应力张量是脉动速度的二阶相关张量。（3）分子运动的特征长度是分子平均自由程，它远小于流动的宏观尺度，而湍流脉动的最小特征尺度仍属于宏观尺度。所以，雷诺应力比时均流黏性力大若干量级，起主导作用，它使时均流速度分布等发生明显变化。

为了使雷诺方程与纳维-斯托克斯方程在形式上一致，需对广义牛顿内摩擦定律进行数学形式上的修改。总应力张量可表示为

$$\tilde{p}_{ij} = -\bar{p}\delta_{ij} + \bar{\tau}_{ij} + \tau'_{ij} = -\bar{p}\delta_{ij} + \tilde{\tau}_{ij} \tag{2-92}$$

总黏性应力张量$\tilde{\tau}_{ij}$表示为

$$\tilde{\tau}_{ij} = \bar{\tau}_{ij} + \tau'_{ij} = \bar{\tau}_{ij} - \rho\,\overline{u'_i u'_j} \tag{2-93a}$$

平均黏性应力张量$\bar{\tau}_{ij}$可表示为

$$\bar{\tau}_{ij} = 2\boldsymbol{\mu}_1\left[\frac{1}{2}\left(\frac{\partial \boldsymbol{u}_i}{\partial x_j} + \frac{\partial \boldsymbol{u}_j}{\partial x_i}\right) - \frac{1}{3}\frac{\partial \boldsymbol{u}_k}{\partial x_k}\delta_{ij}\right] = 2\boldsymbol{\mu}_1\left[\frac{1}{2}\left(\frac{\partial \boldsymbol{u}_i}{\partial x_j} + \frac{\partial \boldsymbol{u}_j}{\partial x_i}\right)\right] = 2\boldsymbol{\mu}_1\varepsilon_{ij} \tag{2-93b}$$

这样，雷诺方程就具有了与纳维-斯托克斯方程相同的数学形式

$$\rho\frac{\partial \bar{u}_i}{\partial t} + \rho\,\bar{u}_j\frac{\partial \bar{u}_i}{\partial x_j} = \rho\bar{f}_i - \nabla\bar{p} + \nabla\cdot\tilde{\tau}_{ij} \tag{2-94}$$

式（2-83）和式（2-94）被称为非守恒形式的湍流时均运动的连续性方程和动量方程。

当流体密度ρ和动力黏度μ_1均为常数时，从不可压缩流体动量守恒式（2-69c）出发，采用类似于式（2-94）的推导过程，可得守恒形式的雷诺方程

$$\frac{\partial(\rho\bar{u}_i)}{\partial t} + \frac{\partial(\rho\bar{u}_j\bar{u}_i)}{\partial x_j} = \rho\bar{f}_i - \frac{\partial\bar{p}}{\partial x_i} + \frac{\partial}{\partial x_j}\left(\mu_1\frac{\partial\bar{u}_i}{\partial x_j} - \rho\,\overline{u'_i u'_j}\right) \tag{2-95}$$

在时均连续性方程和雷诺方程中，需要求解压力、3个速度分量和6个雷诺应力项，但是时均连续性方程和雷诺方程仅包含四个方程，却需要求解10个未知量，方程组无法封闭。

2.7.4 时均能量方程

由于在结晶器冶金过程中，一般认为钢液的密度是常数，并且在结晶器内钢液的流动速度一般小于5m/s，因此，能量方程式（2-75b）中的耗散项$\phi = 2\mu_1\varepsilon_{ij}\varepsilon_{ij}$可以忽略。这样，非守恒形式的钢液能量方程可表示为

$$\rho\frac{\partial h}{\partial t} + \rho u_i\frac{\partial h}{\partial x_i} = \frac{\partial}{\partial x_i}\left(\frac{\lambda}{c_p}\frac{\partial h}{\partial x_i}\right) + \rho q_r \tag{2-96}$$

将$u_i = \bar{u}_i + u'_i$和$h = \bar{h} + h'$代入能量守恒式（2-96），得

$$\rho\frac{\partial(\bar{h}+h')}{\partial t} + \rho(\bar{u}_i + u'_i)\frac{\partial(\bar{h}+h')}{\partial x_i} = \frac{\partial}{\partial x_i}\left[\frac{\lambda}{c_p}\frac{\partial(\bar{h}+h')}{\partial x_i}\right] + \rho q_r \tag{2-97}$$

对式（2-97）取时间平均，并应用时均运算法则，得

$$\rho\frac{\partial\bar{h}}{\partial t}+\rho\bar{u}_i\frac{\partial\bar{h}}{\partial x_i}+\rho\overline{u_i'\frac{\partial h'}{\partial x_i}}=\frac{\partial}{\partial x_i}\left(\frac{\lambda}{c_p}\frac{\partial\bar{h}}{\partial x_i}\right)+\rho\bar{q}_{\mathrm{r}} \tag{2-98}$$

由复合函数求导法则和时均运算法则，可知式（2-98）等号左边第三项可表示为如下形式

$$\rho\overline{u_i'\frac{\partial h'}{\partial x_i}}=\rho\left[\frac{\partial(\overline{u_i'h'})}{\partial x_i}-\overline{h'\frac{\partial u_i'}{\partial x_i}}\right] \tag{2-99}$$

由式（2-84）可知脉动速度的散度为零，因此式（2-99）可简化为

$$\rho\overline{u_i'\frac{\partial h'}{\partial x_i}}=\rho\frac{\partial(\overline{u_i'h'})}{\partial x_i} \tag{2-100}$$

将式（2-100）代入式（2-98），整理得

$$\rho\frac{\partial\bar{h}}{\partial t}+\rho\bar{u}_i\frac{\partial\bar{h}}{\partial x_i}=\frac{\partial}{\partial x_i}\left(\frac{\lambda}{c_p}\frac{\partial\bar{h}}{\partial x_i}-\rho\overline{u_i'h'}\right)+\rho\bar{q}_{\mathrm{r}} \tag{2-101a}$$

式（2-101a）就是非守恒形式的时均能量方程。与非守恒形式不可压缩流体能量方程（2-76b）相比，仅是将能量守恒方程中瞬时量 u_i 和 h 分别用时均量 $\bar{u}_i$ 和 $\bar{h}$ 代替，并出现了与脉动速度和脉动焓相关的项 $-\rho\overline{u_i'h'}$。时均能量方程是一个标量方程，但需要求解焓和 $-\rho\overline{u_i'h'}$ 的 3 个分量，方程无法封闭。

引入定压比热容 c_p，则上述方程也可以用温度 T 来表示

$$\rho c_p\frac{\partial\bar{T}}{\partial t}+\rho c_p\bar{u}_i\frac{\partial\bar{T}}{\partial x_i}=\frac{\partial}{\partial x_i}\left(\lambda\frac{\partial\bar{T}}{\partial x_i}-\rho c_p\overline{u_i'T'}\right)+\rho q_{\mathrm{r}} \tag{2-101b}$$

当流体密度 ρ 为常数时，从不可压缩流体能量守恒式(2-77)出发，注意到钢液流动过程中耗散项 $\phi=2\mu_1\varepsilon_{ij}\varepsilon_{ij}$ 可以忽略，采用类似于式（2-101）的推导过程，可得守恒形式的湍流时均能量守恒方程

$$\frac{\partial(\rho\bar{h})}{\partial t}+\frac{\partial(\rho\bar{u}_i\bar{h})}{\partial x_i}=\frac{\partial}{\partial x_i}\left(\frac{\lambda}{c_p}\frac{\partial\bar{h}}{\partial x_i}-\rho\overline{u_i'h'}\right)+\rho\bar{q}_{\mathrm{r}} \tag{2-102a}$$

和

$$\frac{\partial(\rho c_p\bar{T})}{\partial t}+\frac{\partial(\rho c_p\bar{u}_i\bar{T})}{\partial x_i}=\frac{\partial}{\partial x_i}\left(\lambda\frac{\partial\bar{T}}{\partial x_i}-\rho c_p\overline{u_i'T'}\right)+\rho\bar{q}_{\mathrm{r}} \tag{2-102b}$$

需要指出的是，除特别声明外，本书讨论均针对时均量的控制方程展开，在书写上也不再将时均量与瞬时量作区分。

2.8 湍流动量模型

时均湍流流动控制方程组不封闭的原因是方程中出现了关于速度脉动值的雷诺应力项 $-\rho\overline{u_i'u_j'}$。如果要使方程组封闭，就必须建立以雷诺应力为未知量的雷诺应力输运方程。因此，湍流理论的核心问题是对雷诺应力做出一些假设，建立雷诺应力表达式或补充新的湍流方程，从而使时均湍流流动控制方程组封闭。

在封闭时均湍流流动控制方程组的过程中，经常会涉及两个重要的脉动量参数，即湍动能 k（单位为 m^2/s^2）和湍流能耗散率 ε（单位为 m^2/s^3）。它们的定义式如下

$$k=\frac{1}{2}\overline{u_i'u_i'}=\frac{1}{2}(\overline{u'^2}+\overline{v'^2}+\overline{w'^2}) \tag{2-103}$$

$$\varepsilon = \nu_1 \overline{\frac{\partial u_i'}{\partial x_k} \frac{\partial u_i'}{\partial x_k}} \tag{2-104}$$

式中，ν_1 为流体运动黏度，m^2/s，是流体的物性参数。

目前，根据雷诺应力的处理方式的不同可将湍流模型分为两大类：涡黏模型和雷诺应力模型。

2.8.1 涡黏模型及其演变

涡黏模型的基础是法国科学家布辛涅斯克在1877年提出的假设：二维湍流的雷诺应力与黏性应力作用相似，即局部的雷诺应力与平均速度梯度成正比

$$\tau' = \rho \nu_t \frac{\partial \overline{u}}{\partial y} \tag{2-105a}$$

涡黏模型的实质是不直接处理雷诺应力项，而是引入与分子运动黏度 ν_1 具有相同量纲的涡黏系数 ν_t，然后将雷诺应力表示成涡黏系数的函数。涡黏模型的核心是，认为流体质点湍流脉动引起的动量交换机理与流体分子运动引起的黏性切应力机理相类似，从而建立了雷诺应力与平均速度之间的关系。对一般的三维情况

$$\tau_{ij}' = -\rho \overline{u_i' u_j'} = \mu_t \left(\frac{\partial \overline{u}_i}{\partial x_j} + \frac{\partial \overline{u}_j}{\partial x_i} \right) - \frac{2}{3} \rho k \delta_{ij} = \rho \nu_t \left(\frac{\partial \overline{u}_i}{\partial x_j} + \frac{\partial \overline{u}_j}{\partial x_i} \right) - \frac{2}{3} \rho k \delta_{ij} \tag{2-105b}$$

式中，μ_t 为湍流动力黏度或涡黏度（eddy viscosity），Pa·s；ν_t 为涡黏系数（湍流运动黏度或涡团黏度），m^2/s。

涡黏模型隐含的基本假设是湍流涡黏系数 ν_t 是各向同性的。换言之，雷诺应力与时均速度梯度的比值在各个方向是相同的。

在实际的计算过程中，通常将 $-\frac{2}{3}\rho k \delta_{ij}$ 合并到压力项中，即有效压力 p_{eff} 的表达式为

$$p_{eff} = p + \frac{2}{3} \rho k \tag{2-106}$$

为书写方便，在以后的湍流模型中仍用 p 来表示有效压力 p_{eff}。

因此，总应力张量和总黏性应力张量可表示为

$$\tilde{p}_{ij} = -p\delta_{ij} + \tilde{\tau}_{ij} \tag{2-107a}$$

$$\tilde{\tau}_{ij} = \overline{\tau}_{ij} + \tau_{ij}' = \overline{\tau}_{ij} + 2\mu_t \varepsilon_{ij} = 2(\mu_1 + \mu_t)\varepsilon_{ij} \tag{2-107b}$$

应该注意的是，流体动力黏度 μ_1 是流体的物性参数，与流体流动的状况无关。一般情况下，液体的动力黏度取决于液体的种类和温度，与压强的关系不大。在相同温度条件下，对于同一种类的牛顿流体，即使流动情况不同或者所选取的流体位置不同，流体的动力黏度 μ_1 均相同。但是湍流动力黏度 μ_t 不是物性参数，而是湍流的一种流动特性，即使在相同温度的条件下，对于不同的湍流流动或同一湍流流动中的不同位置处，湍流动力黏度 μ_t 可以取不同的值。

将式（2-107）代入守恒形式的湍流时均运动的动量方程式（2-95），整理后可得涡黏

模型下守恒形式的动量方程

$$\frac{\partial(\rho\,\bar{u}_i)}{\partial t}+\frac{\partial(\rho\,\bar{u}_j\bar{u}_i)}{\partial x_j}=\rho\bar{f}_i-\frac{\partial\bar{p}}{\partial x_i}+\frac{\partial}{\partial x_j}\left[(\mu_1+\mu_t)\frac{\partial\bar{u}_i}{\partial x_j}\right] \tag{2-108}$$

从涡黏模型发展过程看，其先后经历了以下 3 个阶段。

2.8.1.1 零方程模型

零方程模型是指不使用微分方程，仅利用代数式来建立湍流黏度、时均速度和雷诺应力之间的关系。零方程模型的实施方案很多，其中，最著名的是德国科学家普朗特在 1925 年提出的混合长度模型。

普朗特首先假定湍流动力黏度 μ_t 与时均速度的梯度成正比，即

$$\mu_t=\rho l_m^2\left|\frac{\mathrm{d}u}{\mathrm{d}y}\right| \tag{2-109}$$

从而建立了雷诺应力的表达式

$$\tau'=\mu_t\frac{\mathrm{d}u}{\mathrm{d}y}=\rho l_m^2\left|\frac{\mathrm{d}u}{\mathrm{d}y}\right|\frac{\mathrm{d}u}{\mathrm{d}y} \tag{2-110}$$

式中，l_m 称为混合长度，由经验公式或实验确定。

混合长度模型的优点是，模型简单，计算量小，可用于射流、边界层流动、平直管道流动等简单流动。但在比较复杂的流动（如存在回流）中，混合长度 l_m 很难确定，因而限制了此类模型的使用。

2.8.1.2 一方程模型

一方程模型建立了湍动能 k 的输运方程，并将湍流动力黏度 μ_t 表达为湍动能 k 的函数，从而将湍流流动控制方程组封闭。

普朗特和前苏联科学家科尔莫戈罗夫给出了湍流动力黏度 μ_t 与湍动能 k 的关系式

$$\mu_t=C'_\mu\rho l\sqrt{k} \tag{2-111}$$

和湍动能的输运方程

$$\frac{\partial(\rho k)}{\partial t}+\frac{\partial(\rho u_i k)}{\partial x_i}=\frac{\partial}{\partial x_j}\left[\left(\mu_1+\frac{\mu_t}{\sigma_k}\right)\frac{\partial k}{\partial x_j}\right]+\mu_t\left(\frac{\partial u_i}{\partial x_j}+\frac{\partial u_j}{\partial x_i}\right)\frac{\partial u_i}{\partial x_j}-\rho C_D\frac{k^{3/2}}{l} \tag{2-112}$$

式（2-112）等号左端第一项为非定常项，第二项为对流项，等号右端第一项为扩散项，第二项为湍动能产生项，第三项为湍动能耗散项。σ_k 是湍动能的普朗特数，C'_μ和 C_D 为经验系数。它们的实际取值可参见文献[9]。然而另一个重要的参数，湍流长度标尺 l，在实际计算过程中很难确定，因此，在实际工程计算中很少应用一方程模型。

2.8.1.3 双方程模型

双方程模型（k-ε 模型）建立了湍动能 k 和湍动能耗散率 ε 的输运方程，并将湍流动力黏度 μ_t 表达成湍动能 k 和湍动能耗散率 ε 的函数，从而将湍流流动控制方程组封闭。

目前存在着多种双方程模型，其差异在于采用不同的物理量 Z 来表达湍动能 k 和湍流长度标尺 l 之间的关系，即 $Z=k^m l^n$。如果我们定义湍动能耗散率

$$\varepsilon=\frac{\mu_1}{\rho}\overline{\frac{\partial u'_i}{\partial x_k}\frac{\partial u'_i}{\partial x_k}}=C_D\frac{k^{3/2}}{l} \tag{2-113}$$

则标准 k-ε 模型可表示为

$$\frac{\partial(\rho k)}{\partial t}+\frac{\partial(\rho u_i k)}{\partial x_i}=\frac{\partial}{\partial x_j}\left[\left(\mu_1+\frac{\mu_t}{\sigma_k}\right)\frac{\partial k}{\partial x_j}\right]+G_k-\rho\varepsilon \tag{2-114}$$

$$\frac{\partial(\rho\varepsilon)}{\partial t}+\frac{\partial(\rho u_i\varepsilon)}{\partial x_i}=\frac{\partial}{\partial x_j}\left[\left(\mu_1+\frac{\mu_t}{\sigma_\varepsilon}\right)\frac{\partial\varepsilon}{\partial x_j}\right]+C_1\frac{\varepsilon}{k}G_k-C_2\rho\frac{\varepsilon^2}{k} \tag{2-115}$$

其中

$$G_k=\mu_t\left(\frac{\partial u_i}{\partial x_j}+\frac{\partial u_j}{\partial x_i}\right)\frac{\partial u_i}{\partial x_j} \tag{2-116}$$

$$\mu_t=\rho C_\mu\frac{k^2}{\varepsilon} \tag{2-117}$$

根据经过实验验证的英国学者朗道（B. E. Launder）和他的同事斯波尔丁（D. B. Spalding）的推荐值[9]，模型常数 C_1、C_2、σ_k、σ_ε 和 C_μ 的取值见表 2-1。

表 2-1　k-ε 模型中常数的取值

C_1	C_2	σ_k	σ_ε	C_μ
1.44	1.92	1.3	0.09	0.09

湍动能 k 的输运方程式（2-114）和湍动能耗散率 ε 的输运方程式（2-115）具有相似的结构。等号左端第一项均为非定常项，第二项为对流项，等号右端第一项为扩散项，第二项为产生项，第三项为耗散项。

标准 k-ε 模型已被成功地应用于充分发展湍流的计算。在湍流高雷诺数区，物性参数动力黏度 μ_1 相对于湍流动力黏度 μ_t 可忽略不计；但在近壁区域，由于湍流雷诺数较小，必须考虑物性参数动力黏度 μ_1 的影响，因此，可采用单层壁面函数、多层壁面函数或低雷诺数的 k-ε 模型[9]进行处理。

然而，实践表明标准 k-ε 模型在强旋流、大曲率流（弯道流动）、强浮力流和重力分层流方面应用效果不好。其原因是：

（1）在推导 ε 方程的过程中，对 ε 方程的产生项和耗散项的封闭具有较大的近似性。

（2）湍流黏度 μ_t 的各向同性来源于布辛涅斯克假设。这样，湍流输运系数具有各向同性，并且雷诺应力与平均应变率为线性关系。

为了弥补标准 k-ε 模型的缺陷，许多学者做了大量的工作，提出了 k-ε 模型的许多改进方案，其中应用较为广泛的是重整化群（RNG）k-ε[16]和可实现（Realizable）k-ε 模型[17]。

2.8.2　二阶矩模型

涡黏模型的主要缺点是它的局部性，即认为雷诺应力只与当地的平均变形率有关，而忽略了雷诺应力的历史效应。为了准确地描述各向异性湍流，就必须抛弃涡黏系数的概念，直接从雷诺应力的输运方程出发，就可以合理地模拟雷诺应力的历史效应。因为，雷诺应力是一点脉动速度的二阶矩，因此，雷诺应力输运方程的封闭模型又称为二阶矩模型。根据建立雷诺应力方式的不同，二阶矩模型可分为雷诺应力方程模型（RSM）和代数应力模型（ASM）。

雷诺应力 $-\rho\overline{u_i'u_j'}$ 的输运方程有6个方程，加上连续性方程、时均运动的动量方程以及湍动能 k 和湍动能耗散率 ε，需求解的微分方程达到12个。这样就构成了雷诺应力方程模型。

采用雷诺应力方程模型求解湍流流动时需求解12个偏微分方程，其计算量对于工程应用而言过于庞大，必须对雷诺应力输运方程作适当的近似。常用的近似方法有两种。第一种方案认为高剪切流动中雷诺应力的对流项和扩散项很小可以忽略，而局部平衡问题中对流项和扩散项近似相等；第二种方案认为雷诺应力的对流项和扩散项之差正比于湍动能 k 的对流项和扩散项之差[17]。

如果采用第一种方案，认为雷诺应力输运方程中的对流项和扩散项较小可以忽略，或者这两项近似相等，就可以略去雷诺应力输运方程中的对流项和扩散项，即去除了雷诺应力输运方程中的 $-\rho\overline{u_i'u_j'}$ 的导数项。这样雷诺应力输运方程就简化成为6个 $-\rho\overline{u_i'u_j'}$ 的代数方程组。当求解湍流问题时，只需求解连续性方程、时均运动的动量方程、湍动能 k、湍动能耗散率 ε 这样6个微分方程和关于 $-\rho\overline{u_i'u_j'}$ 的6个代数方程组，计算量明显减小。这样得到的湍流模型被称为代数应力模型。

同标准 k-ε 模型一样，雷诺应力模型是一种高雷诺数湍流模型，不能应用于近壁区域。因此，必须采用壁面函数或低雷诺数模型处理靠近壁面的流动问题。同时，尽管雷诺应力模型比标准 k-ε 模型包含更多的物理机理，模型应用范围更为广泛，但是计算实践表明，考虑各向异性湍流的雷诺应力模型实际计算结果并不一定比其他模型好，仅仅在突扩流动和计算各向异性较强的流动时才表现出优越性。尤其在三维情况下，雷诺应力模型的计算量过于庞大且不易得到收敛解。因此，在工程应用中，雷诺应力模型远没有 k-ε 模型应用广泛。

2.8.3 雷诺时均法缺陷

在处理工程问题时，雷诺时均法是目前最有效、最经济而且合理的方法。从雷诺时均法引出的一系列湍流模型如图2-8所示，很多模型在工业上得到了广泛应用。但雷诺时均法有两个主要缺点：

（1）由于雷诺时均法将脉动运动的所有行为细节一律抹平，仅提供湍流的平均信息，不利于工程的精确设计。

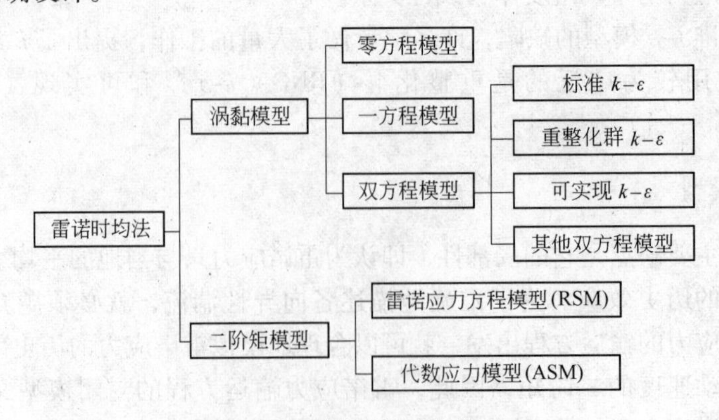

图2-8 雷诺时均湍流模型

（2）湍流模型没有普适性。由于没有“附加”的物理定律来建立脉动关联项与时均量之间的关系，所以人们只能以大量的实验观测为基础，通过量纲分析、张量分析或其他手段，包括合理的推理和猜测，提出假设，建立模型，然后再与实验数据相对比来进行修正。因此，目前的湍流模型没有一个是建立在完整严密的理论基础上的，各种模型中常数的选取均依赖于经验数据。

2.9 湍流能量模型

涡黏模型的核心是建立了雷诺应力与平均速度之间的关系式（2-105b）。按照这个思路，与脉动速度和脉动焓相关的项 $-\rho \overline{u_j' h'}$ 也可表示为平均温度 $\overline{T}$ 的函数

$$-\rho \overline{u'_i h'} = \lambda_t \frac{\partial \overline{T}}{\partial x_i} \tag{2-118}$$

或

$$-\rho \overline{u' h'} = \lambda_t \frac{\partial \overline{T}}{\partial x} \tag{2-119a}$$

$$-\rho \overline{v' h'} = \lambda_t \frac{\partial \overline{T}}{\partial y} \tag{2-119b}$$

$$-\rho \overline{w' h'} = \lambda_t \frac{\partial \overline{T}}{\partial z} \tag{2-119c}$$

式中，λ_t 为湍流导热系数，W/(m·K)。它不是物性参数，而是空间坐标的函数，取决于湍流的流动状态，即

$$\lambda_t = \frac{c_p \mu_t}{Pr_t} \tag{2-120}$$

式中，湍流 Prandtl 数 Pr_t 没有量纲，它的取值取决于湍流的实际情况[18,19]。通常 Pr_t 的值近似等于 1。

如果引入有效导热系数，即

$$\lambda_{eff} = \lambda + \lambda_t = \lambda + \frac{c_p \mu_t}{Pr_t} \tag{2-121}$$

那么就得到能量湍流模型

$$\rho c_p \frac{\partial \overline{T}}{\partial t} + \rho c_p \overline{u}_i \frac{\partial \overline{T}}{\partial x_i} = \frac{\partial}{\partial x_i}\left(\lambda_{eff} \frac{\partial \overline{T}}{\partial x_i}\right) + \rho q_r \tag{2-122a}$$

式（2-122a）就具有了与能量方程（2-76a）相似的数学形式。

如果用焓 h 来代替温度 T，则式（2-121a）可改写为

$$\rho \frac{\partial \overline{h}}{\partial t} + \rho \overline{u}_i \frac{\partial \overline{h}}{\partial x_i} = \frac{\partial}{\partial x_i}\left[\left(\frac{\lambda}{c_p} + \frac{\mu_t}{Pr_t}\right)\frac{\partial \overline{h}}{\partial x_i}\right] + \rho \overline{q}_r \tag{2-122b}$$

式（2-122）就是非守恒形式的湍流时均能量守恒模型。

从守恒形式的湍流时均能量守恒方程式（2-102a）出发，采用类似式（2-122）的推导过程，可得常用的守恒形式的湍流时均能量守恒模型

$$\frac{\partial(\overline{\rho h})}{\partial t}+\frac{\partial(\rho\overline{u}_i\overline{h})}{\partial x_i}=\frac{\partial}{\partial x_i}\left[\left(\frac{\lambda}{c_p}+\frac{\mu_t}{Pr_t}\right)\frac{\partial\overline{h}}{\partial x_i}\right]+\rho\overline{q}_r \tag{2-123}$$

2.10 大涡模拟

基于湍流特性建立的大涡模拟诞生于20世纪70年代。无论是简单湍流还是复杂湍流，都是由许多不同尺度的脉动组成的。大涡从主流中获取能量，分裂后将能量传到较小的涡。大涡的运动为各向异性，取决于流动状态。小涡主要是耗散能量，几乎各向同性，并且不同流动情况的小涡具有许多共性。因此，大涡模拟方法通过直接求解非定常的三维纳维-斯托克斯方程来确定大涡的特性，而可以不直接计算小涡，小涡的效果则采用近似的模型来处理[1,20]。与湍流动量模型方法相比，大涡模拟方法需要较大的计算机内存和计算时间。

利用盒式滤波函数对连续性方程和动量方程进行滤波得到如下方程[21,22]

$$\frac{\partial(\rho\,\overline{u}_i)}{\partial x_i}=0 \tag{2-124}$$

$$\frac{\partial(\rho\,\overline{u}_i\overline{u}_j)}{\partial x_j}=-\frac{\partial\overline{p}}{\partial x_i}+\frac{\partial}{\partial x_j}\left[\mu_1\left(\frac{\partial\overline{u}_i}{\partial x_j}+\frac{\partial\overline{u}_j}{\partial x_i}\right)+\rho\overline{\tau}_{ij}\right]+\rho g_i \tag{2-125}$$

式中，$\overline{u}_i$ 为滤波速度；$\overline{p}$ 为压力；$\overline{\tau}_{ij}$为亚尺度雷诺应力

$$\overline{\tau}_{ij}=2\nu_t\overline{S}_{ij}+\frac{1}{3}\tau_{kk}\delta_{ij} \tag{2-126}$$

$$\overline{S}_{ij}=\frac{1}{2}\left(\frac{\partial\overline{u}_i}{\partial x_j}+\frac{\partial\overline{u}_j}{\partial x_i}\right) \tag{2-127}$$

$$\nu_t=C_S^2\,(\Delta x\Delta y\Delta z)^{2/3}\sqrt{\frac{\partial\overline{u}_i}{\partial x_j}\frac{\partial\overline{u}_i}{\partial x_j}+\frac{\partial\overline{u}_i}{\partial x_j}\frac{\partial\overline{u}_j}{\partial x_i}} \tag{2-128}$$

当采用常系数斯马格林斯基（Smagorinsky）模型时，斯马格林斯基系数 $C_S=1$，Δx、Δy 和 Δz 为网格尺寸。

2.11 湍流流动通用微分方程

前面介绍了流体连续性方程和动量守恒方程及多种湍流模型，这些守恒形式的输运方程均可用下面的通用微分方程来表述

$$\frac{\partial(\rho\varphi)}{\partial t}+\nabla\cdot(\rho\boldsymbol{u}\varphi)=\nabla\cdot(\Gamma\nabla\varphi)+S \tag{2-129}$$

等号左边的第一项称为非稳态项，第二项称为对流项；等号右边第一项称为扩散项，第二项称为源项。在多数情况下，结晶器冶金仅涉及稳态过程，因此本书不涉及非稳态项的处理。表2-2表明，如果将式（2-129）中扩散系数 Γ、输运变量 φ 和源项 S 赋予不同的物理意义，就可得到流体的质量守恒方程、动量守恒方程、能量守恒方程以及 k-ε 双方程。

表 2-2　流体湍流流动通用微分形式

方　程	密度 ρ	流体速度 $\boldsymbol{u}$	输运变量 φ	扩散系数 Γ	源项 S
质量守恒方程	ρ_f	$\boldsymbol{u}_f$	1	0	0
动量守恒方程	ρ_f	$\boldsymbol{u}_f$	$\boldsymbol{u}_f$	μ_1	$-\nabla p+\rho_f g$
能量守恒方程	ρ_f	$\boldsymbol{u}_f$	h	$\dfrac{\lambda}{c_p}$	$2\mu_1\varepsilon_{ij}\varepsilon_{ij}+\rho q_r$
k 方程	ρ_f	$\boldsymbol{u}_f$	k	$\mu+\dfrac{\mu_t}{\sigma_k}$	$G_k-\rho_f\varepsilon$
ε 方程	ρ_f	$\boldsymbol{u}_f$	ε	$\mu+\dfrac{\mu_t}{\sigma_\varepsilon}$	$C_1\dfrac{\varepsilon}{k}G_k-C_2\rho_f\dfrac{\varepsilon^2}{k}$

这些方程的求解可采用第3章的控制体积方法。

参 考 文 献

[1] 张兆顺，崔桂香，许春晓．湍流大涡数值模拟的理论和应用[M]．北京：清华大学出版社，2008.

[2] 赵学端，廖其奠．黏性流体力学[M]．北京：机械工业出版社，1987.

[3] Pope S B. Turbulent Flows [M]. Cambridge：Cambridge University Press，2000.

[4] 杨本洛．流体运动经典分析[M]．北京：科学出版社，1996.

[5] 张鸣远，景思睿，李国君．高等工程流体力学[M]．西安：西安交通大学出版社，2006.

[6] 张懋章．黏性流体动力学基础[M]．北京：高等教育出版社，2004.

[7] 孔珑．工程流体力学[M]．北京：水利电力出版社，1992.

[8] Patankar S V. Numerical Heat Transfer and Fluid Flow [M]. New York：Hemisphere Publishing Corporation，1980.

[9] 陶文铨．数值传热学[M]．西安：西安交通大学出版社，1988.

[10] 朱苗勇，萧泽强．钢的精炼过程数学物理模拟[M]．北京：冶金工业出版社，1998.

[11] 贺友多．传输理论和计算[M]．北京：冶金工业出版社，1999.

[12] 查金荣，陈家镛．传递过程原理及应用[M]．北京：冶金工业出版社，1997.

[13] 黄克智，陆明万．张量分析[M]．北京：清华大学出版社，2003.

[14] 朱志昂．近代物理化学[M]．北京：科学出版社，2004.

[15] 朱传征，褚莹，许海涵．物理化学[M]．北京：科学出版社，2008.

[16] Hou Q F，Zou Z S. Comparison between standard and renormalization group k-ε models in numerical simulation of swirling flow tundish [J]. ISIJ International，2005，45(3)：325 ~ 330.

[17] 王福军．计算流体动力学分析[M]．北京：清华大学出版社，2004.

[18] Huang X，Thomas B G，Najjar F M. Modeling superheat removal during continuous casting of steel slabs [J]. Metallurgical Transactions B，1992，23B(3)：339 ~ 356.

[19] Aboutalebi M R，Guthrie R I L，Seyedein S H. Mathematical modeling of coupled turbulent flow and solidification in a single belt caster with electromagnetic brake [J]. Applied Mathematical Modelling，2007，31(8)：1671 ~ 1689.

[20] 张兆顺，崔桂香，许春晓．走近湍流[J]．力学与实践，2002，24(1)：1 ~ 9.

[21] Yuan Q，Thomas B G，Vanka S P. Study of transient flow and particle transport in continuous steel caster molds：Part Ⅰ：fluid flow [J]. Metallurgical and Materials Transactions B，2004，35(4)：685 ~ 702.

[22] 钱忠东，吴玉林．连铸结晶器内钢液涡流现象的大涡模拟及控制[J]．金属学报，2004，40(1)：88 ~ 93.

3　控制体积法

控制体积法是计算流体力学的经典数值方法[1~5]。它是由印度学者帕坦卡（S. V. Patankar）于1980年提出的。控制体积法的离散方程系数的物理意义明确，是目前解析流体流动与传热问题中应用最广泛的一种数值方法。此方法的离散过程具有如下特点：

（1）首先在整个控制体积上对控制方程式（2-129）进行积分，然后求解满足物理上通量守恒的 φ 值。由于变量 φ 的积分守恒对任意一组控制体积都得到满足，因此对整个计算区域也得到满足。这是控制体积法最突出的优点。

（2）物理上的通量守恒不能保证精确计算 φ 值。φ 值精确程度取决于差分格式的精度，如采用二阶的迎风格式计算对流项得到的 φ 值比一阶的迎风格式要精确。

（3）输运变量 φ 在非稳态项、源项和扩散项中的分布可以不一致。例如，对于非稳态项和源项，输运变量 φ 随坐标一般为阶跃式变化，即在同一控制体积内各处的 φ 相同。输运变量 φ 随坐标可以为线性变化也可以为二次函数变化，即在相邻节点间的输运变量 φ 值的分布函数关系为线性函数或者二次函数。对于非稳态项，输运变量 φ 随时间一般为阶跃式变化，即在同一时间步长内输运变量 φ 值不变。

控制体积法的核心是如何正确计算控制体界面处变量值。如以动量守恒方程为例，须解决的关键问题有：

（1）扩散项计算的重点在于控制体界面处扩散系数 Γ 的正确计算。

（2）对流项计算的关键在于控制体界面处输运变量 φ 的正确计算。

（3）交错网格的引入是为了正确计算速度控制体界面处的压力。

动量方程含有扩散项，对流项、压力项和源项。针对各项的特点，控制体积法采用不同的处理方法，如图3-1所示，其目的在于保证数值格式与物理原理相符，并且强化计算的收敛性。

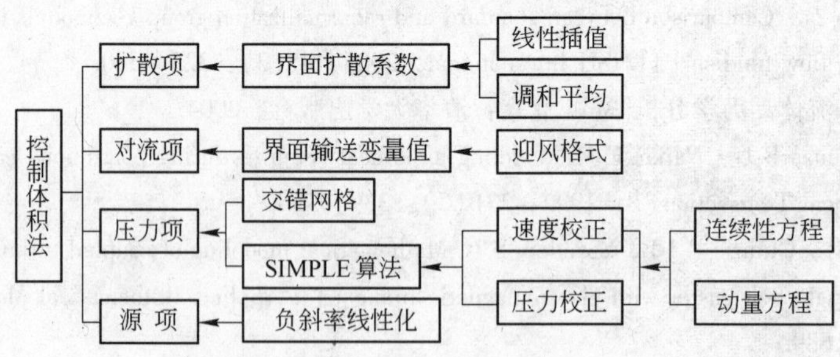

图3-1　控制体积法的处理概貌框图

3.1　计算流体力学常用数值方法

3.1.1　有限差分方法

有限差分方法（Finite Difference Method）是一种直接将微分问题转变为代数问题的近

似数值解法。这种方法数学概念直观，表达简单，是发展较早且比较成熟的数值方法。它主要适用于结构化网格。其基本思路和步骤如下：

(1) 将连续的求解区域剖分为有限个网格节点构成的网格。

(2) 采用泰勒级数展开方法，将微分方程中的导数用网格节点上的函数值的差商来代替进行离散，从而得到以网格节点上的物理量为未知量的代数方程组。

(3) 在计算区域的所有边界上给定边界条件，对离散的代数方程组进行修正。

(4) 利用数值方法求解代数方程组。

有限差分法直观，理论成熟，容易实现二阶以上的高精度计算，编程和并行容易。目前，有限差分法可以应用于不规则区域，但对复杂区域的适应性较差且数值解的守恒性难以保证。

3.1.2 有限元法

有限元方法（Finite Element Method）最早应用于结构力学，随后广泛地用于求解热传导、电磁场、流体力学等连续性问题。有限元方法的基础是变分原理和加权余量法，其基本思路和步骤可归纳为：

(1) 建立与微分方程初边值问题等价的积分表达式。

(2) 将计算区域剖分为有限个彼此连接、互不重叠的单元，对计算单元和节点进行编号，并确定相互之间的关系。

(3) 在每个单元内，根据单元内节点数目及对近似解精度的要求，选取插值函数作为单元基函数。

(4) 将各个单元的求解函数用单元基函数的线性表达式进行逼近，再将近似函数代入积分方程，并对单元区域进行积分，得到含有待定系数的代数方程组，称为单元有限元方程。

(5) 将计算区域内所有的单元有限元方程按一定法则进行累加，形成总体有限元方程组。

(6) 在计算区域的所有边界上给定边界条件，并按一定规则对总体有限元方程组进行修正。

(7) 采用适当的数值计算方法求解总体有限元方程组。

有限元法的最突出的优点是处理复杂区域比较容易，精度可控。缺点是计算量大且计算所需的内存大。在求解流体流动与传热问题时，对流项的离散处理方法及在不可压缩流体原始变量法求解方面没有控制体积法成熟。

3.1.3 控制体积法

控制体积法（Control Volume Method），又称为控制容积法或有限体积法（Finite Volume Method）。其基本思路和步骤是：

(1) 将计算区域剖分成有限个彼此连接、互不重叠的控制体，并在控制体的几何中心设置网格节点。

(2) 在控制体上对微分方程进行积分，得到基于控制体的积分方程。

(3) 用差商作为一个近似值来代替基于控制体的积分方程中的导数，从而得到离散方程组，其中的未知变量就是定义在网格节点上的物理量。

（4）在计算区域的所有边界上给定边界条件。

（5）利用数值方法求解这些离散的代数方程组。

控制体积法和有限差分法之间最本质的区别在于离散方程的对象不同。控制体积法是基于控制体的积分方程推导出来的，然而有限差分法是根据微分方程直接推导出来的。因此，控制体积法的精度不但取决于积分时的精度，还取决于对导数处理的精度，一般有限体积法的精度为二阶。当然，因为输运变量 φ 在每一个控制体内都能满足积分守恒，所以对于整个计算区域自然也能实现积分守恒性。而有限差分法直接由微分方程导出，不涉及积分过程，各种导数借助泰勒级数展开式直接写出离散方程，不一定具有守恒性。但是有限差分法可以采用高阶格式来得到二阶以上的精度。

控制体积法兼有有限差分和有限元这两种方法的特点。有限元法必须假定输运变量 φ 在网格节点之间的变化规律服从某个插值函数，并将其作为近似解。有限元法的目标是得到插值函数来获得物理量在空间的分布。有限差分法的目标是得到输运变量 φ 在网格节点上的数值，而不会考虑输运变量 φ 在网格节点之间的变化规律。控制体积法在控制体上对微分方程进行积分时，必须假定输运变量 φ 在控制体节点之间的变化规律服从某个插值函数，才能得到每个控制体的离散方程，这与有限元方法相类似；与有限差分法相类似，控制体积法的目标是得到输运变量 φ 在控制体节点上的数值，而无需考虑输运变量 φ 在控制体节点之间的变化规律。因此，控制体积法在得到离散方程组后便可忘记插值函数的存在。

有限差分法、有限元法和控制体积法具有各自的优点和缺点。总的看来，控制体积法非常适合于流体流动和传热问题计算，可以应用于不规则网格，容易实现并行计算，但最高精度仅能达到二阶。

3.2 计算区域的剖分

控制体积法的第一步是将计算区域剖分成为离散的控制体。控制体积法的网格剖分一般采用先界面后节点的方法。具体步骤如下：

（1）将边界 A 和 B 作为计算区域最外侧的界面。

（2）在边界 A 和 B 之间设置一系列的界面，相邻界面之间所围成的区域称为一个控制体，如图 3-2a 所示。

（3）在每个控制体的几何中心设置中心节点，如图 3-2b 所示。

由于节点位于控制体的中心，因此，式(2-129) 中输运变量 φ 在节点处的值就能很好地代表整个控制体的值，这样能方便地处理不连续的边界条件[1]。

为便于讨论，采用两种命名方法对节点进行标记。

（1）当分析离散的代数方程组时采用 $i-j-k$

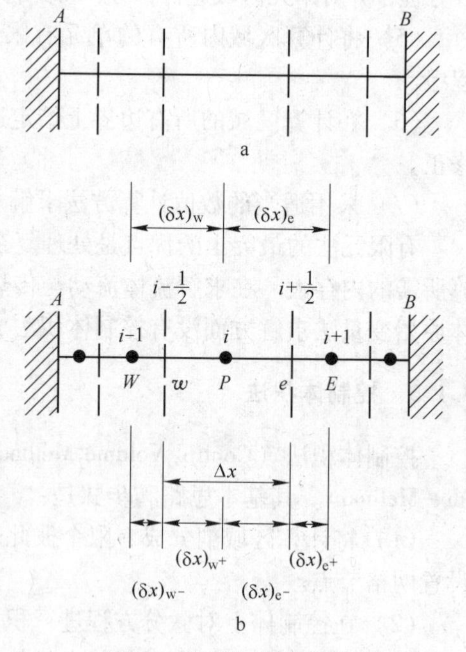

图 3-2 计算区域的剖分

a—控制体的界面；b—控制体的节点

命名法。以二维情况为例，如果将所研究的节点定义为$(i,\ j)$，那么与该节点相邻的节点分别表示为$(i-1,\ j)$，$(i+1,\ j)$，$(i,\ j-1)$和$(i,\ j+1)$，与该节点相邻的界面分别表示为$\left(i-\frac{1}{2},\ j\right)$，$\left(i+\frac{1}{2},\ j\right)$，$\left(i,\ j-\frac{1}{2}\right)$和$\left(i,\ j+\frac{1}{2}\right)$。

(2) 当考虑相邻节点之间的关系时采用方位命名法。同样以二维情况为例，如果所研究的节点定义为P，那么与该节点相邻的节点分别为E(East)，S(South)，W(West)和N(North)，与该节点相邻的界面分别为e，s，w和n。一维条件下，这两种命名方法的对应关系如图3-2b所示。

需要指出，在控制体积法中，两个相邻节点之间的距离一般采用$(\delta x)_i$（i为两节点之间的界面名称）的形式表达。如图3-2b所示，节点P和E之间的界面为e，则节点P和E之间的距离用$(\delta x)_e$表示；节点E位于界面e的前面，则节点E和界面e之间的距离用$(\delta x)_{e+}$表示；节点P位于界面e的后面，则节点P和界面e之间的距离用$(\delta x)_{e-}$表示。而以节点P为中心的控制体的两个相邻界面e和w之间的距离用Δx表示。

然而，有限差分方法的网格剖分一般采用先节点后界面的方法，即首先在计算区域内设置一系列的节点，然后将界面定义在相邻节点的中间，如图3-3所示。在有限差分方法中，一般将两节点之间的距离用Δx表示。如果节点不是均匀设置，那么这种网格剖分方式会造成节点不在围绕它的控制体的几何中心上，如图3-3b所示。因此，有限差分方法中输运变量φ在节点处的值不能代表整个控制体的值。

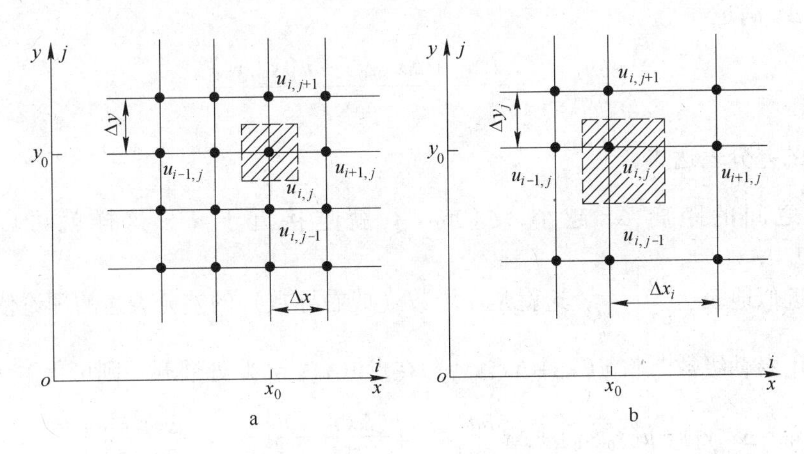

图3-3 有限差分法计算网格

a—均匀网格；b—非均匀网格

3.3 导数的差分表达

导数是构成偏微分方程的基本元素，因此导数的差分形式是求解偏微分方程的基础环节。如图3-3a所示的均匀网格上，采用泰勒级数法求解变量$u(x,y)$的各阶导数。

设求解区域内点$(x_0,\ y_0)$的网格序号为$(i,\ j)$，节点处变量$u(x_0,y_0)$的近似解为$u_{i,j}$，则相邻节点上变量u采用$i-j-k$命名法可表示为

$$u_{i-1,j}=u(x_0-\Delta x,y_0) \tag{3-1a}$$

$$u_{i+1,j}=u(x_0+\Delta x,y_0) \tag{3-1b}$$

$$u_{i,j-1}=u(x_0,y_0-\Delta y) \tag{3-1c}$$

$$u_{i,j+1}=u(x_0,y_0+\Delta y) \tag{3-1d}$$

根据导数的定义[6,7]，如果函数 $u(x, y)$ 在点（x_0，y_0）处某个邻域内有定义，当 y 固定在 y_0 而 x 在 x_0 存在增量 Δx 时，函数 $u(x, y)$ 就具有增量 $u(x_0+\Delta x, y_0)-u(x_0, y_0)$，那么左导数可表示为

$$\left.\frac{\partial u}{\partial x}\right|_{\substack{x=x_0\\y=y_0}}=\lim_{\Delta x\to 0}\frac{u(x_0,y_0)-u(x_0-\Delta x,y_0)}{\Delta x} \tag{3-2a}$$

同理，右导数可表示为

$$\left.\frac{\partial u}{\partial x}\right|_{\substack{x=x_0\\y=y_0}}=\lim_{\Delta x\to 0}\frac{u(x_0+\Delta x,y_0)-u(x_0,y_0)}{\Delta x} \tag{3-2b}$$

根据拉格朗日中值定理[6]，如果函数 $u(x, y)$ 在点（x_0，y_0）处某个邻域［$x_0-\Delta x$，x_0］内连续，则存在 $x_0-\Delta x\leqslant\xi\leqslant x_0$ 满足

$$\left.\frac{\partial u}{\partial x}\right|_{\substack{x=\xi\\y=y_0}}=\frac{u(x_0,y_0)-u(x_0-\Delta x,y_0)}{\Delta x} \tag{3-3}$$

这是左导数的差分表达式。

同理，如果函数 $u(x, y)$ 在点（x_0，y_0）处某个邻域［x_0，$x_0+\Delta x$］内连续，则存在 $x_0\leqslant\zeta\leqslant x_0+\Delta x$ 满足

$$\left.\frac{\partial u}{\partial x}\right|_{\substack{x=\zeta\\y=y_0}}=\frac{u(x_0+\Delta x,y_0)-u(x_0,y_0)}{\Delta x} \tag{3-4}$$

这是右导数的差分表达式。

两节点之间的距离 Δx 越小，ξ（或 ζ）就越接近于 x_0，这样就可以用 $\left.\frac{\partial u}{\partial x}\right|_{\substack{x=\xi\\y=y_0}}$ $\left(\text{或}\left.\frac{\partial u}{\partial x}\right|_{\substack{x=\zeta\\y=y_0}}\right)$近似地表达$\left.\frac{\partial u}{\partial x}\right|_{\substack{x=x_0\\y=y_0}}$，这就是左导数（或右导数）的差分表达的理论依据。

如果采用泰勒级数[6]将 $u(x_0+\Delta x, y_0)$ 在点（x_0，y_0）处展开，则可得

$$u(x_0+\Delta x,y_0)=u(x_0,y_0)+\Delta x\left.\frac{\partial u}{\partial x}\right|_{x=x_0}+\frac{(\Delta x)^2}{2!}\left.\frac{\partial^2 u}{\partial x^2}\right|_{x=x_0}+\frac{(\Delta x)^3}{3!}\left.\frac{\partial^3 u}{\partial x^3}\right|_{x=x_0}+\cdots \tag{3-5}$$

式（3-5）可改写为

$$\left.\frac{\partial u}{\partial x}\right|_{x=x_0}=\frac{u(x_0+\Delta x,y_0)-u(x_0,y_0)}{\Delta x}-\frac{\Delta x}{2!}\left.\frac{\partial^2 u}{\partial x^2}\right|_{x=x_0}-\frac{(\Delta x)^2}{3!}\left.\frac{\partial^3 u}{\partial x^3}\right|_{x=x_0}+\cdots \tag{3-6}$$

等号右端第一项是偏导数 $\partial u/\partial x$ 在点（x_0，y_0）处的差分表达式，其他项称为截断误差。截断误差中最低阶导数项中增量 Δx 的幂的次数称为截断误差的阶数。一般用 $O(\Delta x^p)$ 来表示截断误差的量级。其中，p 称为截断误差的阶数，它也被称为精度阶或收敛阶[8]。

例如，当截断误差为一阶时，式（3-6）可表示为

$$\left(\frac{\partial u}{\partial x}\right)_{i,j}=\frac{u_{i+1,j}-u_{i,j}}{\Delta x}+O(\Delta x) \tag{3-7}$$

因为式（3-7）是利用点（i，j）前面的点（$i+1$，j）来计算的，所以称为“向前”差分。向前差分实际上是采用右导数的差分表达式（3-4）来近似计算导数，是一阶精度差分格式。

如果采用泰勒级数将 $u(x_0-\Delta x,\ y_0)$ 在点（x_0，y_0）处展开，则可得

$$u(x_0-\Delta x,y_0)=u(x_0,y_0)-\Delta x\left.\frac{\partial u}{\partial x}\right|_{x=x_0}+\frac{(\Delta x)^2}{2!}\left.\frac{\partial^2 u}{\partial x^2}\right|_{x=x_0}-\frac{(\Delta x)^3}{3!}\left.\frac{\partial^3 u}{\partial x^3}\right|_{x=x_0}+\cdots \tag{3-8}$$

同理可得

$$\left(\frac{\partial u}{\partial x}\right)_{i,j}=\frac{u_{i,j}-u_{i-1,j}}{\Delta x}+O(\Delta x) \tag{3-9}$$

因为式（3-9）是利用点（i，j）后面的点（$i-1$，j）来计算的，所以称为“向后”差分。向后差分实际上是采用左导数的差分表达式（3-3）来近似计算导数，也是一阶精度差分格式。

一阶计算精度较低，一般的流体力学计算都要求二阶精度。为了构造二阶精度格式，将式（3-5）减去式（3-8），整理后得

$$\left(\frac{\partial u}{\partial x}\right)_{i,j}=\frac{u_{i+1,j}-u_{i-1,j}}{2\Delta x}+O(\Delta x^2) \tag{3-10}$$

因为式（3-10）是利用点（i，j）前面的点（$i+1$，j）和后面的点（$i-1$，j）来计算的，而点（i，j）位于这两点的中心，所以称为“中心”差分。因为式（3-10）的截断误差的阶数为二阶，所以中心差分具有二阶精度。

将式（3-5）加上式（3-8），整理后，得

$$\left(\frac{\partial^2 u}{\partial x^2}\right)_{i,j}=\frac{u_{i+1,j}-2u_{i,j}+u_{i-1,j}}{2\Delta x^2}+O(\Delta x^2) \tag{3-11}$$

这是二阶导数的“中心”差分公式，也是二阶精度差分格式。

3.4 偏微分方程在控制体上的积分

控制体积法是在有限差分方法的基础上发展起来的。有限差分方法采用泰勒级数将微分方程在节点上直接进行离散得到代数方程。而控制体积法首先将微分方程在与节点相关的控制体上进行积分，然后对得到的积分方程进行离散。这样控制体积法的推导过程物理概念清晰，离散后的代数方程具有守恒性。

例如，通用微分方程（2-129）对控制体的积分为

$$\iiint_v \frac{\partial(\rho\varphi)}{\partial t}\mathrm{d}v+\iiint_v \nabla\cdot(\rho\boldsymbol{u}\varphi)\mathrm{d}v=\iiint_v \nabla\cdot(\Gamma\nabla\varphi)\mathrm{d}v+\iiint_v S\mathrm{d}v \tag{3-12}$$

变换式（3-12）等号左端第一项中积分和微分的运算顺序，并利用高斯公式将等号左端第二项和等号右端第一项的体积积分转化为封闭曲面积分，得

$$\frac{\partial}{\partial t}\left(\iiint_v \rho\varphi\mathrm{d}v\right)+\iint_s(\rho\boldsymbol{u}\varphi)\cdot\boldsymbol{n}\mathrm{d}S=\iint_s(\Gamma\nabla\varphi)\cdot\boldsymbol{n}\mathrm{d}S+\iiint_v S\mathrm{d}v \tag{3-13}$$

式（3-13）等号左端第一项表示输运变量 φ 的总量在控制体 V 内随时间的变化率，第二项表示由于界面对流造成控制体中输运变量 φ 的变化量；等号右端第一项表示由于界面扩散

造成控制体中输运变量 φ 的变化量，第二项表示由于内部源项造成控制体中输运变量 φ 的变化量。

对于稳态问题，时间相关项为零，则式（3-13）可简写为

$$\iint_s(\rho \boldsymbol{u}\varphi)\cdot \boldsymbol{n}\mathrm{d}S = \iint_s(\Gamma\nabla\varphi)\cdot \boldsymbol{n}\mathrm{d}S + \iiint_v S\mathrm{d}v \tag{3-14}$$

结晶器冶金涉及的工程问题通常是稳态问题，因此本章将围绕式（3-14）来探讨对流扩散方程的离散和求解，而不涉及时间相关项（即非稳态项）的处理。

3.5 扩散项的离散

式（3-14）中等号右侧第一项是扩散项。在如图 3-4 所示的控制体上进行离散，则

$$\iint_S(\Gamma\nabla\varphi)\cdot \boldsymbol{n}\mathrm{d}S = \left(\Gamma A\frac{\mathrm{d}\varphi}{\mathrm{d}x}\right)_\mathrm{e} - \left(\Gamma A\frac{\mathrm{d}\varphi}{\mathrm{d}x}\right)_\mathrm{w} + \left(\Gamma A\frac{\mathrm{d}\varphi}{\mathrm{d}y}\right)_\mathrm{n} - \left(\Gamma A\frac{\mathrm{d}\varphi}{\mathrm{d}y}\right)_\mathrm{s} \tag{3-15a}$$

式（3-15a）是对二维控制体积 P 直接积分得到的，没有做任何近似处理。

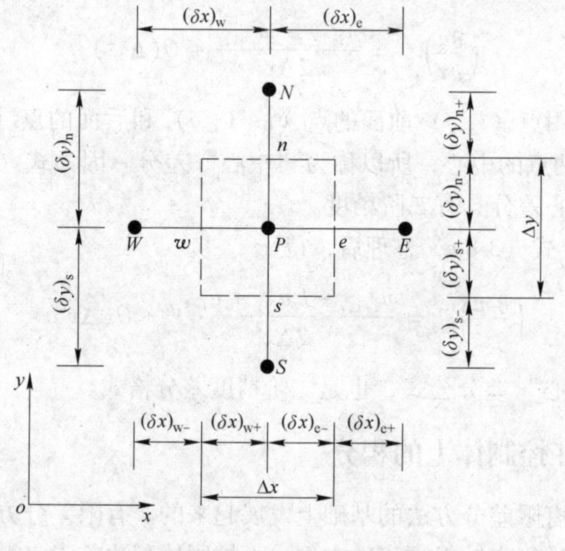

图 3-4 二维控制体

为了表达式（3-15a）中的导数项，需要假定 φ 值在相邻节点间的函数分布关系。如果采用图 3-5 所示的线性分布，同时采用向前差分格式（3-7）来处理导数项，那么式（3-15a）可改写为

$$\iint_S(\Gamma\nabla\varphi)\cdot \boldsymbol{n}\mathrm{d}S = \Gamma_\mathrm{e}\frac{\varphi_\mathrm{E}-\varphi_\mathrm{P}}{(\delta x)_\mathrm{e}}\Delta y - \Gamma_\mathrm{w}\frac{\varphi_\mathrm{P}-\varphi_\mathrm{W}}{(\delta x)_\mathrm{w}}\Delta y + \Gamma_\mathrm{n}\frac{\varphi_\mathrm{N}-\varphi_\mathrm{P}}{(\delta y)_\mathrm{n}}\Delta x - \Gamma_\mathrm{s}\frac{\varphi_\mathrm{P}-\varphi_\mathrm{S}}{(\delta x)_\mathrm{s}}\Delta x \tag{3-15b}$$

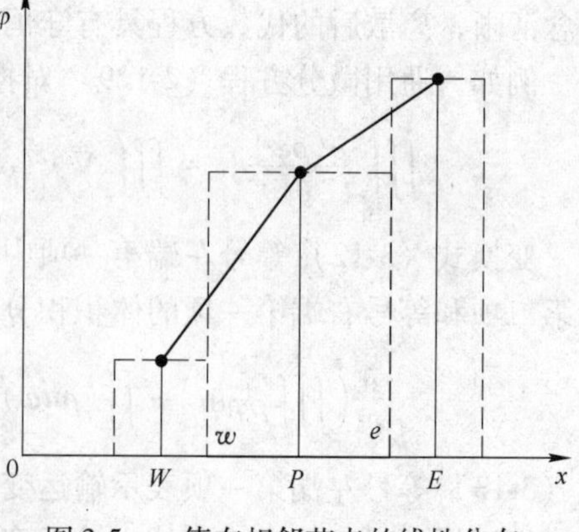

图 3-5 φ 值在相邻节点的线性分布

式中，Γ_e、Γ_w、Γ_n 和 Γ_s 为界面处扩散系数。

在通常情况下，扩散系数定义在控制体节点上，而式（3-15）涉及的扩散系数却是界面处扩散系数，这就涉及到如何正确计算界面处扩散系数。目前，主要有两种方法。

第一种方法是线性插值方法。假定扩散系数在节点 P 和节点 E 之间呈线性变化，则界面 e 处扩散系数 Γ_e 可表示为

$$\Gamma_e = \Gamma_P + \frac{(\delta x)_{e-}}{(\delta x)_e}(\Gamma_E - \Gamma_P) = \frac{\Gamma_E(\delta x)_{e-} + \Gamma_P(\delta x)_{e+}}{(\delta x)_e} \tag{3-16a}$$

同理可得

$$\Gamma_w = \frac{\Gamma_W(\delta x)_{w+} + \Gamma_P(\delta x)_{w-}}{(\delta x)_e} \tag{3-16b}$$

$$\Gamma_n = \frac{\Gamma_N(\delta y)_{n-} + \Gamma_P(\delta y)_{n+}}{(\delta y)_n} \tag{3-16c}$$

$$\Gamma_s = \frac{\Gamma_S(\delta y)_{s+} + \Gamma_P(\delta y)_{s-}}{(\delta y)_s} \tag{3-16d}$$

第二种方法是调和平均方法[1]。现以一维稳态导热为例来进行说明。需要指出，数值计算关注的不是界面处导热系数的准确值，而是界面处准确的热流。因此，界面处导热系数的计算表达式，实质上是准确计算界面处热流的一个有效途径，但是界面处导热系数的具体数值并没有明确的物理意义。

由于研究的是导热问题，因此通用表达式（2-129）中的扩散系数 Γ 的物理意义为材料导热系数 λ，那么通过界面 e 的热流密度 q 的计算式可表示为

$$q = \lambda_e \frac{T_E - T_P}{(\delta x)_e} \tag{3-17}$$

如果在界面 e 两侧的控制体 P 和 E 分别采用导热系数为 λ_P 和 λ_E 的材料充满，那么界面处的导热系数不是一个确定的值，而是从 λ_P 突变到 λ_E 的阶跃函数。但是通过界面 e 的热流密度 q 可由下式计算

$$q = \frac{T_E - T_P}{(\delta x)_{e-}/\lambda_P + (\delta x)_{e+}/\lambda_E} \tag{3-18}$$

将式（3-17）代入式（3-18），消去热流密度 q，整理后得

$$\frac{(\delta x)_e}{\lambda_e} = \frac{(\delta x)_{e-}}{\lambda_P} + \frac{(\delta x)_{e+}}{\lambda_E} \tag{3-19}$$

即

$$\lambda_e = \frac{(\delta x)_e}{\dfrac{(\delta x)_{e-}}{\lambda_P} + \dfrac{(\delta x)_{e+}}{\lambda_E}} \tag{3-20}$$

这就是采用调和平均方法计算界面 e 处导热系数的表达式。将式（3-20）推广到一般情况，得

$$\Gamma_{e} = \frac{(\delta x)_{e}}{\dfrac{(\delta x)_{e-}}{\Gamma_{P}} + \dfrac{(\delta x)_{e+}}{\Gamma_{E}}} \tag{3-21a}$$

$$\Gamma_{w} = \frac{(\delta x)_{w}}{\dfrac{(\delta x)_{w+}}{\Gamma_{P}} + \dfrac{(\delta x)_{w-}}{\Gamma_{W}}} \tag{3-21b}$$

$$\Gamma_{n} = \frac{(\delta y)_{n}}{\dfrac{(\delta y)_{n-}}{\Gamma_{P}} + \dfrac{(\delta y)_{n+}}{\Gamma_{N}}} \tag{3-21c}$$

$$\Gamma_{s} = \frac{(\delta y)_{s}}{\dfrac{(\delta y)_{s+}}{\Gamma_{P}} + \dfrac{(\delta y)_{s-}}{\Gamma_{S}}} \tag{3-21d}$$

需要指出的是，调和平均方法是在一个极端条件下推导出来的。它要求界面设在两种物质的分界面处，且导热系数在控制体内为均匀分布。但在实际计算中遇到的问题十分复杂，例如，在热对流过程中，不均匀的流体温度分布造成控制体内各点处导热系数并不相等，只能给出一个特征导热系数作为控制体的平均导热系数。这样，调和平均方法给出的热流密度计算表达式就不能严格等于实际的热流密度。因此，在相邻节点的参数 Γ 变化较小的场合，建议使用线性插值方法来计算界面处的参数 Γ，这样能较准确地给出界面的 Γ 值。若在相邻节点参数 Γ 变化比较大或突变的场合，建议使用调和平均方法。这样能保证在迭代过程中界面处 Γ 值波动较小，有利于离散方程的收敛。

3.6 对流项的离散

考虑一维无源项的稳态对流扩散问题

$$\frac{d}{dx}(\rho u\varphi) = \frac{d}{dx}\left(\Gamma \frac{d\varphi}{dx}\right) \tag{3-22}$$

式（3-22）是在速度场已知的条件下求解输运变量 φ 的分布。如果输运变量是流体速度 u，那么利用式（3-22）得到的速度场还必须满足连续性方程

$$\frac{d}{dx}(\rho u) = 0 \tag{3-23}$$

一维的控制体如图 3-2b 所示，主节点为 P，其相邻节点为 E 和 W，控制界面为 e 和 w，对式（3-22）在控制体上进行积分，得

$$(\rho u\varphi)_{e} - (\rho u\varphi)_{w} = \left(\Gamma \frac{d\varphi}{dx}\right)_{e} - \left(\Gamma \frac{d\varphi}{dx}\right)_{w} \tag{3-24}$$

3.6.1 中心差分格式

如果控制体界面上的 φ 值用相邻两个节点上的 φ 值的平均来计算

$$\varphi_{e} = \frac{\varphi_{P} + \varphi_{E}}{2} \tag{3-25a}$$

$$\varphi_w = \frac{\varphi_P + \varphi_W}{2} \tag{3-25b}$$

并采用中心差分表达式（3-10）处理式（3-24）等号右端的导数项。那么，式（3-24）可改写为

$$(\rho u)_e \frac{\varphi_P + \varphi_E}{2} - (\rho u)_w \frac{\varphi_P + \varphi_W}{2} = \frac{\Gamma_e(\varphi_E - \varphi_P)}{(\delta x)_e} - \frac{\Gamma_w(\varphi_P - \varphi_W)}{(\delta x)_w} \tag{3-26}$$

如果将对流引起的质量流量表示为 $F = \rho u$（单位为 kg/s），将扩散引起的质量流量表示为 $D = \frac{\Gamma}{\delta x}$（单位为 kg/s），那么式（3-26）可简写为

$$a_P\varphi_P = a_E\varphi_E + a_W\varphi_W \tag{3-27}$$

其中

$$a_E = D_e - \frac{F_e}{2} \tag{3-28a}$$

$$a_W = D_w + \frac{F_w}{2} \tag{3-28b}$$

$$a_P = a_E + a_W + (F_e - F_w) \tag{3-28c}$$

这种形式称为中心差分格式。中心差分格式的缺陷来源于其对控制体界面上 φ 值的确定方式。当采用相邻两个节点上的 φ_E 值和 φ_P 值的平均来计算界面的 φ_e 值时，上游节点的 φ_E 值和下游节点的 φ_P 值对控制体界面上 φ_e 值的影响程度相同。此处的上游和下游取决于坐标轴的方向，换言之，中心差分格式不能识别流动的方向。当对流作用较强时，这样的处理就与实际的物理规律（即界面上 φ 值仅受上游影响，而不受下游影响）相违背。式（3-28a）和式（3-28b）表明，当质量对流通量较强，即 F 的值较大时，a_E 或 a_W 会出现负值，这样将出现不合理的解。

需要指出，在一维情况下，对流引起的质量流量的严格数学定义式为 $F = \rho u \Delta y \Delta z = \rho u \times 1 \times 1 = \rho u$，所以对流引起的质量流量的单位是 kg/s，而不是 kg/(s · m²)；同理，在一维情况下扩散引起的质量流量的严格数学定义式为 $D = \frac{\Gamma}{\delta x}\Delta y \Delta z = \frac{\Gamma}{\delta x} \times 1 \times 1 = \frac{\Gamma}{\delta x}$，因此扩散引起的质量流量的单位为 kg/s，也不是 kg/(s · m²)。

3.6.2 一阶迎风格式

解决上述困难最经典的方法是迎风格式（Upwind Scheme），它也被称为上风格式，逆风格式或逆流格式。迎风格式的基本思想如下：控制体界面处 φ 值等于上游节点的 φ 值。此处的上游与下游方向由界面处质量对流通量 F 的方向确定。

以界面 e 处 φ_e 值的计算为例：

当 $F_e > 0$ 时，
$$\varphi_e = \varphi_P \tag{3-29a}$$

当 $F_e < 0$ 时，
$$\varphi_e = \varphi_E \tag{3-29b}$$

为简略起见，定义算符 $[[A, B, C]] = \max(A, B, C)$，该符号表示，对括号内所有物理量的数值取最大值。那么，采用上风格式可将式（3-24）中的对流项表示为

$$(\rho u\varphi)_e = F_e\varphi_e = [[F_e,0]]\varphi_P - [[-F_e,0]]\varphi_E \tag{3-30a}$$

$$(\rho u\varphi)_w = F_w\varphi_w = [[F_w,0]]\varphi_W - [[-F_w,0]]\varphi_P \tag{3-30b}$$

这样，式（3-24）的离散化方程为

$$a_P\varphi_P = a_E\varphi_E + a_W\varphi_W \tag{3-31}$$

其中

$$a_E = D_e + [[-F_e,0]] \tag{3-32a}$$

$$a_W = D_w + [[F_w,0]] \tag{3-32b}$$

$$a_P = a_E + a_W + (F_e - F_w) \tag{3-32c}$$

基于上风格式的特点，还可发展出相应的下风格式。这两种格式已被成功地应用于正负离子迁移的计算中，详见文献［9，10］。

3.6.3 虚假扩散和其他格式

对于对流项的处理，中心差分格式具有较高的计算精度，但在某些条件下会得到不真实解；一阶迎风格式虽然能得到真实解，但是精度较低。因此，有必要引入其他格式来处理对流项。

为了更好地表达其他处理对流项的方法，首先引入贝克列（Peclet）数来表示对流强度和扩散强度之比[1]

$$Pe = \frac{F}{D} = \frac{\rho u}{\Gamma/\delta x} \tag{3-33}$$

则式（3-32a）可改写为

$$a_E = D_e + D_e[[-Pe_e,0]] \tag{3-34a}$$

目前，处理对流项的方法有：中心差分格式、一阶迎风格式，混合格式、乘方格式和指数格式等[1,2]，其中应用较为成功的是混合格式和乘方格式。

混合格式

$$a_E = D_e\left[\left[-Pe_e, 1-\frac{Pe_e}{2}, 0\right]\right] \tag{3-34b}$$

乘方格式

$$a_E = D_e[[(1-0.1|Pe_e|)^5,0]] + D_e[[-Pe_e,0]] \tag{3-34c}$$

采用中心差分格式、一阶迎风格式，混合格式、乘方格式和指数格式计算对流项时，只利用上游最近一个节点的值，因此，离散后的方程组是三对角方程组，具体求解方法参见3.12节。

任何数值计算格式均会引起误差。这里将对流扩散方程中一阶导数项（对流项）的离散格式的截断误差小于二阶，而引起的较大数值计算误差的现象称为虚假扩散。在实际的计算中，虚假扩散的产生与下列因素相关：

（1）对流项采用一阶导数进行离散。

（2）在流动的垂直方向上，变量的梯度不为零。

（3）如果非稳态项采用一阶导数进行离散，那么非稳态的一维计算就会发生虚假扩散。

（4）源项不是常数。

（5）在一维稳态情况下不存在虚假扩散，但是大多数研究涉及多维问题或非定常问题。当流动的方向与网格线不垂直（即倾斜相关）时会造成虚假扩散。换言之，多维计算会发生虚假扩散。

为了减轻数值计算中虚假扩散的影响，可以采用高阶的离散格式。常用的格式有二阶迎风格式和 QUICK（Quadratic Upstream Interpolation for Convective Kinetics）格式[2]。

二阶迎风格式实际上是在一阶迎风格式的基础上，考虑了输运变量 φ 在节点间分布曲线的曲率影响。它虽然具有二阶精度，但是不具有守恒性。二阶迎风格式计算对流项时要利用上游最近一个节点的值，还要用到上游次邻近节点的值。因此离散后的方程组不再是三对角方程组，而是五对角方程组，具体求解方法参见 3.12 节。

QUICK 格式的中文名称是对流项的二次迎风插值格式。所谓“二次”是指采用的插值是二次的，而“迎风”指的是曲率修正值总是由曲面两侧的两个点和迎风方向的另一个点来决定的。QUICK 格式具有三阶精度，而且具有守恒特性。但是其离散后得到的方程组也不再是三对角方程组，而是五对角方程组。

在实际的应用中，QUICK 格式常用于六面体（二维情况下四边形）网格，对于其他网格一般采用二阶迎风格式。

3.7 源项的线性化

当源项依赖于输运变量 φ 时，可将其表达为如下的线性化形式

$$S = S_C + S_P\varphi \tag{3-35a}$$

其中

$$S_P \leqslant 0 \tag{3-35b}$$

在三维情况下，需引入节点 T（Top）和 B（Bottom），则式（3-14）的离散方程式可表示如下

$$a_P\varphi_P = a_E\varphi_E + a_W\varphi_W + a_N\varphi_N + a_S\varphi_S + a_T\varphi_T + a_B\varphi_B + b \tag{3-36}$$

其中

$$a_E = D_eA(|Pe_e|) + [[-F_e, 0]] \tag{3-37a}$$

$$a_W = D_wA(|Pe_w|) + [[F_w, 0]] \tag{3-37b}$$

$$a_N = D_nA(|Pe_n|) + [[-F_n, 0]] \tag{3-37c}$$

$$a_S = D_sA(|Pe_s|) + [[F_s, 0]] \tag{3-37d}$$

$$a_T = D_tA(|Pe_t|) + [[-F_t, 0]] \tag{3-37e}$$

$$a_B = D_bA(|Pe_b|) + [[F_b, 0]] \tag{3-37f}$$

$$a_P = a_E + a_W + a_N + a_S + a_T + a_B + (F_e - F_w + F_n - F_s + F_t - F_b) - S_P\Delta x\Delta y\Delta z \tag{3-37g}$$

$$b = S_C\Delta x\Delta y\Delta z \tag{3-37h}$$

相应的界面处由对流引起的质量流量 $F_i(i = \mathrm{e,w,n,s,t,b})$ 和界面处由扩散引起的质量流量 $D_i(i = \mathrm{e,w,n,s,t,b})$ 分别为

$$F_e = (\rho u)_e\Delta y\Delta z \tag{3-38a}$$

$$F_w = (\rho u)_w\Delta y\Delta z \tag{3-38b}$$

$$F_n = (\rho v)_n \Delta z \Delta x \tag{3-38c}$$

$$F_s = (\rho v)_s \Delta z \Delta x \tag{3-38d}$$

$$F_t = (\rho w)_t \Delta x \Delta y \tag{3-38e}$$

$$F_b = (\rho w)_b \Delta x \Delta y \tag{3-38f}$$

$$D_e = \frac{\Gamma_e \Delta y \Delta z}{(\delta x)_e} \tag{3-38g}$$

$$D_w = \frac{\Gamma_w \Delta y \Delta z}{(\delta x)_w} \tag{3-38h}$$

$$D_n = \frac{\Gamma_n \Delta z \Delta x}{(\delta y)_n} \tag{3-38i}$$

$$D_s = \frac{\Gamma_s \Delta z \Delta x}{(\delta y)_s} \tag{3-38j}$$

$$D_t = \frac{\Gamma_t \Delta x \Delta y}{(\delta z)_t} \tag{3-38k}$$

$$D_b = \frac{\Gamma_b \Delta x \Delta y}{(\delta z)_b} \tag{3-38l}$$

上述速度场还必须满足连续性方程，在稳态情况下，式（2-6c）的离散形式为

$$F_e - F_w + F_n - F_s + F_t - F_b = 0 \tag{3-39}$$

因而式（3-37g）可简化为

$$a_P = a_E + a_W + a_N + a_S + a_T + a_B - S_P \Delta x \Delta y \Delta z \tag{3-37g*}$$

可采用函数 $A(|Pe|)$ 表示处理对流项的各种差分格式[1]，见表 3-1。

表 3-1　各种格式的函数 A（$|Pe|$）

格　式	A（$\|Pe\|$）	格　式	A（$\|Pe\|$）
中心差分	$1-0.5\|Pe\|$	乘　方	$[[0,(1-0.1\|Pe\|)^5]]$
一阶迎风	1	指　数	$\frac{\|Pe\|}{\exp(\|Pe\|)-1}$
混　合	$[[0,1-0.5\|Pe\|]]$		

理想的对流项的离散格式应是无条件稳定的并具有较高的精度，同时还能适用于不同的流动形式。但是这种理想的离散格式并不存在。常用的处理对流项的格式的特点见表 3-2[11]。总体而言，目前常用的对流项格式具有如下两个特点：

（1）在满足稳定性条件的情况下，精度较高的格式给出的计算结果较准确，因此，可采用较稀疏的计算网格，如具有三阶精度的 QUICK 格式；而精度较低的格式应采用较密的计算网格以减小虚假扩散，如具有一阶精度的一阶迎风格式。

（2）离散格式的精度和稳定性常常是相互矛盾的。例如，具有三阶精度的 QUICK 格

式是条件稳定的，而一阶精度的一阶迎风格式却是无条件稳定的。

表 3-2 常用对流项离散格式特点

离散格式	稳定性条件	特 点
中心差分	条件稳定 $Pe \leqslant 2$	如果计算不发生振荡，结果较准确
一阶迎风	绝对稳定	可以得到物理上可接受的解；但是当 Pe 数较大时，虚假扩散严重
二阶迎风	绝对稳定	精度比一阶迎风高，但仍存在虚假扩散
混合格式	绝对稳定	当 $Pe \leqslant 2$ 时，性能与中心差分相同；当 $Pe > 2$ 时，性能与一阶迎风相同
指数格式和乘方格式	绝对稳定	主要用于计算无源项的对流扩散问题。在具有非常数源项情况下，当 Pe 数较大时有较大误差
QUICK 格式	条件稳定 $Pe \leqslant 8/3$	可以减少虚假扩散，精度较高，应用较广泛

为了获得理想的离散格式，部分研究者们将现有的离散格式进行组合，得到了多种形式的 QUICK 格式[11,12]。但是这种组合的离散格式会加大离散代数方程组的求解计算量。

3.8 压力和速度的耦合计算

当输运变量 φ 为流体速度 $\boldsymbol{u}$ 时，对流扩散方程就成为流体动量方程。这样在讨论对流扩散问题时，可将压力项作为已知参数归入到源项中进行处理。但在实际流体流动过程中，压力场和速度场密切相关。在求解速度场的过程中正确的压力场通常无法预知，因此正确压力场的获得是动量方程求解的关键。

如果将计算区域离散成均匀网格，且采用中心差分格式计算控制体界面处压力，则压力项可表示如下

$$\frac{\partial p}{\partial x}=\frac{p_{\mathrm{e}}-p_{\mathrm{w}}}{\delta x}=\frac{\dfrac{p_{\mathrm{E}}+p_{\mathrm{P}}}{2}-\dfrac{p_{\mathrm{P}}+p_{\mathrm{W}}}{2}}{\delta x}=\frac{1}{2}\frac{p_{\mathrm{E}}-p_{\mathrm{W}}}{\delta x} \tag{3-40}$$

这意味着计算动量方程所用的压力梯度不是来源于相邻节点 E 和 P（或 P 和 W）之间的压力差，而是来自控制体主节点 P 两侧节点 E 和 W 之间的压力差，且与控制体节点处的压力无关。这样就会出现一个奇特的现象；如果存在一个锯齿形压力场[1]的话，由于式(3-40) 给出的压力梯度的计算值为零，因此，对于动量方程而言却是一个均匀的压力场，这显然是不可以接受的。

作为源项出现在动量方程中的压力梯度，导致速度场的求解离不开正确的压力场，但是控制方程组并不存在描述压力的独立控制方程。注意到由动量方程得到的速度场还必须同时满足连续性方程，因此，压力和速度的耦合求解只能体现在动量方程和连续性方程的联立求解中。那么，如何从动量方程和连续性方程中分离出压力求解方程成为一个关键问题。

3.9 交错网格

交错网格可以正确地解决压力和速度的耦合计算难题[1]。其基本思想是将速度分量设

置在主控制体的界面上，而将其他物理量（如压力、密度）设置在主控制体的节点上，如图 3-6a 所示。这里，主控制体是指压力所在的以节点 P 为中心的控制体，如图 3-6a 中所示的实线正方形。而速度控制体 $\boldsymbol{u}_e$ 和$\boldsymbol{v}_n$相对于围绕主节点 P 的正常控制体是错开的，在相应的坐标方向上与主控制体 P 相差半个网格步长，如图 3-6a 中所示的虚线正方形。

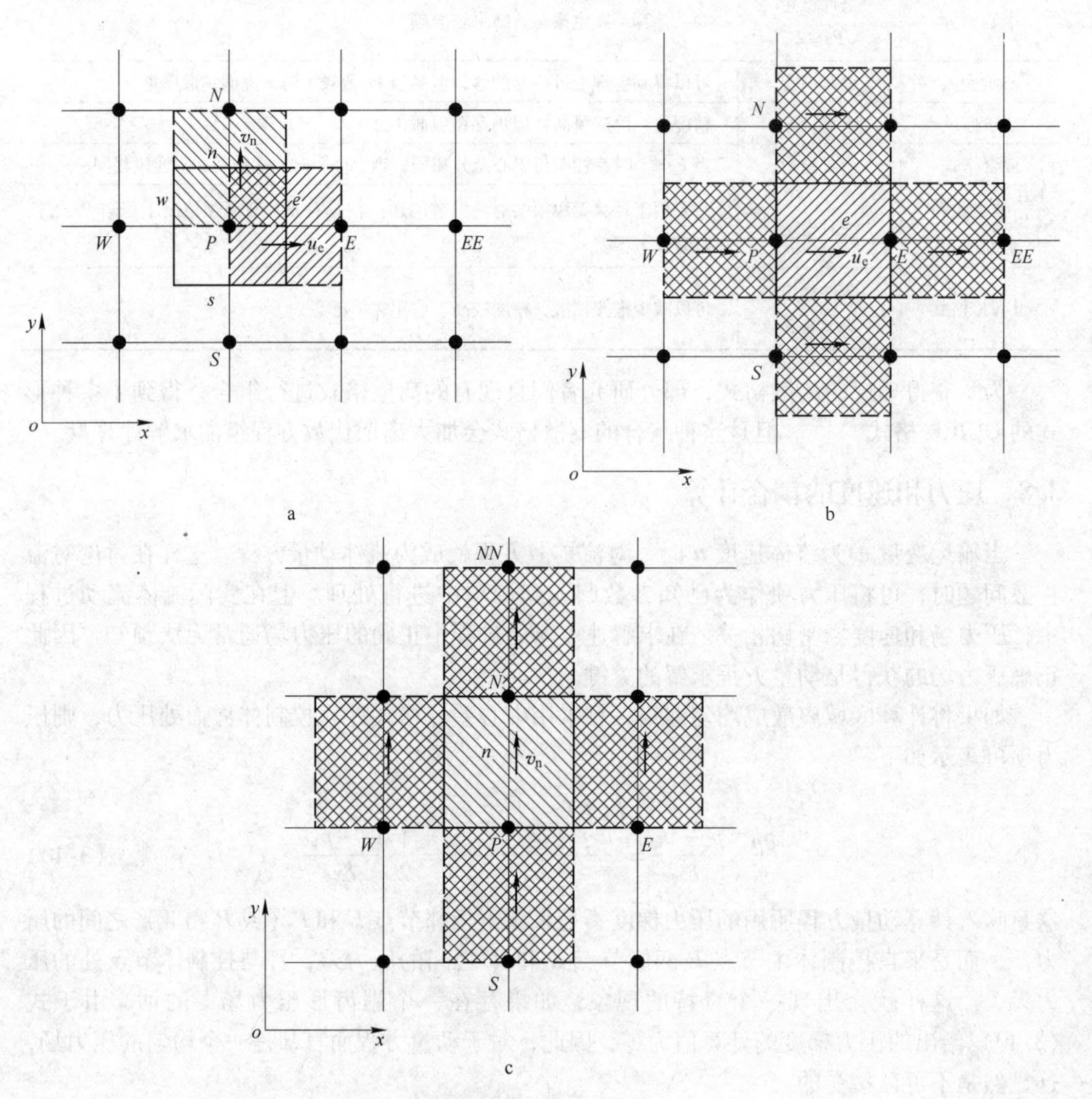

图 3-6 二维交错网格

a—速度控制体 u_e 和 v_n 及主控制体 P；b—速度控制体 u_e 及其相邻的速度控制体；c—速度控制体 v_n及其相邻的速度控制体

采用交错网格的优点如下：

(1) 主控制体的界面速度等于速度控制体节点处速度，因此，动量对流通量不需对有关的速度分量进行插值就可以直接确定。

(2) 主控制体节点的压力值成为速度控制体界面处压力值。这样可以直接利用两个相邻主控制体节点上的压力差，来计算推动速度控制体内流体流动的压力梯度项，因此锯齿状的压力场不再被作为均匀压力场。

采用交错网格要付出一定的代价。对于三维问题而言，存在一套主网格和三套速度网格，这使得网格的编号和离散方程的系数的计算变得较为复杂。但由于交错网格系统能从根本上解决锯齿形压力场所带来的问题，因此，获得了广泛的应用。

3.10 SIMPLE 算法

SIMPLE 算法的全称是对压力连接方程的半隐式方法（Semi-Implicit Method for Pressure Linked Equations）。此算法由印度学者帕坦卡（S. V. Patankar）和英国学者斯波尔丁（D. B. Spalding）于 1972 年提出[1]。其主要特点是基于交错网格，将速度分解为试探速度和校正速度，将压力分解为试探压力和校正压力，认为校正速度主要受校正压力的影响，而忽略了邻点校正速度的影响，所以称它为一种半隐式方法。

在 u_e 控制体（见图 3-6b 中实线正方形）上对在 x 轴方向上的动量方程进行离散，得

$$a_e u_e = \sum a_{nb} u_{nb} + b + (p_P - p_E) A_e \tag{3-41a}$$

这里，下标 nb 是指与速度控制体 u_e 相邻的 4 个速度控制体，如图 3-6b 中所示的虚线正方形。在三维情况下，存在 6 个相邻的速度控制体。A_e 是压力的作用面积，系数 a_{nb} 的计算与式（3-37）相类似。

同理，在 v_n 控制体（见图 3-6c 中实线正方形）上对在 y 轴方向上的动量方程进行离散，得

$$a_n v_n = \sum a_{nb} v_{nb} + b + (p_P - p_N) A_n \tag{3-41b}$$

如果已知正确的压力场，那么对速度场可利用式（3-41）进行求解。但在大多数情况下，压力场也是未知的，因此，需要考虑如何基于交错网格，利用连续性方程和动量方程来求解速度场和压力场。

3.10.1 速度校正方程

根据数值分析理论可知，对方程 $y = f(x)$ 的迭代求解过程是在给定初始值 $y^{(0)}$ 的情况下反复进行迭代求解，从而使数值解 y^n 不断地逼近真实解的过程。这样，可以将第 n 次迭代解 y^n 和第 $n+1$ 次迭代解 y^{n+1} 之间的关系表达如下

$$y^{n+1} = y^n + y' \tag{3-42}$$

式中，y' 是对第 n 次迭代解的校正，其目的是使第 $n+1$ 次迭代解更接近真实解。

基于这种思想，可以将压力 p 表示为试探压力 p^* 和校正压力 p' 的和，即

$$p = p^* + p' \tag{3-43}$$

同理，速度 u_e 和 v_n 也可用试探速度和校正速度来表达

$$u_e = u_e^* + u_e' \tag{3-44a}$$

$$v_n = v_n^* + v_n' \tag{3-44b}$$

由式（3-41）可知，试探压力 p^* 和试探速度 u_e^*、v_n^* 之间满足如下关系

$$a_e u_e^* = \Sigma a_{nb} u_{nb}^* + b + (p_P^* - p_E^*) A_e \tag{3-45a}$$

$$a_n v_n^* = \Sigma a_{nb} v_{nb}^* + b + (p_P^* - p_N^*) A_n \tag{3-45b}$$

将式（3-41）减去式（3-45），得到校正速度的计算式

$$a_e u_e' = \Sigma a_{nb} u_{nb}' + (p_P' - p_E') A_e \tag{3-46a}$$

$$a_n v_n' = \Sigma a_{nb} v_{nb}' + (p_P' - p_N') A_n \tag{3-46b}$$

式（3-46）表明，校正速度来源于邻点校正速度和所处速度控制体两侧的校正压力的贡献。如果校正速度主要受校正压力的影响，那么邻点校正速度的影响可以忽略。因此，校正速度计算式（3-46）可简化为

$$a_e u_e' = (p_P' - p_E') A_e \tag{3-47a}$$

$$a_n v_n' = (p_P' - p_N') A_n \tag{3-47b}$$

式（3-47）还可写成如下形式

$$u_e' = (p_P' - p_E') d_e \tag{3-48a}$$

$$v_n' = (p_P' - p_N') d_n \tag{3-48b}$$

其中

$$d_e = \frac{A_e}{a_e} \tag{3-49a}$$

$$d_n = \frac{A_n}{a_n} \tag{3-49b}$$

将式（3-48）代入式（3-44），得

$$u_e = u_e^* + (p_P' - p_E') d_e \tag{3-50a}$$

$$v_n = v_n^* + (p_P' - p_N') d_n \tag{3-50b}$$

这就是速度校正方程的表达式。

3.10.2 压力校正方程

将连续性方程在图 3-6a 的主控制体 P（实线正方形）上进行积分，得

$$(\rho u)_e A_e - (\rho u)_w A_w + (\rho v)_n A_n - (\rho v)_s A_s = 0 \tag{3-51}$$

将式（3-50）代入式（3-51），整理得到压力校正方程

$$a_P p_P' = a_E p_E' + a_W p_W' + a_N p_N' + a_S p_S' + b \tag{3-52}$$

其中

$$a_E = \rho_e d_e A_e \tag{3-53a}$$

$$a_W = \rho_w d_w A_w \tag{3-53b}$$

$$a_N = \rho_n d_n A_n \tag{3-53c}$$

$$a_S = \rho_s d_s A_s \tag{3-53d}$$

$$a_P = a_E + a_W + a_N + a_S \tag{3-53e}$$

$$b = \rho_e u_e^* A_e - \rho_w u_w^* A_w + \rho_n v_n^* A_n - \rho_s v_s^* A_s \tag{3-53f}$$

式（3-51）和式（3-53f）表明，压力校正方程的 b 项实质上给出了试探速度场满足连续性方程的程度。具体而言，b 项的绝对值越小，意味着试探速度场越接近于真实速度场；

如果 b 项等于零，表明试探速度完全满足连续性方程，即压力场不再需要校正。因此，压力校正方程式（3-53f）中的 b 项是利用压力校正消除的“质量源”。在实际计算过程中，通常将它作为衡量流场计算收敛的判据之一。

3.10.3 计算步骤

SIMPLE 算法的核心是，在交错网格上利用连续性方程和动量方程构造了一个近似的压力修正方程，来计算压力场并校正速度，求解过程实质上是校正速度和校正压力逐渐趋于零的过程。其主要步骤如下：

（1）假定一个速度场。

（2）假定一个压力场。

（3）求解动量方程式（3-45），得到 u^*、v^* 和 w^*。

（4）求解压力校正方程式（3-52）和式（3-53），得到 $\boldsymbol{p}'$。

（5）利用 $p=p^*+p'$ 得到压力场。

（6）利用速度校正方程式（3-50）得到速度场。

（7）利用速度场求解与速度场相关的其他变量（如温度，浓度，湍动能，湍动能耗散率等）。

（8）将校正后的压力 p 作为新的试探压力，返回到第（3）步，重复整个过程，直至得到收敛解为止。

需要指出，SIMPLE 算法实际上解决了相互耦合的矢量和标量的计算问题。在流体力学中表现为速度与压力的关系，而在电磁学里则表现为感生电流密度和电势的关系。利用 SIMPLE 算法的思想求解感生电流密度和电势的关系，将在第 6 章作详细介绍。

SIMPLE 系列算法通用性强，能保证速度调节趋势的正确性，但由于速度和压力修正的不同步，其收敛速度常常难如人愿。SIMPLE 算法速度和压力的不同步[12]表现在：

（1）速度场和压力场的初始值分别单独给出，初始速度场和初始压力场没有任何联系。

（2）速度修正方程没有考虑邻点速度修正值的影响。

（3）动量离散方程是动量守恒方程推出的，因此，式（3-45）得到的 u^*、v^* 和 w^* 满足动量守恒但未必满足质量守恒。

（4）压力校正方程由连续性方程推出，因此，式（3-52）解出 p' 后可得到 u'、v' 和 w'，这样校正后的速度（u^*+u'）、（v^*+v'）和（w^*+w'）满足质量守恒但未必满足动量守恒。

3.10.4 SIMPLE 系列算法比较

为了克服 SIMPLE 算法的不足，相继出现了 SIMPLE 算法的一些改进型，如 SIMPLER、SIMPLEC 和 PISO 等。SIMPLER 算法的显著特征是：速度场确定后，压力场通过动量离散方程求解而不再任意假定。SIMPLER 算法的收敛性较 SIMPLE 有很大改进。一次 SIMPLER 迭代需要较多的计算机内存，然而它只要较少的迭代次数就可以达到收敛，因而每次迭代所增加的工作量能被总的计算工作量的节省所补偿。而 SIMPLEC 算法是使速度场的改进进程与压力场的改进进程同步进行。这样，SIMPLEC 算法比 SIMPLE 算法收敛快，松弛因子可取得更大。压力隐式分裂算子的压力速度耦合格式（Pressure Implicit Split Operator，简称 PISO）最初是为求解非稳态的纳维-斯托克斯方程设计的，但它也能适用于稳态问题。PISO 算法是典型的两步校正法。在一个时间层内分裂成三步完成。第一预估步和第一校正步的实现基本类似于 SIMPLE 算法，同时计算用于第二校正步的速度和压力；接着求解第二校正步压力修正方程，实现压力和速度的再次修正，这样得到的压力场和速度场能更好地同时满足质量守恒方程和动量守恒方程[12]。

实际上，SIMPLE 系列的各种算法大同小异。由于每一种算法的性能都依赖于流动条件、动量方程与其他变量方程的耦合程度、欠松弛因子的选择、代数方程的数值求解方法等，因此难以判断哪种算法最好。一般而言，如果是定常流动，建议使用 SIMPLE 算法，因为 SIMPLE 算法的鲁棒性好，但在物理场耦合问题中，建议使用 SIMPLER 或 SIMPLEC，因为它们有很强的收敛特性。如果是非定常流动，建议使用 PISO 算法，因为 PISO 算法允许使用较大的时间步长。

3.11 边界条件

连续性方程和动量方程是对流体速度分布规律的数学描述，能量方程则是对物体内部温度分布规律的数学描述。对于具体的动量和热量输运问题，还必须给出反映该物理现象特性的单值性条件，这样才能得到反映该物理现象的特解。在稳态状态下，单值性条件包含以下三项：

（1）几何条件：研究区域的几何形状和尺寸。

（2）物性条件：研究区域内物体（固体、液体或气体）的物理特性，如密度，流体黏度，导热系数等。

（3）边界条件：物理现象在研究区域边界上特有的属性。对动量传递问题，主要有物体表面边界条件和进出口边界条件；对热量传递问题，主要有给定边界上温度分布、热流密度分布及表面传热系数和周围流体温度。

在计算流体流动问题时，相关边界条件如下：

（1）在入口处，流体速度根据进出口流量守恒确定。

（2）在固体壁面上，速度可应用无滑移边界条件，即壁面速度设为零。

（3）在对称面或液面处，垂直于对称面或液面的速度分量设为零，平行于对称面或液面的速度分量和其他变量的梯度也设为零。

（4）在出口处，如果流体流动为完全发展流动，可将所有物理量的法向梯度设为零。

在计算传热问题时，相关边界条件如下：

（1）由于边界温度保持不变，因此，可给定边界上的温度值，即 T_w 为常量。

（2）给定边界上热流密度 q_w（单位为 W/m^2）的分布，即 $-\lambda(\partial T/\partial n)_w = q_w$。

（3）给定边界上表面传热系数 α（单位为 $W/(m^2 \cdot K)$）和周围流体温度 T_f，即 $-\lambda(\partial T/\partial n)_w = \alpha(T_w - T_f)$。

综上所述，边界条件的数学形式可分为三类：

（1）在边界上给定输运变量 φ 的值 φ_0。

（2）在边界上输运变量 φ 的法向分量导数 $\partial\varphi/\partial n$ 为已知。

（3）在边界上给定的值既不是输运变量 φ 的值，也不是输运变量法向分量导数 $\partial\varphi/\partial n$

的值，而是 φ 和 $\partial\varphi/\partial n$ 的一个线性组合。

3.12 离散代数方程组的求解

微分方程经离散后得到的差分方程是代数方程组。代数方程组的数值解法可分为直接解法和迭代解法。直接解法（或精确解法）是指通过有限次算术运算（假定每步计算过程没有舍入误差）后得到方程组的精确解。但在实际计算过程中，舍入误差的存在造成直接解法所得到的解，实际上也是方程组的近似解。迭代解法首先假定一个方程组的初始解，再利用某种迭代计算格式逐渐逼近方程组的精确解。由于微分方程经离散后得到的代数方程组具有高度非线性，并且原微分方程之间往往存在强烈的耦合关系，这样采用直接解法求解离散方程会需要很长的计算时间和很大的计算机内存，所以在实际计算过程中，先将变量采用 SOR（逐次亚松弛）后，再利用 Gauss-Siedel（高斯-赛德尔）方法和 TDMA 方法（三对角矩阵运算法则）进行求解[2,8,13]。

3.12.1 TDMA 算法

当求解一维问题时，离散后的代数方程组可表示为

$$a_P\varphi_P = a_E\varphi_E + a_W\varphi_W + b \tag{3-54}$$

这是一个三对角矩阵。如果采用 $i-j-k$ 命名规则，则式（3-54）可改写为

$$d_i\varphi_{i-1} + a_i\varphi_i + c_i\varphi_{i+1} = b_i \tag{3-55}$$

其中

$$c_i = -a_E \tag{3-56a}$$

$$d_i = -a_W \tag{3-56b}$$

$$a_i = a_P \tag{3-56c}$$

一维问题的控制体积法和TDMA算法的基本思路如下：

（1）将代数方程式（3-55）表示为如下的矩阵形式

$$\begin{bmatrix} a_1 & c_1 & 0 & & & & & & & 0 \\ d_2 & a_2 & c_2 & 0 & & & & & & \\ 0 & \vdots & \vdots & \vdots & 0 & & & & & \\ & 0 & d_{i-1} & a_{i-1} & c_{i-1} & 0 & & & & \\ & & 0 & d_i & a_i & c_i & 0 & & & \\ & & & 0 & d_{i+1} & a_{i+1} & c_{i+1} & 0 & & \\ & & & & 0 & \vdots & \vdots & \vdots & 0 & \\ & & & & & 0 & \vdots & \vdots & \vdots & 0 \\ & & & & & & 0 & d_{n-1} & a_{n-1} & c_{n-1} \\ 0 & & & & & & & 0 & d_n & a_n \end{bmatrix} \begin{bmatrix} \varphi_1 \\ \varphi_2 \\ \vdots \\ \varphi_{i-1} \\ \varphi_i \\ \varphi_{i+1} \\ \vdots \\ \varphi_{n-1} \\ \varphi_n \end{bmatrix} = \begin{bmatrix} b_1 - d_1\varphi_0 \\ b_2 \\ \vdots \\ b_{i-1} \\ b_i \\ b_{i+1} \\ \vdots \\ b_{n-1} \\ b_n - c_n\varphi_{n+1} \end{bmatrix} = \begin{bmatrix} B_1 \\ B_2 \\ \vdots \\ B_{i-1} \\ B_i \\ B_{i+1} \\ \vdots \\ B_{n-1} \\ B_n \end{bmatrix} \tag{3-57}$$

其中，φ_0 和 φ_{n+1} 为边界上输运变量 φ 的取值，$\varphi_i(i=1,\cdots,n)$ 为计算区域内输运变量的待

求值。这样，式（3-55）可表示为

$$d_i\varphi_{i-1} + a_i\varphi_i + c_i\varphi_{i+1} = B_i \tag{3-58}$$

且在边界上满足 $d_1=0$，$c_n=0$。从而就得到了三对角矩阵的标准数学形式。

（2）消去第三对角系数 d_i，得到上两对角系数矩阵。

（3）求 φ_n 的值。

（4）利用 φ_n 逐次回代，分别求得 $\varphi_i(i=n-1,\cdots,1)$。

TDMA 方法又称为追赶法[8,13]，是控制体积法求解代数方程组的基本数值方法。相对于其他求解方法，具有如下优点：

（1）采用控制体积法推导的离散方程组，能保证系数矩阵中的系数满足主对角占优 $|a_i| \geqslant |c_i| + |d_i|$；而且在边界上存在第一类边界条件，这样在边界上的系数就能满足主对角绝对占优。因此，数值计算是稳定的。

（2）计算所需内存小。在计算过程中，仅存储系数矩阵的非零元素，即只需用三个一维数组保存三对角系数，另外两个一维数组用于保存计算的中间结果和计算解。

（3）计算量小，又是一种直接解法，无需反复迭代。

3.12.2 Gauss-Siedel 方法

当求解二维问题时，离散后的代数方程组可表示为

$$a_P\varphi_P = a_E\varphi_E + a_W\varphi_W + a_N\varphi_N + a_S\varphi_S + b \tag{3-59}$$

这是一个五对角矩阵。

当求解三维问题时，离散后的代数方程组可表示为

$$a_P\varphi_P = a_E\varphi_E + a_W\varphi_W + a_N\varphi_N + a_S\varphi_S + a_T\varphi_T + a_B\varphi_B + b \tag{3-60}$$

这是一个七对角矩阵。

如果对流项采用 QUICK 格式进行离散，则在一维情况下得到的是一个五对角矩阵，在二维情况下得到的是一个九对角矩阵，在三维情况下得到的是一个十三对角矩阵。因此，如何将多对角矩阵表示为三对角矩阵，再利用 TDMA 算法求解成为计算二维和三维问题的关键。

Gauss-Siedel 方法是采用邻近节点的最新值 φ_{nb}^* 来计算主节点的 φ_P 值，即

$$\varphi_P = \frac{\Sigma a_{nb}\varphi_{nb}^* + b}{a_P} \tag{3-61}$$

借助这种思想可将上述的五对角矩阵和七对角矩阵转化为三对角矩阵。

对于五对角矩阵，应用 Gauss-Siedel 方法，则式（3-59）可改写为 x 方向的三对角矩阵形式

$$a_P\varphi_P = a_E\varphi_E + a_W\varphi_W + b_x^* \tag{3-62a}$$

其中

$$b_x^* = b + a_N\varphi_N^* + a_S\varphi_S^* \tag{3-62b}$$

同理，可得式（3-59）在 y 方向的三对角矩阵形式

$$a_P\varphi_P = a_N\varphi_N + a_S\varphi_S + b_y^* \tag{3-63a}$$

其中

$$b_y^* = b + a_E\varphi_E^* + a_W\varphi_W^* \tag{3-63b}$$

对于七对角矩阵，应用 Gauss-Siedel 方法，则式（3-60）可改写为 x 方向的三对角矩阵

$$a_P\varphi_P = a_E\varphi_E + a_W\varphi_W + b_x^* \tag{3-64a}$$

其中

$$b_x^* = b + a_N\varphi_N^* + a_S\varphi_S^* + a_T\varphi_T^* + a_B\varphi_B^* \tag{3-64b}$$

同理，可得式（3-60）在 y 方向和 z 方向的三对角矩阵形式

$$a_P\varphi_P = a_N\varphi_N + a_S\varphi_S + b_y^* \tag{3-65a}$$

$$b_y^* = b + a_E\varphi_E^* + a_W\varphi_W^* + a_T\varphi_T^* + a_B\varphi_B^* \tag{3-65b}$$

$$a_P\varphi_P = a_T\varphi_T + a_B\varphi_B + b_z^* \tag{3-66a}$$

$$b_z^* = b + a_E\varphi_E^* + a_W\varphi_W^* + a_N\varphi_N^* + a_S\varphi_S^* \tag{3-66b}$$

需要指出，式（3-62b）表明，式（3-62a）中的 b_x^* 既包含式（3-59）中的 b，又包含 y 方向相邻节点 N 和 S 的影响。在三维情况下，式（3-64b）表明，式（3-64a）中的 b_x^* 包含了式（3-60）中的 b 和非 x 方向的相邻节点 N、S、T 和 B 的影响。

当然，上述思想对 QUICK 格式形成的多对角矩阵的求解仍然成立。这里不再赘述。

3.12.3 逐次亚松弛

在计算过程中引入逐次亚松弛的目的是为了使相邻两次迭代过程中未知量的变化不太大，从而保证迭代解的收敛。通常，可在以下两种情况中应用逐次亚松弛方法。

（1）对参数进行逐次亚松弛，例如，对密度，有效黏度等参数可采用如下的形式

$$\varphi_{new} = \alpha\varphi_{new} + (1-\alpha)\varphi_{old} \tag{3-67}$$

（2）对于速度，温度，浓度等输运变量进行亚松弛后，控制方程的离散形式（3-36）可改写为

$$\frac{a_P}{\alpha}\varphi_P = \Sigma a_{nb}\varphi_{nb}^* + b + (1-\alpha)\frac{a_P}{\alpha}\varphi_P^* \tag{3-68}$$

松弛因子 α 的最佳值取决于很多因素：网格数量、网格间距、迭代方法等，因此，没有选取最佳松弛因子的一般性规则，唯一可行的方法是利用经验来选取。另外，在迭代过程中，没有必要保持相同的松弛因子，松弛因子的具体值可以随迭代的进行而进行调整。但必须强调的是，松弛因子只能影响迭代过程的收敛速度，不会影响计算的最终结果，即采用不同的松弛因子计算得到的最终数值结果应该是相同的。

综上，离散代数方程的逐次亚松弛求解过程总结如下：

（1）对参数进行逐次亚松弛。

（2）对离散代数方程进行逐次亚松弛生成新的系数 a_{nb}，a_P 和 b。

（3）应用 Gauss-Siedel 方法，将二维情况下的五对角矩阵或三维情况下的七对角矩阵转换成 x 方向的三对角矩阵。

（4）利用 TDMA 算法求解三对角矩阵，更新求解变量的当前值。

（5）转换扫描方向，将二维情况下的五对角矩阵或三维情况下的七对角矩阵转换成 y 方向（或 z 方向）的三对角矩阵，再利用 TDMA 算法求解三对角矩阵，更新求解变量的当前值。

（6）返回第（1）步，重复整个过程，直到得到收敛解。

3.13 收敛法则

3.13.1 线性代数方程组迭代收敛条件

根据数值分析理论可知，如果系数矩阵 $\boldsymbol{A}$ 为严格对角占优矩阵或不可约对角占优矩阵，则求解线性方程组 $\boldsymbol{A}x=b$ 的 Jacobi 方法和 Gauss-Siedel 方法均收敛。

3.13.1.1 对角占优矩阵

如果矩阵 $\boldsymbol{A}=(a_{ij})_{n\times n}$ 的每个对角元 a_{ii} 的绝对值都不小于所在行的非对角元的绝对值的和，即

$$|a_{ii}|\geqslant\sum_{\substack{j=1\\j\neq i}}^{n}|a_{ij}|\quad(i=1,2,\cdots,n)\tag{3-69a}$$

那么称矩阵 $\boldsymbol{A}$ 是按行对角占优矩阵。同样，也有按列对角占优矩阵。

如果矩阵 $\boldsymbol{A}$ 的每个对角元 a_{ii} 的绝对值都大于所在行的非对角元的绝对值的和，即

$$|a_{ii}|>\sum_{\substack{j=1\\j\neq i}}^{n}|a_{ij}|\quad(i=1,2,\cdots,n)\tag{3-69b}$$

那么称矩阵 $\boldsymbol{A}$ 是按行严格对角占优矩阵。同样，也有按列严格对角占优矩阵。

3.13.1.2 不可约矩阵

如果存在一个排列矩阵 $\boldsymbol{P}$，满足

$$\boldsymbol{P}^{\mathrm{T}}\boldsymbol{A}\boldsymbol{P}=\begin{bmatrix}\boldsymbol{A}_{11}&\boldsymbol{A}_{12}\\0&\boldsymbol{A}_{22}\end{bmatrix}\tag{3-70}$$

式中，$\boldsymbol{P}^{\mathrm{T}}$ 是 $\boldsymbol{P}$ 的转置，$\boldsymbol{A}_{11}$ 是 $k\times k$ 阶子矩阵，$\boldsymbol{A}_{22}$ 是 $(n-k)\times(n-k)$ 阶子矩阵，$1\leqslant k\leqslant n$，则称矩阵 $\boldsymbol{A}$ 为可约矩阵。如果可约矩阵 $\boldsymbol{A}$ 是系数矩阵，那么求解方程组 $\boldsymbol{A}x=b$ 就可以转化为两个独立的低阶方程组求解。如果不存在这样的排列矩阵，则称矩阵 $\boldsymbol{A}$ 为不可约矩阵。

3.13.2 方程离散的四条法则

为了保证计算过程收敛，微分方程的离散需满足以下基本法则：

（1）控制体界面连续性法则。当一个界面为相邻的两个控制体所共有时，那么这两个控制体的离散化方程中，通过该面的通量的计算表达式必须相同。此法则保证了控制体积法的守恒性。这就要求界面处的黏度、导热系数和扩散系数等参数是界面的属性，而不属于特定的控制体，即采用界面处的黏度、导热系数计算界面处的动量通量和热量通量。例如，在图 3-2b 所示的两个相邻控制体 W 和 P 的界面 w 上，从控制体 W 经过界面 w 输出的热流量应该等于经过界面 w 输入到控制体 P 的热流量，这种热量或动量的平衡称为控制体界面的守恒性（连续性或一致性），而这种平衡的建立来源于零体积的界面不能积存热量或动量。

（2）正系数法则。中心节点系数 a_{P} 和相邻节点系数 a_{nb} 必须恒为正值。这可以保证离

散得到的代数方程组的系数矩阵是不可约矩阵。如果系数有正有负的话，通常不能保证得到的数值解是物理上真实的解。例如，对于图 3-2b 所示的一维控制体，主节点 P 的温度受到邻近节点 E 和节点 W 的温度的影响。从物理角度来看，如果相邻节点（如节点 W）的温度升高，则主节点 P 的温度也会上升，绝对不会出现温度反而下降的情况，而温度上升的幅度则由控制方程来决定

$$a_P T_P = a_E T_E + a_W T_W + b \tag{3-71}$$

如果系数 a_W 为负，而系数 a_P 为正，则节点 S 温度越高，节点 P 的温度必须下降越低才能维持式（3-71）在数学上成立。这就违反了热力学第二定律：在自然条件下热量只能从高温物体向低温物体转移。但是需要注意的是，系数 b 可正、可负，也可以为零。

（3）源项的负斜率线性化法则。当源项的线性化写成式(3-35)的形式时，系数 S_P 必须小于或等于零。对比式（3-37g*）可知，如果系数 S_P 为正，则系数 a_P 可能出现负值。因此，法则（3）实质上是对法则（2）的进一步拓展。

（4）中心节点系数 a_P 等于相邻节点系数 a_{nb} 的和的法则。此法则和第（2）法则能够保证离散得到的代数方程组的系数矩阵是对角占优矩阵。

最后两条法则给出了离散代数方程的中心节点系数 a_P 的结构形式。中心节点系数 a_P 可表示为相邻节点系数 a_{nb} 相加的形式；或者中心节点系数 a_P 等于相邻节点系数 a_{nb} 的和加上一个正值，例如，式（3-37g*）中 $-S_P\Delta x\Delta y\Delta z$ 就是正值。最后两条法则是为了保证离散得到的代数方程组的系数矩阵满足对角占优矩阵（或严格对角占优矩阵）的条件。

控制体积法中方程离散的四条法则要求的条件，比保证线性方程组 Jacobi 方法和 Gauss-Siedel 方法收敛的条件更加严格。现分析如下：

对于三对角矩阵，次对角线有 0 的三对角矩阵就是可约矩阵，否则就为不可约矩阵。在计算区域是一维情况下，如果离散微分方程得到的代数方程组的系数矩阵是三对角矩阵，那么第二条法则保证了系数矩阵是不可约矩阵；第三条法则导致三对角系数矩阵主对角元素为正，非主对角元素小于或等于零；第四条法则保证了系数矩阵的对角占优。如果存在源项，对非零源项进行负斜率线性化后，利用 $S_P<0$ 可得 $|a_P|>\Sigma|a_{nb}|$，这样，系数矩阵就能满足严格对角占优且不可约。因此，在一维的计算过程中可以得到收敛解。

在计算区域是二维或三维的情况下，如果离散微分方程得到的代数方程组的系数矩阵是五对角矩阵或七对角矩阵，通常在求解过程中会将五对角矩阵或七对角矩阵转换为三对角矩阵，那么第二条法则、第三条法则和第四条法则就保证了系数矩阵满足严格对角占优且不可约。如果对非零源项进行线性化处理，则加强了系数矩阵的严格对角占优条件。因此，在二维和三维的数值计算过程中也可以得到收敛解。

如果源项为零，或不对非零源项进行线性化处理，当所有网格点均满足系数矩阵的对角占优时，由于在边界上至少存在一个第一类边界条件，因此施加第一类边界条件的网格就能满足系数矩阵的严格对角占优。例如，在求解动量方程中需要给出入口处或出口处的速度，在压力求解过程中需要在入口或出口处给出压力值或在某点给出参考压力。

需要指出的是，方程离散的四条法则是保证计算收敛的充分条件，而不是充要条件。换言之，如果不满足方程离散的四条法则，数值计算过程可能得到收敛解，也有可能得不到收敛解。

3.13.3 收敛判据

因为求解过程是一个迭代的过程，所以必须设立一些准则来判断当前的解是否符合收敛条件而中止迭代。合适的收敛标准取决于求解问题的性质和计算的目标，在通常情况下，常用的收敛判据有：

（1）控制收敛最有意义的数学方法是检查网格节点上物理量对离散方程的满足程度。对于每个网格节点，可以计算残差 R

$$R = \Sigma a_{\mathrm{nb}}\varphi_{\mathrm{nb}} + b - a_{\mathrm{P}}\varphi_{\mathrm{P}} \tag{3-72}$$

对于一个完全收敛的解，R 的值应该处处为零。一个合理的收敛判据要求所有节点中 $|R|$ 的最大值要小于某一个给定的正的小数 R_0。

残差的一个特例是压力校正方程中的质量源项 b，它代表着速度场对质量守恒的满足程度。由于许多变量均对连续性方程产生影响，因此，质量源项 b 常被用于收敛判据之一。但是应该注意的是，因为常用的连续性方程有两种形式

$$\nabla \cdot (\rho \boldsymbol{u}) = 0 \tag{3-73a}$$

$$\nabla \cdot \boldsymbol{u} = 0 \tag{3-73b}$$

其中，式（2-73a）要求流体的密度可以随空间变化，但不随时间变化 $\left(即\dfrac{\partial \rho}{\partial t} = 0\right)$；而式（2-73b）要求液体为不可压缩流体。当流体密度是常数时，这两个式子是等价的。

这两种连续性方程相对应的压力校正方程的“质量源”分别为

$$b_1 = \rho_{\mathrm{e}} u_{\mathrm{e}} A_{\mathrm{e}} - \rho_{\mathrm{w}} u_{\mathrm{w}} A_{\mathrm{w}} + \rho_{\mathrm{n}} v_{\mathrm{n}} A_{\mathrm{n}} - \rho_{\mathrm{s}} v_{\mathrm{s}} A_{\mathrm{s}} \tag{3-74a}$$

$$b_2 = u_{\mathrm{e}} A_{\mathrm{e}} - u_{\mathrm{w}} A_{\mathrm{w}} + v_{\mathrm{n}} A_{\mathrm{n}} - v_{\mathrm{s}} A_{\mathrm{s}} \tag{3-74b}$$

因此，对于恒密度流体，在相同的计算条件下，对于同一网格节点而言，包含流体密度的连续性方程式（3-73a）的质量源 b_1 是不包含流体密度的连续性方程式（3-73b）的质量源 b_2 的 ρ 倍。如果研究的流体是水，则 $b_1 = 1000b_2$；如果研究的流体是钢液，则 $b_1 = 7000b_2$。

（2）控制收敛的另外一种数学方法是检查网格节点上物理量 ψ（压力降、总剪切力、出口温度、总热流量等）在两次连续迭代之间的变化程度。常用的计算表达式有

$$\varepsilon = \psi^{n+1} - \psi^{n} \tag{3-75a}$$

或

$$\varepsilon = \frac{\psi^{n+1} - \psi^{n}}{\psi^{n+1}} \tag{3-75b}$$

如果 $|\varepsilon|$ 小于某一个给定的正的小数 ε_0，就可以认为迭代收敛。

（3）在应用过程中，还会遇到平均节点误差和最大节点误差这两个概念。平均网格误差是指对所有节点上的误差求平均值，即

$$\varepsilon = \sqrt{\frac{\sum_{i=1}^{N} \left(\psi_i^{(n+1)^2} - \psi_i^{n^2}\right)}{N}} \tag{3-76a}$$

或
$$\varepsilon = \sqrt{\frac{\sum_{i=1}^{N} (\psi_i^{n+1} - \psi_i^n)^2}{N}} \tag{3-76b}$$

式中，N 为节点数量。

而最大节点误差是指对所有节点上的误差求最大值，即

$$\varepsilon = \max(|\psi_1^{n+1} - \psi_1^n|, \cdots, |\psi_i^{n+1} - \psi_i^n|, \cdots, |\psi_N^{n+1} - \psi_N^n|) \tag{3-77}$$

1）当在计算过程中应用欠松弛时，如果将网格节点上物理量的变化作为收敛判据，容易产生虚假收敛。这是因为欠松弛的应用会强迫物理量的变化减少，从而造成一种收敛的假象，实际上此时的数值解距离收敛解还相差甚远。

2）在国际单位制下，不同物理量之间的数值差异很大，造成在式（3-75a）中采用不同的物理量作为监控物理量，计算得到的 ε 的数值差异也很大，因此，对于不同的物理量需设定不同的小数 ε_0 作为收敛标准。但这种做法比较麻烦，所以相对误差表达式（3-75b）应用得比较普遍。但在实际应用中应该注意到，速度、压力等物理量在某些网格节点上可以等于零，造成式（3-75b）的分母为零。因此，必须选择合理的物理量（如温度、焓、有效黏度）作为特征物理量来计算式（3-75b）。

（4）以上两种收敛判据均具有明确的数学意义，但是没有清晰的物理意义。常用的具有物理意义的收敛判据是进出口质量守恒。就结晶器流动而言，如果数值解是一个完全收敛的解，那么从浸入式水口进入结晶器的钢液总质量 m_{inlet} 应等于从结晶器出口流出的钢液总质量 m_{outlet}。因此，通过数值计算得到的钢液进出口质量的相对误差

$$\zeta = \frac{m_{\text{inlet}} - m_{\text{outlet}}}{m_{\text{outlet}}} \tag{3-78}$$

应满足 $|\zeta|$ 小于某一个给定的正的小数 ε_0，才可以认为迭代收敛。如果研究钢的凝固过程中碳的偏析现象，也可将钢中碳的进出口质量守恒作为收敛判据。

应该注意，作为进出口质量守恒考察的物理量应该满足在体系内没有源项，在边界上没有交换。以凝固为例，因为坯壳的凝固会释放凝固潜热，并且水冷结晶器会从铸坯表面带走热量，这样浸入式水口出口处钢液的内能（或焓）就不等于结晶器出口处钢液的内能（或焓）。因此，不能将结晶器进出口处钢液的内能作为收敛判据。

（5）为了加快收敛，有时也对离散格式进行亚松弛。例如，对于对流项，首先采用绝对稳定的一阶迎风格式得到一个稳定的计算精度较低（一阶计算精度）的收敛解；然后利用亚松弛逐渐缩小一阶迎风格式的比重，增大条件稳定的二阶迎风格式的比重；最后完全过渡到二阶迎风格式，得到一个计算精度较高（二阶计算精度）的收敛解。这种离散格式的亚松弛方法可以有效避免直接采用二阶迎风格式引起的结果振荡或计算发散现象。这种方法在商业软件 CFX 中已经得到了应用。

参 考 文 献

[1] Patankar S V. Numerical Heat Transfer and Fluid Flow [M]. New York: Hemisphere Pub Corp, 1980.
[2] 陶文铨. 数值传热学[M]. 西安：西安交通大学出版社，1988.
[3] 朱苗勇，萧泽强. 钢的精炼过程数学物理模拟[M]. 北京：冶金工业出版社，1998.

[4] 查金荣，陈家镛．传递过程原理及应用[M]．北京：冶金工业出版社，1997.
[5] 张兆顺，崔桂香，许春晓．湍流大涡数值模拟的理论和应用[M]．北京：清华大学出版社，2008.
[6] 同济大学数学教研室．高等数学（上册）[M]．北京：高等教育出版社，1998.
[7] 同济大学数学教研室．高等数学（下册）[M]．北京：高等教育出版社，1998.
[8] 孙庆新，齐秉寅，张树功，等．数值分析（上册）[M]．沈阳：东北大学出版社，1990.
[9] Lei H，Wang L Z，Wu Z N. Applications of upwind and downwind schemes for calculating electrical conditions in a wire-plate electrostatic precipitator [J]. Journal of Computational Physics，2004，193(2)：697 ~ 707.
[10] 雷洪，赫冀成．稳态不可压流计算方法在稳恒电磁场中的应用[J]．东北大学学报，2008，29(4)：545 ~ 548.
[11] 王福军．计算流体动力学分析[M]．北京：清华大学出版社，2004.
[12] 陶文铨．计算传热学的近代进展[M]．北京：科学出版社，2000.
[13] 孙庆新，齐秉寅，张树功，等．数值分析（下册）[M]．沈阳：东北大学出版社，1990.

4　结晶器内钢液流动数值模拟

连铸结晶器是连铸机最重要的设备之一。结晶器内钢液的流动状况直接影响着最终铸坯的质量，不合理的流场将造成液面流速过大，弯月面湍动加剧，造成卷渣，或者对凝固壳的冲击过大，使夹杂物及气泡易被凝固壳捕捉等一系列影响连铸顺利进行和铸坯质量的事故[1~7]。而结晶器内钢液的流动状况与结晶器的尺寸、浸入式水口参数、拉速等直接相关。因此，研究控制实际操作条件下结晶器内钢液流动状态，对于提高连铸生产率和铸坯质量至关重要。

4.1　结晶器内钢液流动行为及其研究

4.1.1　钢液流动行为

基于 k-ε 双方程模型得到的水模型流场（见图 4-1a）与水模型的显示流场[8]（见图 4-1b）基本相符。如图 4-1 所示，板坯连铸采用出口张角向下的双侧孔浸入式水口进行浇注时，射流从水口出来后沿直线流向窄面，并在前进过程中不断扩张，流速不断降低，到达窄面后一分为二，形成上升流和下降流两大流股。上升流股沿窄面上行至弯月面后才改变方向流向水口，在结晶器上部形成两个回流区，对夹杂物的去除和弯月面的波动产生直接影响，其强弱决定了钢渣界面卷混状况；同时也为保护渣的熔化提供热量，决定了熔融保护渣层的厚度。上升流股的强弱取决于水口张角、插入深度和拉坯速度。下降流股则沿窄面继续下行，达到一定穿透深度后，流向中心，形成两个与上部回流区循环方向相反、范围更大的回流区。下降流股对夹杂物的上浮，结晶器下端和二冷段的凝固组织产生直接

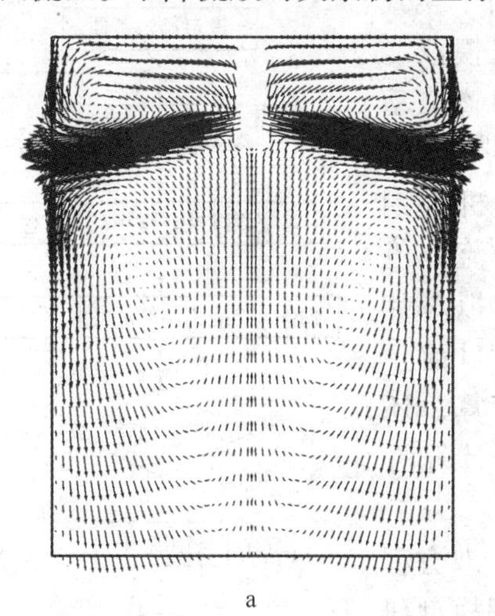

a

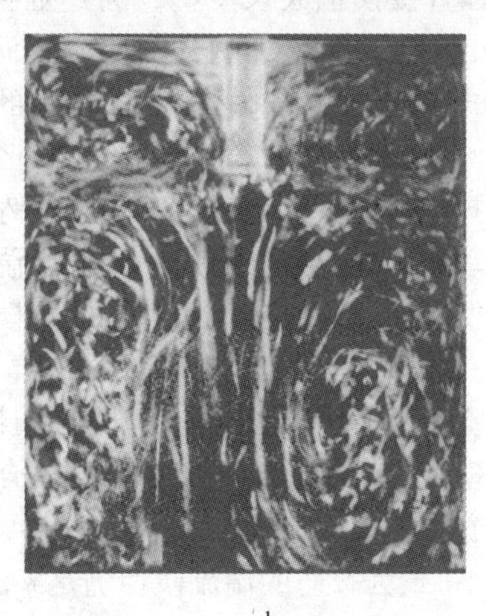

b

图 4-1　结晶器内钢液流场

a—计算流场；b—显示流场

影响。

钢液液面流速直接影响液面的波动情况。钢液液面流速太小则液面过于平静，不利于保护渣的熔化。熔化不充分的保护渣，会导致保护渣黏度过大，造成结晶器壁和铸坯之间的润滑不良，增大了铸坯与结晶器之间的摩擦阻力，形成粘连而极易引起漏钢事故。然而较大的钢液液面流速会导致液面波动幅度过大，引起局部的液面裸露而造成钢液的二次氧化，并且过大的液面流速还会引起钢渣卷混。

钢液对窄面的冲击压力分布可以反映来自水口的钢液射流的冲击深度和冲击压力的大小。较大的冲击深度会导致结晶器内高温区下移，造成结晶器出口处铸坯坯壳减薄，从而产生鼓肚甚至漏钢事故；并且较弱的上升流股不能形成活跃的渣金界面，不利于保护渣的熔化。但是较小的冲击深度，又会造成较强的上升流股，从而液面波动加剧，引起卷渣。

因此，为将液面流动速度和窄面处压力控制在合理范围内，需要优化水口结构和工艺参数。

4.1.2 结晶器流场计算

作为结晶器传输过程数值模拟的先驱，美国学者 Szekely[9,10] 在 1970 年基于势流理论模拟了圆坯结晶器内钢液的流动和传热行为，在 1973 年基于一方程模型对上述传输过程进行了更为深入的探讨。1990 年，美国学者 Thomas[11] 采用 k-ε 双方程研究了不同水口参数和不同拉坯速度下，板坯连铸机内钢液的稳态流动行为。由于对纳维-斯托克斯方程进行了时间平均，抹平了湍流脉动的细节，因此，传统的 k-ε双方程只能模拟在浸入式水口偏心条件下液面漩涡的形成[12]，但不能模拟在浸入式水口对中条件下液面漩涡的形成。然而大涡模拟采用非稳态的纳维-斯托克斯方程直接模拟大尺度涡，通过亚格子模式近似地计算小涡对大涡的影响，因此，大涡模拟能给出在浸入式水口对中条件下液面漩涡的整个动态形成过程。2000 年以来，国内外学者[13,14]开始采用大涡模拟（LES）方法研究板坯连铸机内钢液的瞬态流动行为。大涡模拟是结晶器湍流数值模拟中最具发展潜力的技术，但是大涡模拟对计算机的内存和计算速度的要求仍然很高，目前仅限于在实验室进行结晶器内钢液流动的计算，还未发现大涡模拟在钢液流动和凝固的耦合计算方面的应用报道。

目前应用得最为普遍的湍流模型仍是 k-ε 双方程模型[4,11,12,15~31]。因此，本章采用 k-ε 双方程模型研究了不同操作条件下结晶器内钢液流动规律。数值模拟的计算流程图如图 4-2 所示。

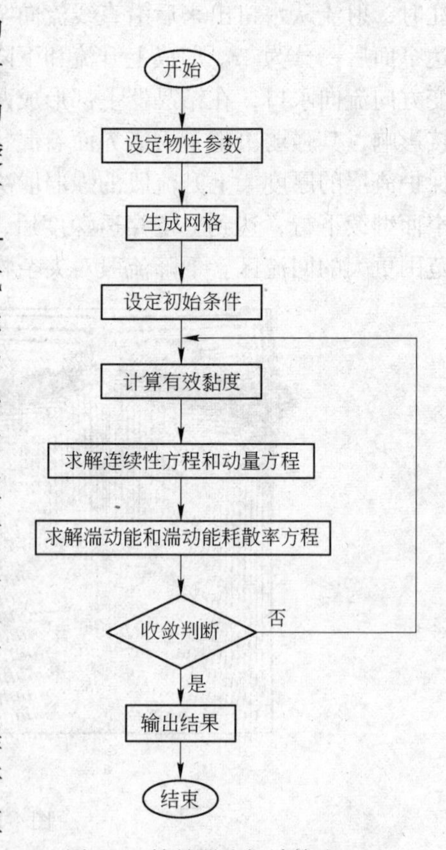

图 4-2 结晶器流场计算流程图

4.2 基本假设

(1) 结晶器内钢液流动是稳态过程。

(2) 忽略弯月面的波动，认为结晶器钢液液面是平的，并且不考虑保护渣的影响。

(3) 结晶器内钢液是不可压缩牛顿流体，且其物性参数为常数。

(4) 忽略坯壳和结晶器壁的倾斜效应。

(5) 忽略由于温差引起的热浮力。

4.3 控制方程

连续性方程

$$\frac{\partial(\rho u)}{\partial x}+\frac{\partial(\rho v)}{\partial y}+\frac{\partial(\rho w)}{\partial z}=0 \tag{4-1}$$

动量方程

$$\frac{\partial(\rho uu)}{\partial x}+\frac{\partial(\rho vu)}{\partial y}+\frac{\partial(\rho wu)}{\partial z}=-\frac{\partial p}{\partial x}+\frac{\partial}{\partial x}\left(\mu_{\text{eff}}\frac{\partial u}{\partial x}\right)+\frac{\partial}{\partial y}\left(\mu_{\text{eff}}\frac{\partial u}{\partial y}\right)+\frac{\partial}{\partial z}\left(\mu_{\text{eff}}\frac{\partial u}{\partial z}\right) \tag{4-2}$$

$$\frac{\partial(\rho uv)}{\partial x}+\frac{\partial(\rho vv)}{\partial y}+\frac{\partial(\rho wv)}{\partial z}=-\frac{\partial p}{\partial y}+\frac{\partial}{\partial x}\left(\mu_{\text{eff}}\frac{\partial v}{\partial x}\right)+\frac{\partial}{\partial y}\left(\mu_{\text{eff}}\frac{\partial v}{\partial y}\right)+\frac{\partial}{\partial z}\left(\mu_{\text{eff}}\frac{\partial v}{\partial z}\right) \tag{4-3}$$

$$\frac{\partial(\rho uw)}{\partial x}+\frac{\partial(\rho vw)}{\partial y}+\frac{\partial(\rho ww)}{\partial z}=-\frac{\partial p}{\partial z}+\frac{\partial}{\partial x}\left(\mu_{\text{eff}}\frac{\partial w}{\partial x}\right)+\frac{\partial}{\partial y}\left(\mu_{\text{eff}}\frac{\partial w}{\partial y}\right)+\frac{\partial}{\partial z}\left(\mu_{\text{eff}}\frac{\partial w}{\partial z}\right)+\rho g \tag{4-4}$$

式中，g 为重力加速度，$\mathrm{m/s^2}$；μ_{eff}为有效黏度系数，由标准 k-ε 双方程确定。

$$\frac{\partial(\rho uk)}{\partial x}+\frac{\partial(\rho vk)}{\partial y}+\frac{\partial(\rho wk)}{\partial z}=\frac{\partial}{\partial x}\left[\left(\mu_1+\frac{\mu_t}{\sigma_k}\right)\frac{\partial k}{\partial x}\right]+\frac{\partial}{\partial y}\left[\left(\mu_1+\frac{\mu_t}{\sigma_k}\right)\frac{\partial k}{\partial y}\right]+\frac{\partial}{\partial z}\left[\left(\mu_1+\frac{\mu_t}{\sigma_k}\right)\frac{\partial k}{\partial z}\right]+G_k-\rho\varepsilon \tag{4-5}$$

$$\frac{\partial(\rho u\varepsilon)}{\partial x}+\frac{\partial(\rho v\varepsilon)}{\partial y}+\frac{\partial(\rho w\varepsilon)}{\partial z}=\frac{\partial}{\partial x}\left[\left(\mu_1+\frac{\mu_t}{\sigma_\varepsilon}\right)\frac{\partial \varepsilon}{\partial x}\right]+\frac{\partial}{\partial y}\left[\left(\mu_1+\frac{\mu_t}{\sigma_\varepsilon}\right)\frac{\partial \varepsilon}{\partial y}\right]+\frac{\partial}{\partial z}\left[\left(\mu_1+\frac{\mu_t}{\sigma_\varepsilon}\right)\frac{\partial \varepsilon}{\partial z}\right]+C_1\frac{\varepsilon}{k}G_k-C_2\frac{\varepsilon}{k}\rho\varepsilon \tag{4-6}$$

其中，湍动能产生项 G_k 由下式决定

$$\begin{aligned}G_k=\mu_t\Big[&\left(\frac{\partial u}{\partial x}+\frac{\partial u}{\partial x}\right)\frac{\partial u}{\partial x}+\left(\frac{\partial v}{\partial x}+\frac{\partial u}{\partial y}\right)\frac{\partial v}{\partial x}+\left(\frac{\partial w}{\partial x}+\frac{\partial u}{\partial z}\right)\frac{\partial w}{\partial x}+\\&\left(\frac{\partial u}{\partial y}+\frac{\partial v}{\partial x}\right)\frac{\partial u}{\partial y}+\left(\frac{\partial v}{\partial y}+\frac{\partial v}{\partial y}\right)\frac{\partial v}{\partial y}+\left(\frac{\partial w}{\partial y}+\frac{\partial v}{\partial z}\right)\frac{\partial w}{\partial y}+\\&\left(\frac{\partial u}{\partial z}+\frac{\partial w}{\partial x}\right)\frac{\partial u}{\partial z}+\left(\frac{\partial v}{\partial z}+\frac{\partial w}{\partial y}\right)\frac{\partial v}{\partial z}+\left(\frac{\partial w}{\partial z}+\frac{\partial w}{\partial z}\right)\frac{\partial w}{\partial z}\Big]\end{aligned} \tag{4-7}$$

$$\mu_{\text{eff}}=\mu_1+\mu_{\text{t}}=\mu_1+\rho C_\mu\frac{k^2}{\varepsilon} \tag{4-8}$$

4.4 计算区域及边界条件

计算主要参数设定如下：连铸坯坯宽为1300～1700mm，厚220mm，计算区域高度为2500mm。钢液密度为7100kg/m³，黏度为0.0061Pa·s。对于三维计算来讲，由于板坯结晶器的对称性，计算可只取铸坯的1/2体积，网格数为50×30×50。其边界条件如下：

（1）壁面。垂直于壁面的速度分量设为零，平行于壁面的速度、压力及k、ε采用无滑移边界，即

$$u = v = w = k = \varepsilon = 0 \tag{4-9}$$

在与壁面相邻的节点上，平行于壁面的速度分量、k和ε由壁面函数确定。

壁面函数可分为单层壁面函数和多层壁面函数，其中单层壁面函数应用得较为广泛。单层壁面函数要求第一个与壁面相邻的节点布置在旺盛湍流区域内。即

$$y^{+} = \frac{\rho C_{\mu}^{1/4} k^{1/2}}{\mu_1} = 11.63 \sim 20 \tag{4-10a}$$

单层壁面函数假设壁面附近黏性底层以外的区域，无量纲速度u^{+}服从对数分布律，即

$$u^{+} = \frac{1}{\kappa}\ln(Ey^{+}) \tag{4-10b}$$

式中　κ——冯·卡门常数，$\kappa=0.4187$；

　　E——与壁面粗糙度有关的积分常数，对光滑壁面取$E=9.793$。

如果第一个与壁面相邻的节点布置在黏性底层区域内，即$y^{+}<11.63$，则该节点处无量纲速度的表达式和有效黏度系数为

$$u^{+} = y^{+} \tag{4-11a}$$

$$\mu_{\text{eff}} = \mu_1 \tag{4-11b}$$

应用单层壁面函数后，必须对动量方程，k方程和ε方程进行修正。

在动量方程中，壁面剪应力为

$$\tau_{\text{w}} = \frac{\rho C_{\mu}^{1/4} k^{1/2} u}{u^{+}} \tag{4-12}$$

在k方程中，湍动能产生项为

$$G_k = \tau_{\text{w}} \frac{u}{y_{\text{w}}} \tag{4-13}$$

式中，y_{w}为近壁区节点距壁面的距离，m。

对于在壁面邻近节点处ε值，不再求解ε方程，而是直接由下式给定

$$\varepsilon = \frac{C_{\mu}^{3/4} k^{3/2}}{\kappa y_{\text{w}}} \tag{4-14}$$

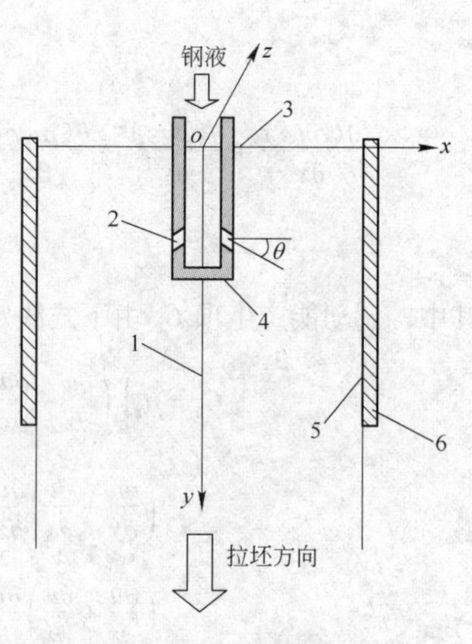

图4-3　连铸结晶器示意图

1—对称面；2—水口出口；3—液面；4—浸入式水口；5—壁面；6—结晶器

（2）浸入式水口出口。在浸入式水口出口处，利用流量守恒确定如图4-3所示倾角为θ的水口出口处钢

液速度 u_x，$u_y = u_x \cdot \tan\theta$，$u_z = 0$。湍流参数 k 和 ε 的设置如下

$$k_{\text{inlet}} = 0.01u_0^2 \tag{4-15}$$

$$\varepsilon_{\text{inlet}} = k_0^{2/3}/(d_0/2) \tag{4-16}$$

式中，d_0 为水口出口特征尺寸[23]，m。

（3）结晶器出口。当计算区域出口远离结晶器下部回流区时，可采用无穷远出口边界条件，即所有物理量沿出口法线方向的梯度为零。

$$\frac{\partial u}{\partial n} = \frac{\partial v}{\partial n} = \frac{\partial w}{\partial n} = \frac{\partial k}{\partial n} = \frac{\partial \varepsilon}{\partial n} = \frac{\partial p}{\partial n} = 0 \tag{4-17}$$

需要指出，当采用无穷远出口边界条件时，需指定计算区域中某一点作为参考压力点，且参考压力往往设为零。这取决于以下两个因素：

1）动量方程中的压力项与相邻两点的压力差有关，压力的绝对值没有意义。

2）如果参考压力取得过大，就会在计算过程中出现大数“吃掉”小数的现象[32]，导致各点压力的计算不准确，得到的压力差也不会准确。

（4）自由液面。除垂直液面的速度分量设为零外，平行于液面的速度分量和其他变量沿自由液面的法线方向的梯度均设为零。

（5）对称面。除垂直于对称面的速度分量设为零外，所有物理量沿对称面的法线方向的梯度也为零。

4.5 计算方法

采用基于交错网格的控制体积法将上述微分方程离散成差分方程。流场的求解采用对压力连接性方程的半隐式算法（SIMPLE 算法），离散后得到的代数方程采用 TDMA 方法和 Gauss-Siedel 方法进行计算。整个求解按如下步骤进行：

（1）输入计算所需的常量，如流体的密度、黏度、计算区域尺寸等。

（2）在计算区域内生成计算用网格。

（3）对方程中各物理量（如有效黏度、压力、速度等）赋初始值。

（4）求解动量方程，得到带星号的速度场。

（5）求解压力校正方程，得到校正压力。

（6）进行压力校正，得到压力场。

（7）进行速度校正，得到速度场。

（8）求解 k-ε 双方程，得到湍动能和湍动能耗散率的分布。

（9）计算各点的有效黏度。

（10）返回第（4）步，直至得到收敛解。

所有的计算均采用 FORTRAN 语言编程。在流场计算中，收敛判断标准的选择十分重要。一般采用两个判据：

（1）连续性方程中的质量源项的残差小于 10^{-7}。

（2）关键物理量的守恒。在流场计算中可选取进出口流体流量差小于 0.1%。

应注意的是，当程序运行一段时间后，应保存一次中间计算结果。这样，既可在线检查计算的进度，又可在停电等事故造成计算中断的情况下进行续算。计算结束后，应检查

是否满足收敛条件，并记录本次计算所使用的松弛因子，迭代次数等参数，为下次计算参数的选择提供依据。

4.6 结晶器内钢液流动行为的控制

4.6.1 水口张角

水口张角直接影响着结晶器上下两个回流区的涡心位置、液面流速和窄面冲击位置，如图 4-4 所示。如图 4-5a 所示，随着距水口距离的增大，液面流速先增大后减小；在水口和窄面中心位置，表面流速达到最大值。当水口张角由向下 20°转变为向上 10°时，流动的基本模式没有明显改变，但液面最大钢液流速却变化很大。水口张角向下 20°时，最大液面流速为 0.185m/s；而水口张角向上 10°时，最大液面流速增加了 0.59 倍，达 0.294m/s。

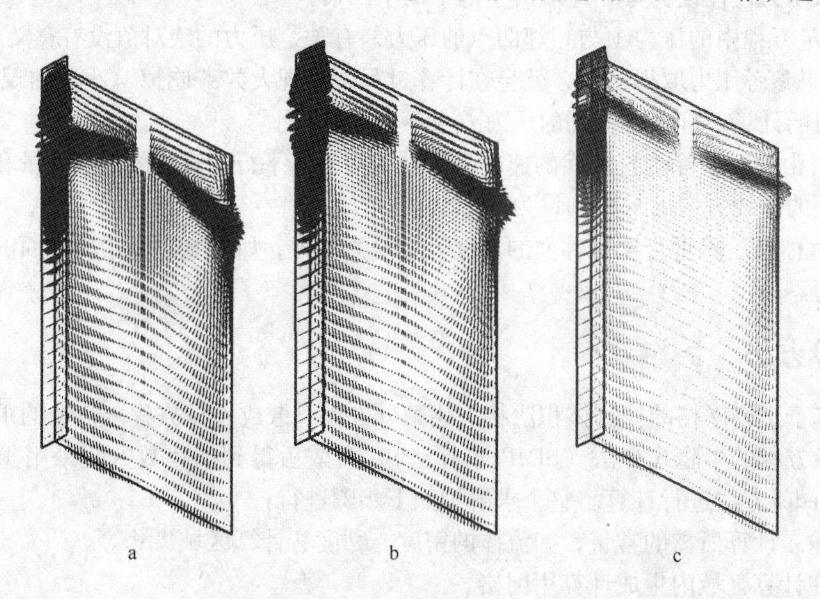

图 4-4 不同水口张角下结晶器流场

a—向下 20°；b—向下 10°；c—向上 10°

如图 4-4 所示，随着射流角度的向上倾斜，上下回流区的大小和相对位置也上移。如图 4-5 所示，当水口张角为向下 20°时，冲击点在液面下 442mm；而水口张角向上 10°时，最大液面流速增加了 0.6 倍，冲击点在液面下 255mm。钢液流股在窄面处的冲击点上移，在结晶器上部钢液向上流动的趋势变得更加强烈，这有利于钢液中非金属夹杂的上浮；同时，液面流速最大值增大，钢液流股对熔池表面冲击强度也随之加强，从而加剧了自由表面的波动和不稳定，容易造成钢液的二次氧化和保护渣的卷入。

4.6.2 拉坯速度

随着拉坯速度的增加，从浸入式水口流出的钢液量也随之增加，同时增大了上升流股和下降流股的动能。如图 4-6a 所示，当拉坯速度为 1.4m/min 时，液面最大流速为 0.158m/s；而当拉坯速度为 2.2m/min 时，液面最大流速上升了 0.57 倍，达到了 0.248m/s。结晶器内熔池液面流速的增大，加速了液面波动，易产生卷渣的倾向。如图 4-6b 所示，

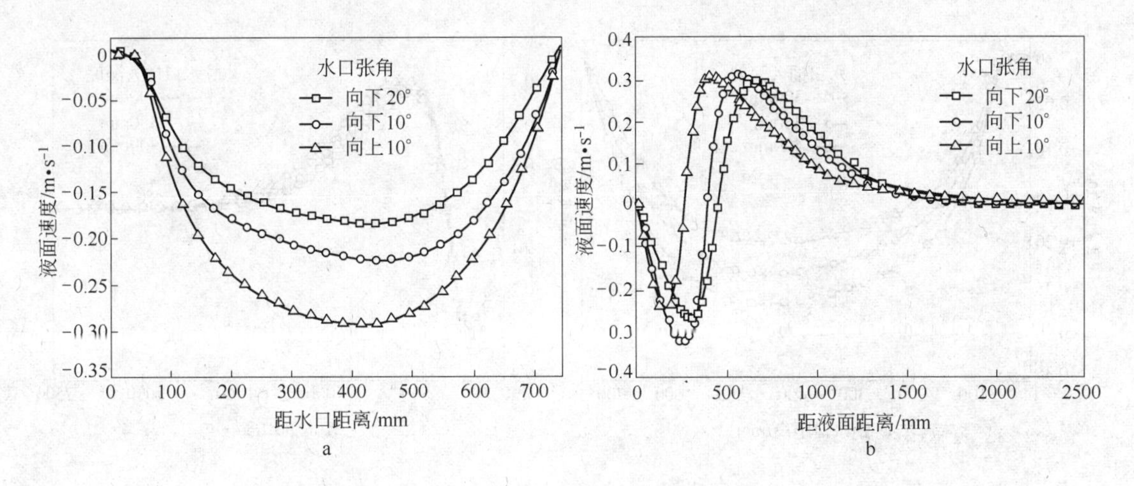

图 4-5　不同水口张角下结晶器内钢液流动特征

a—液面钢液速度；b—窄面附近钢液速度

随着拉坯速度的增加，虽然钢液流股对窄面的冲击点位置不变，但冲击强度增加，造成初生坯壳减薄，强度降低，在浇注过程中漏钢的可能性增加。

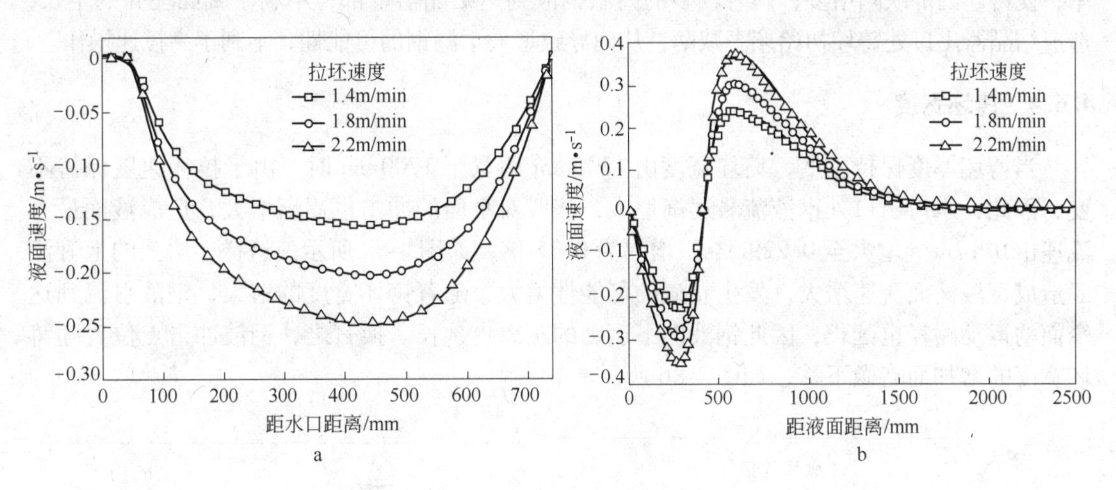

图 4-6　拉坯速度与结晶器内钢液流动特征

a—液面钢液速度；b—窄面附近钢液速度

4.6.3　水口插入深度

如图 4-7a 所示，当水口插入深度为 400mm 时，液面最大流速为 0.203m/s；当水口插入深度为 300mm 时，液面最大流速上升了 0.32 倍，为 0.268m/s。这是由于水口插入深度的增加，扩大了上部回流区范围，导致液面钢液流速减小，从而减小了卷渣发生的可能性。当水口插入深度较浅时，较强的上升流股会增大液面钢液流速，使卷渣发生的可能性增加；但是较弱的下降流股造成钢液所夹带的夹杂物具有较小的向下运动速度，从而有利于夹杂物的上浮去除。

如图 4-7b 所示，随水口插入深度的增加，钢液流股对结晶器窄面的冲击点略微下移，下

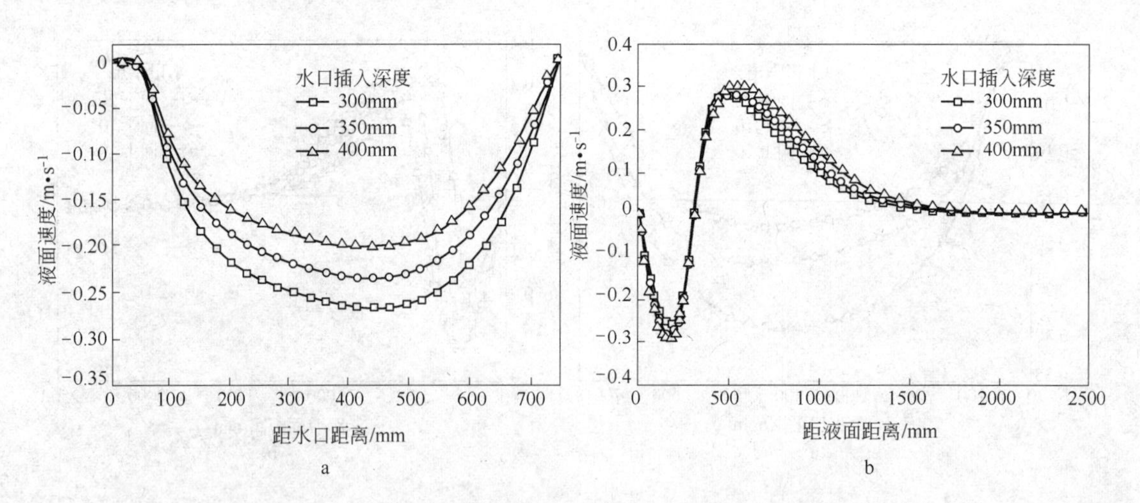

图 4-7 水口插入深度与结晶器内钢液流动特征

a—液面钢液速度；b—窄面附近钢液速度

部回流区的涡心也随之下移，这种形式的钢液流场增加了气泡和夹杂物进入液相穴深处的概率，使铸坯内部缺陷增多；同时较多的高温钢液到达结晶器下部，不利于凝固坯壳的生长，造成结晶器出口处铸坯初始坯壳减薄，从而导致增大了漏钢的可能性，不利于高拉速操作。

4.6.4 铸坯宽度

当铸坯厚度保持不变，铸坯宽度由 1300mm 调宽至 1700mm 时，由于拉坯速度保持不变，因此，水口出口处钢液流量逐渐增大，流股对窄面的冲击也逐渐增大，造成液面最大流速由 0.17m/s 增大至 0.229m/s，增幅为 0.35 倍，如图 4-8a 所示。这样，增强的上升流股造成钢液液面流速增大，发生卷渣的可能性增大。随着铸坯宽度的增大，钢液射流到达窄面的运动路径也延长，因此钢液向下运动的距离也越长。换言之，钢液冲击点位置随铸坯宽度的增加而略微下移，如图 4-8b 所示。

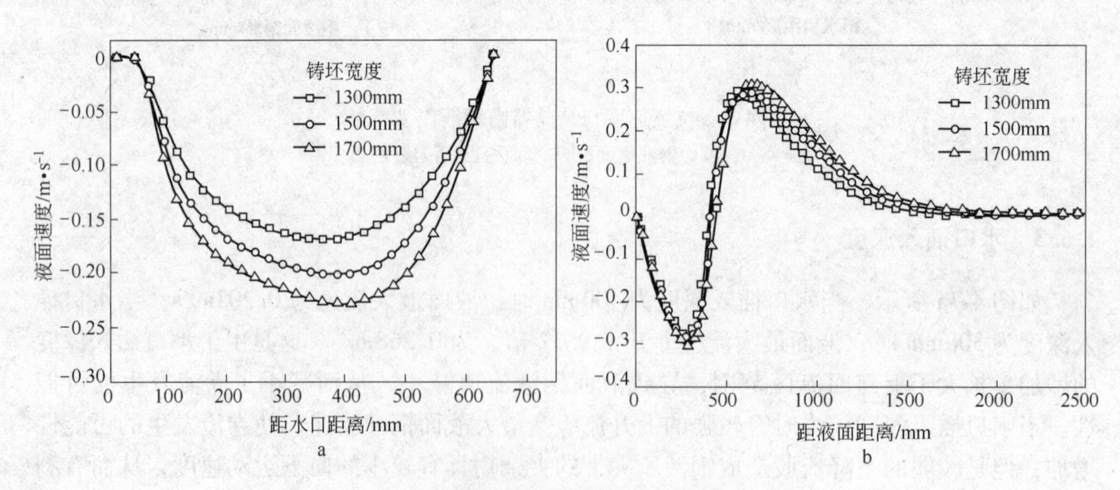

图 4-8 铸坯宽度与结晶器内钢液流动特征

a—液面钢液速度；b—窄面附近钢液速度

总之，一般选用水口倾角向下的浸入式水口进行板坯连铸。这样，结晶器内钢液流场一般具有上下两个回流区。当改变水口张角、拉坯速度、水口插入深度和铸坯宽度时，虽然结晶器钢液流场发生了一些变化，但仍保持上下两个回流区的结构。结晶器流场数值模拟优化的主要指标是冲击深度、涡心高度和液面速度。在得到数值模拟结果后，还需考虑液面波动、保护渣物理化学性能、钢液过热度的影响。事实上，要获得良好的铸坯质量，单独进行结晶器流场数值模拟进行优化是片面的，必须同时考虑传热、凝固、偏析以及保护渣等因素，才能生产出高质量的铸坯。

4.6.5 立弯式铸机

立弯式连铸机广泛地应用于方坯和板坯的连铸中。立弯式铸机可以分为两部分：垂直段和弧形段，如图 4-9a 所示。弧形段的存在增加了网格生成的难度。在商业软件中，曲线区域内网格的划分一般采用实体坐标和网格拟合等技术来实现，但是这些方法对大多数冶金工作者提出了过高的要求。因此，有必要提出一种简单易行的方法来解决此问题。

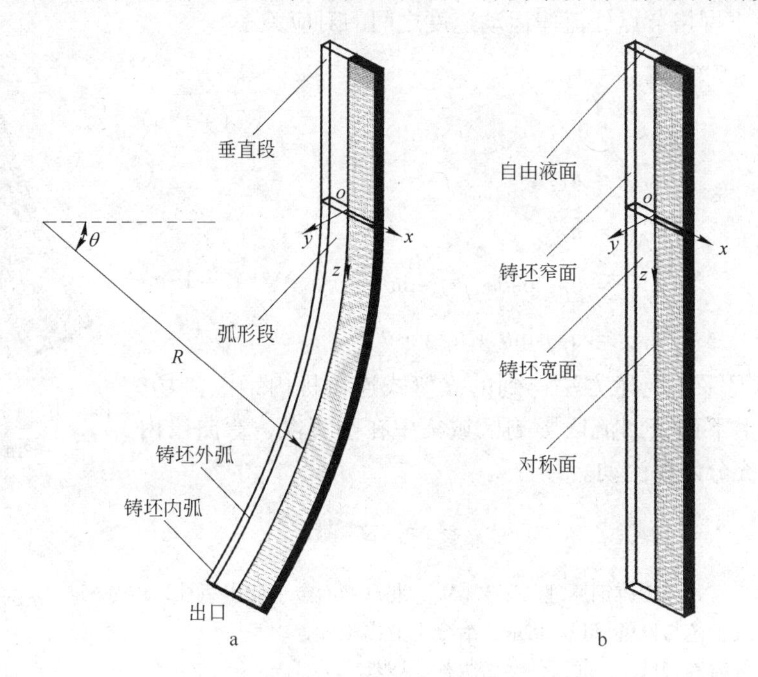

图 4-9　立弯式连铸机模拟区域和典型网格

a—原始坐标系；b—变换后的坐标系

立弯式连铸机具有一个显著的特点：弧形段半径一般是固定不变的。这为立弯式连铸机内传输过程的数值模拟提供了便利条件，具体方法[33]如下：

（1）将坐标原点设置在垂直段和弧形段的交界面的中心处，建立计算用的临时坐标系（即变换后的坐标系）*o-xyz*，如图 4-9b 所示。

（2）忽略弧形段的弯曲效应，将弧形连铸机视为立式连铸机，在矩形区域内进行网格区分和流场计算。

（3）将坐标原点设置在垂直段和弧形段的交界面的中心处，建立原始坐标系 *o-xyz*，如图 4-9a 所示。

（4）建立原始坐标系 *o-xyz* 下网格节点坐标和临时坐标系 *O-XYZ* 下网格节点坐标之间的对应关系。

$$\begin{cases} X = x \\ Y = y \quad (Z \leqslant 0) \\ Z = z \end{cases} \tag{4-18a}$$

$$\begin{cases} X = x \\ Y = R - (R - y)/\cos\theta \\ Z = \theta R \\ \theta = \sin^{-1} \dfrac{z}{R - Y} \end{cases} \quad (Z > 0) \tag{4-18b}$$

（5）建立原始坐标系 *o-xyz* 下网格节点处流体运动速度和临时坐标系 *O-XYZ* 下网格节点处流体运动速度之间的对应关系。

$$\begin{cases} u_{f,X} = u_{f,x} \\ u_{f,Y} = u_{f,y} \\ u_{f,Z} = u_{f,z} \end{cases} \tag{4-19a}$$

$$\begin{cases} u_{f,X} = u_{f,x} \\ u_{f,Y} = u_{f,y}\cos\theta - u_{f,z}\sin\theta \\ u_{f,Z} = u_{f,y}\sin\theta + u_{f,z}\cos\theta \end{cases} \tag{4-19b}$$

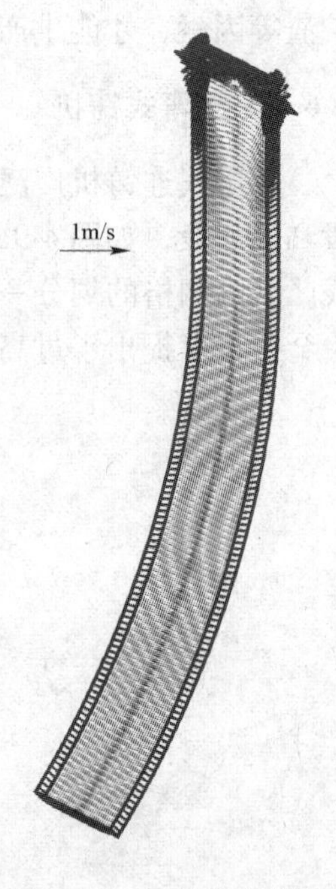

图 4-10　立弯式连铸机钢液流场

图 4-10 即是采用上述方法得到的立弯式连铸机内钢液流场。板坯连铸机内上下两个回流区影响区域集中在垂直段，弯曲段内的钢液流动为充分发展流动。

参 考 文 献

[1] 蔡开科，程士富．连续铸钢原理与工艺[M]．北京：冶金工业出版社，1994.

[2] 郑沛然．连续工艺与设备[M]．北京：冶金工业出版社，1990.

[3] 蔡开科．连续铸钢[M]．北京：科学出版社，1991.

[4] 朱苗勇，刘家奇，肖泽强．板坯连铸结晶器内钢液流动过程的模拟仿真[J]．钢铁，1996，31(8)：23～27.

[5] 雷洪，许海虹，朱苗勇，等．高速连铸结晶器内卷渣机理及其控制研究[J]．钢铁，1999，34(8)：20～23.

[6] Andrzejewski P，Kohler K，Pluschkell W. Model investigations on the fluid flow in continuous casting moulds of wide dimensions[J]. Steel Research，1992，63(6)：242～246.

[7] Gupta D，Lahiri A K. Water-modeling study of the surface disturbances in continuous slab caster[J]. Metallurgical and Materials Transactions B，1994，25(4)：227～233 .

[8] 雷洪．连铸结晶器内异相迁移行为的数学物理模拟[D]．沈阳：东北大学，2001.

[9] Szekely J，Stanek V. On heat transfer and liquid mixing in the continuous casting of steel[J]. Metallurgical Transactions，1970，1(1)：119～126.

[10] Szekely J，Yadoya R T. The physical and mathematical modelling of the flow field in the mold region in con-

tinuous casting systems: part Ⅱ: the mathematical representation of the turbulent flow field[J]. Metallurgical Transactions, 1973, 4(5): 1379 ~ 1388.

[11] Thomas B G, Mika L J, Najjar F M. Simulation of fluid flow inside a continuous slab casting machine[J]. Metallurgical Transactions B, 1990, 21(2): 387 ~ 400.

[12] 李宝宽，李东辉. 连铸结晶器内钢液涡流现象的水模型观察和数值模拟[J]. 金属学报，2002，38(3)：315 ~ 320.

[13] Yuan Q, Thomas B G, Vanka S P. Study of transient flow and particle transport in continuous steel caster molds: Part I: Fluid flow[J]. Metallurgical and Materials Transactions B, 2004, 35(4): 685 ~ 702.

[14] 钱忠东，吴玉林. 连铸结晶器内钢液涡流现象的大涡模拟及控制[J]. 金属学报，2004，40(1)：88 ~ 93.

[15] 张凤禄，蒋智. 连铸结晶器熔池内三维流场的研究[J]. 北京科技大学学报，1985，7(3)：9 ~ 24.

[16] 张凤禄，蒋智. 连铸结晶器内三维流场的数值计算[J]. 钢铁，1986，21(8)：14 ~ 17.

[17] 沈巧珍，严友梅. 小方坯连铸结晶器内钢液三维流场的计算[J]. 钢铁，1990，25(9)：22 ~ 25.

[18] Huang X, Thomas B G, Najjar F M. Modeling superheat removal during continuous casting of steel slabs [J]. Metallurgical Transactions B, 1992, 23(3): 339 ~ 356.

[19] 李伟，贺友多. 连铸结晶器内三维流场的研究[J]. 包头钢铁学院学报，1993，12(3)：43 ~ 49.

[20] 雷方，赫冀成，李宝宽. 板坯连铸机结晶器内钢液流动的数值分析[J]. 东北大学学报，1994，15(4)：408 ~ 411.

[21] 黄维通，伊炳希，徐保美，等. 连铸结晶器内三维流动过程的数值计算方法[J]. 北京科技大学学报，1994，16(6)：527 ~ 531.

[22] Lan X K, Khodadadi J M, Shen F. Evaluation of six k-ε turbulence model predictions of flow in a continuous casting billet-mold water model using laser doppler velocimetry measurements[J]. Metallurgical Transactions B, 1997, 28(2): 321 ~ 332.

[23] 雷洪，朱苗勇，邱同榜，等. 板坯连铸结晶器流场优化[J]. 炼钢，2000，16(4)：29 ~ 31.

[24] 马范军，文光华，李刚. 板坯连铸结晶器内钢液流动数值模拟[J]. 金属学报，2000，36(4)：399 ~ 402.

[25] 杜艳平，杨建伟，崔小朝，等. 异形坯连铸结晶器内钢液流动状况的三维数值模拟[J]. 钢铁研究学报，2002，14(5)：21 ~ 25.

[26] 刘坤，关勇，刘万山，等. 大方坯连铸结晶器内钢水流场的数值模拟[J]. 钢铁研究学报，2007，19(11)：24 ~ 28.

[27] 顾武安，唐萍，文光华，等. 大方坯连铸四孔浸入式水口的应用研究[J]. 钢铁，2008，43(4)：101 ~ 104.

[28] 刁江，谢兵，李玉刚. 板坯连铸结晶器钢液流场的数值模拟[J]. 钢铁研究学报，2008，20(11)：15 ~ 19.

[29] 吴浩方，陈志平，文光华，等. 板坯连铸结晶器内水口结瘤对钢液流动行为的影响[J]. 钢铁，2009，44(8)：42 ~ 47.

[30] 于会香，王新华，陆巧彤，等. 结晶器内钢液流动特性的优化[J]. 北京科技大学学报，2009，31(4)：477 ~ 480.

[31] 雷洪，朱苗勇，王文忠. 板坯结晶器内电磁制动过程流场的数值模拟[J]. 化工冶金，1999，20(4)：193 ~ 198.

[32] 孙庆新，齐秉寅，张树功，等. 数值分析（上册）[M]. 沈阳：东北大学出版社，1990.

[33] Lei H, Wang L Z, Wu Z N, et al. Collision and coalescence of alumina particals in the vertical bending continuous caster [J]. ISIJ International, 2002, 42(7): 717 ~ 725.

5 结晶器钢液流动的水力学模拟和卷渣模型

由于冶金反应大多是多相且在高温条件下进行，很难实现对冶金过程的直接观察和测量，因此，水力学模拟和数值模拟已成为研究冶金过程的有力工具。水力学模拟从相似原理出发，常用有机玻璃代替耐火材料制作缩小（或放大）的冶金反应器，采用水来模拟钢液，通过研究水模型内的流体流动行为来描述实际反应器内钢液的流动过程，获得反应器内钢液流动规律的部分信息，同时也是检验数学模型和数值模拟结果的有效工具。

相似原理是开展模型实验的理论基础。它是由方程分析法或量纲分析法导出相似准数，并在模型上通过实验得到相似准数之间的关系式，再将此关系式推广到实物，从而揭示这些现象或过程的规律。由于冶金过程的错综复杂性，许多实际问题仅靠数学分析方法是难以解决的。因此，以相似原理为基础的模型研究方法是研究冶金传输现象的常用方法，并取得了许多重要成果。如图 5-1 所示是利用相似原理和流体流动特点实现模型实验的主要相似。

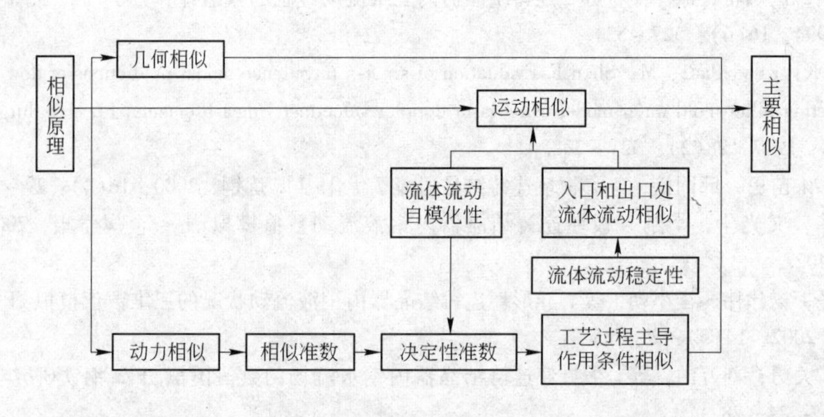

图 5-1 相似原理指导下模型实验主要相似的实现

连铸生产中，随着拉坯速度的提高，结晶器液面波动加剧而产生的卷渣现象会造成铸坯质量恶化，甚至酿成漏钢事故。由于界面的稳定性与卷渣现象直接相关[1,2]，因此，采用水力学模型来研究结晶器内液面行为并建立相应的数学模型给出液面处临界流速，具有重要意义。

5.1 结晶器内钢液流动的水力学模拟

5.1.1 水模型的建立

水力学模拟实验装置采用无色透明有机玻璃组成，如图 5-2 所示。在实验过程中，用水模拟钢液，用油模拟保护渣。整个模型由供水系统、结晶器系统、出水系统、供气系统和测试系统五大部分组成。结晶器上部采用蓄水槽供水，供水量由浸入式水口上部水阀控

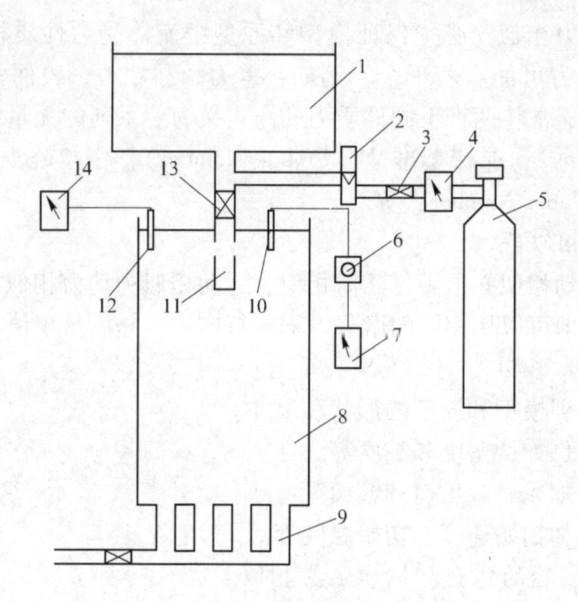

图 5-2 水模型实验装置简图

1—蓄水槽；2—转子流量计；3—气阀；4—气压计；5—气瓶；6—动态电阻应变仪；
7—电压表；8—结晶器；9—出水管道；10—测速探头；11—浸入式水口；
12—浪高仪探头；13—水阀；14—浪高仪

制。蓄水槽有两路供水管路供水，以保持蓄水槽内液面的稳定。结晶器系统由一个 1.8m 长的结晶器空腔和两条有机玻璃插板组成。板坯宽度由两条插板根据需要随意调整。结晶器底部出水端均匀布置四个等径的圆孔，并利用水阀控制流量，目的在于防止结晶器底部出水口形状影响上部流场，以便尽可能精确地模拟结晶器原型中钢液流动状态。供气系统由气瓶、气压计、气阀、转子流量计构成。测量系统包括液面波动测量和液面速度测量两个子系统。在结晶器窄面处，将浪高仪探头插入到油水界面以下；将测速装置固定在铸坯宽面的 1/4 处，测速探头置于油水界面以下，把液面的速度信号利用形阻片[2]转变为电阻信号，再利用动态电阻应变仪将电阻信号转变为电压信号。

5.1.2 模型相似条件

5.1.2.1 几何相似

几何相似（或尺寸相似）指模型和原型的形状相同，并且模型主要尺寸依据原型按照一定比例放大或缩小。在实际的水模型的设计过程中，一般是按比例缩小，最好采用 1∶1 全比例模型为宜；如果采用缩小尺寸模型，缩小比例不要小于 1∶5。本实验模型的比例为 1∶3。

5.1.2.2 运动相似

在两个几何相似的流场中，如果流场中流体质点的运动情况相同，即各对应点在对应时刻上的速度和加速度方向一致，大小保持相同的比例，则称模型和原型满足运动相似。

5.1.2.3 动力相似

动力相似是指作用于模型和原型中流体上的相应的力的方向一致，大小互成比例。为满足模型和原型的动力相似，必须保证模型和原型中流体受力性质相同并具有相同的比例。作用在流体上的力可能有若干个，例如，重力、黏性力、表面张力、压力、电磁力等。为了应用方便，通常将两种不同性质力的商定义为一系列的无量纲相似准数，如雷诺准数（Reynolds Number），弗劳德准数（Froude Number），格拉晓夫准数（Grashof Number）和韦伯准数（Weber Number）等。

5.1.2.4 流动相似条件

模型和原型的流动相似必须满足几何相似、运动相似和动力相似。相似的现象必须遵循同一个客观规律，即可以用相同的微分方程进行描述，并满足单值条件相似。单值条件包括：

（1）几何条件。即模型和原型的形状和尺寸。

（2）物理条件。例如，密度和黏度等。

（3）边界条件。如入口、出口和壁面等。

（4）初始条件。如初始速度、初始温度等。

5.1.2.5 模型实验的完全相似和主要相似

完全相似，要求模型和原型满足几何相似、运动相似和动力相似，并且具有相似的初始和边界条件。但在实验过程中，要满足两个以上相似准数相等是很困难的，有时甚至是不可能实现的。一般而言，如果要满足两个相似准数相等，模型中流体介质的选择就要受到模型尺寸选择的限制。如果要满足3个相似准数相等，模型中流体介质的其他物理量也要受到限制。在如此苛刻的要求下，模型实验往往难以进行。因此，在工程上通常采用近似的模型方法，即分析相似条件中哪些是主要的，对工艺过程起主导作用；哪些是次要的，不会对工艺过程起主导作用。在模型实验设计中尽量保证对工艺过程起主导作用的条件；对次要条件只作近似保证或忽略不计。这样既满足实验研究，又不引起较大的偏差。

5.1.3 水模型流体流动特点

采用水模拟钢液的流动在于利用流体流动的“稳定性”和“自模化性”。

5.1.3.1 流体流动的稳定性

流入管道的流体，即使入口速度分布不同，但只要流经的距离足够长，流体速度分布就会固定下来，且不再改变。这种流体流动特性被称为充分发展流动或流动的稳定性。因此，在进行水模型实验时，只要保证在水模型的入口和出口具有一段几何相似的稳定区，就可以保证在水模型的入口和出口处流体流动与原型的相似[3,4]。

5.1.3.2 流体流动的自模化性

自模化性是指流体流动在一定条件下自行相似的现象。雷诺准数是判定自模化性的常用准数，即

$$Re = \frac{uL}{\nu_1} \tag{5-1}$$

式中 ν_1——流体运动黏度；

u——流体特征速度；

L——特征尺寸。

当雷诺数小于第一临界值时，流动呈层流状态，流体速度分布彼此相似且与雷诺数值

的大小无关。如圆管中的层流流动，虽然不同雷诺数下管道中流体运动速度不同，但沿管道截面的速度始终保持轴对称的旋转抛物面分布，这种流体流动特性被称为“自模化性”。当雷诺数大于第一临界值后，流动处于由层流到湍流的过渡状态；此时，随着雷诺数的增加，流体的紊乱程度和流体速度分布变化很大，而后逐渐减小。当雷诺数达到第二临界值后，流动再次进入自模化状态；随着雷诺数的增加，流体流动状态与速度分布都彼此相似。通常将雷诺数小于第一临界值的范围称为“第一自模化区”，而将雷诺数大于第二临界值的范围称为“第二自模化区”。对于光滑圆管而言，第一临界雷诺数为2000，第二临界雷诺数为4000。在进行水模型研究时，只要水模型与原型中的流体流动处于同一模化区，即使水模型与原型的雷诺数不相等，也能保证流体速度分布相似，这为水模型实验的开展提供了便利条件，即当原型中的雷诺数远大于第二临界值时，只要水模型的雷诺数略大于第二临界值，就能做到流动相似[3,4]。由于结晶器内钢液流动一般是湍流流动，因此，水模型的雷诺数必须大于第二临界雷诺数。

5.1.3.3 结晶器水模型中的水流量和气体流量

结晶器水模型实验一般采用一个或两个决定性准数相等即可满足要求。采用1∶1水模型能保证原型和模型的雷诺数和弗劳德准数相等，否则在大多数情况下只能保证一个相似准数相等。由于结晶器水模型及原型的雷诺数超过了100000，属于第二自模化区范围，因此保证模型与原型弗劳德准数（Fr）相等，就能保证两者的动力相似[5~10]。弗劳德准数可表示为

$$Fr = \frac{U^2}{gL} \tag{5-2}$$

式中 g——重力加速度；

L——特征尺寸；

U——特征速度。

设下标p代表原型参数，下标m代表模型参数，根据弗劳德准数相等，可以列出下式

$$\left(\frac{u^2}{gl}\right)_{\mathrm{m}} = \left(\frac{U^2}{gL}\right)_{\mathrm{p}} \tag{5-3}$$

即

$$u_{\mathrm{m}} = U_{\mathrm{p}}\sqrt{\frac{l_{\mathrm{m}}}{L_{\mathrm{p}}}} \tag{5-4}$$

式中 U_{p}，u_{m}——分别为结晶器原型和水模型浸入式水口出口处流体速度，m/s；

L_{p}，l_{m}——分别为结晶器原型和水模型浸入式水口出口处的特征尺寸，m。

结晶器原型中浇注的钢液体积流量 Q_{p}（单位为 $\mathrm{m^3/s}$）由板坯宽度 L_{ap}（单位为m）、厚度 L_{bp}（单位为m）和拉速 V_{cp}（单位m/min）决定，即下式

$$Q_{\mathrm{p}} = L_{\mathrm{ap}}L_{\mathrm{bp}}V_{\mathrm{cp}}/60 \tag{5-5}$$

根据进出口流量守恒原则，结晶器原型中浸入式水口出口的钢液体积流量必须满足

$$Q_{\mathrm{p}} = 2A_{\mathrm{p}}B_{\mathrm{p}}U_{\mathrm{p}} \tag{5-6}$$

式中 A_{p}，B_{p}——分别为结晶器原型中倒Y形浸入式水口出口的高和宽；

2——浸入式水口两侧各有一个出口。

将式（5-5）代入式（5-6），得

$$U_{\mathrm{p}}=\frac{L_{\mathrm{ap}}L_{\mathrm{bp}}V_{\mathrm{cp}}/60}{2A_{\mathrm{p}}B_{\mathrm{p}}} \tag{5-7}$$

将式（5-7）代入式（5-4），得

$$u_{\mathrm{m}}=\frac{L_{\mathrm{ap}}L_{\mathrm{bp}}V_{\mathrm{cp}}}{120A_{\mathrm{p}}B_{\mathrm{p}}}\sqrt{\frac{l_{\mathrm{m}}}{L_{\mathrm{p}}}} \tag{5-8}$$

这样，结晶器水模型中水的体积流量可表示为

$$q_{\mathrm{m}}=2a_{\mathrm{m}}b_{\mathrm{m}}u_{\mathrm{m}}=L_{\mathrm{ap}}L_{\mathrm{bp}}V_{\mathrm{cp}}/60\times\frac{2a_{\mathrm{m}}b_{\mathrm{m}}}{2A_{\mathrm{p}}B_{\mathrm{p}}}\sqrt{\frac{l_{\mathrm{m}}}{L_{\mathrm{p}}}} \tag{5-9}$$

在实验中根据实验规模大小，确定水模型和原型几何比

$$\lambda=\frac{l_{\mathrm{m}}}{L_{\mathrm{p}}}=\frac{a_{\mathrm{m}}}{A_{\mathrm{p}}}=\frac{b_{\mathrm{m}}}{B_{\mathrm{p}}} \tag{5-10}$$

则水模型中流体体积流量的表达式为

$$q_{\mathrm{m}}=\lambda^{\frac{5}{2}}Q_{\mathrm{p}} \tag{5-11}$$

水模型中流体速度的表达式为

$$u_{\mathrm{m}}=\lambda^{\frac{1}{2}}U_{\mathrm{p}} \tag{5-12}$$

同理，在结晶器浸入式水口中，原型和模型中吹入的氩气流量和氮气流量也要满足弗劳德准数相等。考虑到水模型与原型因温度差异引起的气体膨胀

$$\left(\frac{pV}{RT}\right)_{\mathrm{m}}=\left(\frac{pV}{RT}\right)_{\mathrm{p}} \tag{5-13}$$

式中 p——气体压强，Pa；

V——气体体积，m^3；

T——温度，K；

R——气体常数，$R=8.314\mathrm{J/(K\cdot mol)}$。

所以水模型中气体流量的表达式为

$$q_{\mathrm{m,gas}}=\frac{T_{\mathrm{p}}}{T_{\mathrm{m}}}\lambda^{\frac{5}{2}}Q_{\mathrm{p,gas}} \tag{5-14}$$

另外，还可以利用修正弗劳德准数 Fr' 确定水模型中的气体流量。修正弗劳德准数考虑了液相密度 $\rho_{\mathrm{f}}(\mathrm{kg/m^3})$ 和气相密度 $\rho_{\mathrm{gas}}(\mathrm{kg/m^3})$ 之间的差异

$$Fr'=\frac{\rho_{\mathrm{gas}}U^2}{\rho_{\mathrm{f}}gL} \tag{5-15}$$

因为水模型和原型修正的弗劳德准数相等，那么存在如下关系式

$$\left(\frac{\rho_{\mathrm{gas}}u^2}{\rho_{\mathrm{f}}gl}\right)_{\mathrm{m}}=\left(\frac{\rho_{\mathrm{gas}}U^2}{\rho_{\mathrm{f}}gL}\right)_{\mathrm{p}} \tag{5-16}$$

考虑到气体流量与气体流速和管道横截面积（长度的 2 次方）成正比例关系，因此，水模型中气体流量可表示为

$$q_{\mathrm{m}} = \left(\frac{\rho_{\mathrm{p,gas}}\rho_{\mathrm{m,f}}}{\rho_{\mathrm{m,gas}}\rho_{\mathrm{p,f}}}\right)^{\frac{1}{2}} \lambda^{\frac{5}{2}} Q_{\mathrm{p}} \tag{5-17}$$

5.1.4 渣金界面的相似条件

在确定水模型中水流量和气体流量的同时，还必须确定渣金界面的相似条件。通过量纲分析可知，为了模拟渣和钢液的流动情况，模拟保护渣所用介质的动力黏度 μ_1 和密度 ρ_{f} 应满足以下条件[11]

$$\frac{\mu_{\mathrm{slag}}}{\mu_{\mathrm{steel}}} = \frac{\mu_{\mathrm{oil}}}{\mu_{\mathrm{water}}} \tag{5-18}$$

$$\frac{\rho_{\mathrm{slag}}}{\rho_{\mathrm{steel}}} = \frac{\rho_{\mathrm{oil}}}{\rho_{\mathrm{water}}} \tag{5-19}$$

将式（5-18）除以式（5-19），可得模拟保护渣所用介质的运动黏度 ν_1 所需满足的关系式[6]

$$\frac{\nu_{\mathrm{slag}}}{\nu_{\mathrm{steel}}} = \frac{\nu_{\mathrm{oil}}}{\nu_{\mathrm{water}}} \tag{5-20}$$

保护渣的黏度和密度取决于渣的成分和温度。保护渣的化学成分较复杂，主要组分是 CaO 和 SiO_2 及少量的 Al_2O_3；为了调整保护渣的熔点和黏度，还加入了助熔剂（如 CaF_2 等）。由于渣面暴露在空气中，所以保护渣表层温度很低。在渣金界面处，保护渣的温度接近于钢液温度，而且，渣金界面的温度也有波动。如果取保护渣的平均温度为1300℃，则保护渣和钢液黏度之比大于15，密度之比约为0.4，因此在用水模拟钢液，用油模拟保护渣的条件下，式（5-18）和式（5-19）无法同时满足。

为研究渣金两相的行为，建立几何比为1∶3的结晶器水模型，以煤油和真空泵油的混合油来模拟保护渣，通过调整两种油的混合比改变混合油的黏度，研究保护渣黏度对渣金界面形态的影响。表5-1给出了实验用油的物性参数。水的运动黏度与钢液的运动黏度大致相当，油C、油D和油E的运动黏度在保护渣的运动黏度变化范围之内，且油和水的运动黏度之比满足式（5-20），因此，可以通过研究油C、油D和油E在油水界面的行为来研究实际生产过程中的渣金卷混现象。

表5-1 20℃下油和水及原型中钢、渣的物性参数

液 相	密度 $\rho_{\mathrm{f}}/\mathrm{kg\cdot m^{-3}}$	动力黏度 $\mu_1/\mathrm{Pa\cdot s}$	运动黏度 $\nu_1/\mathrm{m^2\cdot s^{-1}}$	界面能 $\sigma_{\mathrm{ms}}/\mathrm{N\cdot m^{-1}}$
油A	820	1.7×10^{-3}	2.07×10^{-6}	48.4×10^{-3}
油B	860	9.2×10^{-3}	10.7×10^{-6}	32.8×10^{-3}
油C	870	32.8×10^{-3}	37.7×10^{-6}	34.9×10^{-3}
油D	890	84×10^{-3}	94.4×10^{-6}	36.1×10^{-3}
油E	900	179×10^{-3}	198.9×10^{-6}	38.4×10^{-3}
水	1000	1×10^{-3}	1×10^{-6}	—
渣A	2540	177.9×10^{-3}	70.04×10^{-6}	1.389
渣B	2500	36.3×10^{-3}	14.52×10^{-6}	1.409
渣C	2750	22.3×10^{-3}	8.11×10^{-6}	1.425
钢液	7000	6.7×10^{-3}	0.95×10^{-6}	—

5.2 结晶器内渣金界面形态及分析

5.2.1 结晶器内渣金卷混现象及分类

钢渣卷混（简称卷渣）的形成过程如图 5-3 所示。保护渣和钢液之间的密度差会导致分层现象：上层为保护渣，下层为钢液。来流速度为 u_∞ 的钢液将结晶器窄面处的保护渣推向水口，形成与水平面呈一定倾角的渣金界面，并在渣金界面前沿形成向下的鼓包；同时在窄面处出现一个少渣区域，但渣层的自由表面仍保持静止状态。随着保护渣黏度的增加，保护渣的流动性变差，少渣区域面积减小，渣金界面倾角略有增加。当来流速度继续增加，在鼓包前沿处会形成一个凸起；当来流速度进一步增加，超过某一临界值时，凸起的鼓包脱离渣层进入水中，卷渣就这样形成了。随着渣金界面处钢液速度的进一步增加，卷入钢液中的渣滴数量也会随之增加。卷渣产生的非金属夹杂物，具有尺寸大、形状不规则，分布集中且变形性差等特点。这些夹杂物往往成为潜在的裂纹源，引起部件的早期疲劳破坏。

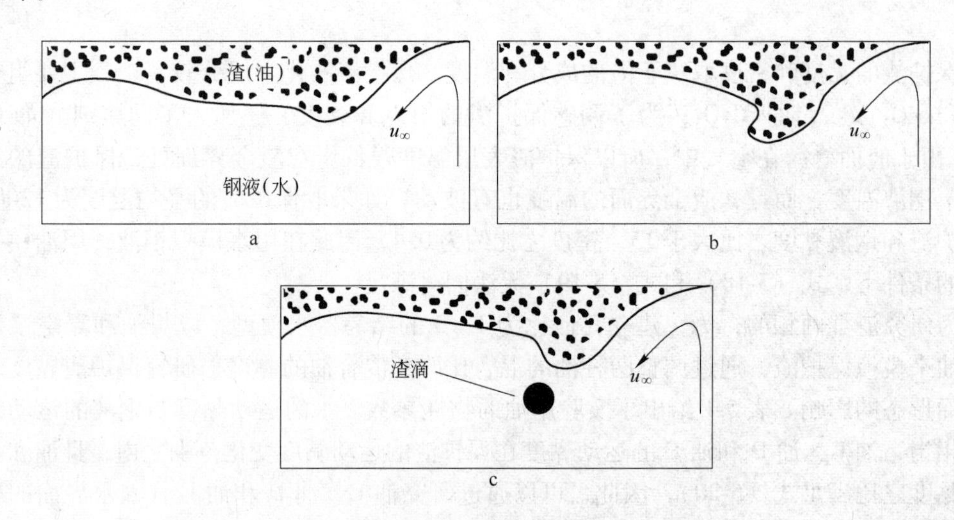

图 5-3 不同来流速度下渣金界面的变化

a—鼓包的形成；b—鼓包前沿形成凸起；c—卷渣的发生

结晶器卷渣可分为两大类型：连铸稳定操作时发生的卷渣和连铸接近完成时发生的卷渣。连铸稳定操作时发生的卷渣包括：在高拉速条件下钢液表面回流卷混引起的表面卷渣（见图 5-4a）[6,12,13]，漩涡引起的渣金卷混（见图 5-4b）[6,13,14]，吹氩造成的渣滴乳化而形成的卷渣（见图 5-4c）[6,12,15]；而连铸接近完成时发生的卷渣是指如图 5-4d 所示的低液面操作条件下水口出口流冲散渣层引起的卷渣[6]。

水模型实际观测表明，钢渣卷混往往发生在液面流速超过某一临界值的情况下[6,16,17]，也就是说液面的流速是一个很重要的物理量；另外，保护渣的物理化学性质和液面的波动状况也是影响卷渣的重要因素。

5.2.2 表面回流与卷渣

表面回流钢渣卷混过程如图 5-4a 所示，在连铸稳定操作时，上升流沿窄面上行，冲

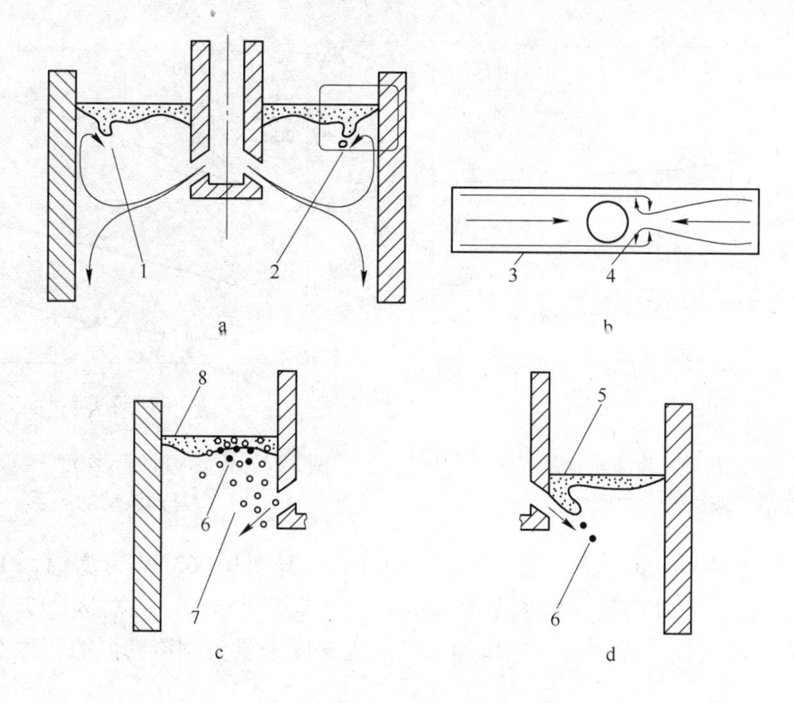

图 5-4 连铸结晶器内渣金卷混种类

a—表面回流钢渣卷混；b—漩涡引起的渣金卷混；c—水口吹氩造成的卷渣；d—水口插入深度过低造成的卷渣
1—鼓包形成；2—鼓包脱离；3—结晶器；4—漩涡；5—低渣面；6—渣滴；7—气泡；8—正常渣面

击弯月面后改变方向，沿钢渣界面向水口方向流动，因而结晶器窄面处渣层变薄，易产生裸钢。同时在上升流流向水口的过程中，由于界面能的存在，牵引着部分保护渣跟随着钢液流动。随钢液运动的保护渣在水口与窄面的中间位置附近聚集，形成向下的鼓包。总体上，钢渣界面十分稳定，界面呈波浪形，存在着波峰和波谷；靠近水口处渣层厚度基本保持不变；在水口与窄面的1/3处，渣层的厚度最大。在高拉速条件下，保护渣的卷入通常发生在结晶器窄面附近。由于钢液表面回流为湍流，在湍流作用下，一些鼓包会脱离保护渣层，被钢液表面回流带入熔池深处，这样就形成了卷渣[6]。影响卷渣的因素有拉坯速度、水口插入深度、水口张角、铸坯尺寸及保护渣的黏度等。

5.2.2.1 拉坯速度

连铸机拉坯速度的高低，直接影响了连铸机的生产水平。但是，随着拉速的提高，浸入式水口出口处的钢液流股速度和它冲击窄面的速度相应提高，上升流在弯月面处引起的波动加剧，液面流速明显增大，钢渣卷混严重，使保护渣进入熔池中形成大颗粒夹杂。几何比为1∶3的水模型实验结果如图5-5和图5-6所示，拉速每提高0.2m/min，液面速度约提高0.01m/s，同时液面波动更加剧烈，平均波动幅度约增加0.05mm，这将增大表面回流钢渣卷混发生的可能性。

5.2.2.2 水口插入深度

随着水口插入深度的增加，熔池表面附近向上运动的回流范围扩大，结晶器液面波动幅度明显减小，这有利于减少保护渣卷入的机会。如图5-6和图5-7所示，在相同的操作条件下，液面速度对水口插入深度十分敏感，当油黏度为$37.7\times10^{-6}m^2/s$，水口插入深度

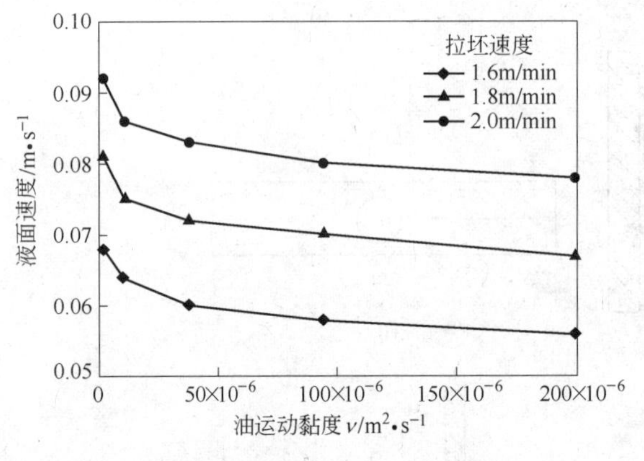

图 5-5 不同拉坯速度下油运动黏度与结晶器液面速度之间的关系

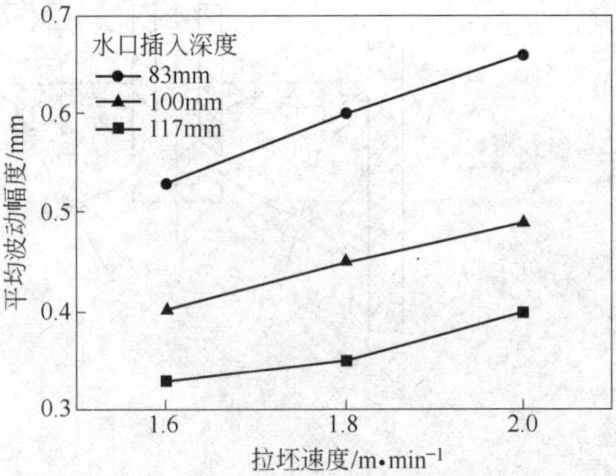

图 5-6 不同水口插入深度下拉坯速度与弯月面波动的关系

从 117mm 下降至 100mm 时，液面速度从 0.054m/s 上升到 0.063m/s，增幅达 17%；当拉速为 1.8m/min 时，弯月面波动幅度从 0.35mm 上升到 0.45mm，增幅达 29%。因此，当液面速度较大、液面波动剧烈时，应增加水口插入深度来避免钢渣卷混的产生。

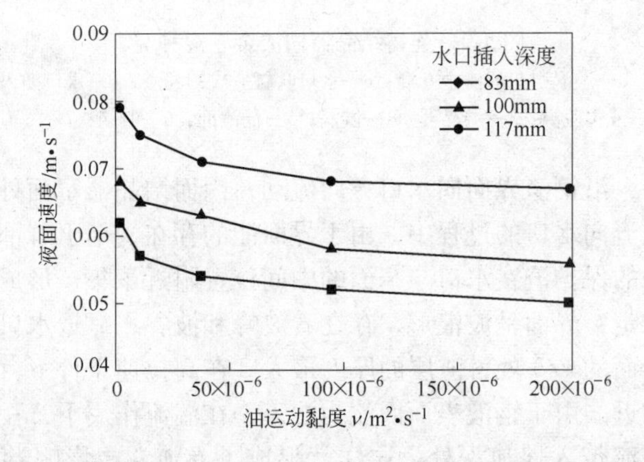

图 5-7 不同水口插入深度下油运动黏度与结晶器液面速度的关系

5.2.2.3 水口张角

水口张角直接影响着结晶器内回流区的涡心高度、液面流速、流股穿透深度和流股在窄面的冲击位置。随着水口张角的增大，钢液流股在结晶器上部向上流动趋势减弱，在结晶器下部向下流动趋势增强，钢液的冲击深度增加，钢液夹带的夹杂物易被带到液相穴深处，从而不利于结晶器内非金属夹杂物的上浮。但随钢液流股对熔池液面的冲击减弱，液面流速和湍动能降低，液面波动减弱，能减少保护渣卷入的可能性。如图 5-8 所示，当油黏度为 $37.7\times10^{-6}m^2/s$，水口由向下 25°转变为向下 15°时，铸坯宽度 1/4 处的液面流速由 0.052m/s 增加到 0.059m/s。因此，当水口向下张角较小时，结晶器上部的回流速度增强，液面不稳定，容易产生渣钢卷混现象。

5.2.2.4 铸坯尺寸

铸坯宽度一般是根据用户要求设定的，所以不作为控制液面波动的手段。从水口流出

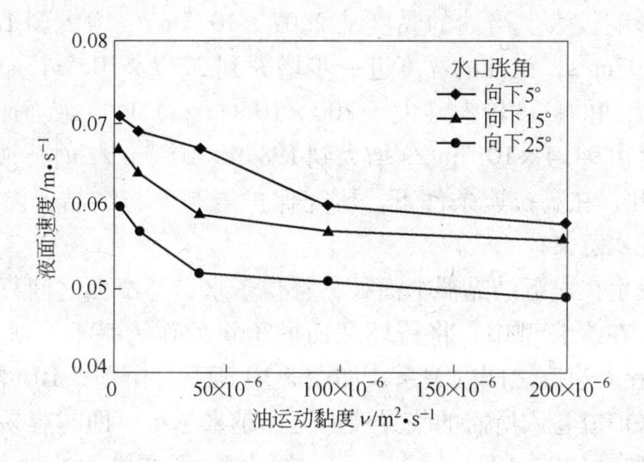

图 5-8 不同张角下油运动黏度与结晶器液面速度的关系

的钢液在流向结晶器窄面的过程中不断扩张。当钢液流量一定、铸坯宽度增加时，相应的拉坯速度下降，但在水口出口处钢液流速保持恒定。随着铸坯宽度的增加，钢液流股的行进路程相应增加，流股扩张区域增大，钢液流股到达窄面时的流速也随之降低，且上升流股在液面处的速度也减小，如图 5-9a 所示。当油黏度为 $37.7\times10^{-6}\mathrm{m^2/s}$，铸坯宽度由 1200mm 调宽到 1350mm 时，液面速度由 0.073m/s 降到 0.071m/s，因而引起卷渣的可能性也减小；当拉坯速度一定时，随着铸坯宽度的增加，从水口流出的钢液流速也随之增大，然而钢液行程的增加对钢液冲击窄面的速度和液面流速的影响变化不大，如图 5-9b 所示。当油黏度为 $37.7\times10^{-6}\mathrm{m^2/s}$，铸坯宽度由 1200mm 调宽到 1350mm 时，液面速度保持不变，为 0.073m/s。因此，当拉坯速度一定时，铸坯宽度的增加并不会恶化表面卷渣。

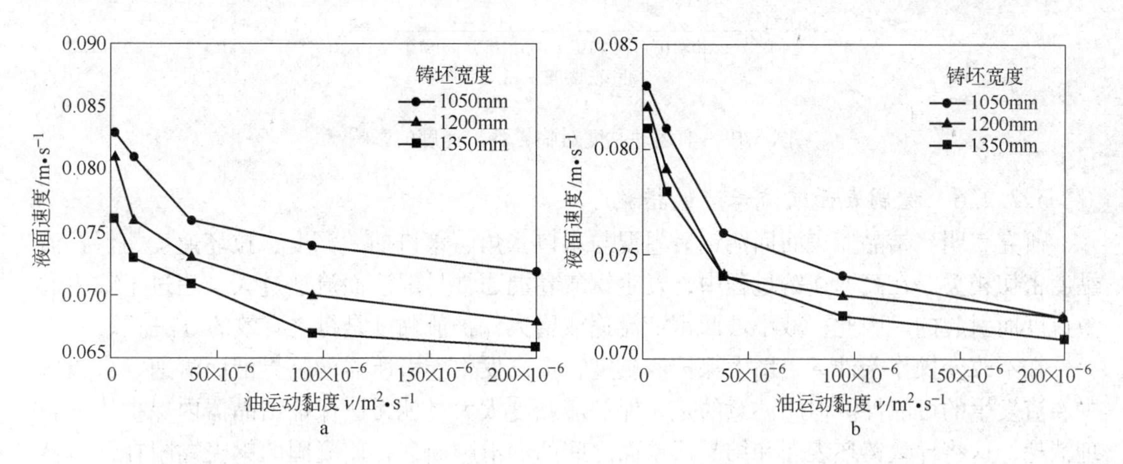

图 5-9 不同铸坯宽度下，油运动黏度与结晶器液面速度的关系

a—钢液流量 27.7m/min；b—拉坯速度 1.8m/min

5.2.2.5 保护渣黏度

保护渣的黏度取决于保护渣的成分和结晶器液面温度。当采用低过热度浇注时，结晶器液面温度降低，保护渣黏度增加。水模型实验表明：随着油黏度的增加，液面速度随之降低，钢渣卷混发生的可能性降低。当油的黏度较小（小于 $40\times10^{-6}\mathrm{m^2/s}$）时，液面速

度受油的黏度变化影响较大。当油的黏度从 $2.07 \times 10^{-6} m^2/s$ 增大到 $10.7 \times 10^{-6} m^2/s$ 时，液面速度约下降 0.003m/s；当油的黏度进一步增大到 $37.7 \times 10^{-6} m^2/s$ 时，液面速度下降约为 0.008m/s。而当油的黏度较大（大于 $100 \times 10^{-6} m^2/s$）时，液面速度对油的黏度变化不敏感。当油的黏度由 $94.4 \times 10^{-6} m^2/s$ 增大到 $198.9 \times 10^{-6} m^2/s$ 时，液面速度的最大增幅仅为 0.003m/s。因此，在高拉速条件下，研究保护渣黏度与结晶器内钢渣卷混的内在联系具有十分重要的现实意义。

由于卷渣通常发生在靠近结晶器窄面处，且位于水口与窄面之间靠近窄面侧的 1/3 附近，为了便于比较，在水模型中，将铸坯宽面的 1/4 处作为基准，研究水口张角为向下 15°时油黏度与临界卷渣速度之间的关系，如图 5-10 所示。由图 5-10 可推测，随着保护渣黏度的降低，引起保护渣卷入所需的临界液面流速越来越小，即越容易产生表面回流钢渣卷混现象。当油黏度在 $(40 \sim 100) \times 10^{-6} m^2/s$ 之间时，临界液面速度在 0.085 ~ 0.110m/s 之间，推广到实际连铸过程也就是在 0.15 ~ 0.19m/s 之间，并且随着渣黏度的增加，临界卷渣速度显著增大，卷渣的可能性降低。

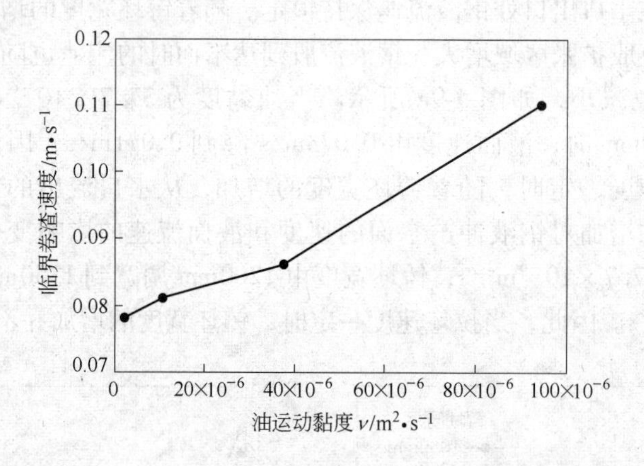

图 5-10 油运动黏度对临界卷渣速度的影响

5.2.2.6 控制表面回流卷渣的措施

研究表明，结晶器表面回流钢渣卷混与水口张角、水口插入深度、拉坯速度、保护渣黏度密切相关。在高速连铸过程中，发生钢渣卷混通常是因液面流速过大，超过了临界卷渣速度而引起的。因此，减小液面钢液流速或增大保护渣黏度是行之有效的方法。

在不改变操作条件下，增大保护渣黏度，提高发生卷渣所需的临界液面流速，可以减少卷渣发生的可能性。但应注意的是，保护渣黏度太大，就无法保证结晶器内保护渣的合理消耗，这将导致铸坯表面和结晶器壁面之间的润滑膜断裂，使凝固的钢壳黏附在结晶器铜壁上而造成漏钢事故；同时，高速连铸用保护渣还应具有较高吸收夹杂物的能力，故要求保护渣的黏度不能过大。

通过改变操作条件减小液面流速可防止表面卷渣。在保证相同产量的条件下，尽量增大铸坯宽度；在保证保护渣能顺利地流入结晶器与铸坯表面之间的缝隙形成连续渣膜的情况下，适当增大保护渣黏度；增大水口向下张角，可以减弱上升流股强度，减轻上升流股对保护渣层的冲击；增加水口插入深度，可以增大上升流股到达液面的行程，让上升流股有较大的空间扩张，这也有利于减小表面流速，从而减少表面卷渣的发生。

5.2.3 漩涡与卷渣

在涉及液相的反应器中，漩涡是一种常见的流体流动现象[18,19]。由于结晶器内钢液表面覆盖着一层保护渣，漩涡的产生可能引起保护渣穿过钢渣界面进入钢液形成卷渣，卷入钢中的这些渣滴成为铸坯大颗粒夹杂物的主要来源，影响铸坯质量甚至造成漏钢事故。结晶器内漩涡现象涉及保护渣和钢液两相十分复杂的流动。为了便于观察漩涡的形成，澳大利亚学者 He[14] 和印度学者 Gupta[20] 在不考虑表面渣的情况下，利用摄影机和皮托管考察了结晶器液面速度与液面卷吸空气现象之间的规律。但当有保护渣覆盖钢液时，液面卷吸空气的可能性不大。同时，考虑到保护渣的密度比钢液小，为了准确地描述结晶器内漩涡现象，利用密度为 $700kg/m^3$ 的空心 Al_2O_3 颗粒模拟保护渣，揭示了结晶器内漩涡产生机理，考察了多种操作条件对漩涡形成的影响[21]。

5.2.3.1 漩涡产生机理

液面环流是产生漩涡的必要条件。如果结晶器内流场是完全对称的，就无法产生液面环流，漩涡也不会出现。由于漩涡在水口附近以单个或成对的形式间歇出现，表明其与液面湍流有关。换言之，湍流的不稳定性造成水口一侧的表面流强于另一侧，使之能越过水口中心线，与另一侧的表面流汇合产生环流，当环流速度超过临界值时，就形成了漩涡。水模型实验表明：漩涡在距水口中心线 10 ~ 50mm 范围内出现。它们的旋转方向均为沿水口外壁向结晶器宽面方向流动，如图 5-11a 所示。漩涡在向下运动过程中，对保护渣产生一个向下的吸力，将保护渣卷吸到钢液内部，这样就产生了漩涡卷渣。

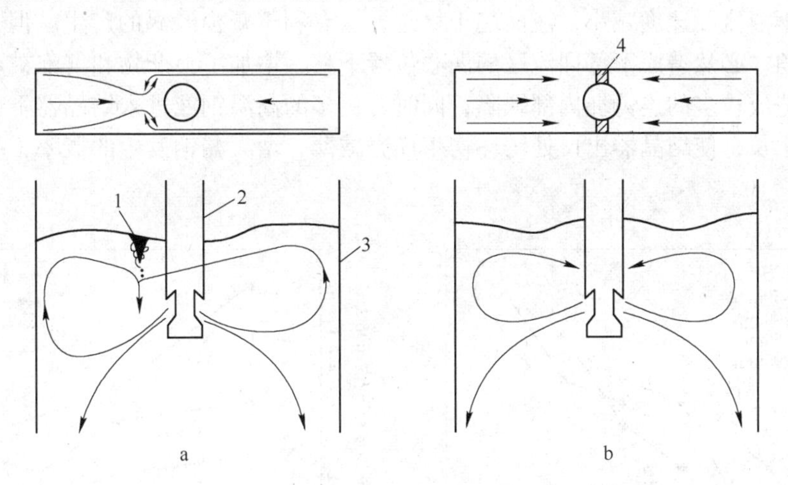

图 5-11 结晶器内漩涡形成机理
a—无挡板；b—有挡板
1—漩涡；2—浸入式水口；3—结晶器；4—挡板

为了确认上述机理，采用挡板将水口左右两侧的表面流进行隔离，研究水模型中漩涡的产生和消失。在实验过程出现漩涡时，在水口与结晶器最窄处插入挡板，如图 5-11b 所示。由于挡板的尺寸和水口外壁到结晶器窄面的间距相等，使水口左右两侧的表面流不能相互侵入，漩涡就消失了。随后，再拔出挡板，漩涡又重新出现。此现象说明了，如果水口两侧的表面流的相遇点位于水口中心线处，结晶器表面流强度大致相当，处于平衡状态，环流无法形成，就不能产生漩涡；但结晶器表面流为湍流，湍流的不稳定性导致了表面流也是不稳定的。在某时刻，较强一侧的表面流能越过水口中心线与迎面而来的表面流相互剪切，就能在水口的另一侧产生环流，当环流强度足够大时，漩涡就产生了。带挡板的水口，可以成功地阻止水口两侧的表面流相遇，因此，就能避免它们之间相互剪切作用的发生，漩涡也就无法形成。

5.2.3.2 操作条件对漩涡的影响

水模型实验研究了漩涡出现频率与拉速和坯宽的关系，结果如图 5-12 所示。由图5-12可见，提高拉速时，水口出口处钢液流股速度增大，钢液流股冲击窄面的速度相应提高，上升流在液面处的流速也随之增加，液面湍流程度相应增大，非对称表面流更易于形成，漩涡发生的频率也相应增加。拉速每提高 0.2m/min，漩涡频率相应提高 1 ~2 次/min，当拉速提高到 2.0m/min 时，结晶器内漩涡出现频率高达 12 次/min。当拉坯速度一定时，随着铸坯宽度的增加，从水口流出的钢液流速也随之增大，然而由于钢液行进路程的增加，流股扩张的区域也随之增大，钢液冲击窄面的速度和液面流速变化不大。因此，在相同拉速条件下，漩涡频率随坯宽变化不明显。

漩涡出现频率与水口张角、水口插入深度之间的关系如图 5-13 所示。当水口张角由向下 20°转变为向下 10°时，熔池表面附近向上运动的回流范围减小，即流股扩张的区域减小，钢液在液面处流速增加，液面湍流程度也相应增大，液面变得更加不稳定，漩涡的产生更加频繁。当水口插入深度为 100mm，水口张角从向下 20°减到向下 10°时，漩涡发生频率由 8 次/min 增加到 10 次/min。随着水口向下张角的增大，上部回流区的范围变大，自由液面处钢液流股速度减小，液面趋于稳定，这有利于减少漩涡的产生。但是，较大的水口向下张角，必然造成下部回流区的涡心位置下移，增加了夹杂物和气泡被卷入熔池深处的机会，造成较多的连铸坯内部缺陷；同时，更多的高温钢液进入结晶器下部，影响了凝固坯壳的生长，使结晶器出口处铸坯初生坯壳减薄，增大漏钢发生的概率，不利于高拉速操作。

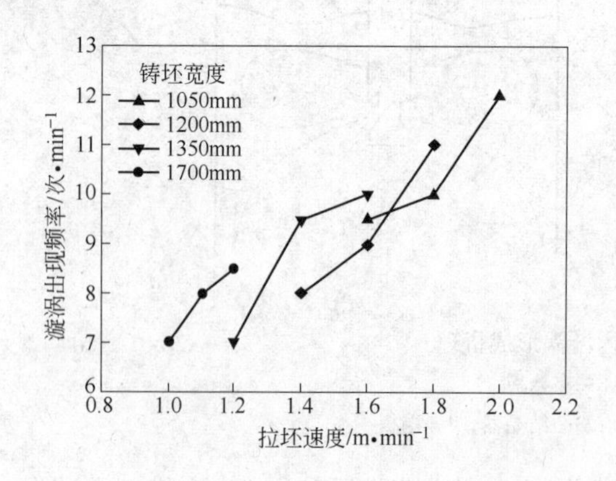

图 5-12 漩涡出现频率与拉速、坯宽之间的关系

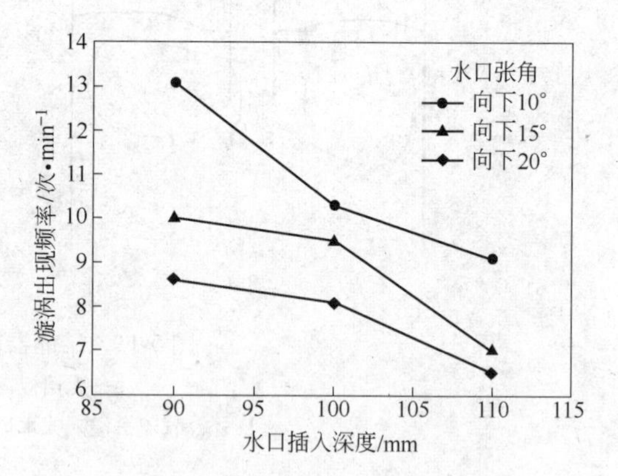

图 5-13 水口张角、水口插入深度与漩涡出现频率的关系

如图 5-13 所示，在相同的操作条件下，漩涡的产生对水口插入深度十分敏感。当水口张角为向下 15°、水口插入深度为 90mm 的条件下，液面速度较大，液面湍动较剧烈，

液面不稳定，漩涡出现频率为10次/min，而当水口插入深度取110mm时，漩涡出现的频率为7次/min。因此，当液面波动剧烈时，可以采用较大的水口插入深度来稳定液面从而减少漩涡的产生。

5.2.3.3 控制漩涡的措施

研究结果表明：水口结构、拉速、水口张角、水口插入深度和保护渣黏度是影响漩涡产生的主要因素。在实际连铸过程中，欲通过降低拉速来控制漩涡的发生不是明智之举，而改变保护渣的黏度又会带来一系列的问题。因此，改变操作条件、优化水口结构是防止漩涡形成的有效手段，如增大水口向下张角，增加水口插入深度，可以增大上升流股到达液面的行程，让上升流股有充分的空间扩张，减轻其对结晶器窄面保护渣层的冲击，减小液面流速，稳定渣金界面，从而减少漩涡的产生；使用带挡板的水口可以避免表面流相互剪切，也可以消除漩涡的产生。

5.2.4 水口吹氩与卷渣

在板坯连铸过程中，为防止水口堵塞、防止钢液的二次氧化、延长水口使用寿命，通常进行浸入式水口吹氩操作，进入结晶器的氩气泡在上浮过程中可以带走钢液中的夹杂物。但是氩气泡及其吸附的夹杂物一旦被凝固坯壳捕获，就会形成铸坯皮下缺陷；尤其是进入结晶器的氩气泡在上浮逸出过程中会对钢渣界面产生扰动，严重时会使渣层乳化并发生钢渣卷混[22]。

5.2.4.1 吹氩量与液面波动

不同拉坯速度下气体流量与液面波动的关系如图5-14所示。由图5-14可见，在拉坯速度一定的条件下，随吹氩量的增加，气泡所作的浮力功也相应增加，增大了对周围流体的抽引力，造成冲击点上移，加剧了弯月面波动。当拉速为1.5m/min，气体流量由0.8L/min增加至3.2L/min时，液面平均波动幅度由0.39mm增加到0.95mm。拉坯速度的增加，明显增大了浸入式水口出口处钢液流股的速度，相应地提高了流股在结晶器窄面冲击点处速度。这样，弯月面处的波动也相应加剧，增大了表面卷渣的倾向。当吹氩量为1.6L/min，拉坯速度从1.3m/min提高到1.5m/min时，液面平均波动幅度由0.33mm增加到0.48mm。

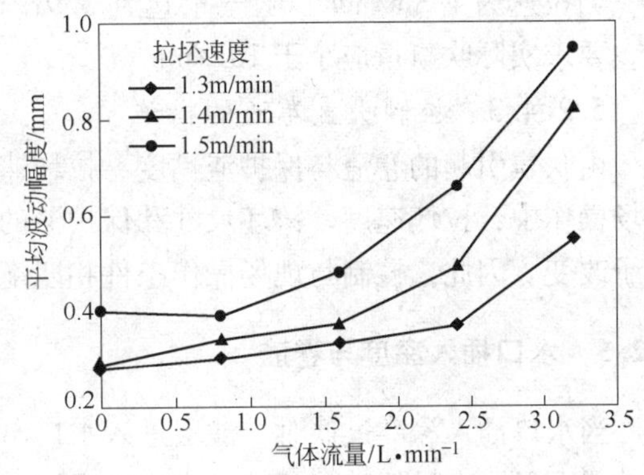

图5-14 不同拉坯速度下气体流量与液面波动的关系

5.2.4.2 临界吹氩量

临界吹氩量是指引起液面钢渣卷混发生的最小氩气流量。临界吹氩量与坯宽和油黏度有关。图5-15所示为不同坯宽条件下临界吹氩量与油黏度之间的关系。当油黏度较小时，气泡很容易通过油层，因此，油难以乳化，不易形成卷渣；随油黏度增加，气泡难以通过油层，而滞留于油层中，从而形成大量油滴；但是油黏度增加，流动性变差，减弱了气泡对油水界面的扰动。因此，随着油黏度的增加，存在一个临界吹氩量。如图5-15所示，当铸坯宽度为1350mm，油黏度为$37.7\times10^{-6}m^2/s$时，临界吹氩量达到最小值4.1L/min。

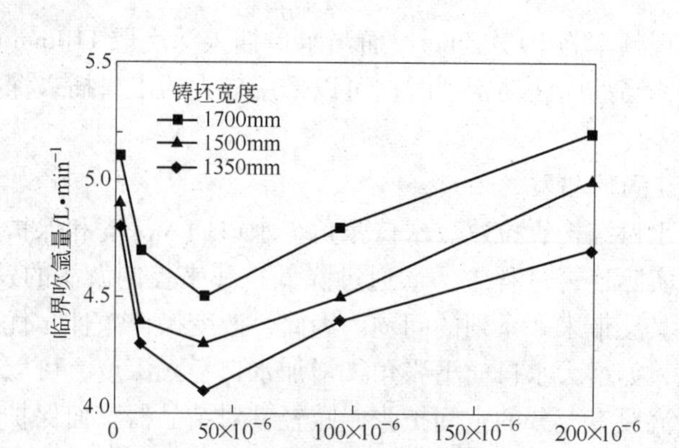

图 5-15 不同坯宽下油运动黏度与临界吹氩量的关系

在不吹氩的情况下，随着拉坯速度的增加，液面流速增加，弯月面波动加剧，卷渣的可能性增加；而在吹氩的条件下，卷渣和拉速之间的关系发生了变化。如图 5-16 所示是油黏度为 $37.7\times10^{-6}m^2/s$ 时不同铸坯宽度下，临界气体流量与拉坯速度之间的关系。随着拉坯速度的增加，气泡的穿透深度相应增加，气泡在渣金界面处的分布也更均匀[23]，气泡对界面的扰动减小，因此引起卷渣的临界气体流量增加。对于坯宽为 1500mm 的铸坯，当拉速为 1.3m/min，吹气量达到 3.9L/min 时，则会产生卷渣。应用于实际连铸生产，要求实际吹氩量应小于 10L/min。

5.2.4.3 控制吹氩卷渣的措施

由吹氩引起的卷渣与保护渣黏度、拉坯速度、铸坯尺寸和吹氩量等参数有关。由于在现场操作中，拉坯速度、铸坯尺寸和保护渣的选择是由生产工艺和设备条件决定的，一般不予改变。因此，控制与现场操作条件相匹配的吹氩量是避免吹氩卷渣的最佳方法。

5.2.5 水口插入深度与卷渣

当水口插入深度过低时，油层进入水口出口流区域，来自水口的流体流股可以直接冲击油层而形成大量的油滴进入水中。如图 5-17 所示，随着油黏度的增加（参见表 5-1），

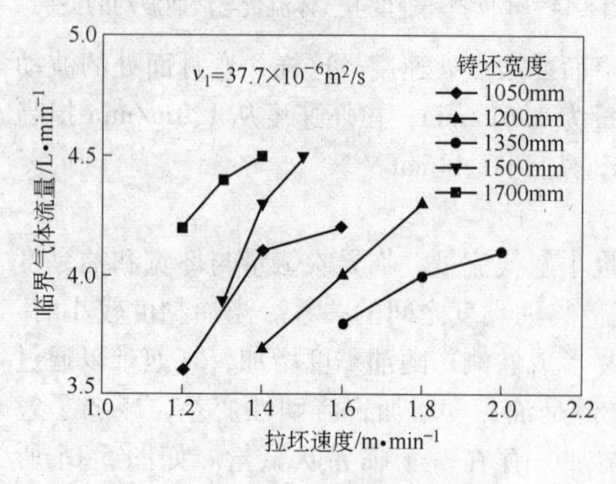

图 5-16 不同坯宽下拉坯速度与临界气体流量的关系

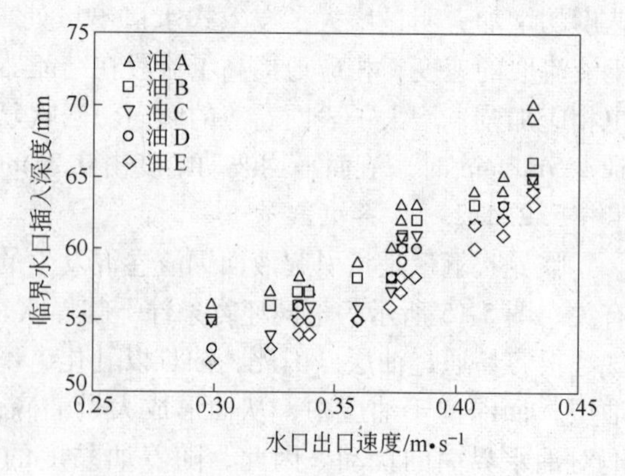

图 5-17 水口出口速度与临界水口插入深度的关系

形成油滴所需的动能也越大，引起卷渣的水口临界插入深度也越小。当油黏度为 37.7 × $10^{-6}m^2/s$ 时，水口临界插入深度为 54 ~ 65mm。因此，在现场操作中，水口插入深度应大于 150mm。

5.3 卷渣数学模型

结晶器内渣金卷混分为两个环节。第一个环节是金属相向渣相的动量传递过程，从而在渣金界面两侧各自形成一个速度边界层，如图 5-18a 所示；第二个环节是随着金属相流速 u_∞ 的增加，渣相所具有的动量也相应增加，当渣金界面处渣滴所具有的动能达到某个临界值时，渣滴就能脱离保护渣层进入到熔池内部[24]。

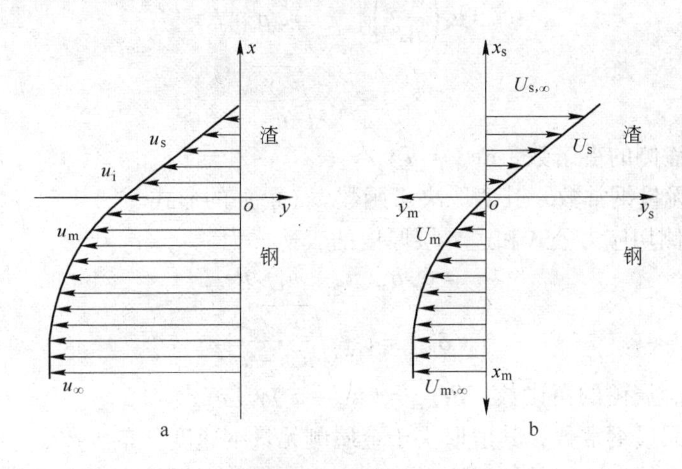

图 5-18 渣金速度分布示意图
a—固定坐标系；b—运动坐标系

5.3.1 渣金界面速度分布

在渣金界面上，渣滴脱离保护渣层所具有的速度，是通过金属相向渣相传递动量而获得的。为了计算从金属相到渣相的动量传递，作如下假定：

（1）在距离渣金界面足够远处，钢液具有恒定的速度 u_∞。

（2）保护渣与空气接触的自由表面和距离渣金界面足够远处，速度均为零，即渣相速度由零被加速至界面速度 u_i。

（3）渣金两相的速度分布为一条连续曲线，界面移动速度 u_i 为渣金两相速度分界点。

（4）整个系统的流动在卷渣发生前视为稳态。

如果金属相速度分布和渣相速度分布服从不同的函数，渣金界面速度和钢渣卷混发生的临界流速表达式也有所不同。因此，用函数 $\varphi_1(\eta_s)$ 表示渣侧的无量纲速度分布，所选取的坐标系 $x_s o y_s$ 如图 5-18b 所示。坐标系固定在渣金界面上，运动速度等于界面速度 u_i，则

$$\frac{U_s}{U_{s,\infty}} = \varphi_1(\eta_s) \tag{5-21}$$

式中，$U_s = u_i - u_s$；$U_{s,\infty} = u_i$；$\eta_s = \dfrac{x_s}{\delta_{pr,s}}$。

在边界层理论中，渣侧动量损耗厚度（单位为 m）为

$$\delta_{2,s} = \int_0^\infty \frac{U_s}{U_{s,\infty}}\left(1 - \frac{U_s}{U_{s,\infty}}\right)dx_s \tag{5-22}$$

式（5-22）表明，边界层内的动量损耗等于速度为 $\boldsymbol{U}_{s,\infty}$ 且厚度为 $\delta_{2,s}$ 的一个层的动量，那么在渣金界面处，存在着下述动量守恒

$$\rho_s U_{s,\infty}^2 \, d\delta_{2,s} = \mu_s \left(\frac{dU_s}{dx_s}\right)\Bigg|_{x_s=0} dy_s \tag{5-23}$$

对式（5-23）进行积分，并应用边界条件 $y_s=0$，$\delta_{2,s}=0$，可得渣侧切应力（单位为 Pa）公式和边界层厚度公式

$$\tau_{i,s} = \mu_s\left(\frac{dU_s}{dx_s}\right)\Bigg|_{x_s=0} = c_s \rho_s u_i^2 Re_{y,s}^{-1/2} \tag{5-24}$$

$$\delta_{Pr,s} = c_{s1}\sqrt{\frac{\nu_s y_s}{u_i}} \tag{5-25}$$

式中 $Re_{y,s}$——渣侧的雷诺数，$Re_{y,s} = u_i y_s / \nu_s$；

c_{s1}，c_s——无量纲常数，其值取决于函数 $\varphi_1(\eta_s)$ 的形式。

同理，金属侧切应力公式和边界层厚度的表达式为

$$\tau_{i,m} = c_m \rho_m (u_\infty - u_i)^2 Re_{y,m}^{-1/2} \tag{5-26}$$

$$\delta_{Pr,m} = c_{m1}\sqrt{\frac{\nu_m y_m}{u_\infty - u_i}} \tag{5-27}$$

式中 $Re_{y,m}$——金属侧的雷诺数，$Re_{y,m} = (u_\infty - u_i) y_m / \nu_m$；

c_m，c_{m1}——无量纲常数，其值取决于金属侧无量纲速度分布函数 $\varphi_2(\eta_m)$。

在渣滴未脱离保护渣层的情况下，界面两侧的力处于平衡状态，即界面两侧的切应力相等，故由式（5-24）和式（5-26）可推导出界面速度公式

$$u_i = \frac{1}{1 + c_0\left(\frac{\rho_s}{\rho_m}\right)^{2/3}\left(\frac{\nu_s}{\nu_m}\right)^{1/3}} u_\infty \tag{5-28}$$

式中，系数 $c_0 = (c_s/c_m)^{2/3}$。当速度分布函数分别取多项式分布和正弦分布时，c_0 的取值见表 5-2。

表 5-2 界面速度计算式中系数 c_0 的取值

无量纲速度		渣侧无量纲速度 $\varphi_1(\eta_s)$				
		η_s	$2\eta_s - \eta_s^2$	$\frac{3}{2}\eta_s - \frac{1}{2}\eta_s^3$	$2\eta_s - 2\eta_s^3 + \eta_s^4$	$\sin\left(\frac{\pi}{2}\eta_s\right)$
金属侧无量纲速度 $\varphi_2(\eta_m)$	η_m	1.000	1.170	1.078	1.121	1.088
	$2\eta_m - \eta_m^2$	0.855	1.000	0.922	0.959	0.930
	$\frac{3}{2}\eta_m - \frac{1}{2}\eta_m^3$	0.927	1.085	1.000	1.040	1.009
	$2\eta_m - 2\eta_m^3 + \eta_m^4$	0.892	1.043	0.962	1.000	0.970
	$\sin\left(\frac{\pi}{2}\eta_m\right)$	0.919	1.075	0.991	1.031	1.000

5.3.2 钢液中渣滴的形成

渣滴的形成条件有两种确定方法。第一种是颗粒受力平衡法[25,26]。该方法认为：渣滴在钢液中受到四种力的约束，流体流动产生的惯性力，与渣钢间的界面能等效的界面力，渣滴的重力和渣滴所受的浮力。实际上，在界面处并不存在界面力，将界面能表示为界面力能满足量纲要求，但不能保证数值准确。因此，能量守恒法才能更准确表征渣金界面行为[24,27]。由功能原理可知，卷渣发生时，渣滴所具有的动能 E_{Slag} 必须足以克服界面能的变化 $\Delta E_{Interface}$ 以及重力所做的功 $W_{Gravity}$ 和浮力所做的功 $W_{Buoyance}$，即在渣滴脱离点处功能关系式如下

$$E_{Slag} \geqslant \Delta E_{Interface} - W_{Gravity} + W_{Buoyance} \tag{5-29}$$

其中

$$E_{Slag} = \frac{1}{2}\rho_s \frac{1}{6}\pi d_s^3 u_s^2 \tag{5-30a}$$

$$\Delta E_{Interface} = \sigma_{ms}\pi d_s^2 + \sigma_{ms}\frac{1}{4}\pi d_s^2 - \sigma_{ms}\frac{1}{2}\pi d_s^2 = \sigma_{ms}\frac{3}{4}\pi d_s^2 \tag{5-30b}$$

$$W_{Gravity} = \rho_s \frac{1}{6}\pi d_s^3 g \frac{d_s}{2} \tag{5-30c}$$

$$W_{Buoyance} = \rho_m \frac{1}{6}\pi d_s^3 g \frac{d_s}{2} \tag{5-30d}$$

式中 ρ_s，ρ_m——渣和金属的密度，kg/m^3；

σ_{ms}——渣和金属间的界面能，J；

g——重力加速度，m/s^2；

d_s——渣滴直径，m；

u_s——渣滴速度，m/s。

将式（5-30）代入式（5-29），可知渣滴必须达到某个临界速度才能使渣滴脱离保护渣层，此临界速度可表示为

$$u_{s,crit} = \sqrt{\frac{9\sigma_{ms}}{\rho_s d_s} + \frac{(\rho_m - \rho_s) g d_s}{\rho_s}} \tag{5-31}$$

该临界速度与渣滴直径 d_s 有关。式（5-31）根号内第一项表明，界面能对临界速度的影响随着渣滴直径的增大而减小；第二项表明，相对于重力而言，浮力的影响随着渣滴直径的增大而增长得更快。这两个相互矛盾的因素决定了临界速度 $u_{s,crit}$ 对渣滴 d_s 必然存在一个极值。换言之，式（5-31）存在一个约束条件

$$\frac{du_{s,crit}}{dd_s} = 0 \tag{5-32}$$

式（5-31）和式（5-32）共同组成了渣滴形成的临界条件。联立求解式（5-31）和式（5-32），得到渣滴临界直径的表达式

$$d_{s,crit} = \sqrt{\frac{9\sigma_{ms}}{(\rho_m - \rho_s) g}} \tag{5-33}$$

将式（5-33）代入式（5-31），就得到了渣滴临界速度表达式

$$u_{s,\mathrm{crit}} = \left[\frac{36(\rho_m - \rho_s) g\sigma_{ms}}{\rho_s^2}\right]^{1/4} \tag{5-34}$$

如果实际速度大于临界速度，则由式（5-31）可得此时的渣滴尺寸

$$d_s = \frac{\rho_s u_s^2}{2(\rho_m - \rho_s) g}\left[1 - \sqrt{1 - \frac{36(\rho_m - \rho_s) g\sigma_{ms}}{\rho_s^2 u_s^4}}\right] \tag{5-35}$$

5.3.3　渣金卷混的临界条件

在发生渣金卷混的临界状态时，界面速度 u_i 应等于渣滴的临界速度 $u_{s,\mathrm{crit}}$。但在实际生产中，卷渣位置及界面速度难以进行在线测量。表 5-3 表明金属侧边界层十分薄，仅为 1mm，因此金属侧的来流速度 u_∞ 可认为是判断渣金界面状况的特征临界速度，即式（5-28）和式（5-34）共同组成了判断结晶器内卷渣发生的钢液临界流速表达式

$$\boldsymbol{u}_{\infty,\mathrm{crit}} = \left[1 + c_0\left(\frac{\rho_s}{\rho_s}\right)^{2/3}\left(\frac{\nu_s}{\nu_m}\right)^{1/3}\right]\left[\frac{36(\rho_m - \rho_s) g\sigma_{ms}}{\rho_s^2}\right]^{1/4} \tag{5-36}$$

因此，钢液临界流速由保护渣密度、钢液密度、保护渣黏度、钢液黏度以及保护渣和钢液之间的界面能确定，其中渣金黏度是一个重要的影响因素。但中国学者彭一川、日本学者户泽宏一等人的研究结果仅表明，钢液临界流速条件与钢液和保护渣的密度以及它们之间的界面能有关，而没有考虑渣金两相黏度的影响[16,17]。由于在连铸生产中，不同保护渣的密度和钢渣界面能基本相等（见表 5-1），但保护渣的黏度变化则很大，因此可通过增大保护渣黏度来减少卷渣的发生。

5.3.4　渣金两相流动特征

表 5-2 给出了渣金两相速度分别为线性分布、二次多项式分布、三次多项式分布、四次多项式分布时，界面速度计算式（5-28）和卷渣发生的钢液临界流速表达式（5-36）中 c_0 的取值。如果将渣相的速度分布视为线性分布，金属相的速度分布视为四次多项式分布，则可得渣滴临界速度、临界直径、渣金两侧边界层厚度和钢液临界流速的变化规律。同时注意到结晶器钢渣界面处钢液流动为湍流，因此，钢渣界面能 σ_{ms} 值下降。为了评估卷渣发生的可能性，假设 σ_{ms} 值可降至原值的 $\frac{1}{50}$[2,17,24]。

表 5-3 是数学模型预测结果和实验结果。当油黏度较小时，油滴直径的测量值与计算值相吻合，当油黏度较大时则出现偏差。这是因为当油黏度较大时，油的流动性变差，湍流对油水界面的影响减弱，油水界面的稳定性增强，湍流对界面能的影响减小。数学模型研究结果表明，临界水流速度是油滴临界速度的 2～6 倍，且临界水流速度大小随油黏度的增加而增加。文献［16］的保护渣的模拟介质为煤油，实测临界速度是 0.197m/s，本模型预测值是 0.195m/s，两者基本符合；在油 B 的条件下，模型计算结果为 0.226m/s，文献［17］的实测临界速度为 0.233m/s，两者基本符合。水模型中水流速度测量值与计算值在趋势上保持一致，但在数值上存在着较大的差异，其原因有两点：一是测速探头位于渣层鼓包的背风面，与流体绕流圆柱体相类似，存在着边界层分离现象，因此，测量值小

于来流速度 u_∞；二是所测速度为水平方向的液面速度，而临界速度 $u_{\infty,crit}$ 具有一定的角度。然而由于卷渣位置是不确定的，以及渣钢界面为曲面，卷渣处钢液流速和渣钢界面倾角难以准确测量，因此，在连铸生产中可将结晶器宽面1/4处液面钢液流速作为考察钢渣界面状况的重要参数。

表5-3 数学模型计算结果和实验值

液相	渣滴临界直径预测值 $d_{s,crit}$	渣滴临界直径实验值 $d_{s,test}$	渣滴临界速度预测值 $u_{s,crit}$	钢液临界速度预测值 $u_{\infty,crit}$	钢液临界速度实验值 u_{test}	渣侧边界层厚度预测值 $\delta_{Pr,s}$	金属侧边界层厚度预测值 $\delta_{Pr,m}$
	mm		m/s			mm	
油A	2.222	2	0.098	0.195	0.078	1.128	1.322
油B	2.074	2	0.081	0.226	0.081	2.809	1.085
油C	2.221	3	0.081	0.300	0.086	5.296	0.880
油D	2.455	5	0.077	0.367	0.11	8.569	0.767
油E	2.656	—	0.076	0.445	—	12.527	0.679
渣A	2.392	—	0.287	0.852	—	6.629	0.880
渣B	2.398	—	0.291	0.626	—	2.998	1.143
渣C	2.482	—	0.274	0.556	—	2.358	1.247

表5-1和表5-3表明，当保护渣黏度为 22.3×10^{-3} Pa·s时，钢液表面临界流速为0.556m/s，产生的渣滴直径为2.482mm；当保护渣的黏度为 177.9×10^{-3} Pa·s时，临界流速为0.852m/s，产生的渣滴直径为2.392mm，它将是铸坯内大颗粒夹杂物的主要来源。金属侧边界层厚度基本相同，约为1mm；而保护渣速度边界层厚度受黏度影响十分明显，边界层厚度为2~7mm。如图5-19所示为渣金两侧的速度分布。虽然不同保护渣的物化性能各不相同，但是速度在渣层内的无因次坐标分布是相似的，在金属层内的速度分布则有较大差别，保护渣黏度越大，钢液临界流速越大，这样就会在金属层内形成较大的速度梯

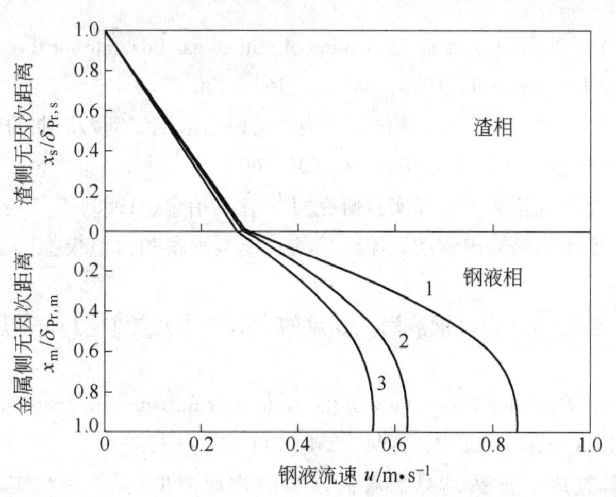

图5-19 渣金两侧速度分布

1—渣A；2—渣B；3—渣C

度，使渣层得到足够大的动量而产生卷渣。

参考文献

[1] Cha P R, Yoon J K. The effect of a uniform direct current magnetic field on the stability of a stratified liquid flux-molten steel system [J]. Metallurgical and Materials Transactions B, 2000, 31(2): 317~326.

[2] 朱苗勇，萧泽强. 钢的精炼过程数学物理模拟[M]. 北京：冶金工业出版社，1998.

[3] 张先棹. 冶金传输原理[M]. 北京：冶金工业出版社，2004.

[4] 吴树森. 材料加工冶金传输原理[M]. 北京：机械工业出版社，2001.

[5] 顾武安，唐萍，文光华，等. 大方坯连铸四孔浸入式水口的应用研究[J]. 钢铁，2008，43(4)：101~104.

[6] 雷洪，许海虹，朱苗勇，等. 高速连铸结晶器内卷渣机理及其控制研究[J]. 钢铁，1999，34(8)：20~23.

[7] 包燕平，朱建强，蒋伟，等. 薄板坯结晶器内卷渣现象的研究[J]. 北京科技大学学报，1999，21(6)：530~534.

[8] 张胜军，朱苗勇，张永亮，等. 高拉速吹氩板坯连铸结晶器内的卷渣机理研究[J]. 金属学报，2006，42(10)：1087~1090.

[9] 何矿年，肖寄光，韦耀环，等. 宽板坯连铸结晶器 SEN 结构和操作参数优化试验研究[J]. 钢铁，2008，43(1)：26~29.

[10] 曹娜，朱苗勇. 吹氩板坯连铸结晶器内钢/渣界面行为的数值模拟[J]. 金属学报，2008，44(1)：79~84.

[11] Gupta D, Lahiri A K. Cold model study of the surface profile in a continuous slab casting mold: Effect of second phase[J]. Metallurgical and Materials Transaction B, 1996, 27(4): 695~697.

[12] Iguchi M, Yoshida J, Shimizu T, et al. Model study on the entrapment of mold powder into molten steel [J]. ISIJ International, 2000, 40(7): 685~691.

[13] 金友林，包燕平，刘建华，等. 不锈钢板坯连铸结晶器内钢/渣界面行为模拟及卷渣分析[J]. 北京科技大学学报，2009，31(5)：618~624.

[14] He Q L. Observations of vortex formation in the mould of a continuous slab caster [J]. ISIJ International, 1993, 33(2): 343~345.

[15] Iguchi M, Sumida Y, Okada R, et al. Evaluation of critical gas flow rate for the entrapment of slag using a water model[J]. ISIJ International, 1994, 34(2): 164~170.

[16] 户泽宏一，井户川聪，中户参，と. 连铸铸型内における溶钢流动の周期的变化とパウダ卷进きみ举动の解析[J]. 材料とプロセス，1996，9：604~605.

[17] 彭一川，肖泽强. 卷油现象的理论和实验研究[J]. 化工冶金，1988，9(1)：71~77.

[18] 李宝宽，李东辉. 连铸结晶器内钢液涡流现象的水模型观察和数值模拟[J]. 金属学报，2002，38(3)：315~320.

[19] 钱忠东，吴玉林. 连铸结晶器内钢液涡流现象的大涡模拟及控制[J]. 金属学报，2004，40(1)：88~93.

[20] Gupta D, Lahiri A K. Water modeling study of the surface disturbances in continuous slab caster[J]. Metallurgical and Materials Transaction B, 1994, 25B(4): 227~237.

[21] 雷洪，朱苗勇，赫冀成. 连铸结晶器漩涡现象的物理模拟[J]. 过程工程学报，2001，1(1)：36~39.

[22] 陈志平，朱苗勇，文光华，等. 连铸板坯浸入式水口吹氩工艺研究[J]. 钢铁，2009，44(7)：

28 ~ 31.

[23] Lei H, Zhu M Y, He J C. Mathematical and physical modeling of interfacial phenomena in continuous casting mould with argon injection through submerged entry nozzle[J]. Acta Metallurgical Sinica, 2000, 13(5): 1079 ~ 1086.

[24] 雷洪，朱苗勇，赫冀成．连铸结晶器内卷渣过程的数学模型[J]．金属学报，2000，36(10)：1113 ~ 1117.

[25] 张华书，肖泽强．渣-钢混合状态对冶金速率的影响[J]．钢铁，1987，22(9)：21 ~ 25.

[26] F. 奥斯特．钢冶金学[M]．倪瑞明等，译．北京：冶金工业出版社，1997.

[27] Watanabe K, Tsutsumi, Suzuki M, et al. Effect of properties of mold powder entrapped into molten steel in a continuous casting process[J]. ISIJ International, 2009, 49(8): 1161 ~ 1166.

6　电磁制动下结晶器内钢液流动的数值模拟

钢液是电的良导体，在磁场和电流作用下，钢液内会产生电磁力。由于电磁力具有不直接接触钢液，能有效地控制钢液流动，便于夹杂上浮，有效地均匀钢液温度和成分，显著提高铸坯的产量和质量等优点，从而大大推动了连铸技术的发展。

电磁制动技术是一项利用稳恒磁场来控制连铸结晶器内钢液流动的技术。当运动的钢液通过稳恒磁场时，就会在钢液内部形成感生电流回路，此感生电流与磁场相互作用就会形成一个和钢液运动速度平行但方向相反的电磁制动力。由于此电磁力的存在，减缓并重新分配了来自水口的钢液主流股，因而极大地改善了非金属夹杂物和气泡的上浮条件，并减小了结晶器自由液面的波动。相对于电磁搅拌使用的交变磁场而言，稳恒磁场对结晶器铜板的穿透力很强，并且设备投资较少，经济效益明显。

当静磁场穿过运动的金属流体时，能减小流速并抑制湍流，电磁制动技术正是利用了这一特性。目前，许多研究者正致力于此项技术的数值模拟和实验研究工作。本章主要采用数值模拟方法研究电磁制动结晶器内磁场、流场、感生电流密度和电磁力的分布。图6-1给出了电磁制动数值模拟过程中所涉及的控制方程组的推导途径以及针对不同物理场所采用的主要数值方法。

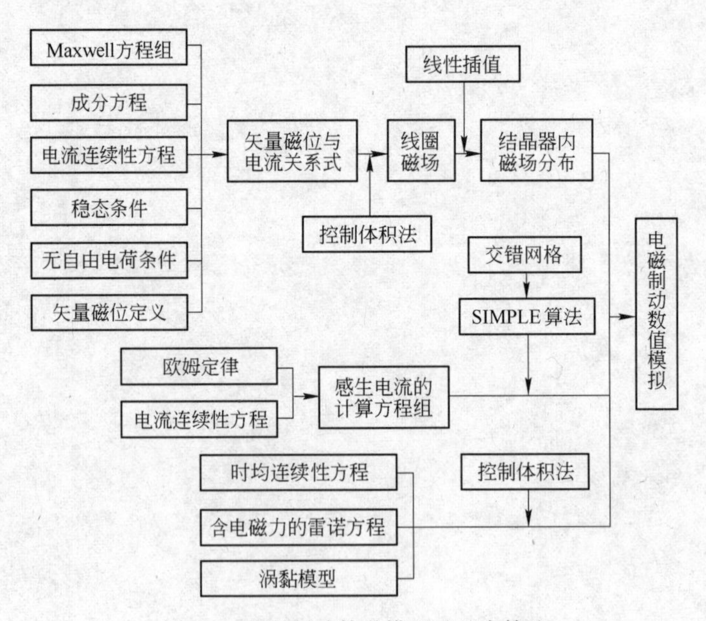

图6-1　电磁制动数学模型及基本算法

6.1　电磁制动的发展史

电磁制动技术应用于连铸结晶器始于20世纪80年代初，由瑞典ABB公司与日本川崎制铁公司从事如图 6-2a 所示的局部区域电磁制动技术（EMBR local fields）的开发。电磁制动设备主要由两组相对的线圈和铁芯组成，使用两个“U”字形磁铁产生两个方向相反的恒稳磁场[1~12]，分别覆盖于浸入式水口出口处，该技术很快在日本得到承认，并且在日本的三家钢厂得到了应用。20 世纪 90 年代初，将局部区域电磁制动的两个磁极进行合并，形成一个能覆盖整个铸坯宽面的大磁极，这就是如图 6-2b 所示的第二代电磁制动器，即单条型电磁制动器（EMBR ruler）[12~22]。这种电磁制动器具有一个单一的、覆盖整个板坯宽度的磁场。这一改进使电磁制动技术在欧洲更广泛地应用于常规板坯连铸，尤其是在薄板坯连铸中。需要指出，图 6-2b 所示仅是单条型电磁制动器的原理图，在实际生产应用中，为了减小漏磁，单条型电磁制动器在电磁铁芯的外围还有一个长方形的轭铁与结晶器宽面两侧线圈内部铁芯相连，以减少漏磁，增大结晶器内磁场强度。此后，瑞典 ABB 公司和日本川崎公司又各自将单条型电磁制动器分别应用于结晶器液面和结晶器下部，开发出如图 6-2c 所示的双条型电磁制动设备（或称为流动控制结晶器 Flow Control Mold），这就是第三代电磁制动装置[22~24]。双条型电磁制动也使两个“U”字形磁铁产生两个方向相反的稳恒磁场。一个磁场置于液面处以便减小液面流速，并减小液面波动，防止卷渣的发生；另一个磁场置于结晶器下部以便减小钢液的穿透浓度，促进夹杂物和气泡的上浮去除，同时提高液面处钢液温度促进保护渣的熔化。目前，得到广泛应用的电磁制动设备是单条型电磁制动和双条型电磁制动。

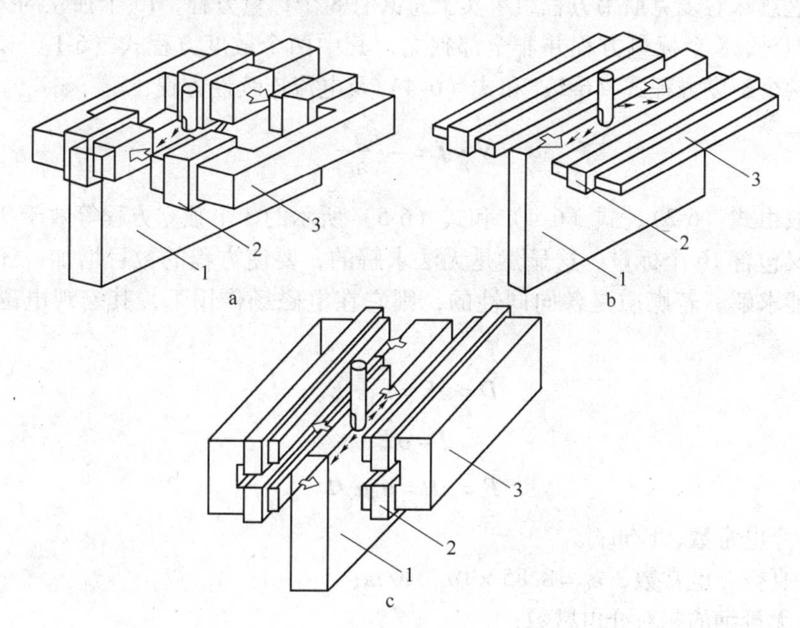

图 6-2 电磁制动设备简图

a—局部区域电磁制动；b—单条型电磁制动器；c—双条型电磁制动设备

1—结晶器；2—线圈；3—铁芯

6.2 电磁制动下结晶器内磁场数学模型

6.2.1 麦克斯韦方程组

麦克斯韦方程组是宏观电动力学的基本方程组，利用它们可以解释各种宏观电磁场问题。不管有关材料的性质如何，它们在工程上都是适用的。

麦克斯韦（Maxwell）方程组的微分形式为

$$\nabla \cdot \boldsymbol{D} = \rho^* \tag{6-1}$$

$$\nabla \times \boldsymbol{E} = -\frac{\partial \boldsymbol{B}}{\partial t} \tag{6-2}$$

$$\nabla \cdot \boldsymbol{B} = 0 \tag{6-3}$$

$$\nabla \times \boldsymbol{H} = \boldsymbol{J} + \frac{\partial \boldsymbol{D}}{\partial t} \tag{6-4}$$

式中 $\boldsymbol{D}$——电位移，C/m^2；

ρ^*——自由电荷体密度，C/m^3；

$\boldsymbol{E}$——电场强度，V/m；

$\boldsymbol{B}$——磁感应强度，T；

t——时间，s；

$\boldsymbol{H}$——磁场强度，A/m；

$\boldsymbol{J}$——传导电流密度，A/m^2。

麦克斯韦方程组有两个矢量方程和两个标量方程，然而待求的未知量却有五个矢量和一个标量。这意味着麦克斯韦方程组事实上总共有 8 个标量方程，15 个独立的矢量分量和一个标量。但是，8 个标量方程并非全部独立，其中两个散度方程式（6-1）和式（6-3）可以分别从两个旋度方程式（6-2）和式（6-4）及电流连续性方程

$$\nabla \cdot \boldsymbol{J} = -\frac{\partial \rho^*}{\partial t} \tag{6-5}$$

推导出来，故由式（6-2）、式（6-4）和式（6-5）所示的 3 个独立方程等效于 7 个标量方程，而其中又包含 16 个标量，这显然是无法求解的，要使方程的数目增加，还必须利用成分方程才能求解。若媒质是各向同性的，则它在电磁场作用下，其宏观电磁特性关系式为

$$D = \varepsilon E = \varepsilon_0 \varepsilon_r E \tag{6-6}$$

$$J = \sigma E \tag{6-7}$$

$$B = \mu H = \mu_0 \mu_r H \tag{6-8}$$

式中 ε——介电常数，F/m；

ε_0——真空介电常数，$\varepsilon_0 = 8.85 \times 10^{-12}$ F/m；

ε_r——无量纲的相对介电常数；

σ——电导率，S/m；

μ——磁导率，H/m；

μ_0——真空磁导率，$\mu_0 = 4\pi \times 10^{-7}$ H/m；

μ_r——无量纲的相对磁导率。

对于线性媒质而言，它们是常数；对于非线性媒质，它们则随场强的变化而变化。

式（6-6）、式（6-7）和式（6-8）提供了 9 个独立的方程，它们和麦克斯韦方程组合在一起，就足以求解所需的未知量了。

在直流电产生的恒定电磁场中，因为所有的物理量均不随时间 t 变化，故有

$$\frac{\partial \boldsymbol{B}}{\partial t}=0 \tag{6-9}$$

$$\frac{\partial \boldsymbol{D}}{\partial t}=0 \tag{6-10}$$

由于结晶器内是导电率很高的钢液，自由电荷存在的时间很短，可认为

$$\rho^{*}=0 \tag{6-11}$$

所以，上述电流连续性方程和麦克斯韦方程组可简化为以下五个式子

$$\nabla \cdot \boldsymbol{J}=0 \tag{6-12}$$

$$\nabla \cdot \boldsymbol{D}=0 \tag{6-13}$$

$$\nabla \times \boldsymbol{E}=0 \tag{6-14}$$

$$\nabla \cdot \boldsymbol{B}=0 \tag{6-15}$$

$$\nabla \times \boldsymbol{H}=J \tag{6-16}$$

6.2.2 磁场计算控制方程

对于有电流的区域，$\nabla \times \boldsymbol{H}=\boldsymbol{J}$ 属于有旋场，因此，必须引入矢量磁位 $\boldsymbol{A}$，它是空间坐标和时间的函数，有 3 个空间分量。在国际单位制中，$\boldsymbol{A}$ 的单位是 T · m。采用矢量磁位后，要使麦克斯韦方程组仍旧能够满足，只需使 $\boldsymbol{A}$ 与 $\boldsymbol{B}$ 满足如下关系式

$$\boldsymbol{B}=\nabla \times \boldsymbol{A} \tag{6-17}$$

将式（6-8）代入式（6-16），得

$$\nabla \times \boldsymbol{B}=\mu \boldsymbol{J} \tag{6-18}$$

将式（6-17）代入式（6-18），并利用矢量恒等式，得

$$\nabla \times \boldsymbol{B}=\nabla \times(\nabla \times \boldsymbol{A})=\nabla \cdot(\nabla \cdot \boldsymbol{A})-\nabla^{2} \boldsymbol{A}=\mu J \tag{6-19}$$

由于

$$\nabla \cdot \boldsymbol{A}=0 \tag{6-20}$$

所以

$$\nabla^{2} \boldsymbol{A}=-\mu J \tag{6-21}$$

这就是计算静磁场的基本方程组。

钢液在流动过程中，基于电磁感应原理，也会产生感生电流。此电流密度 j 与钢液的电导率 σ、电势 ϕ（单位为 V）、流体流动速度 u_{f} 和磁感应强度 B 密切相关，即

$$\boldsymbol{j}=\sigma(-\nabla \phi+\boldsymbol{u}_{\mathrm{f}} \times \boldsymbol{B}) \tag{6-22}$$

然而，感生电流密度 $\boldsymbol{j}$（约 $10^4 \mathrm{A/m^2}$）与励磁电流密度 $\boldsymbol{J}$（约 $10^7 \mathrm{A/m^2}$）相比是相当小的，因此，感生电流所产生的磁场与励磁直流电所产生的磁场相比也是十分小的，可以忽略不计[25]。

6.2.3 基本方程的离散化

如图 6-3 所示的坐标系中，励磁电流密度只在 x 轴和 z 轴上有分量，在 y 轴上没有分量，即

$$J_y = 0 \tag{6-23}$$

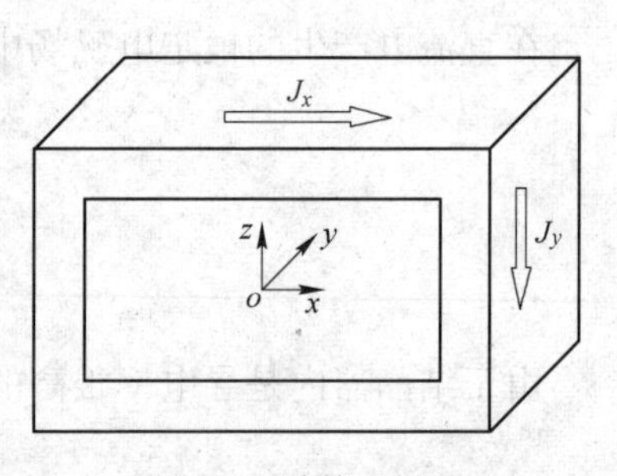

图 6-3 计算坐标系

根据场的叠加原理，可将 x 轴和 z 轴方向上的励磁电流密度分量所产生的磁场分别计算。

当仅考虑 z 方向的电流密度 J_z($J_x=0$，$J_y=0$) 时，有 $\boldsymbol{A}=A_z\boldsymbol{k}$ 及 $A_x=A_y=0$。同时注意到磁导率实际上是一个二阶张量，可用一个三维数组来表示

$$\overset{=}{\mu} = \begin{bmatrix} 1/\nu_x & 0 & 0 \\ 0 & 1/\nu_y & 0 \\ 0 & 0 & 1/\nu_z \end{bmatrix} \tag{6-24}$$

式中 ν_x，ν_y，ν_z——铁磁体沿坐标轴方向的磁阻率，m/H。

由式（6-24），可将式（6-21）改写为

$$\frac{\partial}{\partial x}\left(\nu_z \frac{\partial A_y}{\partial x}\right) + \frac{\partial}{\partial y}\left(\nu_x \frac{\partial A_y}{\partial z}\right) = -J_y \tag{6-25a}$$

$$\frac{\partial}{\partial x}\left(\nu_y \frac{\partial A_z}{\partial x}\right) + \frac{\partial}{\partial y}\left(\nu_x \frac{\partial A_z}{\partial y}\right) = -J_z \tag{6-25b}$$

如图 6-4 所示，对区域 Ω_{ij}（见图 6-4 中的阴影部分）进行积分，应用格林公式，得

$$\int_\Gamma \left(\nu_y \frac{\partial A_z}{\partial x}\mathrm{d}y - \nu_x \frac{\partial A_z}{\partial y}\mathrm{d}x\right) = -\iint_{\Omega_{ij}} J_z \mathrm{d}x\mathrm{d}y \tag{6-26}$$

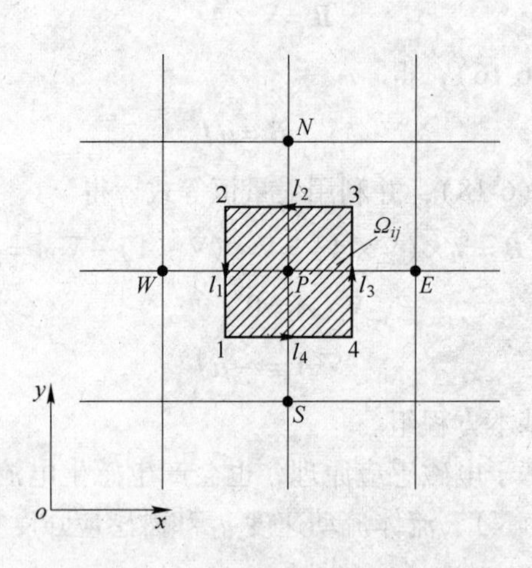

图 6-4 用积分法求解非线性问题

其中 Γ 由有向曲线 l_1、l_2、l_3 和 l_4 组成，设每个网格内的磁阻率 ν 均为常数，对式（6-26）进行离散化，得

$$-\frac{A_{zP}-A_{zW}}{l_{PW}}\left(\frac{\nu_{1y}l_{PS}+\nu_{2y}l_{PN}}{2}\right) - \frac{A_{zP}-A_{zE}}{l_{PE}}\left(\frac{\nu_{4y}l_{PS}+\nu_{3y}l_{PN}}{2}\right) - \frac{A_{zP}-A_{zN}}{l_{PN}}\left(\frac{\nu_{2x}l_{PW}+\nu_{3x}l_{PE}}{2}\right) -$$

$$\frac{A_{zP}-A_{zS}}{l_{PS}}\left(\frac{\nu_{1x}l_{PW}+\nu_{4x}l_{PE}}{2}\right) = -\frac{J_{z1}l_{PS}l_{PW}+J_{z2}l_{PN}l_{PW}+J_{z3}l_{PE}l_{PN}+J_{z4}l_{PE}l_{PS}}{4} \tag{6-27}$$

整理后，得

$$a_{\mathrm{P}}A_{z\mathrm{P}} = a_{\mathrm{E}}A_{z\mathrm{E}} + a_{\mathrm{S}}A_{z\mathrm{S}} + a_{\mathrm{W}}A_{z\mathrm{W}} + a_{\mathrm{N}}A_{z\mathrm{N}} + b \tag{6-28}$$

其中

$$a_{\mathrm{E}} = 0.5(\nu_{4y}l_{\mathrm{PS}} + \nu_{3y}l_{\mathrm{PN}})/l_{\mathrm{PE}} \tag{6-29a}$$

$$a_{\mathrm{S}} = 0.5(\nu_{1x}l_{\mathrm{PW}} + \nu_{4x}l_{\mathrm{PE}})/l_{\mathrm{PS}} \tag{6-29b}$$

$$a_{\mathrm{W}} = 0.5(\nu_{1y}l_{\mathrm{PS}} + \nu_{2y}l_{\mathrm{PN}})/l_{\mathrm{PW}} \tag{6-29c}$$

$$a_{\mathrm{N}} = 0.5(\nu_{2x}l_{\mathrm{PW}} + \nu_{3x}l_{\mathrm{PE}})/l_{\mathrm{PN}} \tag{6-29d}$$

$$a_{\mathrm{P}} = a_{\mathrm{E}} + a_{\mathrm{S}} + a_{\mathrm{W}} + a_{\mathrm{N}} \tag{6-29e}$$

$$b = \frac{1}{4}(J_{z1}l_{\mathrm{PS}}l_{\mathrm{PW}} + J_{z2}l_{\mathrm{PN}}l_{\mathrm{PW}} + J_{z3}l_{\mathrm{PE}}l_{\mathrm{PN}} + J_{z4}l_{\mathrm{PE}}l_{\mathrm{PS}}) \tag{6-29f}$$

6.2.4 磁感应强度计算公式

由式（6-21）可知，矢量磁位 $\boldsymbol{A}$ 与电流密度 $\boldsymbol{J}$ 的方向相同。因此，虽然 $\boldsymbol{A}$ 是一个矢量，但在计算中却具有标量的性质。注意到在电磁制动计算中，励磁电流密度只在 x 轴和 z 轴上有分量，在 y 轴上没有分量，因此，电磁制动下矢量磁位也只在 x 轴和 z 轴上有分量，而在 y 轴上的分量为零。那么磁感应强度的计算式（6-17）可简化为

$$B_x = \frac{\partial A_z}{\partial y} - \frac{\partial A_y}{\partial z} = \frac{\partial A_z}{\partial y} \tag{6-30a}$$

$$B_y = \frac{\partial A_x}{\partial z} - \frac{\partial A_z}{\partial x} \tag{6-30b}$$

$$B_z = \frac{\partial A_y}{\partial x} - \frac{\partial A_x}{\partial y} = -\frac{\partial A_x}{\partial y} \tag{6-30c}$$

6.2.5 计算区域和网格剖分

由于电磁制动的磁场分布是个开域问题，但是在实际计算过程中，不可能对整个区域进行模拟。实际测量表明，磁场主要集中于线圈和铁芯附近，磁场强度随着距线圈距离的增大而迅速减小。因此，在磁场的计算中，可将磁场的无限远边界缩小到线圈长、宽、高的两、三倍位置处。换言之，当整个计算区域的大小达到线圈大小的两、三倍大时，计算区域之外的磁场强度为零。

同时，为了提高计算精度，合理利用计算机内存，一般采用非均匀网格，在变量变化剧烈的区域采用细网格，在变量变化缓慢的区域采用粗网格。具体而言，由于在电流区域和磁阻率 ν 突变区域，磁场强度 $\boldsymbol{H}$ 变化显著，因此这两个区域的网格较细，而在其他区域，网格则较粗。

6.2.6 边界条件

由于电磁制动过程的磁场分布是个开域问题，即在无穷远处 $\boldsymbol{B}=0$，因此，可根据磁感应强度 $\boldsymbol{B}$ 与矢量磁位 $\boldsymbol{A}$ 的关系，确定电磁制动过程磁场分布的边界条件。当计算区域

取得足够大时，第一类边界条件 $\boldsymbol{A}=0$ 和第二类齐次边界条件 $\partial \boldsymbol{A}/\partial n=0$ 均可作为电磁制动过程磁场分布无限远的边界条件。应该注意的是，与压力项的计算相类似，当使用第二类齐次边界条件作为磁场分布无限远的边界条件时，需在计算区域内设置一个矢量磁位的参考零点。

6.2.7 磁化曲线的数学处理

求解非线性磁场问题时，需涉及铁磁材料的磁阻率 ν。它是由前一次迭代算出的 H 值在磁化曲线上查取 B 值后，由 $\nu=H/B$ 算得的，这就涉及磁化曲线的数学处理。磁化曲线的数学处理方法有曲线拟合法和插值法。本程序采用插值法，即在磁化曲线上安排若干个插值节点，插值方法如下：

（1）在磁化曲线的不饱和段（直线段）上，磁阻率 ν 是常数，不必配置插值节点，而将第一个插值节点放置在磁化曲线开始弯曲处。磁场强度 H 和磁感应强度 B 之间的关系可采用线性插值法进行计算。

（2）在磁化曲线曲率较大的部分，插值节点应配置得密集一些，以保证计算精度，这时采用抛物线插值法计算磁场强度 H 和磁感应强度 B 之间的关系。

（3）在磁化曲线完全饱和段（直线段）上设置最后两个插值节点，采用线性插值法计算磁场强度 H 和磁感应强度 B 之间的关系。

6.2.8 离散方程的求解

非线性差分方程组的求解采用逐次线性化的方法，即先令所有网格磁阻率 ν 值为一组常数，将方程组（6-28）作为线性代数方程组求解，得到矢量磁位 $\boldsymbol{A}$；然后根据式（6-30）计算磁感应强度 B，再根据磁化曲线调整所有网格的 ν 值；重复求解线性代数方程组，进行逐次逼近。

整个计算过程分为内迭代和外迭代两个步骤：

（1）内迭代。内迭代是在磁阻率 ν 值为常数的前提下，用迭代法求解线性代数方程组。内迭代可采用超松弛迭代法提高计算收敛速度，为外迭代提供一个良好的初值条件。

（2）外迭代。外迭代是利用由线性代数方程组得到的解来计算并修正各网格的磁阻率 ν 值，作为下一次线性代数方程组的假定值。在计算过程中，使用欠松弛迭代法来保证计算的收敛。

经过多次迭代后，如果解达到要求精度，即可停止迭代。

6.2.9 插值公式

由差分方程组解出所有节点的矢量磁位 $\boldsymbol{A}$ 以后，由式（6-30）可进一步求出区域内各节点的磁感应强度 $\boldsymbol{B}$。如图6-5所示，坐标原点 $o(h/2, k/2, l/2)$ 位于控制体的中心，研究区域内任一点 $A(x,y,z)$ 的磁感应强度可采用三线性插值式（6-31）得到

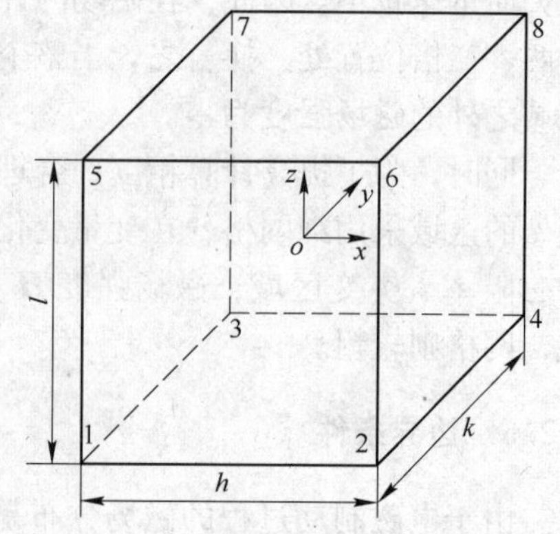

图6-5 控制体内节点设置

$$
\begin{aligned}
\boldsymbol{B} = \frac{1}{8}\Big[& \left(1-\frac{2x}{h}\right)\left(1-\frac{2y}{k}\right)\left(1-\frac{2z}{l}\right)\boldsymbol{B}_1 + \left(1+\frac{2x}{h}\right)\left(1-\frac{2y}{k}\right)\left(1-\frac{2z}{l}\right)\boldsymbol{B}_2 + \\
& \left(1-\frac{2x}{h}\right)\left(1+\frac{2y}{k}\right)\left(1-\frac{2z}{l}\right)\boldsymbol{B}_3 + \left(1+\frac{2x}{h}\right)\left(1+\frac{2y}{k}\right)\left(1-\frac{2z}{l}\right)\boldsymbol{B}_4 + \\
& \left(1-\frac{2x}{h}\right)\left(1-\frac{2y}{k}\right)\left(1+\frac{2z}{l}\right)\boldsymbol{B}_5 + \left(1+\frac{2x}{h}\right)\left(1-\frac{2y}{k}\right)\left(1+\frac{2z}{l}\right)\boldsymbol{B}_6 + \\
& \left(1-\frac{2x}{h}\right)\left(1+\frac{2y}{k}\right)\left(1+\frac{2z}{l}\right)\boldsymbol{B}_7 + \left(1+\frac{2x}{h}\right)\left(1+\frac{2y}{k}\right)\left(1+\frac{2z}{l}\right)\boldsymbol{B}_8 \Big]
\end{aligned} \tag{6-31}
$$

6.2.10 结晶器内磁场的基本特征

在结晶器中心截面处通过线性插值计算得到的磁场分布如图 6-6 所示。由图 6-6 可见，磁感应强度在制动区域中心处达到最大值后，随着距中心位置距离的增大，磁感应强度也随之迅速衰减，至距离制动区域中心线 0.5m（即不足线圈高度的两倍大）处，磁感应强度已基本减小至零。从整体上看，磁场在结晶器内的分布呈楔形，为三维不均匀分布，若把其简化考虑成在电磁制动区域二维均匀分布，会带来较大误差。

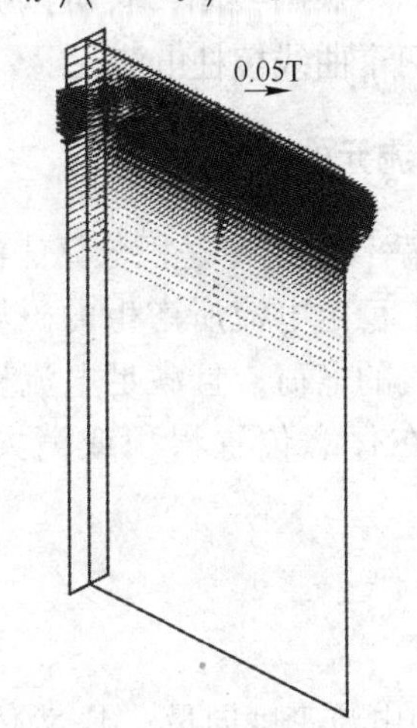

图 6-6 结晶器内窄面中心截面的磁场分布

6.3 任意形状矩形截面线圈稳恒磁场的积分算法

不同截面的带电导体产生的电磁场已经在工业界得到了广泛的应用。在实际应用过程中，矩形截面导体的三维磁场分布的准确快速算法一直是电磁学领域的研究重点。这类电磁场问题可以用多种数值方法来解决，但在处理三维问题过程中，有限元、有限差分等现有的数值方法都需要建立复杂的网格和单元，这一问题在研究不规则形状线圈时显得尤为突出。并且有限元、有限差分等方法一般不会采用原始变量 B 进行求解，而是引入标量磁位或矢量磁位，通过计算这些中间变量的分布来获得磁场的分布。这无疑对广大的工程技术人员提出更高的要求。幸运的是，利用积分算法能够给出在任意点处三维稳恒磁场的表达式，并且这些表达式仅含有一维积分形式[26]，这无疑为精确计算线圈的稳恒磁场提供极大的方便。

但是，传统的积分方法只能处理规则形状的线圈，如中空的圆柱形线圈，这极大地限制了积分方法的应用[26~31]。因此，本节介绍了一种任意形状矩形截面无铁芯线圈稳恒磁场的积分算法[32]。此通用快速算法的基本思想如下：

（1）利用有限元和控制容积法的网格剖分思想，将矩形截面的不规则线圈剖分为梯形棱柱电流元和曲线棱柱电流元的集合。

（2）采用梯形棱柱电流元对曲线棱柱电流元进行拟合。

（3）从毕奥-萨伐尔（Biot-Savart）定律出发，计算每个梯形棱柱电流元在同一场点 P

的磁感应强度。

（4）基于磁场迭加原理和坐标变换方法，将不同梯形棱柱电流元在场点 P 产生的磁感应强度进行矢量加和，给出线圈在场点 P 的磁感应强度。

6.3.1 线圈的剖分

尽管线圈的外形十分复杂，但是所有的矩形截面线圈均可以分解为两种基本形式，梯形棱柱电流元和曲线棱柱电流元。图 6-7 给出了一个外形复杂的不规则线圈，它可以分解为四个梯形棱柱电流元和两个曲线棱柱电流元。

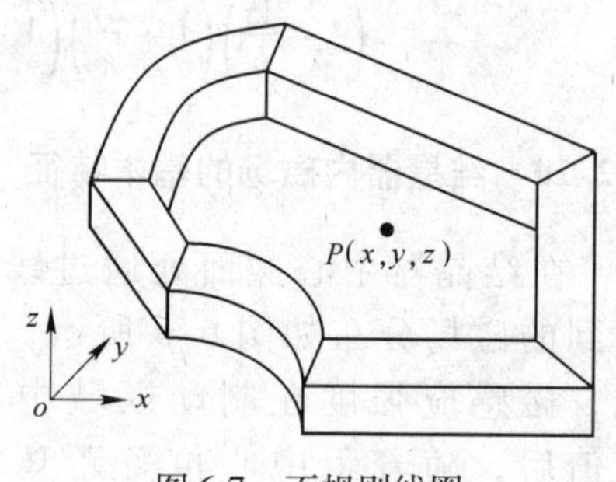

图 6-7 不规则线圈

6.3.2 电流元的磁场

毕奥-萨伐尔定律是积分算法的基础。此定律适用于计算一个稳定电流所产生的磁场。这电流是连续流过一条导线的电荷，且满足电流量不随时间而改变和电荷不会在任意位置累积或消失。相关方程可表示如下：

$$\boldsymbol{B} = \frac{\mu_0}{4\pi}\iiint_V \frac{(\boldsymbol{J}\mathrm{d}V) \times \boldsymbol{r}}{r^2} \tag{6-32}$$

式中，$\boldsymbol{J}$ 为电流密度向量；$\mathrm{d}V$ 为体积元；$\boldsymbol{r}$ 为电流源点指向待求场点的位移向量；μ_0 为真空磁导率。

6.3.2.1 梯形棱柱电流元

梯形棱柱电流元如图 6-8 所示。

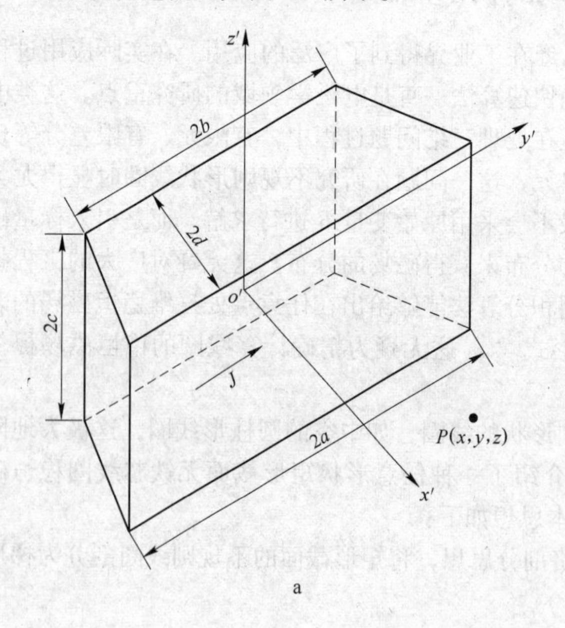

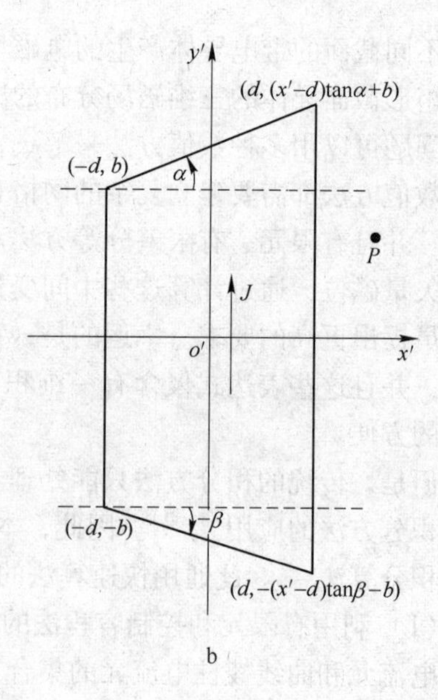

图 6-8 梯形棱柱电流元

a—立体图；b—俯视图

梯形棱柱导体是一个六面体，如图 6-8 所示。如果将当地坐标系的原点 o' 定义在梯形棱柱的中心，x' 轴垂直于底面，且流经梯形棱柱导体的体电流 $\boldsymbol{J}$ 沿 y' 轴方向，那么流经梯形棱柱导体的体电流 $\boldsymbol{J}$ 可以表示为如下形式

$$\boldsymbol{J} = J\boldsymbol{j} \tag{6-33}$$

这样，流经矩形截面梯形棱柱导体的体电流 $\boldsymbol{J}$ 在场点 $P(x,y,z)$ 产生的磁感应强度可表示为如下的一重积分形式。

$$B_x(P) = \frac{\mu_0 J}{4\pi}\int_{-d}^{d}\int_{-(x'-d)\tan\beta-b}^{(x'-d)\tan\alpha+b}\int_{-c}^{c}\frac{z-z'}{R_0^3}\mathrm{d}x'\mathrm{d}y'\mathrm{d}z'$$

$$= \frac{\mu_0 J}{4\pi}(B_{x1}(\alpha,\beta) - B_{x2}(\alpha,\beta)) \tag{6-34a}$$

$$B_{x1}(\alpha,\beta) = \int_{-d}^{d}\ln\frac{-B_2 + \sqrt{A_0^2 + B_2^2 + C_2^2}}{B_1 + \sqrt{A_0^2 + B_1^2 + C_2^2}}\mathrm{d}x' \tag{6-34b}$$

$$B_{x2}(\alpha,\beta) = \int_{-d}^{d}\ln\frac{-B_2 + \sqrt{A_0^2 + B_2^2 + C_1^2}}{B_1 + \sqrt{A_0^2 + B_1^2 + C_1^2}}\mathrm{d}x' \tag{6-34c}$$

$$B_y(P) = 0 \tag{6-35}$$

$$B_z(P) = \frac{\mu_0 J}{4\pi}\int_{-d}^{d}\int_{-(x'-d)\tan\beta-b}^{(x'-d)\tan\alpha+b}\int_{-c}^{c}\frac{-(x-x')}{R_0^3}\mathrm{d}x'\mathrm{d}y'\mathrm{d}z'$$

$$= \frac{\mu_0 J}{4\pi}(B_{z1}(\alpha) - B_{z2}(\alpha) + B_{z3}(\alpha,\beta) - B_{z4}(\alpha,\beta) + B_{z5}(\beta) - B_{z6}(\beta)) \tag{6-36a}$$

$$B_{z1}(\alpha) = \int_{b-2d\tan\alpha}^{b}\ln\frac{-C_2 + \sqrt{A_3^2 + B_0^2 + C_2^2}}{C_1 + \sqrt{A_3^2 + B_0^2 + C_1^2}}\mathrm{d}y' \tag{6-36b}$$

$$B_{z2}(\alpha) = \int_{b-2d\tan\alpha}^{b}\ln\frac{-C_2 + \sqrt{A_1^2 + B_0^2 + C_2^2}}{C_1 + \sqrt{A_1^2 + B_0^2 + C_1^2}}\mathrm{d}y' \tag{6-36c}$$

$$B_{z3}(\alpha,\beta) = \int_{-b+2d\tan\beta}^{b-2d\tan\alpha}\ln\frac{-C_2 + \sqrt{A_3^2 + B_0^2 + C_2^2}}{C_1 + \sqrt{A_3^2 + B_0^2 + C_1^2}}\mathrm{d}y' \tag{6-36d}$$

$$B_{z4}(\alpha,\beta) = \int_{-b+2d\tan\beta}^{b-2d\tan\alpha}\ln\frac{-C_2 + \sqrt{A_4^2 + B_0^2 + C_2^2}}{C_1 + \sqrt{A_4^2 + B_0^2 + C_1^2}}\mathrm{d}y' \tag{6-36e}$$

$$B_{z5}(\beta) = \int_{-b}^{-b+2d\tan\beta}\ln\frac{-C_2 + \sqrt{A_3^2 + B_0^2 + C_2^2}}{C_1 + \sqrt{A_3^2 + B_0^2 + C_1^2}}\mathrm{d}y' \tag{6-36f}$$

$$B_{z6}(\beta) = \int_{-b}^{-b+2d\tan\beta}\ln\frac{-C_2 + \sqrt{A_2^2 + B_0^2 + C_2^2}}{C_1 + \sqrt{A_2^2 + B_0^2 + C_1^2}}\mathrm{d}y' \tag{6-36g}$$

式中

$$A_0 = x' - x \tag{6-37a}$$

$$A_1 = (y' - b)\cot\alpha + d - x \tag{6-37b}$$

$$A_2 = -(y' - b)\cot\beta + d - x \tag{6-37c}$$

$$A_3 = d - x \tag{6-37d}$$

$$A_4 = d + x \tag{6-37e}$$

$$B_0 = y' - y \tag{6-38a}$$

$$B_1 = (x' - d)\tan\alpha + b - y \tag{6-38b}$$

$$B_2 = (x' - d)\tan\beta + b + y \tag{6-38c}$$

$$C_0 = z' - z \tag{6-39a}$$

$$C_1 = c - z \tag{6-39b}$$

$$C_2 = c + z \tag{6-39c}$$

$$R_0 = \sqrt{(x' - x)^2 + (y' - y)^2 + (z' - z)^2} \tag{6-40}$$

6.3.2.2 曲线棱柱电流元

环形导体的体电流产生的稳恒磁场问题已经得到了圆满解决，但是其他曲线（正弦曲线、对数曲线、指数曲线等）导体的体电流产生的稳恒磁场问题至今仍没有得到解决，因此有必要对此问题开展深入的研究。

借鉴有限元的网格拟合的思想，矩形截面的曲线棱柱电流元可以用一系列相同矩形截面的梯形棱柱电流元来近似，如图 6-9 所示。因此，曲线棱柱电流元在场点 $P(x,y,z)$ 产生的磁感应强度可以用一系列的梯形棱柱电流元各自在该点产生的磁感应强度进行矢量加和来获得，即

$$\boldsymbol{B}(P) = \sum_{i=1}^{n} \boldsymbol{B}_{Wi}(P) \tag{6-41}$$

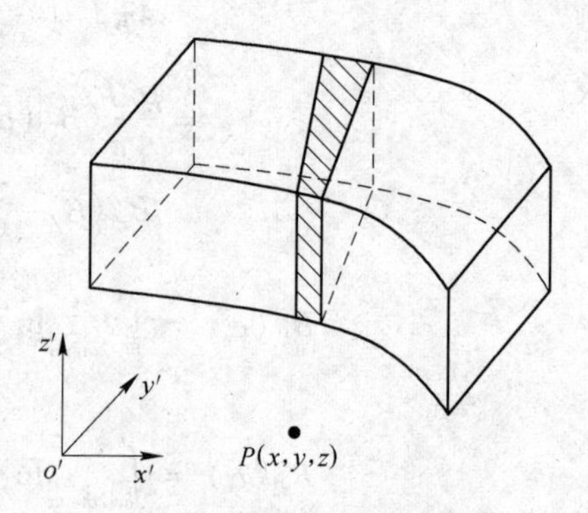

图 6-9 曲线棱柱电流元

6.3.3 磁场中的奇异点

6.3.3.1 直角梯形棱柱电流元

梯形棱柱导体电流元产生的磁感应强度分量与角度 α 和 β 有关。当 $\alpha = 0$ 或 $\beta = 0$ 时，梯形棱柱导体会退化直角梯形棱柱。此时，$B_{z2}(\alpha)$ 和 $B_{z6}(\beta)$ 中的被积函数由于涉及 $\cot\alpha$ 或 $\cot\beta$ 而出现了奇异点，这将在数值积分过程中造成困难。幸运的是，通过数学处理可以解决这些奇异点所带来的问题。

当 $\alpha = 0$ 或 $\beta = 0$ 时，参数 A_1 或 A_2 会趋近于无穷大。但是，涉及参数 A_1 或 A_2 的函数却为定值，即

$$
\begin{aligned}
B_{z2}(0) &= \lim_{\alpha \to 0} B_{z2}(\alpha) \\
&= \lim_{\alpha \to 0} \int_{b-2d\tan\alpha}^{b} \ln \frac{-C_2 + \sqrt{A_1^2 + B_0^2 + C_2^2}}{C_1 + \sqrt{A_1^2 + B_0^2 + C_1^2}} \mathrm{d}y' \\
&= \int_{b}^{b} \ln 1 \mathrm{d}y' = 0
\end{aligned}
\tag{6-42}
$$

类似地，可以得到

$$
\begin{aligned}
B_{z6}(0) &= \lim_{\beta \to 0} B_{z6}(\beta) \\
&= \lim_{\beta \to 0} \int_{-b}^{-b+2d\tan\beta} \ln \frac{-C_2 + \sqrt{A_2^2 + B_0^2 + C_2^2}}{C_1 + \sqrt{A_2^2 + B_0^2 + C_1^2}} \mathrm{d}y' \\
&= \int_{-b}^{-b} \ln 1 \mathrm{d}y' = 0
\end{aligned}
\tag{6-43}
$$

需要提出的是，当 $\alpha = 0$ 且 $\beta = 0$ 时，通电导体的形状将由梯形棱柱转变为长方体。

6.3.3.2 场点位于除梯形棱柱斜面以外的其他表面

当场点位于除梯形棱柱斜面以外的其他表面时，一些磁感应强度的表达式中的被积函数会出现奇异点，见表6-1。

表 6-1 出现奇异点的被积函数

条　件	被积函数	条　件	被积函数
$z = -c,\ x = x'$	B_{x1}	$x = -d,\ y = y'$	$B_{z1},\ B_{z3},\ B_{z5}$
$z = c,\ x = x'$	B_{x2}	$x = d,\ y = y'$	$B_{z2},\ B_{z4},\ B_{z6}$

这些涉及奇异点的被积函数的一般形式为

$$
f(m,n,u,v) = \ln \frac{-m + \sqrt{u^2 + v^2 + m^2}}{-n + \sqrt{u^2 + v^2 + n^2}}
\tag{6-44}
$$

当 $m \geqslant 0$，$n \geqslant 0$，$u = 0$ 且 $v = 0$ 时，函数 $f(m,n,u,v)$ 会出现奇异点。然而

$$
\begin{aligned}
f(m \geqslant 0, n \geqslant 0, 0, 0) &= \lim_{\substack{m \geqslant 0 \\ n \geqslant 0 \\ u = 0 \\ v \to 0}} f(m,n,u,v) \\
&= \lim_{\substack{m \geqslant 0 \\ n \geqslant 0 \\ u = 0 \\ v \to 0}} \ln \frac{-m + \sqrt{u^2 + v^2 + m^2}}{-n + \sqrt{u^2 + v^2 + n^2}} \\
&= \lim_{\substack{m \geqslant 0 \\ n \geqslant 0 \\ v \to 0}} \ln \frac{(-m + \sqrt{v^2 + m^2})(n + \sqrt{v^2 + n^2})}{v^2} \\
&= \ln 1 = 0
\end{aligned}
\tag{6-45}
$$

6.3.4 坐标变换

对于每个梯形棱柱电流元，均需要做如下的坐标变换：

（1）场点和源点需要从原始坐标系转换到当地坐标系；

（2）在当地坐标系下，通过积分方法计算场点处的磁感应强度；

（3）在当地坐标系下，每个场点处的磁感应强度转换回原始坐标系。

如果在原始坐标系下，当地坐标系的原点的坐标为 (X_0, Y_0, Z_0)，场点 P 在原始坐标系和当地坐标系下的坐标分别为 (X, Y, Z) 和 (x, y, z)。那么，场点 P 在原始坐标系和当地坐标系下的坐标存在如下关系

$$\begin{bmatrix} x \\ y \\ z \end{bmatrix} = [A] \begin{bmatrix} X - X_0 \\ Y - Y_0 \\ Z - Z_0 \end{bmatrix} \tag{6-46}$$

式中，$[A]$ 是当地坐标系的坐标轴与原始坐标系相应坐标轴的方向余弦。其表达式如下

$$[A] = \begin{bmatrix} \cos\alpha_x & \cos\alpha_y & \cos\alpha_z \\ \cos\beta_x & \cos\beta_y & \cos\beta_z \\ \cos\gamma_x & \cos\gamma_y & \cos\gamma_z \end{bmatrix} \tag{6-47}$$

如果场点 P 在当地坐标系下的磁感应强度为 (B_x, B_y, B_z)，在原始坐标系下的磁感应强度为 (B_X, B_Y, B_Z)，那么它们之间存在如下关系式

$$\begin{bmatrix} B_X \\ B_Y \\ B_Z \end{bmatrix} = [A]^{-1} \begin{bmatrix} B_x \\ B_y \\ B_z \end{bmatrix} \tag{6-48}$$

6.3.5 模型验证

为了验证积分方法的正确性，本小节分别计算了等边三角形线圈和中空圆柱形线圈的磁场，并与理论解进行了比较。在计算过程中，采用 Romberg 积分[33] 计算一重积分，给出计算值 B_c 和理论解 B_a 之间相对误差来衡量计算误差

$$\varepsilon = \left| \frac{B_c - B_a}{B_a} \right| \times 100\% \tag{6-49}$$

6.3.5.1 等边三角形线圈

图 6-10 给出了一个边长为 $2a$ 的等边三角形线圈。当给线圈施加的电流为 I 时，在等边三角形中心轴线上距坐标原点距离为 x 处的磁感应强度可表示为

$$B_a(P) = \frac{9\mu_0 I a^2}{2\pi(3x^2 + a^2)(3x^2 + 4a^2)^{\frac{1}{2}}} \tag{6-50}$$

在数值计算过程中，式（6-50）中的参数的取值为 $I = 1\text{A}$，$a = 1\text{m}$，$x = \frac{n}{2}a(n = 0,1,\cdots,10)$。

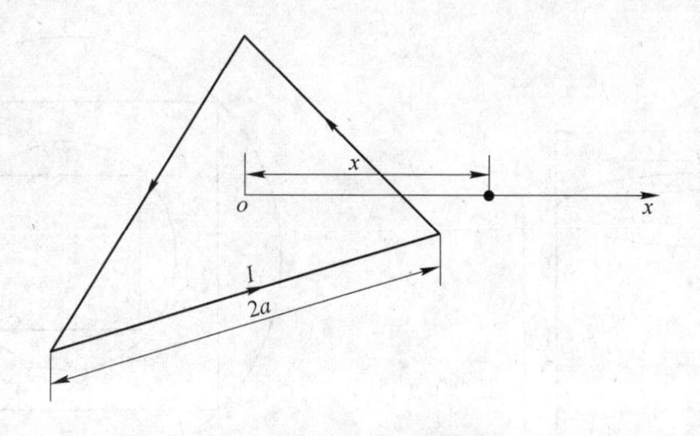

图 6-10 等边三角形线圈

线圈横截面越小，计算值与解析解之间的误差也越小。因此，线圈正方形截面的边长设为等边三角形边长的1%。等边三角形线电流沿中心轴线的磁感应强度分布如图 6-11 所示。图 6-11 表明，沿线圈中心轴线上磁感应强度的计算值与解析解符合良好，它们之间的最大误差仅为 0.35%。

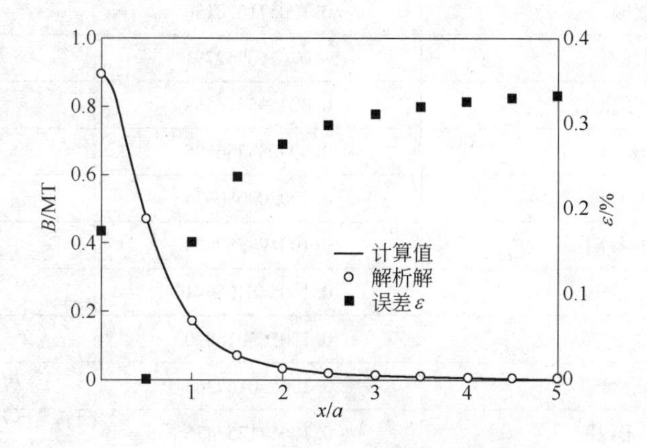

图 6-11 等边三角形线电流沿中心轴线的磁感应强度分布

6.3.5.2 螺线管线圈

图 6-12 给出了一个长为 $2l$ 的紧密缠绕的螺线管线圈，其外径和内径分别为 $2R_1$ 和 $2R_2$。如果电流在线圈的横截面上均匀分布，则在螺线管线圈中心处的磁感应强度可表示为

$$B_a(O) = \mu_0 J l \ln \frac{R_1 + \sqrt{R_1^2 + l^2}}{R_2 + \sqrt{R_2^2 + l^2}} \tag{6-51}$$

式中，J 为流经螺线管横截面的体电流。在数值计算过程中，式（6-51）中的参数的取值为 $R_1 = 2\text{m}$，$R_2 = 1\text{m}$，$l = 2\text{m}$，$J = 1.0 \times 10^5 \text{A/m}^2$。

在计算过程中，采用如图 6-13 所示的中空内接正方形来对中空的圆柱线圈进行近似。表 6-2 比较了圆柱线圈和中空正 n 边形线圈中心处磁感应强度的计算值及计算值与解析解之间的差异。随着正 n 边形边长数量的增加，计算结果越来越接近解析解，且它们之间的误差与 n^2 成反比。

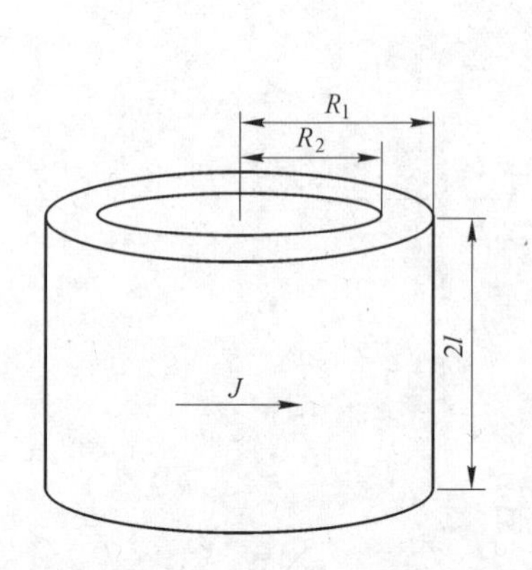

图 6-12 螺线管线圈

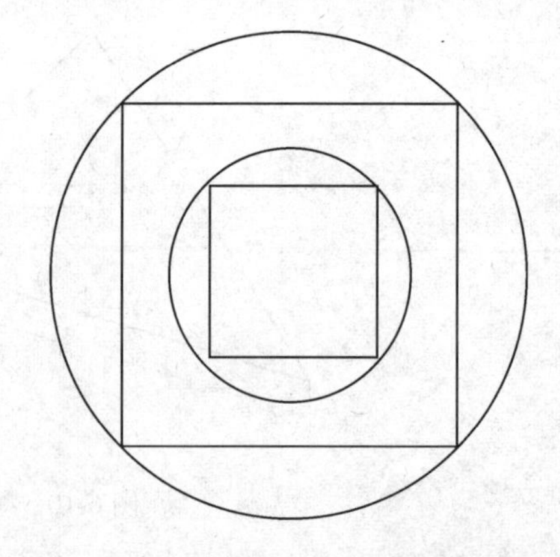

图 6-13 中空圆柱体线圈和内接的中空正方形线圈

表 6-2 中空圆柱线圈和中空正 *n* 边形线圈中心处磁感应强度计算及计算值与解析解之间的差异

中 空 线 圈	B	$\varepsilon/\%$
圆柱线圈	0. 100571620130	
正方形线圈	0. 076260252791	24. 173189
正 8 边形线圈	0. 094595314558	5. 14843
正 16 边形线圈	0. 099083886575	1. 479278
正 32 边形线圈	0. 100200080674	0. 369428
正 64 边形线圈	0. 100478759839	0. 092332
正 128 边形线圈	0. 100548406641	0. 023082
正 256 边形线圈	0. 100565816890	0. 005770
正 512 边形线圈	0. 100570169363	0. 001443
正 1024 边形线圈	0. 100571257475	0. 000361

6. 4 电磁制动下结晶器内钢液流动数学模型

数值模拟的一般做法是，基于磁流体力学的基本理论推导出连铸结晶器电磁制动过程的数学模型，进行数值解析。具体而言，需将电磁场与流场相耦合才能得到电磁制动下结晶器内钢液流场。

6. 4. 1 基本假设

（1）结晶器内钢液的流动是稳态过程。

（2）忽略弯月面的波动，认为结晶器钢液液面是平的，并且不考虑保护渣的影响。

（3）结晶器内流体是单相流，且其物性参数为常数。

（4）忽略坯壳和结晶器壁的倾斜效果。

（5）忽略由于温度差别而引起的热浮力。

（6）钢液的缓慢流动对磁场分布的影响忽略不计。

6.4.2 控制方程

感生电流密度的计算方程组由欧姆定律和电流连续性方程组成

$$\boldsymbol{J}=\sigma(-\nabla\phi+\boldsymbol{u}_{\mathrm{f}}\times\boldsymbol{B}) \tag{6-52a}$$

$$\nabla\cdot\boldsymbol{J}=0 \tag{6-52b}$$

钢液流场的计算方程组由连续性方程和动量守恒方程组成

$$\nabla\cdot(\rho_{\mathrm{f}}\boldsymbol{u}_{\mathrm{f}})=0 \tag{6-53a}$$

$$\nabla\cdot(\rho_{\mathrm{f}}\boldsymbol{u}_{\mathrm{f}}\boldsymbol{u}_{\mathrm{f}})=-\nabla p+\nabla\cdot(\mu_{\mathrm{eff}}\nabla\boldsymbol{u}_{\mathrm{f}})+\rho_{\mathrm{f}}\boldsymbol{g}+\boldsymbol{J}\times\boldsymbol{B} \tag{6-53b}$$

由于结晶器内钢液的流动为湍流，因而有效黏度 μ_{eff} 采用标准 k-ε 双方程模型来确定。

6.4.3 计算区域和边界条件

对于三维计算来讲，由于板坯结晶器的对称性，计算只取铸坯的1/2体积，其边界条件如下：

(1) 壁面。垂直于壁面的速度、电流密度分量设为零；与壁面相邻的节点上，平行于壁面的速度分量，k 和 ε 由壁面函数确定。

(2) 入口。根据流量平衡，确定如图6-14所示的浸入式水口出口处钢液速度 u_x，$u_y=u_x\cdot\tan\theta$，$u_z=0$。k 和 ε 值则由下式确定，即

$$k_{\mathrm{inlet}}=0.01u_{\mathrm{inlet}}^2 \tag{6-54a}$$

$$\varepsilon_{\mathrm{inlet}}=k_{\mathrm{inlet}}^{3/2}/r_0 \tag{6-54b}$$

式中，r_0 为入口当量半径。

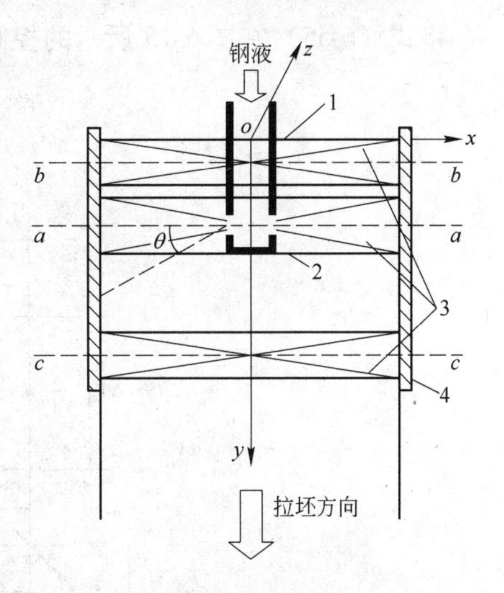

图6-14 电磁制动装置的安装位置
1—液面；2—浸入式水口；3—EMBR；4—结晶器

(3) 出口和对称面。除垂直于对称面的速度分量设为零外，所有物理量沿出口和对称面的法线方向的梯度为零。

(4) 液面。除垂直液面的速度、电流密度分量设为零外，其他变量沿法线方向的梯度均设为零。

6.4.4 感生电流密度计算公式

对基本方程的离散采用计算流体力学中常用的控制体积法，即把计算区域分成许多互不重叠的控制体积，每个控制体积围绕一个网格节点，在每个控制体积上对微分方程进行积分。

静磁场计算方程、感生电流密度计算方程、连续性方程、动量方程和 k-ε 双方程均遵循一个一般化的守恒原则，即

$$\nabla(\rho\boldsymbol{u}\varphi)=\nabla(\Gamma\nabla\varphi)+S \tag{6-55}$$

将式中扩散系数 Γ，输运变量 φ 赋予不同的物理意义，就可得到上述方程，详见表6-3。

表 6-3 守恒方程中的矢量，变量，扩散系数和源项

分 项	密度 ρ	输运矢量 $\boldsymbol{u}$	输运变量 φ	扩散系数 Γ	源项 S
静磁场	1	1	$\boldsymbol{A}$	ν	$\boldsymbol{J}$
流体连续性方程	ρ_f	$\boldsymbol{u}_f$	1	0	0
动量方程	ρ_f	$\boldsymbol{u}_f$	$\boldsymbol{u}_f$	μ_{eff}	$-\nabla \boldsymbol{p} + \rho_f \boldsymbol{g} + \boldsymbol{J} \times \boldsymbol{B} + \nabla \cdot [\mu_{eff}(\nabla \boldsymbol{u})^T]$
k 方程	ρ_f	$\boldsymbol{u}_f$	k	$\dfrac{\mu_{eff}}{\sigma_k}$	$G - \rho\varepsilon$
ε 方程	ρ_f	$\boldsymbol{u}_f$	ε	$\dfrac{\mu_{eff}}{\sigma_\varepsilon}$	$C_1 G \dfrac{\varepsilon}{k} - C_2 \rho \dfrac{\varepsilon^2}{k}$
电流连续性方程	1	$\boldsymbol{J}$	1	0	0

将式（6-55）在图 6-15 所示的控制体 P 上积分，得到上述通式的差分方程

$$a_P \varphi_P = \Sigma a_{NB} \varphi_{NB} + b \tag{6-56}$$

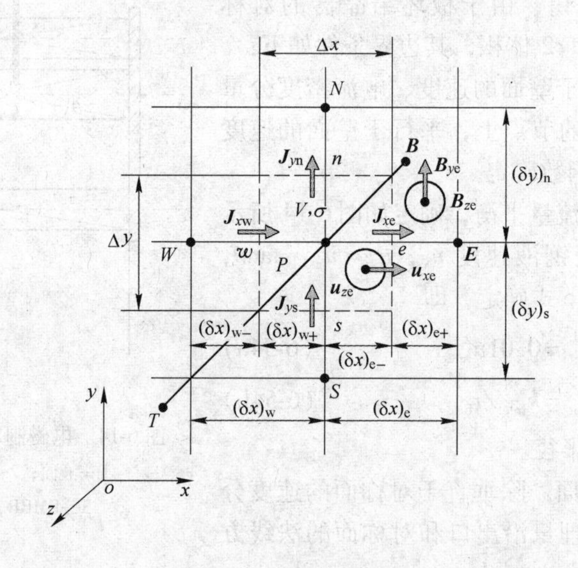

图 6-15 控制体积示意图

T—上部的节点；V—电势 ϕ

求解动量守恒方程和连续性方程的关键在于，利用交错网格解决速度和压力的正确耦合计算问题，以确保迭代过程中校正压力的准确获取。关于流场的离散化方程的详细推导见第 3 章。将交错网格的基本原理应用于电压场和电流场的耦合求解，我们就可以得到相应的感生电流密度的离散方程[34]。

在图 6-15 所示的控制体积上对电流连续性方程式（6-52b）进行积分，得

$$(J_{xe} - J_{xw})\Delta y \Delta z + (J_{yn} - J_{ys})\Delta x \Delta z + (J_{zt} - J_{zb})\Delta x \Delta y = 0 \tag{6-57}$$

式中，Δx，Δy 和 Δz 分别为在 x，y 和 z 方向的网格尺寸，主控制体的 6 个界面分别用 e，s，w，n，t 和 b 表示。

基于交错网格，欧姆定律的离散方程可表示为如下形式

$$J_{xe}=\sigma\frac{\phi_P-\phi_E}{(\delta x)_e}+\sigma(u_{xe}B_{ze}-u_{ze}B_{ye}) \tag{6-58a}$$

$$J_{yn}=\sigma\frac{\phi_P-\phi_N}{(\delta y)_n}+\sigma(u_{zn}B_{xn}-u_{xn}B_{zn}) \tag{6-58b}$$

$$J_{zt}=\sigma\frac{\phi_P-\phi_T}{(\delta z)_t}+\sigma(u_{xt}B_{zt}-u_{yt}B_{xt}) \tag{6-58c}$$

$$J_{xw}=\sigma\frac{\phi_W-\phi_P}{(\delta x)_w}+\sigma(u_{xw}B_{zw}-u_{zw}B_{yw}) \tag{6-58d}$$

$$J_{ys}=\sigma\frac{\phi_S-\phi_P}{(\delta y)_s}+\sigma(u_{zs}B_{xs}-u_{xs}B_{zs}) \tag{6-58e}$$

$$J_{zb}=\sigma\frac{\phi_B-\phi_P}{(\delta z)_b}+\sigma(u_{xb}B_{zb}-u_{yb}B_{xb}) \tag{6-58f}$$

式中，$\phi_I(I=\text{P, E, W, N, S, T, B})$ 代表网格节点处的电势；$J_{ki}(k=x, y, z$ 并且 $i=\text{e, s, w, n, t, b})$ 代表图 6-15 中所示的控制体积界面处的电流密度。

在给定电势场的情况下，欧姆定律的离散方程式（6-58）才可以求解。如果给定的电势场不是正确的电势场，那么欧姆定律的离散方程所给出的电流密度场就不能满足连续性方程。如果将由猜想的电势场 ϕ^* 得到的不完美的电流密度场用 J_x^*、J_y^*、J_z^* 表示，那么由式（6-58）可以推导出这个带星号的感生电流场的计算式

$$J_{xe}^*=\sigma\frac{\phi_P^*-\phi_E^*}{(\delta x)_e}+\sigma(u_{xe}B_{ze}-u_{ze}B_{ye}) \tag{6-59a}$$

$$J_{yn}^*=\sigma\frac{\phi_P^*-\phi_N^*}{(\delta y)_n}+\sigma(u_{zn}B_{xn}-u_{xn}B_{zn}) \tag{6-59b}$$

$$J_{zt}^*=\sigma\frac{\phi_P^*-\phi_T^*}{(\delta z)_t}+\sigma(u_{xt}B_{zt}-u_{yt}B_{xt}) \tag{6-59c}$$

$$J_{xw}^*=\sigma\frac{\phi_W^*-\phi_P^*}{(\delta x)_w}+\sigma(u_{xw}B_{zw}-u_{zw}B_{yw}) \tag{6-59d}$$

$$J_{ys}^*=\sigma\frac{\phi_S^*-\phi_P^*}{(\delta y)_s}+\sigma(u_{zs}B_{xs}-u_{xs}B_{zs}) \tag{6-59e}$$

$$J_{zb}^*=\sigma\frac{\phi_B^*-\phi_P^*}{(\delta z)_b}+\sigma(u_{xb}B_{zb}-u_{yb}B_{xb}) \tag{6-59f}$$

引入校正电势 ϕ'，则正确的电势可用下式来表达

$$\phi=\phi^*+\phi' \tag{6-60}$$

引入校正电流密度 J_x'、J_y'、J_z'，则电流密度可表示为电流密度预估值 J^* 和电流密度校正值 J' 的和

$$J_x=J_x^*+J_x' \quad J_y=J_y^*+J_y' \quad J_z=J_z^*+J_z' \tag{6-61}$$

将式（6-58）减去式（6-59），并应用式（6-60）和式（6-61），整理得

$$J'_{xe} = \sigma \frac{\phi'_P - \phi'_E}{(\delta x)_e} \tag{6-62a}$$

$$J'_{yn} = \sigma \frac{\phi'_P - \phi'_N}{(\delta y)_n} \tag{6-62b}$$

$$J'_{zt} = \sigma \frac{\phi'_P - \phi'_T}{(\delta z)_t} \tag{6-62c}$$

$$J'_{xw} = \sigma \frac{\phi'_W - \phi'_P}{(\delta x)_w} \tag{6-62d}$$

$$J'_{ys} = \sigma \frac{\phi'_S - \phi'_P}{(\delta y)_s} \tag{6-62e}$$

$$J'_{zb} = \sigma \frac{\phi'_B - \phi'_P}{(\delta z)_b} \tag{6-62f}$$

如果电流守恒方程所对应的离散式（6-57）中的感生电流密度分量用感生电流校正公式（6-61）和式（6-62）来表达，则可得到如下的电压校正 ϕ'方程

$$a_P \phi'_P = \Sigma a_{NB} \phi'_{NB} + b_{\phi'} \quad (NB = \mathrm{E,S,W,N,T,B}) \tag{6-63}$$

式中各系数的表达式如下

$$a_E = \sigma \Delta y \Delta z / (\delta x)_e \tag{6-64a}$$

$$a_W = \sigma \Delta y \Delta z / (\delta x)_w \tag{6-64b}$$

$$a_N = \sigma \Delta z \Delta x / (\delta y)_n \tag{6-64c}$$

$$a_S = \sigma \Delta z \Delta x / (\delta y)_s \tag{6-64d}$$

$$a_T = \sigma \Delta x \Delta y / (\delta z)_t \tag{6-64e}$$

$$a_B = \sigma \Delta x \Delta y / (\delta z)_b \tag{6-64f}$$

$$a_P = a_E + a_W + a_N + a_S + a_T + a_B \tag{6-64g}$$

$$b_{\phi'} = (J^*_{xw} - J^*_{xe}) \Delta y \Delta z + (J^*_{ys} - J^*_{yn}) \Delta x \Delta z + (J^*_{zb} - J^*_{zt}) \Delta x \Delta y \tag{6-64h}$$

从式（6-64h）可以看出，电压校正方程式（6-63）的右端项 $b_{\phi'}$可以通过电流连续性方程式（6-57）中的电流密度的左端项来评估。如果 $b_{\phi'}$等于零，那么带星号的电流密度满足电流守恒方程，此时不再需要对电势进行校正。因此，电压校正方程的右端项 $b_{\phi'}$代表了必须利用电压校正方程（通过它们相关的电流密度校正）来消除的电流源。因此，这个电流源 $b_{\phi'}$可以作为一个计算收敛的判据。

对于感生电流密度的求解，还存在另外一种方法：

首先，将式（6-52a）代入式（6-52b），得到关于电势 ϕ 的泊松方程[14]

$$\nabla^2 \phi = \nabla \cdot (\boldsymbol{u}_f \times \boldsymbol{B}) \tag{6-65}$$

式（6-65）只具有扩散项$\nabla^2 \phi$ 和源项 $S = -\nabla \cdot (\boldsymbol{u} \times \boldsymbol{B})$。因此，可采用通式（6-55）的求解方法对式（6-65）进行数值求解。在得到电势 ϕ 的分布后，再利用式（6-52a）计算感生电流密度 $\boldsymbol{J}$。

6.4.5 电磁力计算公式

电磁力 $\boldsymbol{F}$ 是体积力，单位为 $\mathrm{N/m^3}$，它的计算方程为

$$F = J \times B = (J_y B_z - B_y J_z) i + (J_z B_x - J_x B_z) j + (J_x B_y - J_y B_x) k \tag{6-66}$$

需要指出的是，式（6-66）中电磁力矢量是作用于各个速度控制体上的，故将电磁力定义在各个速度控制体的节点上；而感生电流密度 $\boldsymbol{J}$ 定义在主控制体的界面上，磁感应强度 $\boldsymbol{B}$ 定义在主控制体的节点上。因此电磁力计算方程式（6-66）中涉及的感生电流密度分量和磁感应强度分量（见图 6-15）需通过三线性插值式（6-31）得到。

6.4.6 方程的求解和收敛判据

电磁制动下钢液流场的计算需要采用 SIMPLE 算法来解决两个耦合问题：

（1）流体速度与压力的耦合。

（2）电流密度和电势的耦合。

整个耦合求解按如下步骤进行：

（1）生成网格。

（2）给方程中各物理量赋初始值。

（3）求解动量方程，得到带星号的速度场。

（4）求解压力校正方程，得到校正压力。

（5）进行压力校正，得到压力场。

（6）进行速度校正，得到速度场。

（7）求解 k-ε 双方程，得到湍动能和湍动能耗散率的分布。

（8）求解欧姆定律，得到带星号的电流密度场。

（9）求解电势校正方程，得到校正电势。

（10）进行电势校正，得到电势场。

（11）进行电流密度校正，得到电流密度场。

（12）返回第（3）步，直至得到收敛解。

由于本研究的重点在于考察电磁场对钢液流场的影响，流场的收敛情况是本研究的关键，因此，将质量连续性方程中的源项 $b < 10^{-7}$ 作为收敛判断标志，并增加一个限制条件，即进出口流量差 $< 1\%$；在这两个限制条件同时满足的条件下，电压校正方程式（6-63）中的电流源还须满足 $b_{\phi'} < 10^{-3}$。

6.5 电磁制动下结晶器钢液流场

如图 6-2 所示，现有的三代电磁制动装置实际是在液面、水口出口位置和结晶器下部采用稳恒磁场控制钢液流动，本节重点讨论在图 6-14 所示结晶器的不同位置处，应用单条型电磁制动装置来考察电磁制动的冶金效果。

6.5.1 电磁制动下结晶器内物理场

在未施加电磁制动的情况下结晶器内钢液计算流场如图 6-16 所示。来自浸入式水口的钢液流股冲击到铸坯窄面初期生成的坯壳上，分为向上和向下两大流股。向上的流股到达弯月面后改变方向，流向熔池的中心，形成范围较小的上部回流区；与此同时，向下的流股沿着窄面冲击到液相穴的深处，形成一个范围较大的下部回流区。在电磁制动下结晶器内钢液速度、电磁力和感生电流密度分布如图 6-17 ~ 图 6-19 所示。可以看出，当运动

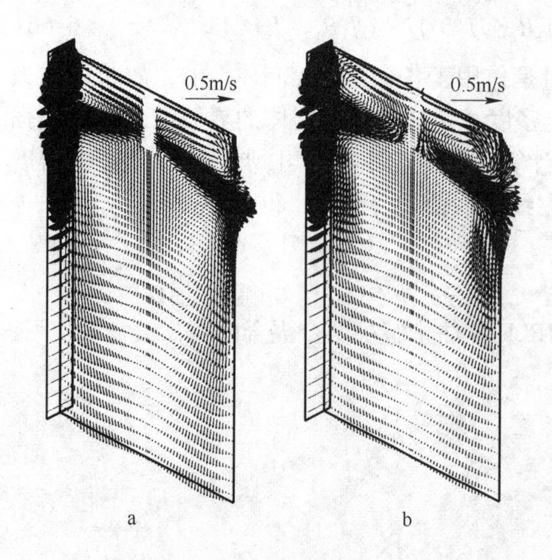

图 6-16　无电磁制动时结晶器流场
a—主截面；b—1/4 截面

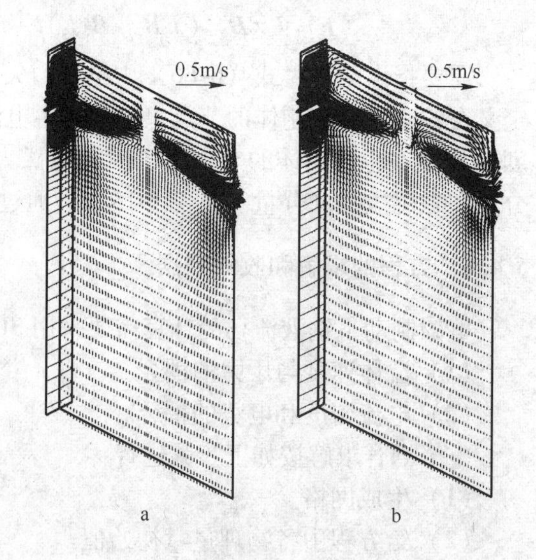

图 6-17　电磁制动下结晶器流场
a—主截面；b—1/4 截面

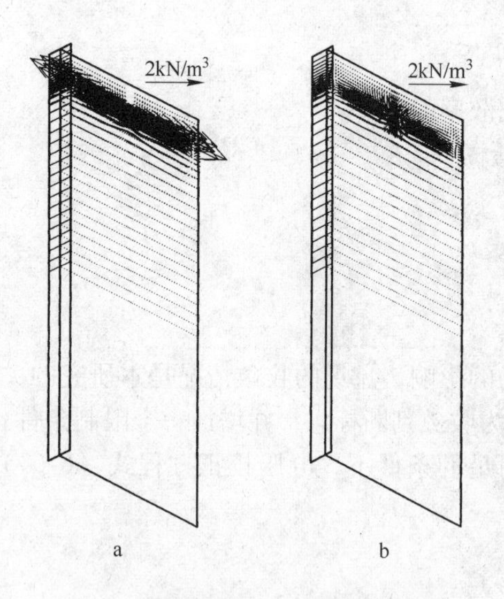

图 6-18　电磁制动下结晶器电磁力场
a—主截面；b—1/4 截面

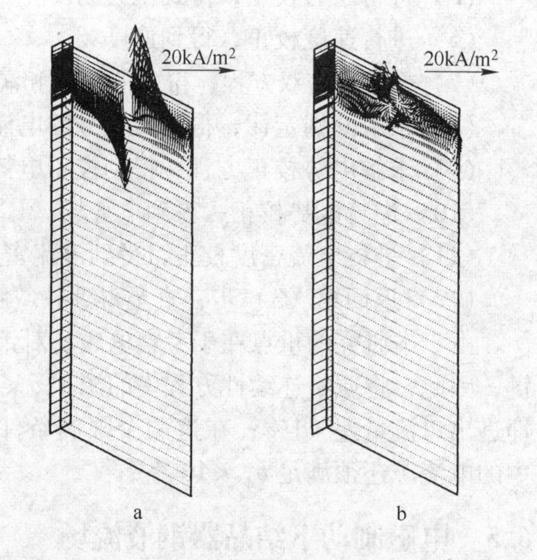

图 6-19　电磁制动下结晶器感生电流密度场
a—主截面；b—1/4 截面

的钢液通过稳恒磁场时，就会在钢液内部形成感生电流。此感生电流与磁场相互作用就会形成一个与钢液流动方向平行但方向相反的电磁制动力。由于此力的存在，减缓并重新分配了来自水口的钢液主流股，因而改善了非金属夹杂和气泡的上浮条件，减小了结晶器液面的波动。

如图 6-19 所示的数值模拟结果还表明，感生电流密度除在靠近结晶器窄面附近形成了一个封闭的回路外，还与另一侧一起形成另一个范围更大的闭合回路。由于水口由绝缘材料制成，造成感生电流密度只得从水口的前面和后面通过（见图 6-19b）。因此，用三维观点才能正确描述电磁制动过程。

如图6-19所示的计算结果还表明，由于感生电流密度的数量级为$10^4 A/m^2$，与励磁电流密度的数量级$10^7 A/m^2$相比十分小，因此，由钢液流动形成的感生电流产生的附加磁场相当微弱，可以被忽略。这一事实说明了在磁场计算中忽略感生电流所产生的附加磁场的假设是合理的。

当一个电的良导体切割磁力线时，所产生的感生电流密度可用欧姆定律来表达

$$\boldsymbol{J}=\sigma(\boldsymbol{E}+\boldsymbol{u}_{\mathrm{f}}\times\boldsymbol{B}) \tag{6-67}$$

式（6-67）表明，感生电流密度包括两部分：一部分来自于钢液流动而造成的电荷运动，被称为对流电流，即

$$\boldsymbol{J}_{\mathrm{c}}=\sigma(\boldsymbol{u}_{\mathrm{f}}\times\boldsymbol{B}) \tag{6-68}$$

另一部分是由于电势分布的不均匀性而造成的电荷的运动，被称为扩散电流，即

$$\boldsymbol{J}_{\mathrm{d}}=\sigma\boldsymbol{E} \tag{6-69}$$

文献［35］表明，计算流体力学中的贝克列（Peclet）数表征的是对流强度和扩散强度之比。这里，可以引入一个类似的准数（电流密度的贝克列数）来研究对流电流密度$\boldsymbol{J}_{\mathrm{c}}$和扩散电流密度$\boldsymbol{J}_{\mathrm{d}}$的相对强弱[36]，即

$$Pe_{\mathrm{J}}=\frac{|\boldsymbol{J}_{\mathrm{c}}|}{|\boldsymbol{J}_{\mathrm{d}}|}=\frac{|\boldsymbol{u}_{\mathrm{f}}\times\boldsymbol{B}|}{|\boldsymbol{E}|} \tag{6-70}$$

如图6-20所示在电磁制动区域内，对流电流密度$\boldsymbol{J}_{\mathrm{c}}$是扩散电流密度$\boldsymbol{J}_{\mathrm{d}}$的1.5倍以上。因此，我们可用下面的表达式来估计电磁制动下结晶器内感生电流密度和电磁力的大小

$$|\boldsymbol{J}|\sim\sigma|\boldsymbol{u}_{\mathrm{f}}|\cdot|\boldsymbol{B}| \tag{6-71}$$

$$|\boldsymbol{F}|\sim\sigma|\boldsymbol{u}_{\mathrm{f}}|\cdot|\boldsymbol{B}|^2 \tag{6-72}$$

一般情况下，在水口附近，钢液的流速约为0.5m/s，磁感应强度约为0.05T，因此，感生电流密度和电磁力约为$17.5kA/m^2$和$1.75kN/m^3$。这两个估计值与图6-18和图6-19所示的计算值相符。

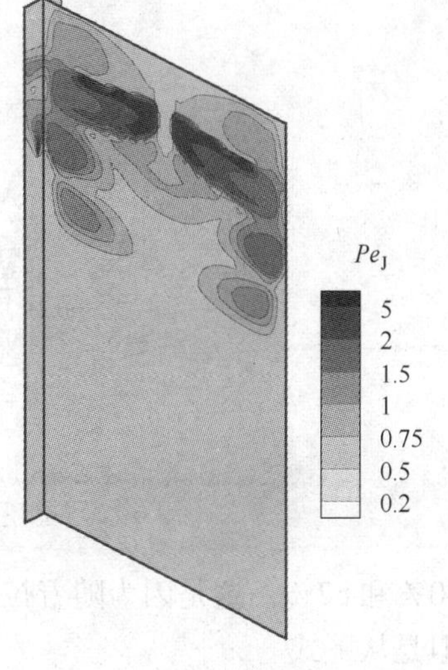

图6-20 结晶器内电流密度贝克列数的分布

6.5.2 影响电磁制动效果的因素

6.5.2.1 拉坯速度

如图6-21和图6-22所示，随着拉速的增加，结晶器内熔池表面速度逐渐增大，液面波动加剧，容易产生卷渣；同时钢液流股对窄面的冲击也在加强，使得初生坯壳减薄，强度降低，在浇注过程中发生漏钢的可能性增加。应用电磁制动后，能达到一定的制动效果，但是不同的拉速对应的制动效果各不相同。当拉速为2.0m/min时，最大液面速度为0.27m/s，窄面处最大流速为0.279m/s，施加电磁制动后分别降为0.214m/s和0.191m/s，减幅分别为20.7%和31.5%；当拉速为1.0m/min时，最大液面速度为0.135m/s，窄面处最大流速为0.139m/s，施加电磁制动后分别减为0.081m/s和0.066m/s，减幅分别为

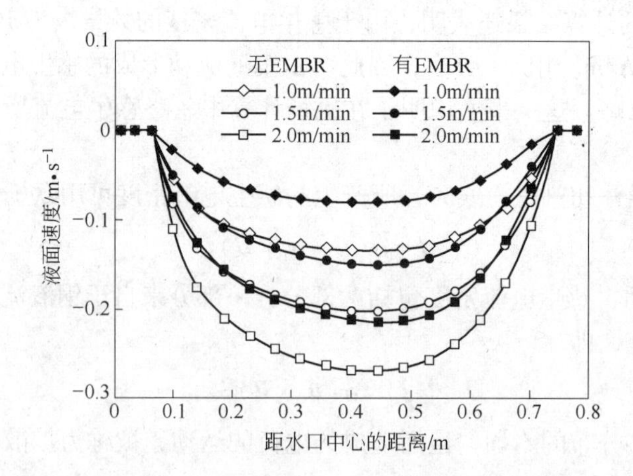

图 6-21　不同拉坯速度及电磁制动下对结晶器液面速度的影响

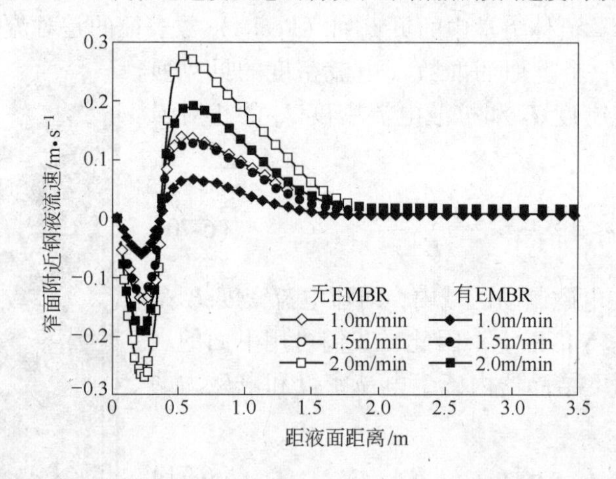

图 6-22　拉坯速度对电磁制动下结晶器窄面处钢液流速的影响

40% 和 52%。这是因为随着拉速的增加，来自水口处的钢液流股的速度亦成比例地增加，但是从下式

$$\boldsymbol{F}=\boldsymbol{J}\times\boldsymbol{B}=\sigma(-\nabla\phi+\boldsymbol{u}\times\boldsymbol{B})\times\boldsymbol{B} \tag{6-73}$$

可以看出，制动力 $\boldsymbol{F}$ 的大小不仅取决于 $\boldsymbol{u}$，还与磁感应强度 $\boldsymbol{B}$ 有关，因此，要取得满意的制动效果，必须调整合适的磁感应强度 $\boldsymbol{B}$。

6.5.2.2　水口张角

如图 6-23 和图 6-24 所示为在有无电磁制动条件下，水口张角对结晶器内钢液流动的影响。如图 6-24b 所示，当水口张角由向下 20°依次转变为向下 10°时，钢液流股在窄面处的冲击点上移，加强了上升流股向上流动趋势，这有利于钢液中夹带的非金属夹杂的上浮；但同时，钢液流股对熔池表面冲击强度也随之加强，从而加剧了液面的波动和不稳定，容易造成钢液的二次氧化和保护渣的卷入。施加电磁制动后，由于不同水口张角下的流场是不同的，并且磁场覆盖来自水口出口的钢液流股的区域大小不等，造成电磁力的大小和方向有所差异，从而产生不同的制动效果。对于 10°的水口，施加电磁制动后，液面速度的最大值由 0.25m/s 降到 0.164m/s，降幅为 34.4%；而对于向下 20°的水口，施加电

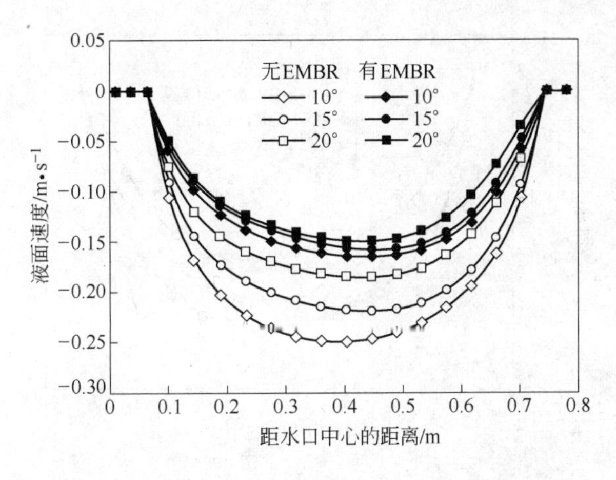

图 6-23 水口张角对电磁制动下结晶器内液面速度分布

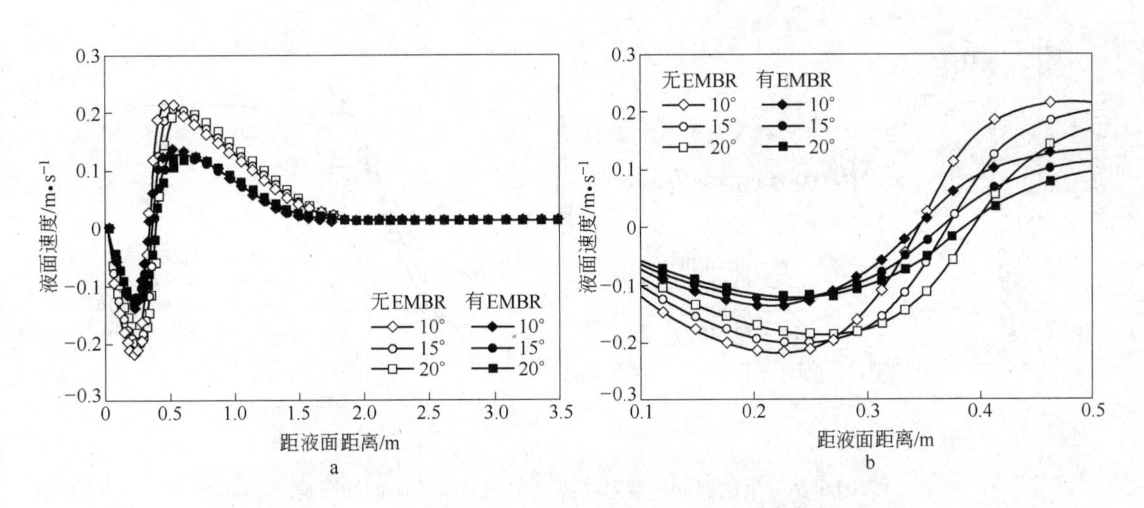

图 6-24 水口张角对电磁制动下结晶器窄面处钢液流速的影响

a—结晶器窄面处速度分布；b—结晶器窄面冲击点速度分布局部放大图

磁制动后，液面速度的最大值由 0.186m/s 仅降到 0.15m/s，降幅为 19.4%。因此，在实际生产中，应根据水口张角的变化来调整电磁制动器的结构、励磁电流的大小和线圈位置，直至获得满意的电磁制动效果。

6.5.2.3 电磁制动位置

电磁制动装置安装位置如图 6-14 所示。基准位置 *a*—*a* 位于水口出口中心线处，*b*—*b* 位于结晶器液面处，*c*—*c* 位于结晶器下部。在这三个位置上安装电磁制动对流场的影响如图 6-25 和图 6-26 所示，当电磁制动装置上移到液面位置时，能抑制上升流的流动，使液面附近流速减小且趋于均匀，减少液面发生卷渣的可能性，并使结晶器窄面冲击点位置略微上移，如图 6-26b 所示。当电磁制动装置下移到结晶器下部时，下降流股的冲击点位置无明显变化，但减轻下降流股对初生凝固坯壳的冲刷，初生凝固坯壳相对较厚，漏钢发生的可能性降低；如图 6-25 和图 6-26 所示，抑制钢液流动的电磁制动最佳安装位置在 *a*—*a*，即水口中心线处。来自水口的钢液冲向结晶器窄面的整个扩张区域，基本上被稳恒磁

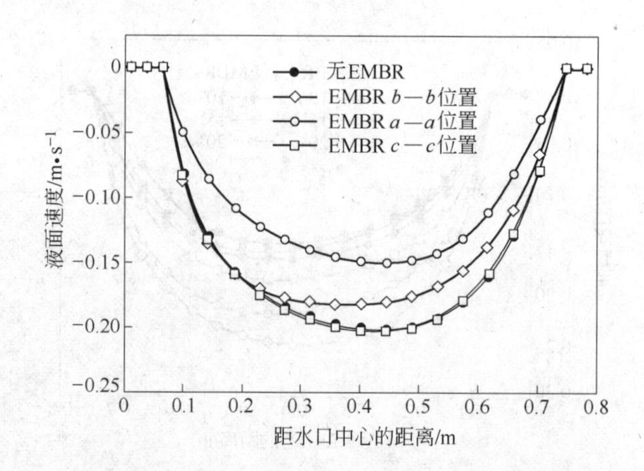

图6-25 电磁制动位置对结晶器液面速度的影响

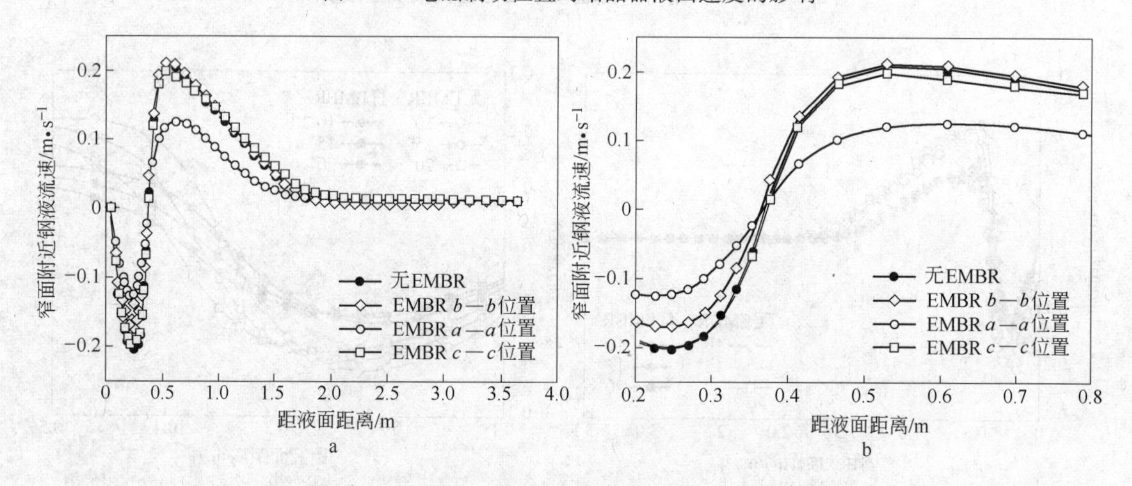

图6-26 电磁制动位置对结晶器窄面处钢液流速的影响

a—结晶器窄面速度分布；b—结晶器窄面速度分布局部放大图

场所覆盖，钢液主流股在到达窄面处以前能被充分抑制，使得其冲击窄面的速度大幅度减小，因而由其所派生出来的上升流股和下降流股明显减弱。上升流在液面的最大流速由0.20m/s降为0.15m/s，降幅为25%；下降流在窄面处的最大流速由0.21m/s降到0.13m/s，降幅为38%。

参考文献

[1] Nagai J, Suzuki K, Kojima S, et al. Steel flow control in a high-speed continuous slab caster using an electromagnetic brake[J]. Iron and Steel Engineer, 1984, 61(5): 41～47.

[2] Takatani K, Nakai K, Kasai N, et al. Analysis of heat transfer and fluid flow in the continuous casting mold with electromagnetic brake[J]. ISIJ International, 1989, 29(12): 1063～1068.

[3] 贾光霖，王仁贵，乔元君，等. 恒稳磁场对注流制动效果的数学模拟[J]. 东北大学学报，1993，14(2)：40～43.

[4] Kariya K, Kitano Y, Kuga M, et al. Development of flow contronl mold for high speed casting using static magnetic fields. In Steelmaking Division of the Iron and Steel Society ed. 77th Steelmaking Conference Pro-

ceedings [C]. USA, Chicago: ISS-AIME, USA, 1994, 77: 53 ~ 58.

[5] Gardin P, Galpin J M, Regnier M C, et al. Liquid steel flow-control inside continuous-casting mold using a static magnetic-field[J]. IEEE Transactions on Magnetics, 1995, 31(3): 2088 ~ 2091.

[6] 张永杰. 恒稳磁场对注流制动效果的数学模拟[D]. 沈阳: 东北大学, 1995.

[7] Hwang Y S, Cha P R, Nam H S, et al. Numerical analysis of the influences of operational parameters on the fluid flow and meniscus shape in slab caster with EMBR [J]. ISIJ International, 1997, 37(7): 659 ~ 667.

[8] Kim D S, Kim W S, Cho K H. Numerical simulation of the coupled turbulent flow and macroscopic solidification in continuous casting with electromagnetic brake[J]. ISIJ International, 2000, 40(7): 670 ~ 676.

[9] Takatani K. Effects of electromagnetic brake and meniscus electromagnetic stirrer on transient molten steel flow at meniscus in a continuous casting mold[J]. ISIJ International, 2003, 43(6): 915 ~ 922.

[10] Yu H, Wang B, Li H, et al. Influence of electromagnetic brake on flow field of liquid steel in the slab continuous casting mold[J]. Journal of Materials Processing Technology, 2008, 202(1 ~ 3): 179 ~ 187.

[11] Cukierski K, Thomas B G. Flow Control with local electromagnetic braking in continuous casting of steel slabs[J]. Metallurgical and Materials Transactions B, 2008, 39(1): 94 ~ 107.

[12] Harada H, Toh T, Ishii T, et al. Effect of magnetic field conditions on the electromagnetic braking efficiency[J]. ISIJ International, 2001, 41(10): 1236 ~ 1244.

[13] Yamamura H, Toh T, Harada H, et al. Optimum magnetic flux density in quality control of casts with level DC magnetic field in continuous casting mold. ISIJ International 2001, 41(10): 1229 ~ 1235.

[14] Yang H L, Zhang X Z, Qiu S T, et al. Mathematical study on EMBR in a slab continuous casting process [J]. Scandinavian Journal of Metallurgy, 1998, 27(5): 196 ~ 204.

[15] Zeze M, Harada H, Takeuchi E, et al. Application of a DC magnetic field for the control of flow in the continuous casting strand[J]. Iron & Steelmaker, 1993, 20(11): 53 ~ 57.

[16] Zeze M, Tanaka H, Takeuchi E, et al. Continuous casting of clad steel slab with level magnetic field brake. In Steelmaking Division of the Iron and Steel Society ed. 79th Steelmaking Conference Proceedings [C]. Pittsburgh: ISS-AIME, USA. 1996, 79: 225 ~ 230.

[17] 李宝宽, 赫冀成, 贾光霖, 等. 薄板坯连铸结晶器内钢液流场电磁制动的模拟研究[J]. 金属学报, 1997, 33(11): 1207 ~ 1214.

[18] Harada H, Takeuchi E, Zeze M, et al. MHD analysis in hydromagnetic casting process of clad steel slabs [J]. Applied Mathematical Modelling, 1998, 22(11): 873 ~ 882.

[19] Li B, Tsukihashi F. Effect of static magnetic field application on the mass transfer in sequence slab continuous casting process [J]. ISIJ International, 2001, 41(8): 844 ~ 850.

[20] Qian Z D, Wu Y L. Large eddy simulation of turbulent flow with the effects of DC magnetic field and vortex brake application in continuous casting [J]. ISIJ International, 2004, 44(1): 100 ~ 107.

[21] Li B, Tsukihashi F. Effects of electromagnetic brake on vortex flows in thin slab continuous casting mold [J]. ISIJ International, 2006, 46(12): 1833 ~ 1838.

[22] Kollberg S G, Hackl H R, Hanley P J. Improving quality of flat rolled products using electromagnetic brake (EMBR) in continuous casting [J]. Iron and Steel Engineer, 1996, 73(7): 24 ~ 28.

[23] Idogawa A, Kitano Y, Tozawa H. Control of molten steel flow in continuous casting mold by two static magnetic fields covering whole width [J]. Kawasaki Steel Technical Report, 1996, 35(11): 74 ~ 81.

[24] Miki Y, Takeuchi S. Internal defects of continuous casting slabs caused by asymmetric unbalanced steel flow in mold [J]. ISIJ International, 2003, 43(10): 1548 ~ 1555.

[25] 雷洪, 朱苗勇, 王文忠. 板坯结晶器内电磁制动过程流场的数值模拟[J]. 化工冶金, 1999, 20(4): 193 ~ 198.

[26] Feng Z X. The treatment of singularities in calculation of magnetic field by using integral method [J]. IEEE Transactions on Magnetics, 1985, 21(11): 2207 ~ 2210.

[27] Blewett J P. Magnetic field configurations due to air core coils [J]. Journal of Applied Physics, 1947, 18(11): 968 ~ 976.

[28] Urankar L. Vector potential and magnetic field of current-carrying finite arc segment in analytical form—Part Ⅲ: Exact computation for rectangular cross section [J]. IEEE Transactions on Magnetics, 1982, 18(11): 1860 ~ 1867.

[29] Urankar L. Vector potential and magnetic field of current-carrying finite arc segment in analytical form—Part V: Polygon cross section [J]. IEEE Transactions on Magnetics, 1990, 26(5): 1171 ~ 1180.

[30] Azzerboni B, Cardelli E, Raugi M, et al. Analytical expressions for magnetic field from finite curved conductors [J]. IEEE Transactions on Magnetics, 1991, 27(3): 750 ~ 757.

[31] Azzerboni B, Cardelli E, Raugi M, Tellini A, et al. Magnetic field evaluation for thick annular conductors [J]. IEEE Transactions on Magnetics, 1993, 29(5): 2090 ~ 2094.

[32] Lei H, Wang L Z, Wu Z N. Integral analysis of a magnetic field for an arbitrary geometry coil with rectangular cross section [J]. IEEE Transactions on Magnetics, 2002, 38(6): 3589 ~ 3593.

[33] Burden R L, Faires J D. Numerical Analysis [M]. Boston: PWS-KENT Publishing Corporation, 1989: 191 ~ 196.

[34] Lei H, Xu G J, He J C. Magnetic field, flow field and inclusion collision growth in a continuous caster with EMBR [J]. Chemical Engineering & Technology, 2007, 30(12): 1650 ~ 1658.

[35] Patankar S V. Numerical Heat Transfer and Fluid Flow [M]. New York: Hemisphere Pub Corp, 1980.

[36] Lei H, Zhang H W, He J C. Flow, solidification, and solute transport in a continuous casting mold with electromagnetic brake [J]. Chemical Engineering & Technology, 2009, 32(6): 991 ~ 1002.

7　夹杂物行为的数值模拟

近年来，用户对钢材质量的要求日益严格。钢产品必须具备更好的深冲性、拉拔性、冷变形、低温韧性以及更好的抗疲劳等性能。因此，在生产过程中，除了把钢中的［S］、［P］、［N］、［H］、［O］等杂质元素降低到最低限度外，夹杂物含量也要求降低到相当低的程度。钢中夹杂物可分为内生夹杂物和外来夹杂物。内生夹杂物是溶解于钢液中的氧与加入到钢液中的脱氧剂反应形成的，其尺寸在几微米至几百微米之间。在某些状况下，内生夹杂物以簇状物的形式存在，从而造成钢的质量问题。外来夹杂物主要是由于钢液与空气、氧化渣、合成渣等接触而引起的二次氧化以及炉渣、保护渣、耐火材料的卷入，其尺寸可达1mm。为了有效地去除夹杂物，国内外冶金工作者采用物理模拟、数值模拟和工业实验等方法来研究夹杂物在钢液中的行为。其中，数值模拟具有试验不受高温限制、重现性好、成本较低、实验数据详尽等优点。随着计算机硬件技术的快速发展和数值计算方法的不断进步，越来越多的研究者采用数值模拟方法来研究钢液中夹杂物行为，进而获得工艺过程中夹杂物的变化规律，分析不同工艺条件下夹杂物种类、尺寸、数量和形态的变化，达到指导实际冶金过程的工艺设计和优化操作的目的。夹杂物研究常用数学模型如图 7-1 所示。

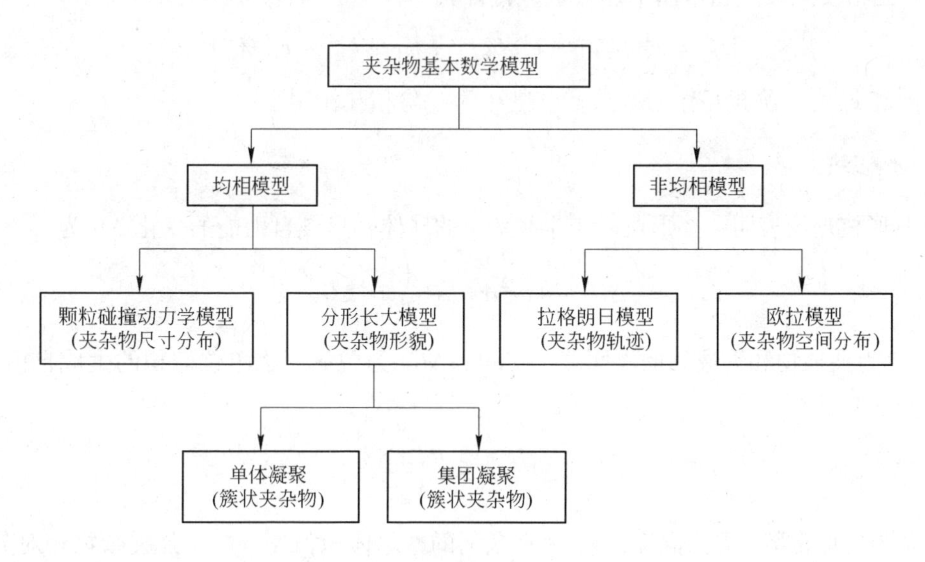

图 7-1　夹杂物研究常用数学模型

从内生夹杂物进出钢液的历程来看，它经历了反应形核、长大和去除三个过程，少量的夹杂物残留在钢液中。目前，大多数数学模型主要是围绕夹杂物的运动和去除来开展研究的，如图 7-1 中的拉格朗日模型和欧拉模型；也有部分模型考虑了夹杂物形核长大和形貌，如图 7-1 中的均相模型。在此基础上，通过对这些基本数学模型进行融合、衍生发展出多模式数学模型，通过与凝固等过程进行融合发展出多过程数学模型。

7.1 夹杂物形核热力学

7.1.1 化学反应热力学

脱氧是炼钢过程的一个基本反应。当在液态钢水中加入不同的脱氧剂时，就会产生不同的脱氧产物。在钢液-脱氧金属元素-氧体系内，氧化反应的通式可表示为

$$n[\mathrm{M}] + m[\mathrm{O}] = \mathrm{M}_n\mathrm{O}_m \tag{7-1}$$

式中，n 和 m 为化学反应计量数；M 为脱氧金属元素；O 为氧元素；$\mathrm{M}_n\mathrm{O}_m$ 为化学反应所生成的氧化产物。

对于可逆的化学反应，标准吉布斯自由能 $\Delta G^{\ominus}$可表示为

$$\Delta G^{\ominus} = -RT\ln K \tag{7-2}$$

式中，K 是化学反应平衡常数。

当反应处于平衡时，脱氧金属元素 M 的活度 $a_{[\mathrm{M}]}$和氧的活度 $a_{[\mathrm{O}]}$ 满足

$$K = 1/(a_{[\mathrm{M}]}^n a_{[\mathrm{O}]}^m) \tag{7-3}$$

根据亨利定律（Henry's law），如果采用质量百分比浓度表示钢液中元素含量，则式(7-3）中的活度可表示为

$$a_i = f_i[\%i] \tag{7-4}$$

式中，f_i 是活度系数，它可用下述公式进行计算

$$\lg f_i = e_i^i[\%i] + e_i^j[\%j] + r_i^i[\%i]^2 + r_i^j[\%j]^2 \tag{7-5}$$

式中，e_i^i 和 e_i^j 为一阶相互作用系数；r_i^i 和 r_i^j 为二阶相互作用系数。

7.1.2 形核热力学

经典形核理论表明，要形成一个半径为 r 的球体，形核自由能的变化 ΔG 为

$$\Delta G = 4\pi r^2 \sigma^* + \frac{4}{3}\pi r^3 \Delta G_{\mathrm{V}} \tag{7-6}$$

式中，σ^* 为夹杂物和钢液间的界面能，$\mathrm{J/m^2}$；ΔG_{V} 为脱氧产物单位体积的生成自由能[1]，$\mathrm{J/m^3}$，其表达式为

$$\Delta G_{\mathrm{V}} = -\frac{RT\ln S}{V_{\mathrm{m}}} \tag{7-7}$$

式中，R 为气体常数；T 为温度；V_{m} 为夹杂物的摩尔体积，$\mathrm{m^3/mol}$，是夹杂物相对分子质量 M_{in}和夹杂物密度 ρ_{in}的函数，即

$$V_{\mathrm{m}} = M_{\mathrm{in}}/\rho_{\mathrm{in}} \tag{7-8}$$

而过饱和度 S 为熔体中溶解态的 $\mathrm{M}_n\mathrm{O}_m$ 浓度与平衡态的 $\mathrm{M}_n\mathrm{O}_m$ 浓度的比值，它有两种表达方法[1~3]

$$S = \frac{(a_{[\mathrm{M}]}^n a_{[\mathrm{O}]}^m)_{\mathrm{ss}}}{(a_{[\mathrm{M}]}^n a_{[\mathrm{O}]}^m)_{\mathrm{eq}}} = K(a_{[\mathrm{M}]}^n a_{[\mathrm{O}]}^m)_{\mathrm{ss}} \tag{7-9}$$

或 $$S = \frac{a_{[Al_2O_3],t}}{a_{[Al_2O_3],eq}} \tag{7-10}$$

式（7-9）和式（7-10）中，下标 ss 代表过饱和状态或超饱和状态（supersaturation state），eq 代表平衡状态（equilibrium state）。式（7-9）是从化学反应热力学的角度提出过饱和度概念；而式（7-10）是从溶质溶解度的角度提出过饱和度概念。

式（7-6）等号右边第一项随半径 r 的增加而增大，而第二项随半径 r 的增加而减小，因此形核自由能相对于半径 r 存在一个极值。令 $\frac{\partial \Delta G}{\partial r}=0$，则夹杂物形核的临界半径 r_C（单位为 m）的表达式为

$$r_C = \frac{2\sigma^* V_m}{RT\ln S} \tag{7-11}$$

这样，夹杂物形核所需的临界夹杂物分子数 i_C 可表示为

$$i_C = \frac{V_C}{V_1} = \left(\frac{r_C}{r_1}\right)^3 \tag{7-12}$$

式中，V_1 为一个夹杂物分子的体积；V_C 为夹杂物形核时的临界体积；r_1 为单个夹杂物分子的体积和半径

$$r_1 = [3V_m/(4\pi N_A)]^{1/3} \tag{7-13}$$

式中，N_A 是阿伏伽德罗（Avogadro）常数，6.022×10^{23}。

式（7-11）表明：只有半径大于 r_C 的夹杂物才能从钢液中析出，并在钢液中稳定存在。将夹杂物形核的临界半径公式（7-11）代入式（7-6），得到临界形核自由能变化的表达式为

$$\Delta G_C = \frac{16}{3} \times \frac{\pi\sigma^{*3} V_m^2}{R^2T^2(\ln S)^2} \tag{7-14}$$

式（7-14）表明，影响均质形核的因素有反应温度、界面能和过饱和度。反应温度越高，界面能越小，过饱和度越大，形核所需的自由能越小，并且夹杂物形核的临界半径也越小。

7.2 夹杂物长大动力学

钢中内生夹杂物的尺寸范围为 1nm ~ 100μm，尺寸跨度达 5 个数量级[2]，因此夹杂物的长大是表征夹杂物行为的一个重要环节。如果从长大机制角度进行分类，那么夹杂物的长大可分为奥斯特瓦德熟化（ostwald ripening）和碰撞聚合两种方式[1~6]。

奥斯特瓦德熟化在夹杂物长大过程中承担两个任务：一是促进可溶的夹杂物分子相互聚合形成更大的分子集团；二是促进较小粒径夹杂物颗粒的溶解直到完全消失，然后将这些夹杂物分子沉积到大颗粒夹杂物颗粒上。

碰撞聚合是第二相粒子特有的长大方式。这是由于粒子间运动速度的差异造成颗粒间相互碰撞聚合形成更大粒径的颗粒。当然，在碰撞的过程中也会发生颗粒的破碎和断裂，但这不是本章讨论的内容。

7.2.1 奥斯特瓦德熟化

奥斯特瓦德熟化（又称奥斯特瓦德粗化）是德国科学家奥斯特瓦德（Wilhelm Ostwald）在 1896 首次发现的第二相粒子在表面能差的驱动下发生长大的现象。奥斯特瓦德熟化过程包括溶解、扩散和沉积等步骤。具体而言，当第二相粒子从体系中析出时，尺寸较大的第二相粒子会摄取尺寸较小的第二相粒子的分子而不断长大，而较小的第二相粒子尺寸逐渐减小直至消失。其控制方程可表示如下：

$$\frac{\mathrm{d}n_k}{\mathrm{d}t} = \beta_{1,k-1}n_1n_{k-1} + \alpha_{k+1}A_{k+1}n_{k+1} - \beta_{1,k}n_1n_k - \alpha_kA_kn_k(k \geqslant 2) \tag{7-15}$$

式中，$\beta_{1,k} = 4\pi D_1 r_k$；$\alpha_k A_k = \beta_{1,k}n_1$；$D_1$ 为单个夹杂物分子的扩散系数；n_k 为由 k 个分子组成的分子集团的数量密度。

奥斯特瓦德熟化过程发生的驱动力来自系统中粒子相总表面积的降低产生的总界面自由能的降低。在系统中，颗粒尺寸越小，单位体积第二相粒子所具有的表面积就越大，总界面能也就越高。因此，在相同质量条件下，较小颗粒的总界面自由能比较大颗粒的总界面自由能高。当两者相邻时，大颗粒就会吞并小颗粒而形成更大的颗粒。这样系统粒子相总表面积的降低就会减小系统总界面自由能[7]。1961 年，苏联学者 Lifshitz、Slyozov[8] 和德国学者 Wagner[9] 对由奥斯特瓦德熟化引起的小颗粒溶解和大颗粒长大的概念进行了扩散理论化处理，被简称为 LSW 理论[10]。

与颗粒之间的分子扩散相比，如果分子从表面溶解并在其他表面沉积，是一个更慢的过程，则与表面有关的溶解-析出反应是控制性环节。对于溶解控制的奥斯特瓦德熟化过程，颗粒的平均粒径由下式确定

$$\bar{r}(t)^2 - \bar{r}(0)^2 = \left(\frac{8}{9}\right)^2 \frac{K_T c_0 \sigma^* V_m^2}{RT} t \tag{7-16a}$$

式中，K_T 为颗粒分子的动力学转移常数，m/s；c_0 为液体中元素的摩尔浓度，mol/m^3。

如果由液相析出的溶质分子到达颗粒表面的速率十分缓慢，不足以引起颗粒表面的浓度梯度变化，则溶质分子的扩散是控制性环节。对于扩散控制的奥斯特瓦德熟化过程，颗粒的平均粒径由下式确定

$$\bar{r}(t)^3 - \bar{r}(0)^3 = \frac{8}{9} \times \frac{D c_0 \sigma^* V_m^2}{RT} t \tag{7-16b}$$

式中，D 为颗粒的扩散系数，m^2/s。

7.2.2 颗粒碰撞理论

碰撞聚合是夹杂物颗粒特有的长大方式，是指较小尺寸的夹杂物颗粒通过碰撞这种机制相互聚合成为一个较大尺寸的夹杂物颗粒。根据碰撞理论，单位体积、单位时间内尺寸分别为 r_i 和 r_j 的两种颗粒之间的碰撞次数 Ω_{ij}（单位为 $1/(m^3 \cdot s)$）可表示为

$$\Omega_{ij} = \beta(r_i, r_j)N_iN_j \tag{7-17}$$

式中，N_i 和 N_j 为半径分别为 r_i 和 r_j 的两种颗粒的数量密度，$1/m^3$；$\beta(r_i, r_j)$ 为半径分别为 r_i 和 r_j 的两种颗粒之间的碰撞速率（碰撞体积或颗粒碰撞频率函数），m^3/s。

颗粒之间的速度差造成颗粒之间的相对运动，这是颗粒之间发生碰撞的直接原因。颗粒之间的碰撞聚合是随机间断地进行的，其速率的大小取决于碰撞机理。钢中夹杂物之间碰撞机理可分为布朗碰撞（brownian collision）、斯托克斯碰撞（stokes collision）和湍流碰

撞（turbulent collision）。

7.2.2.1 布朗碰撞

布朗运动是微小粒子表现出的无规则热运动。布朗运动的起因是由于液体的所有分子都处在热运动中，且相互碰撞，从而粒子周围有大量分子以微小但起伏不定的力共同作用于它。从统计学的观点来看，这些撞击在各个方向上都是均等的，都可以相互抵消。对于较大的粒子，即使在同一方向上受到多次撞击，由于它们的质量较大，也难以发生位移。但对于较小的粒子，它们所受的分子热运动的撞击次数要小得多，因而在各个方向上的撞击彼此完全抵消的可能性很小。如果某一瞬间在某一表面碰撞数大大超过其他表面的碰撞数，小微粒就会产生明显的位移。

在高温钢液中的夹杂物受布朗运动而发生相互碰撞，其碰撞速率可表示为

$$\beta_{\mathrm{B}}(r_i,r_j) = \frac{2KT}{3\mu_1}\left(\frac{1}{r_i}+\frac{1}{r_j}\right)(r_i+r_j) \tag{7-18}$$

式中，K 为玻耳兹曼常数，取值为 1.38×10^{-23} J/K；μ_1 为流体的动力黏度。

7.2.2.2 斯托克斯碰撞

1851 年，英国科学家斯托克斯（George Gabriel Stokes）在忽略惯性力，仅考虑颗粒所受的重力、浮力和黏滞力的情况下，得到了半径为 r_{p} 的球形粒子在黏性流体中终点沉降（或上浮）速度公式

$$u_{\mathrm{p,s}} = \frac{2(\rho_{\mathrm{p}}-\rho_{\mathrm{f}})}{9\mu_1}gr_{\mathrm{p}}^2 \tag{7-19}$$

式中，ρ_{p} 为颗粒的密度。

当 $\rho_{\mathrm{p}}>\rho_{\mathrm{f}}$ 时，粒子终点速度 $u_{\mathrm{p,s}}$ 是垂直向下的；当 $\rho_{\mathrm{p}}<\rho_{\mathrm{f}}$ 时，粒子终点速度 $u_{\mathrm{p,s}}$ 是垂直向上的。

需要注意的是，式（7-19）的应用必须满足以下几个条件：

（1）球形粒子的运动十分缓慢，满足颗粒雷诺数 $Re_{\mathrm{p}}<1$；

（2）溶液是极稀溶液；

（3）与粒子大小相比，流体介质是连续的；

（4）粒子不与流体分子发生化学反应。

结晶器的尺寸用米来度量，结晶器内钢液可符合连续介质假设，夹杂物的体积浓度的数量级为 100×10^{-6}，所关注的夹杂物的粒径为 1～100μm。因此，式（7-19）也适用于钢液中的夹杂物。

如果在流体中存在多个粒径各异颗粒，那么由于它们的终点沉降（上浮）速度各不相同而会发生碰撞。在钢液中，大粒径的夹杂物颗粒上浮速度较快，小粒径的夹杂物上浮速度较慢，因而不同粒径夹杂物在上升过程中会产生相互碰撞现象，其碰撞速率可表示为

$$\beta_{\mathrm{S}}(r_i,r_j) = \frac{2g\pi\Delta\rho}{9\mu_1}\left|r_i^2-r_j^2\right|(r_i+r_j)^2 \tag{7-20}$$

式中，$\Delta\rho$ 为钢液密度和夹杂物密度的差值，kg/m³。

7.2.2.3 湍流碰撞

湍流是无数不规则、不同尺度的涡旋相互掺混地分布在空间的一种流动现象。流动中

任一点的速度、压力等物理量都随时间而瞬息变化，造成不同空间点上具有不同的随时间变化的规律。流体中的颗粒会与湍流发生相互作用。颗粒越小，跟随性越好，这样颗粒的运动行为与该处流体的运动行为越相似。换言之，湍流中小颗粒的运动行为具有随机性、非定常和三维特点。

处于湍流流动的流体中的多个颗粒，也会发生相互碰撞，其碰撞速率可用著名的Saffman-Turner 模型[11]来表示。需要指出的是，尽管在 Saffman-Turner 公式中漏掉了一个因子$\sqrt{\pi}$，但是这个瑕疵并没有影响它成为颗粒湍流碰撞研究的理论基础[12,13]。

$$\beta_T(r_i,r_j) = 1.3\left(\frac{\pi\varepsilon}{\nu_1}\right)^{\frac{1}{2}}(r_i + r_j)^3 \tag{7-21}$$

式中，ν_1 为流体的运动黏度，m^2/s；ε 为湍动能耗散率，m^2/s^3。

7.2.3 夹杂物碰撞机理

钢液中夹杂物同时受到上述三种碰撞方式的作用。为了定量地确定在结晶器内各种碰撞方式所作的贡献，定义如下三个无量纲碰撞准数，它们分别是两种颗粒碰撞速率之比[14]

$$\omega(\beta_S,\beta_B) = \frac{\beta_S}{\beta_B} = \frac{g\pi\Delta\rho}{3KT}|r_i - r_j|(r_i + r_j)r_ir_j \tag{7-22a}$$

$$\omega(\beta_T,\beta_B) = \frac{\beta_T}{\beta_B} = \frac{1.95\mu_1(\pi\varepsilon/\nu)^{\frac{1}{2}}}{KT}(r_i + r_j)r_ir_j \tag{7-22b}$$

$$\omega(\beta_T,\beta_S) = \frac{\beta_T}{\beta_S} = \frac{5.85\mu_1(\pi\varepsilon/\nu_1)^{\frac{1}{2}}}{g\pi\Delta\rho}\frac{1}{|r_i - r_j|} \tag{7-22c}$$

由于实验测得钢中的夹杂物尺寸为 0.1 ~ 100μm，因此 Al_2O_3 夹杂物的无量纲碰撞准数等值图的坐标范围为 0.1 ~ 100μm，如图 7-2 所示。结晶器内钢液的流动为湍流，且湍动能耗散率在 $0.001m^2/s^3$ 以上，所以可在 $\varepsilon = 0.001m^2/s^3$ 和 $\varepsilon = 0.01m^2/s^3$ 两个条件下研究结晶器内夹杂物的碰撞特性。

式（7-19）和式（7-20）表明，当两个颗粒的粒径相等时，它们的上浮速度相等，就不会发生斯托克斯碰撞，即斯托克斯碰撞速率为零，因此图 7-2a 中虚线表示 $\omega(\beta_T, \beta_S)$ 的取值为无穷大。如果反应器内钢液湍动能耗散率为 $\varepsilon = 0.001m^2/s^3$，当夹杂物粒径为 0.1 ~ 1μm 时，湍流碰撞速率比斯托克斯碰撞速率大约高两个数量级；当夹杂物尺寸为 1 ~ 10μm 时，湍流碰撞速率比斯托克斯碰撞速率大约高一个数量级；当夹杂物尺寸为 10 ~ 100μm 时，湍流碰撞速率与斯托克斯碰撞速率处于同一数量级。图 7-2c 表明，夹杂物的粒径越小，相对于湍流碰撞而言，布朗碰撞效果越明显。当夹杂物粒径为 0.1 ~ 0.5μm 时，布朗碰撞速率比湍流碰撞速率大约高一个数量级；当夹杂物粒径为 0.5 ~ 1μm 时，布朗碰撞速率和湍流碰撞速率处于同一个数量级；当夹杂物粒径为 1 ~ 10μm 时，湍流碰撞速率约比布朗碰撞速率高 1 ~ 3 个数量级；当夹杂物粒径为 10 ~ 100μm 时，湍流碰撞速率比布朗碰撞速率至少高 3 个数量级。

图 7-2b 表明，当钢液湍动能耗散率上升到 $\varepsilon = 0.01m^2/s^3$ 时，对于粒径小于 10μm 的夹杂物时，湍流碰撞速率比斯托克斯碰撞速率至少高出一个数量级；而对于 10μm 以上尺寸夹杂物时，湍流碰撞速率略大于斯托克斯碰撞速率。图 7-2d 表明，对于粒径为 0.1 ~

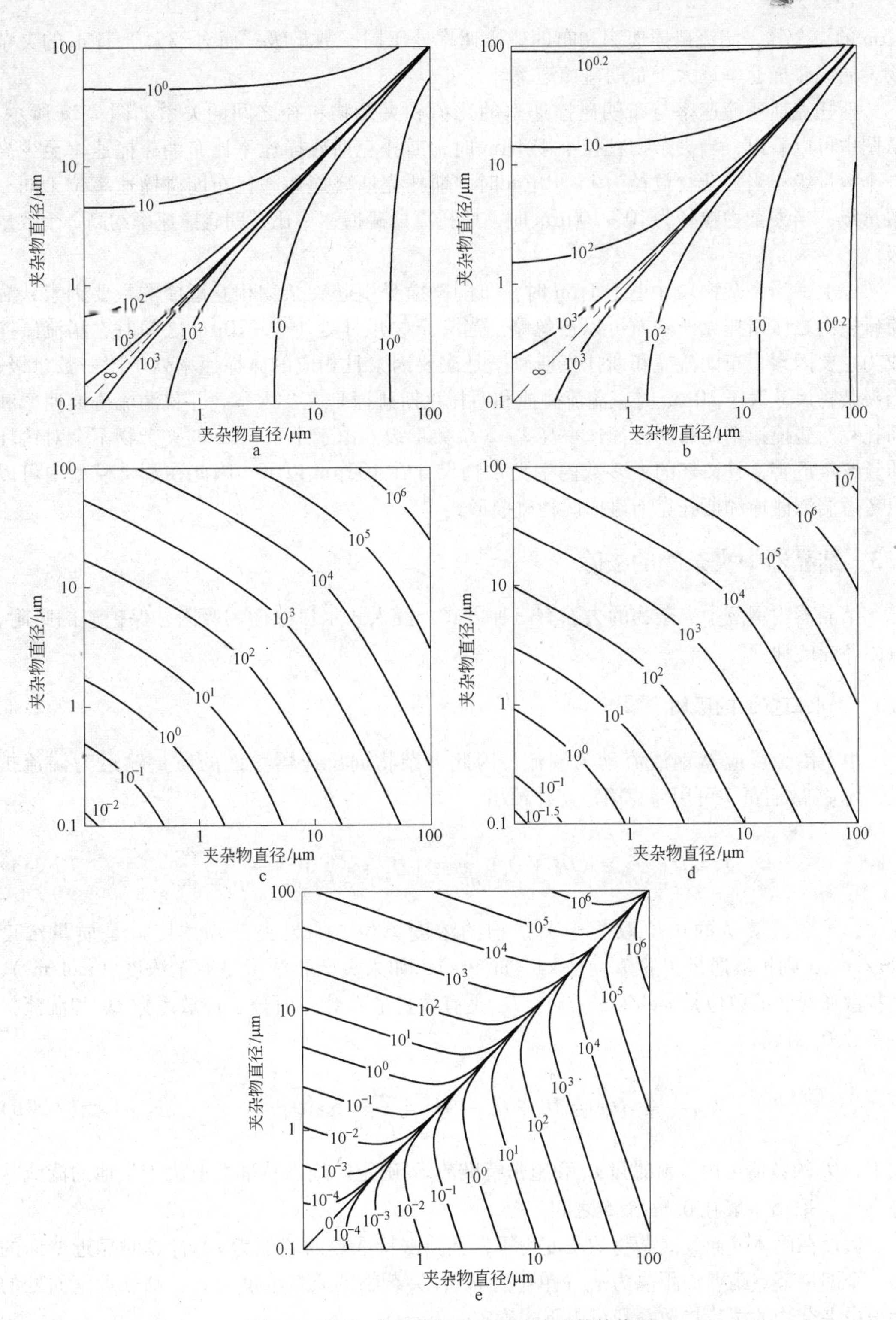

图 7-2 Al_2O_3 夹杂物的无量纲碰撞准数等值图

a—ω (β_T, β_S), $\varepsilon = 0.001m^2/s^3$; b—$\omega$ (β_T, β_S), $\varepsilon = 0.01m^2/s^3$; c—$\omega$ (β_T, β_B), $\varepsilon = 0.001m^2/s^3$; d—$\omega$ (β_T, β_B), $\varepsilon = 0.01m^2/s^3$; e—$\omega$ (β_S, β_B)

1μm 的夹杂物，湍流碰撞速率和布朗碰撞速率处于同一数量级；而对于大于 1μm 的夹杂物，湍流碰撞速率远大于布朗碰撞速率。

斯托克斯碰撞速率与布朗碰撞速率的比值和夹杂物粒径之间的关系如图 7-2e 所示。从图中可以看出，当夹杂物粒径小于 1μm 时，斯托克斯碰撞速率比布朗碰撞速率至少高一个数量级；当夹杂物粒径为 1 ~ 10μm 时，斯托克斯碰撞速率比布朗碰撞速率位于同一数量级；当夹杂物粒径为 10 ~ 100μm 时，斯托克斯碰撞速率比布朗碰撞速率约高 2 个数量级。

综上，当夹杂物尺寸小于 1μm 时，布朗碰撞是引起夹杂物相互碰撞的主要因素，湍流碰撞次之，斯托克斯碰撞可以被忽略。当夹杂物尺寸处于 1 ~ 10μm 之间时，湍流碰撞成为主要因素，布朗碰撞和斯托克斯碰撞是次要因素且相应的碰撞速率处于同一数量级；当夹杂物尺寸大于 10μm 时，湍流碰撞和斯托克斯碰撞是主要因素，并且湍流碰撞速率和斯托克斯碰撞速率比布朗碰撞速率高 2 ~ 6 个数量级。由于小于 5μm 的夹杂物不会对铸坯质量产生危害，且铸坯的大多数内生夹杂物尺寸在 100μm 以下，因此在数学模型中可以只考虑湍流碰撞和斯托克斯碰撞两种碰撞形式[14]。

7.3 结晶器中夹杂物的去除

结晶器内钢液中夹杂物的去除有三种方式：浸入式水口壁面的吸附，保护渣的吸附，凝固坯壳的捕获。

7.3.1 水口壁面的吸附

由于冶金反应器钢液流动为湍流，因此夹杂物向反应器壁面的质量输运为湍流扩散[15]。扩散通量 J 可用菲克第一定律给出

$$J = D_{\mathrm{eff}} \frac{\partial c}{\partial n} = (D_0 + D_{\mathrm{t}}) \frac{\partial c}{\partial n} = \left(D_0 + \frac{\mu_{\mathrm{t}}}{\rho_{\mathrm{f}} Sc}\right) \frac{\partial c}{\partial n} \approx \frac{\mu_{\mathrm{t}}}{\rho_{\mathrm{f}} Sc} \frac{\partial c}{\partial n} \tag{7-23a}$$

式中，扩散通量 J 的单位取决于夹杂物的浓度单位。如果夹杂物浓度 c 是质量浓度（$\mathrm{kg/m^3}$），则扩散通量 J 的单位是 $\mathrm{kg/(m^2 \cdot s)}$；如果夹杂物浓度是摩尔浓度（$\mathrm{mol/m^3}$），则扩散通量 J 的单位是 $\mathrm{mol/(m^2 \cdot s)}$。$D_{\mathrm{eff}}$ 是有效扩散系数，由分子扩散系数 D_0 和湍流扩散系数 D_{t} 组成

$$D_{\mathrm{eff}} = D_{\mathrm{t}} + D_0 \approx D_{\mathrm{t}} = \frac{\mu_{\mathrm{t}}}{\rho_{\mathrm{f}} Sc} >> D_0 \tag{7-23b}$$

式中，D_{t} 的数值可由湍流黏度 μ_{t} 和施密特准数 Sc 确定。施密特准数取决于当地的湍流状态[16,17]，取值一般在 0.5 ~ 1.5 之间。

假设在固体壁面处夹杂物的浓度为零，且施密特准数的取值为 1，计算时靠近壁面的第一个网格节点距壁面距离为 y_{p}（单位为 m），夹杂物的质量浓度为 c_{p}，则靠近壁面处的钢液中夹杂物的湍流扩散系数可由下式确定

$$D_{\mathrm{eff}} \approx D_{\mathrm{t}} = \frac{\mu_{\mathrm{t}}}{\rho_{\mathrm{f}} Sc} = 0.01 \frac{\tau_0}{\rho_{\mathrm{f}}} \times \frac{y_{\mathrm{p}}^2}{v_{\mathrm{l}}} \tag{7-24}$$

式中，τ_0 是壁面湍流切应力，可用多种方法确定。当采用 k-ε 双方程模型和壁面函数方法计算冶金反应器内钢液流动时，切应力速度表达式如下

$$\sqrt{\frac{\tau_0}{\rho_f}} = c_\mu^{0.25} k^{0.5} \tag{7-25}$$

因此，夹杂物向固体壁面的质量扩散通量可表示为

$$J \approx D_t \frac{c_p - 0}{y_p} = 0.01 c_\mu^{0.5} k \frac{y_p c_p}{v_l} \tag{7-26}$$

夹杂物在水口壁面上沉积是水口结瘤的成因之一。随着浇注的进行，这些沉积的夹杂物可能突然被钢流冲掉而再进入钢液中，导致水口内径突然增大。这样，钢液流动所受阻力的瞬时减小会造成钢液流股速度迅速增大、结晶器液面的剧烈波动，从而引起结晶器内钢渣卷混，恶化钢坯质量。在浇注后期，水口结瘤严重会堵塞水口，造成浇注无法顺利进行，影响正常的连铸生产[18~20]。

7.3.2 凝固坯壳的捕获

凝固坯壳捕获夹杂物是减小钢液中夹杂物数量的第二种方式，但是这些被捕获的夹杂物会留在坯壳中，成为铸坯缺陷。日本学者山田亘等[21] 在铝脱氧的超纯净钢坯上取样分析研究表明：未施加电磁搅拌时，铸坯宽面表皮下 10mm 处存在大颗粒夹杂物，最大尺寸为 400μm，施加电磁搅拌后，各种尺寸的夹杂物数量降低了约一个数量级，且最大夹杂物的尺寸小于 150μm；凝固前沿的推进速度越快，所俘获的最大夹杂物尺寸相应减小。日本学者柴田浩幸等[22~24] 在超高纯度的氩气保护下，利用氦－氖激光显微镜观察了铝脱氧钢样和硅脱氧钢样凝固前沿的夹杂物行为。实验结果表明：当凝固前沿的推进速度超过临界速度 v_c（单位 μm/s）时，夹杂物将被凝固前沿所捕获。对于固态 Al_2O_3 夹杂物，$v_c = 60/R$；对于球状液滴形夹杂物，$v_c = 23/R$。

上述研究对于人们加深对夹杂物在凝固前沿运动行为的认识，指导研究工作都十分重要。然而，需要指出的是，夹杂物被铸坯坯壳俘获需经历三个环节：首先夹杂物从水口出发，运动到凝固前沿的湍流边界层；然后穿过湍流边界层到达层流底层；最后穿过层流底层，与初始凝固坯壳相接触。层流底层非常薄，其厚度取决于来流速度等因素，但速度梯度却很大，造成了夹杂物所受力的性质发生了改变。因此，夹杂物在层流底层内的运动表现出与湍流区和湍流边界层所不同的运动特征[25]。

在连铸过程中，钢液进入结晶器后在水冷结晶器壁上凝固形成坯壳，但是在铸坯未凝固部分由于有注入的钢流而造成钢液运动。钢流对坯壳的冲刷会使坯壳减薄；且在钢液压力的作用下，会在铸坯表面产生纵裂，甚至酿成漏钢事故。另外，铸坯被拉出结晶器后，进入二冷区还要承受一定的应力，如果坯壳强度过低，往往会发生漏钢事故。因此，必须要保证坯壳具有一定的厚度。而坯壳厚度与结晶器、二冷段的冷却强度和拉坯速度有着直接的关系。对于坯壳厚度的计算一般采用凝固平方根定律进行近似估算

$$e = K_S \sqrt{\frac{z}{v_C}} \tag{7-27}$$

式中，e 为坯壳厚度，mm；K_S 为凝固系数，mm/min$^{1/2}$；z 为距结晶器液面距离，m；v_C 为浇铸速度，m/min。

不同的坯壳厚度意味着坯壳在连铸机冷却位置的不同。例如：对于厚板坯，当坯壳厚度处于 mm 量级时，凝固前沿位于结晶器内，呈垂直状态；当坯壳厚度约为 100mm 时，凝固前沿位于扇形段[26,27]，呈倾斜状态。凝固坯壳的方位直接影响到夹杂物的上浮规律，进而影响到夹杂物是否被凝固坯壳所捕获以及具体的捕获位置。

对湍流运动的研究表明，在紧靠固体壁面附近，存在着很陡的速度梯度，此区域称为层流底层。在离壁面一定距离后，速度分布趋于平坦，此区域通常称为湍流核心。介于层流底层和湍流核心的中间区域，称为过渡层。

相对于湍流边界层而言，层流底层厚度 δ 很小。

$$\delta \approx \frac{5v_1}{\sqrt{\tau_0/\rho_f}} \tag{7-28}$$

层流底层内钢液的速度分布可认为是线性的。

根据结晶器内凝固坯壳前沿钢液流动特点可将凝固前沿夹杂物行为分为两种情况：上升流侧面凝固前沿和下降流侧面凝固前沿，如图 7-3 所示。

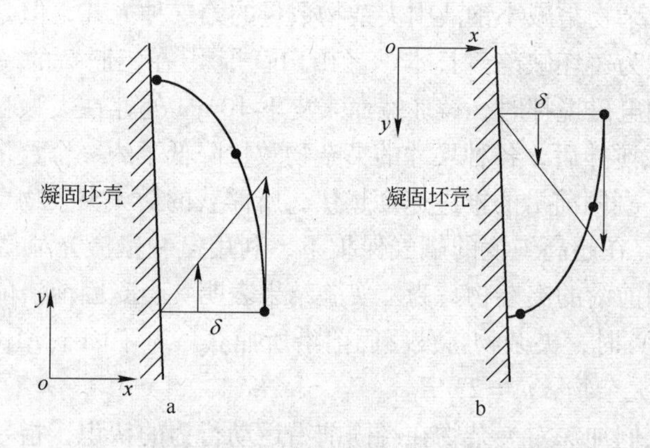

图 7-3　凝固前沿钢液速度分布和夹杂物运动示意图

a—上升流侧面凝固前沿；b—下降流侧面凝固前沿

现有工作从牛顿第二定律出发，模拟分析了颗粒在阻力、虚拟质量力、浮力、重力、萨夫曼（Saffman）升力、巴赛特（Basset）力和压强梯度力作用下的运动轨迹[25]。结果表明：不同粒径的夹杂物均能穿越层流底层到达侧面凝固前沿。

7.3.3 保护渣的吸附

在连铸过程中，结晶器内钢液表面会被一层保护渣所覆盖。保护渣的主要成分有 Al_2O_3、SiO_2、FeO、MgO、CaO、CaF_2 等。由于钢液具有很高的温度，因此靠近钢液表面的保护渣呈液态。钢液中的夹杂物被保护渣吸附分为三个步骤：首先，夹杂物穿过边界层到达渣金界面；接着，夹杂物穿过渣金界面；最后，夹杂物与保护渣反应，被渣层所溶解。在这三个步骤中，夹杂物在渣金界面处的运动过程十分复杂而受到广泛关注[28~31]。

建立渣金界面处夹杂物行为数学模型的主要假设如下：

(1) 夹杂物颗粒为球形，且在穿越渣金界面过程中形状和体积保持不变；

(2) 钢液和保护渣均为不可压缩等温流体；

(3) 膜的流动状态可用绕球流动的流函数来表达；

(4) 界面能在夹杂物穿越界面的过程中保持不变。

当夹杂物穿越保护渣时，根据颗粒冲击界面的速度不同可分为两种情况：

(1) 当夹杂物以颗粒雷诺数大于1的速度穿越渣金界面时，在夹杂物和保护渣之间形成一个钢膜，此钢膜的中心与夹杂物的中心重合且围绕夹杂物的钢膜厚度相等；

(2) 当颗粒雷诺数小于1时，夹杂物缓慢地靠近渣金界面直至与渣金界面接触，在此过程中无钢膜的形成。

现有研究从牛顿第二定律出发，分析了在重力、浮力、回弹力和虚拟质量力作用下颗粒的运动行为。结果表明，渣相的黏度及渣相与颗粒之间的润湿性是决定夹杂物穿越渣金界面的关键因素。较小的保护渣黏度和较好的夹杂物润湿性有利于夹杂物进入渣相[31]。如文献［30］表明，50μm 的 Al_2O_3 夹杂物能够进入 Al_2O_3-SiO_2-MgO-CaO-CaF_2 渣系，进入界面耗时0.02ms。

7.4 夹杂物行为的基本数学模型

描述钢液中夹杂物行为的基本数学模型可以分为两大类：均相模型和非均相模型。均相模型中的颗粒碰撞动力学模型能够模拟夹杂物尺寸分布，分形长大模型能够描述夹杂物的形貌。与流体类似，夹杂物也可作为连续相来处理，因此非均相模型可分为采用颗粒跟踪的拉格朗日模型和采用控制体描述的欧拉模型。

7.4.1 非均相模型

7.4.1.1 拉格朗日模型

拉格朗日模型又称为颗粒弹道模型，即基于颗粒受力分析，利用牛顿第二定律，研究夹杂物在不平衡受力条件下的速度和位移规律[32~47]。方程式（7-29）是 A. B. Basset、J. V. Boussinesq、C. W. Oseen、C. M. Tchen 等人的共同研究结果，因此也被称为 BBOT 方程

$$\frac{1}{6}\pi d_p^3\rho_p\frac{d\boldsymbol{u}_p}{dt} = \boldsymbol{F}_D + \boldsymbol{F}_V + \boldsymbol{F}_B + \boldsymbol{F}_S + \boldsymbol{F}_g + \boldsymbol{F}_b + \boldsymbol{F}_p \tag{7-29}$$

$$\frac{d\boldsymbol{x}}{dt} = \boldsymbol{u}_p \tag{7-30}$$

式中，d_p 和 ρ_p 分别为夹杂物的直径与密度；u_p 为夹杂物的运动速度；t 为时间；x 为夹杂物的坐标。等式右端是颗粒所受的作用力。

等式（7-29）右端第一项 $\boldsymbol{F}_D$ 是颗粒在静止流体或匀速运动流体中做匀速运动所受到的阻力。由于流体具有黏性，在颗粒表面会有一个黏性附面层，它在颗粒表面上的压强和剪切力不是对称分布的。这样，黏性流体作用在颗粒上的阻力由压差阻力和摩擦阻力组成。阻力大小与流体的湍流运动状态、流体的可压缩性、流体温度、颗粒的温度、速度和形状等因素有关。因此很难用统一的形式表达。为了研究的方便，引入阻力系数 C_D，这样颗粒所受阻力可表示为

$$F_D = \frac{1}{2} \times \frac{1}{4} \pi d_p^2 \rho_f C_D |u_f - u_p| (u_f - u_p) \tag{7-31}$$

牛顿流体中颗粒的运动阻力系数 C_D 是颗粒雷诺数 Re_p 的单值函数。

$$Re_p = \frac{\rho_f u_p d_p}{\mu_f} \tag{7-32}$$

（1）当 $Re_p < 2$ 时，属于层流区。流体能一层层地平缓地绕过颗粒，在颗粒后面合拢，流线不受到破坏，层次分明，呈层流状态。此时颗粒在流体中的运动阻力主要是各层流体以及流体与颗粒之间相互滑动时的黏性阻力。

$$C_D = \frac{24}{Re_p} \tag{7-33a}$$

（2）当 $2 < Re_p < 500$ 时，属于过渡区。由于流体具有惯性，紧靠颗粒尾部边界层发生分离，因此流体脱离了颗粒的尾部，在颗粒后部形成负压区。此负压区会吸入流体而产生旋涡，引起了动能损失，呈过渡流状态。此时颗粒在流体中的运动阻力包括颗粒侧面各层流体相互滑动时的黏性摩擦力和颗粒尾部动能损失所引起的惯性阻力。

$$C_D = \frac{10}{\sqrt{Re_p}} \tag{7-33b}$$

（3）当 $500 < Re_p < 2 \times 10^5$ 时，属于湍流区。颗粒尾部产生的旋涡迅速破裂并形成新的涡流，处于湍流状态。此时，黏性阻力已经变得不太重要。此时颗粒在流体中的运动阻力主要取决于惯性阻力。因此，颗粒阻力系数与颗粒雷诺数的变化无关，而是趋近于一个固定值。此时边界层本身也变为湍流。

$$C_D = 0.44 \tag{7-33c}$$

（4）当 $Re_p > 2 \times 10^5$ 时，属于高度湍流区。流速很大，颗粒尾部产生的旋涡迅速被卷走，在紧靠颗粒尾部表面残留有很薄一层边界层，总阻力也随之减小，这一状态在工业中很少遇到。

$$C_D = 0.1 \tag{7-33d}$$

等式（7-29）右端第二项是由于颗粒与流体之间加速度不同而产生的虚拟质量力（或视质量力）。当颗粒在理想流体中做加速运动时，它要引起周围流体做加速运动，这不是由于流体黏性作用的带动，而是由于颗粒推动流体运动。由于流体有惯性，表现为对颗粒有一个反作用力。这时，推动颗粒运动的力将大于颗粒本身的惯性力，就好像颗粒质量增加了一样。所以这部分大于颗粒本身惯性力的力称为附加质量力。

$$F_V = \frac{1}{2} \rho_f V_p \left(\frac{du_f}{dt} - \frac{du_p}{dt} \right) \tag{7-34}$$

等式（7-29）右端第三项是与颗粒加速过程有关的 Basset 力。这是由于颗粒在黏性流体中运动时，颗粒的附面层会带动周围一部分流体运动。由于流体具有惯性，当颗粒加速时，流体不能立即加速；当颗粒减速时，流体不能立即减速。这样，由于颗粒表面附面层的不稳定造成颗粒受到一个随时间变化与颗粒加速历程相关的流体作用力。

$$F_B = \frac{3}{2}d_p^2\sqrt{\pi\rho_f\mu_f}\int_0^t \frac{\frac{du_f}{d\tau}-\frac{du_p}{d\tau}}{\sqrt{t-\tau}}d\tau \tag{7-35}$$

等式（7-29）右端第四项是萨夫曼（Saffman）升力。当颗粒在有速度梯度的流场中运动时，由于颗粒两侧的流速不同，会产生一个由低速指向高速方向的升力。由于它是滑移（即相对运动）和剪切联合作用的结果，因此也称为滑移剪切升力。

$$F_S = 1.61d_p^2(\mu_f\rho_f)^{1/2}|\nabla\times u_f|^{-1/2}[(u_f-u_p)\times(\nabla\times u_f)] \tag{7-36}$$

等式（7-29）右端第五项是由于地球的吸引而被物体受到的竖直向下的重力。

$$F_g = \rho_p V_p g \tag{7-37}$$

压强梯度的存在会在压强梯度方向产生一个力称为压强梯度力。由流体静力学压强（正应力）产生的压强梯度力是浮力，这就是等式（7-29）右端的第六项。由于夹杂物的密度比钢液小，因此钢液中夹杂物受到浮力是竖直向上的。

$$F_b = -\rho_f V_p g \tag{7-38}$$

类似的，由切应力产生的压强梯度力可表示为

$$F_p = \rho_p V_p \frac{du_f}{dt} \tag{7-39}$$

由于正应力产生的压强梯度力称为浮力，因此将切应力产生的压强梯度力简称为压强梯度力，这就是等式（7-29）右端的第七项。

如果存在电磁场，还需考虑 Archimedes 电磁力[40,48~51]的作用。在电导率为 σ_f 的流体中，电导率为 σ_p，粒径为 d_p 的球形颗粒受到的 Archimedes 电磁力可表示为

$$F_e = -\frac{3}{2}\times\frac{\sigma_f-\sigma_p}{2\sigma_f+\sigma_p}\frac{\pi d_p^3}{6}J\times B \tag{7-40}$$

由于夹杂物可视为绝缘体，因此球形夹杂物在钢液中受到的 Archimedes 电磁力可简化为

$$F_e = -\frac{3}{4}\times\frac{\pi d_p^3}{6}J\times B \tag{7-41}$$

结晶器内钢液的流动为湍流，因此等式（7-29）中钢液的运动速度是钢液瞬时速度，即平均速度和脉动速度之和。在一般情况下，大多数研究者不考虑钢液的脉动速度对夹杂物运动行为的影响。但是如果要准确描述夹杂物的运动行为，必须采用颗粒的随机游走模型，此时需要考虑钢液脉动速度的影响[41,52]。

颗粒的随机游走模型的一个重要内容是建立颗粒与流体的离散涡之间的相互作用关系。湍流中这些离散涡的生成和消亡可认为是一个平稳的、可以重演的随机过程。为了模拟这些离散涡，须确定湍流涡团中流体脉动速度 u_f' 和涡团的生存时间。

如果采用 k-ε 模型描述钢液的湍流流动，根据湍流理论，流体脉动速度 u_f' 服从正态分布

$$u_f' = \zeta\sqrt{2k/3} \tag{7-42}$$

式中，ζ 为服从正态分布的随机数。

涡团的生存时间 t_L 为

$$t_{\mathrm{L}} = 0.15\frac{k}{\varepsilon} \tag{7-43}$$

基于结晶器的对称性，可选取1/2的结晶器体积作为计算区域。夹杂物在水口出口处的初始位置随机确定，其分布概率服从平均分布[41]；夹杂物在浸入式水口出口处的运动速度与该处钢液流速相等；夹杂物到达自由液面后，仅有80%的夹杂物被保护渣所吸附[30]，其余的夹杂物再次进入钢液中；而夹杂物一旦接触到凝固坯壳，立即被凝固坯壳所捕获[25]。夹杂物一旦被保护渣、凝固坯壳所吸附，或运动到出口处，则当前夹杂物运动计算立即终止，转而跟踪下一个夹杂物颗粒。

图7-4所示为30个直径为30μm、密度为3960kg/m^{3}的三氧化二铝夹杂物在结晶器内的运动轨迹。钢液的流动状况是影响夹杂物行为的主要因素。在钢液的夹带下，夹杂物在上下两个循环区内做多次环状运动。由于循环区外围钢液速度大，夹带能力强。因此，多数夹杂物在循环区的外围运动，少数夹杂物在循环区的中心附近运动。

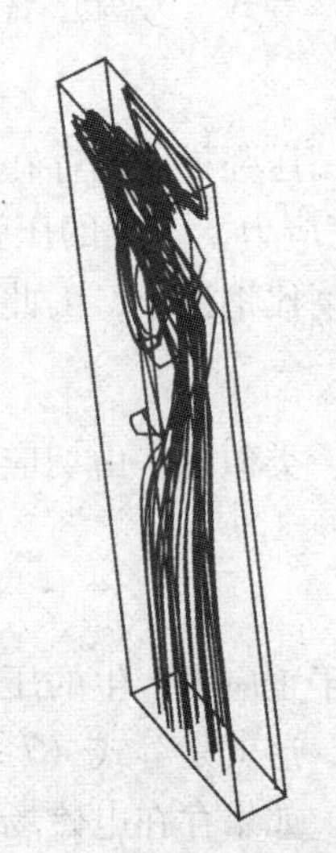

图7-4　结晶器内夹杂物运动轨迹

颗粒弹道模型仅涉及常微分方程，单个颗粒轨迹的计算量较小；但是在钢液中存在数量巨大的夹杂物颗粒，并且夹杂物之间还相互碰撞聚合。因此，在同时跟踪多个颗粒的运动时，还必须考虑它们之间的相互作用。那么在方程式（7-29）中须增加颗粒间的碰撞接触力。此处，颗粒还受到两种力矩的作用，即切向力造成的力矩和滚动摩擦力矩。实际上，这超出传统颗粒弹道理论范畴，演变为离散单元法（discrete element method）[53~55]。

综上，颗粒弹道模型存在以下不足：

（1）由于计算机硬件条件限制，无法同时跟踪多个夹杂物，因而难以直接描述夹杂物间的碰撞聚合行为。

（2）大多数研究均假设夹杂物为球形颗粒，只有个别研究者考虑到夹杂物形貌对夹杂物运动的影响[41]。

（3）难以给出夹杂物在反应器内的空间分布。

7.4.1.2　欧拉模型

最简单的欧拉模型是由一个偏微分方程为主体的夹杂物浓度扩散模型。基于动量、热量和质量的相似性，将动量输运方程中输运变量由流体速度替换为夹杂物浓度 c，输运速度由流体速度 $\boldsymbol{u}_{\mathrm{f}}$ 替换为夹杂物运动速度 $\boldsymbol{u}_{\mathrm{C}}$，扩散系数由流体的有效黏度替换为夹杂物有效传质扩散系数 D_{eff}，这样就得到了夹杂物浓度扩散模型[16,35,56~58]。

$$\frac{\partial}{\partial t}(\rho_{\mathrm{f}}c) + \nabla\cdot(\rho_{\mathrm{f}}\boldsymbol{u}_{\mathrm{C}}c) = \nabla\cdot(D_{\mathrm{eff}}\nabla c) + S_{\mathrm{C}} \tag{7-44}$$

式中，ρ_{f} 为流体的密度；S_{C} 表示化学反应造成的夹杂物浓度的增加或减小。

如果没有化学反应的发生，那么在结晶器内既无新夹杂物的产生也没有已有夹杂物的消失。当夹杂物浓度取体积浓度或质量浓度时，夹杂物的产生项（或消失项）S_{C} 通常取为零。一般情况下，夹杂物运动速度 $\boldsymbol{u}_{\mathrm{C}}$ 等于流体运动速度 $\boldsymbol{u}_{\mathrm{f}}$ 与夹杂物终点上浮速度 $\boldsymbol{u}_{\mathrm{p,float}}$ 的矢量和

$$\boldsymbol{u}_{\mathrm{C}} = \boldsymbol{u}_{\mathrm{f}} + \boldsymbol{u}_{\mathrm{p,float}} \tag{7-45}$$

夹杂物的密度比钢液小，因此在静止的钢液中，球形夹杂物具有方向垂直向上的终点速度。在通常情况下，夹杂物的终点上浮速度可采用斯托克斯上浮速度公式（7-19）计算。结晶器内夹杂物常用的边界条件[58]见表7-1。夹杂物通过上浮和湍流扩散两种方式到达自由液面后，一旦与保护渣相接触即被渣层所吸附；而通过湍流扩散方式到达凝固坯壳后立即被凝固坯壳所捕获。

需要指出的是，在出口处夹杂物的运动速度并不等于流体速度，而等于流体速度和夹杂物终点上浮速度之和。夹杂物浓度扩散模型中夹杂物浓度 c 一般为无量纲浓度（定义为结晶器内夹杂物实际浓度与水口出口处夹杂物实际浓度之比），故在水口出口处夹杂物浓度为1。夹杂物浓度扩散方程收敛场判据建议为进出口的夹杂物质量流量差小于0.01%。

表7-1 夹杂物边界条件

项 目	边界条件	项 目	边界条件
自由液面	$F_C = u_{C,\text{float}}c - D_{\text{eff}}\dfrac{\partial c}{\partial n}$	对称面	$\dfrac{\partial c}{\partial n}=0$
水口出口	$c=1$	凝固坯壳	$F_C = -D_{\text{eff}}\dfrac{\partial c}{\partial n}$
水口壁面	$\dfrac{\partial c}{\partial n}=0$	连铸机出口	$\dfrac{\partial c}{\partial n}=0$

斯托克斯上浮速度公式（7-19）表明，随着夹杂物粒径的增加，夹杂物上浮速度越大。例如，5μm和100μm的夹杂物上浮速度分别为0.0088mm/s和3.53mm/s，远小于钢液的流动速度为0.5m/s。因此受钢液夹带作用，夹杂物在结晶器内的分布具有上下两个回流区的结构[58]，如图7-5所示。铸坯宽面两侧的凝固前沿不断地捕获夹杂物，造成来自水口的钢液在行进过程中夹杂物浓度不断降低；同时铸坯窄面凝固前沿也不断吸附夹杂物，导致上升流股和下降流股在行进过程中夹杂物浓度也呈现出下降趋势；在液面处，保护渣的吸附导致钢液中夹杂物浓度比水口出口处低一个数量级；在结晶器中心轴线处钢液的流速向上，与夹杂物上浮速度方向一致，在水口下方形成了一个夹杂物低浓度区域。

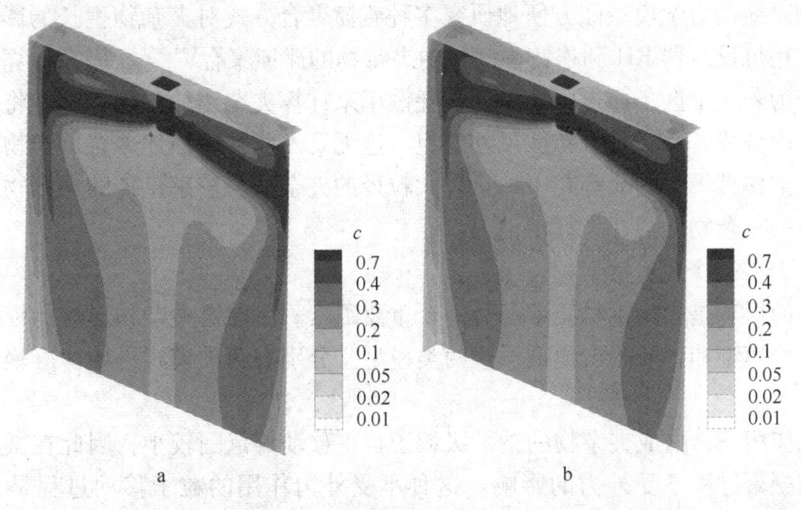

图7-5 结晶器内夹杂物三维分布

a—5μm；b—100μm

图 7-5 还表明：虽然 5μm 夹杂物在结晶器内的三维分布与 100μm 夹杂物相类似，但也呈现出不同的特征。在液面处，100μm 夹杂物的浓度比 5μm 夹杂物高。这是由于大颗粒夹杂物上浮快，因此在液面处大颗粒夹杂物出现的概率大。而在壁面附近，5μm 夹杂物浓度较高。这是由于小颗粒夹杂物跟随钢液运动能力强，从而减小了被凝固前沿捕获的概率。

夹杂物浓度扩散模型能够表征湍流条件下夹杂物在结晶器内的空间分布。由于夹杂物浓度扩散模型与流体力学方程相似，因此可以采用计算流体力学的方法来求解夹杂物浓度扩散模型，从而能大幅缩短研究周期。但是它必须假设所有夹杂物具有单一粒径并以相同的速度上浮，还无法考虑夹杂物之间的碰撞聚合。

7.4.2 均相模型

7.4.2.1 碰撞动力学模型

1917 年，波兰科学家 M. V. Smoluchowski 基于碰撞聚合对颗粒数量的影响，建立了离散型的颗粒碰撞速率公式

$$\frac{\mathrm{d}n_k}{\mathrm{d}t} = \frac{1}{2}\sum_{i+j=k}\beta_{ij}n_i n_j - \sum_{i=1}^{\infty}\beta_{ik}n_i n_k \tag{7-46}$$

式中，下标 i、j、k 表示颗粒的粒径级别；n_i、n_j、n_k 表示第 i，j 和 k 级粒径的颗粒的数量浓度；β_{ij}为半径为 r_i 和 r_j 的颗粒之间的碰撞速率（或颗粒碰撞频率函数）。

式（7-46）右端第一项表示两个较小颗粒的聚合造成第 k 级颗粒数量的增多，第二项表示 k 级颗粒与其他颗粒聚合造成第 k 级颗粒数量的减少[34,59]。

钢液中夹杂物的尺寸分布较大，从 1nm ~ 100μm，因此夹杂物方程数目 k 达到 10^{15} 个。在目前的计算机条件下，无法直接求解 Smoluchowski 方程。2001 年，日本学者 Nakaoka 提出了颗粒尺寸分组方法。这样在同样的夹杂物尺寸跨度下，当颗粒相邻组特征体积之比为 2 时，夹杂物方程数目 k 可控制 100 以下，从而大大减小了计算量[60]。因而颗粒尺寸分组方法在描述夹杂物形核长大方面逐渐得到了应用[1~3]。

夹杂物碰撞动力学模型能方便地研究多种碰撞聚合方式对夹杂物生长的影响，并已被应用于描述精炼反应器 RH 和连铸中间包内夹杂物的碰撞聚合[34,59]。但在计算过程中须将反应器划分为若干个区，通过平均湍动能耗散率来计算夹杂物的去除；同时将夹杂物在整个尺寸范围内分成若干个具有特征尺寸的组。这无疑不能准确描述聚合后产物的尺寸和空间分布。此类模型最大的缺陷在于一旦较大粒径的夹杂物与较小粒径的夹杂物进行碰撞聚合，小粒径的夹杂物就会在计算中消失。

7.4.2.2 分形长大模型

夹杂物的形貌是影响钢材质量的另一个重要因素。目前对夹杂物形貌的模拟主要采用有限扩散凝聚模型和弹射凝聚模型。这两类模型又分别有两种模式：单体凝聚模式和集团凝聚模式。

在湍流作用下，构成夹杂物的纳米级粒子自主移动的范围较小，因此在微观尺度上可认为夹杂物凝聚过程不受外力的影响。这种不受外力作用的粒子移动过程是一种随机过程，可采用有限扩散凝聚模型来阐述夹杂物分形长大过程[61]。

单体凝聚模式下有限扩散凝聚经典模型[62,63]可描述如下：

（1）选定一个计算平面。

（2）将种子置于平面的中心。

（3）在平面边界上随机地释放出一个粒子。

（4）该粒子可以沿网格点随机地行走。

（5）粒子行走结束时有两种可能的结果。一是当粒子运动到种子相邻位置时，停止行走并黏附在种子上，形成粒子集团；二是粒子逐渐远离种子并在边界的某一位置离开研究区域。

（6）一旦在研究区域中没有运动的粒子，则重复步骤(3)～(5)，直至没有新的入射粒子产生。

图7-6是采用单体凝聚模型得到的各向同性湍流条件下簇状夹杂物的形貌[63]。夹杂物的长大是以种子为中心向各个方向进行生长。随着生长的进行，种子集团相邻位置逐渐增多，有利于种子集团吸附更多的颗粒从而加剧凝聚的发生，并且所形成的各主要分枝能够有效地阻挡外来颗粒进入凝聚体的中心位置，起到屏蔽作用。

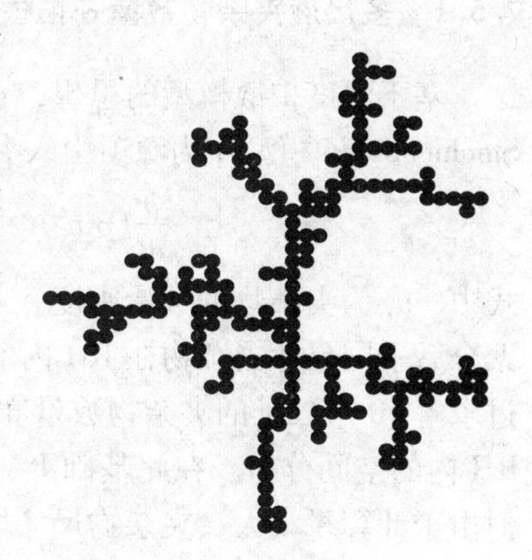

图7-6 夹杂物的簇状形貌

集团凝聚模式下有限扩散凝聚模型[61,64]可描述如下：

（1）选定一个计算平面。

（2）将粒子随机地分布在格点位置上，相邻的粒子属于同一个簇状夹杂物。

（3）每个簇状夹杂物可以沿网格点随机地行走。

（4）当两个簇状夹杂物相邻时，如果产生的0～1之间的随机数大于黏附概率，则这两个粒子形成一个聚合体；然后这个新的聚合体作为一个整体可以沿网格点随机地行走。

（5）当聚合体达到一定尺寸后，停止聚合体的随机运动。

有限扩散凝聚模型可以得到钢中簇状夹杂物的形貌。但受到计算机条件的限制，目前仅能在二维空间进行数值模拟。该模型的最大难点在于无法将颗粒的随机行走与颗粒在冶金反应器内的实际运动速度相关联，且此模型所代表的物理背景与真实冶金反应器内夹杂物运动和碰撞凝聚过程相差很远。

另一种观点认为夹杂物的粒度较小且具有良好的跟随性。在湍流涡团的作用下，夹杂物速度由时均速度和脉动速度构成，且夹杂物的脉动速度等于湍流涡团中流体的脉动速度。因此夹杂物长大过程实际上是夹杂物在湍流涡团内以脉动速度运动而导致的颗粒碰撞聚合行为，应采用弹射凝聚模型来描述。随机雨模型[52]是一种常用的弹射凝聚模型，其描述夹杂物分形长大过程如下：

（1）选定一个球面，将种子夹杂物的中心作为球心画一个大球。

（2）让入射粒子沿球内任意弦运动。

（3）如果运动粒子与种子相切或相割，则碰撞发生。

（4）接着判断聚合长大能否成功进行。如果满足聚合条件，则这两个粒子合并成为一个粒子集团，然后该集团作为一个新的种子存在于体系中。

（5）重复步骤(2)～(4)，直至没有新的入射粒子产生。

随机雨模型成功地实现了夹杂物的三维生长的数值模拟。但是此模型存在一个重要前提，即湍流涡团呈球形，这在实际的生产过程中难以满足；并且同有限扩散凝聚模型一样，随机雨模型的物理背景与真实冶金反应器内夹杂物行为相差很远。

7.5 多模式数学模型

由上面的分析可知，各种基本模型具有各自的优点和缺点，如何充分利用它们的优点并克服它们的缺点一直是冶金工作者所关注的问题。在现有的多模式数学模型中，有两个模型取得了一定程度的成功。

7.5.1 多尺度夹杂物数量守恒模型

基于浓度扩散模型的思想，日本学者 Shirabe 提出了多尺度夹杂物数量守恒方程，将 Smoluchowski 模型作为源项引入夹杂物数量守恒方程来描述湍流碰撞的影响[65]

$$\frac{\partial}{\partial t}(\rho_{\mathrm{f}} n_i) + \nabla \cdot (\rho_{\mathrm{f}} \boldsymbol{u}_{\mathrm{C}} n_i) = \nabla \cdot (D_{\mathrm{eff}} \nabla n_i) + S_i \tag{7-47}$$

式中，n_i 为夹杂物的数量密度。通过求解具有不同尺寸的夹杂物数量守恒方程，得到碰撞聚合后不同尺寸夹杂物在 RH 内的空间分布。在实际应用中，夹杂物尺寸增量为 2μm，通过求解 10 个二维的夹杂物数量守恒方程，得到碰撞聚合后不同尺寸夹杂物的数量密度在 RH 内的空间分布。在此基础上，部分学者进行了中间包内夹杂物碰撞聚合的三维计算，但由于计算量太大，夹杂物尺寸增量为 20μm，夹杂物数量守恒方程下降为 5 个[66]。

由于在冶金过程中所关注的夹杂物尺寸分布较宽，一般为 1～100μm，这就需要求解十几个甚至几十个夹杂物数量守恒方程，并且这些方程还必须联立求解，这无疑对计算机硬件提出了更高的要求，从而大大限制了此模型的应用[67~69]。

7.5.2 夹杂物数量和质量守恒模型

7.5.2.1 基本假设

(1) 钢液中夹杂物浓度很低，对钢液流动的影响可以忽略。

(2) 每个夹杂物的运动都是独立的，直到夹杂物发生碰撞聚合为止。

7.5.2.2 控制方程

破解多尺度夹杂物数量守恒模型的计算量过大的一个有效途径是减少需求解的夹杂物数量守恒方程的个数。大量工业实验表明，夹杂物半径 r 和数量密度分布函数 $f(r)$（单位半径区间内夹杂物的数量密度，单位 $1/\mathrm{m}^4$）之间满足指数关系 $f(r) = A\mathrm{e}^{-Br}$[34,59,70,71]。式中，A 和 B 仅取决于空间位置。因此，可将夹杂物特征体积浓度 c（夹杂物体积与钢液体积的比值）和特征数量密度 N（单位体积钢液中夹杂物的数量，$1/\mathrm{m}^3$）定义如下

$$c = \int_0^{\infty} \frac{4}{3}\pi r^3 f(r)\,\mathrm{d}r = 8\pi \frac{A}{B^4} \tag{7-48}$$

$$N = \int_0^{\infty} f(r)\,\mathrm{d}r = \frac{A}{B} \tag{7-49}$$

令单位体积中夹杂物的特征尺寸 r^* 满足

$$\frac{4}{3}\pi r^{*3} N = \int_0^{\infty} \frac{4}{3}\pi r^3 f(r)\,\mathrm{d}r \tag{7-50}$$

则

$$r^{*} = \frac{\sqrt[3]{6}}{B} \tag{7-51}$$

在冶炼和精炼过程中，化学反应的发生会导致夹杂物的产生和消失，这种现象用夹杂物质量守恒方程中的体积源项 S_C 来表达；同时夹杂物的产生和消失、夹杂物之间的碰撞和聚合也会导致夹杂物数量的变化，这种现象用夹杂物数量守恒方程中的数量密度源项 S_N 来表达。因此夹杂物质量和数量守恒方程可表示为

$$\frac{\partial(\rho c)}{\partial t} + \nabla \cdot (\rho_f \boldsymbol{u}_C c) = \nabla \cdot (D_{eff,C} \nabla c) + S_C \tag{7-52}$$

$$\frac{\partial(\rho N)}{\partial t} + \nabla \cdot (\rho_f \boldsymbol{u}_N N) = \nabla \cdot (D_{eff,N} \nabla N) + S_N \tag{7-53}$$

在结晶器内夹杂物行为具有如下特点：

（1）钢水液面始终被保护渣覆盖，不会造成钢液的二次氧化，也不会因氧化反应而产生新的夹杂物，故 $S_C = 0$。

（2）在夹杂物聚合和分裂过程中，发生变化的只是夹杂物数量，而夹杂物的总质量保持恒定。

（3）夹杂物的输运和碰撞长大行为是一个稳态过程。

因此，结晶器内夹杂物的碰撞聚合长大模型可用如下的夹杂物的输运方程来描述[4,14,72,73]

$$\frac{\partial}{\partial x_i}(\rho \boldsymbol{u}_{C,i} c) = \frac{\partial}{\partial x_i}\left(D_{eff} \frac{\partial c}{\partial x_i}\right) \tag{7-54}$$

$$\frac{\partial}{\partial x_i}(\rho \boldsymbol{u}_{N,i} N) = \frac{\partial}{\partial x_i}\left(D_{eff} \frac{\partial N}{\partial x_i}\right) + S_N \tag{7-55}$$

7.5.2.3 数量密度碰撞源项

对于1μm以上的夹杂物，湍流碰撞和斯托克斯碰撞是夹杂物主要的碰撞聚合方式，而布朗碰撞可以忽略[14]。因此夹杂物数量密度源项 S_N 由两部分组成。

$$S_N = S_{turb} + S_{Stokes} \tag{7-56}$$

湍流碰撞对夹杂物数量密度源项 S_N 的贡献可表示为

$$\begin{aligned} S_{turb} &= \frac{1}{2}\int_0^{\infty}\int_0^{\infty} 1.3\alpha \sqrt{\frac{\pi\varepsilon}{\nu}}(r_i + r_j)^3 n_i n_j \mathrm{d}r_i \mathrm{d}r_j \\ &= \frac{1}{2}\int_0^{\infty}\int_0^{\infty} 1.3\alpha \sqrt{\frac{\pi\varepsilon}{\nu}}(r_i + r_j)^3 A\mathrm{e}^{-Br_i} A\mathrm{e}^{-Br_j} \mathrm{d}r_i \mathrm{d}r_j \\ &= \frac{1}{2}\int_0^{\infty}\int_{r_i}^{\infty} 1.3\alpha \sqrt{\frac{\pi\varepsilon}{\nu}} R^3 A^2 \mathrm{e}^{-BR} \mathrm{d}R \mathrm{d}r_i \\ &= 1.3\alpha \sqrt{\frac{\pi\varepsilon}{\nu}} \frac{12A^2}{B^5} \end{aligned}$$

$$= 2.6\alpha\sqrt{\frac{\pi\varepsilon}{\nu}}N^2 r^{*3} \tag{7-57}$$

斯托克斯碰撞对夹杂物数量密度源项 S_N 的贡献可表示为

$$\begin{aligned}
S_{\text{Stokes}} &= \frac{1}{2}\int_0^\infty\int_0^\infty \frac{2\pi g\Delta\rho}{9\mu}|r_i^2 - r_j^2|(r_i + r_j)^2 n_i n_j \mathrm{d}r_i \mathrm{d}r_j \\
&= \frac{1}{2}\int_0^\infty\int_0^\infty \frac{2\pi g\Delta\rho}{9\mu}|r_i - r_j|(r_i + r_j)^3 A\mathrm{e}^{-Br_i}A\mathrm{e}^{-Br_j}\mathrm{d}r_i \mathrm{d}r_j \\
&= \int_0^\infty\int_{r_i}^\infty \frac{\pi g\Delta\rho}{9\mu}|2r_i - R|R^3 A^2 \mathrm{e}^{-BR}\mathrm{d}R\mathrm{d}r_i \\
&= \int_0^\infty\int_{2r_i}^\infty \frac{\pi g\Delta\rho}{9\mu}(R - 2r_i)R^3 A^2 \mathrm{e}^{-BR}\mathrm{d}R\mathrm{d}r_i + \int_0^\infty\int_{r_i}^{2r_i} \frac{\pi g\Delta\rho}{9\mu}(2r_i - R)R^3 A^2 \mathrm{e}^{-BR}\mathrm{d}R\mathrm{d}r_i \\
&= \frac{\pi g\Delta\rho}{9\mu}\frac{60A^2}{B^6} \\
&= \frac{10}{9\sqrt[3]{6}}\frac{\pi g\Delta\rho}{\mu}N^2 r^{*4}
\end{aligned} \tag{7-58}$$

7.5.2.4 夹杂物上浮速度

夹杂物质量守恒方程中的夹杂物运动速度 u_C 与流体运动速度 u_f 和夹杂物特征体积浓度上浮速度 $u_{p,C,z}$ 有关

$$\boldsymbol{u}_C = \boldsymbol{u}_f + \boldsymbol{u}_{p,C,z} \tag{7-59}$$

夹杂物数量守恒方程中的夹杂物运动速度 u_N 与流体运动速度 u_f 和夹杂物特征数量密度上浮速度 $u_{p,N,z}$ 有关

$$\boldsymbol{u}_N = \boldsymbol{u}_f + \boldsymbol{u}_{p,N,z} \tag{7-60}$$

而夹杂物特征体积浓度上浮速度和夹杂物特征数量密度上浮速度是颗粒雷诺数的函数。

当一个夹杂物以终点上浮速度 $u_{p,z}$ 垂直向上运动时，它所受的重力、浮力和阻力相互平衡，即

$$\Delta\rho g\frac{4}{3}\pi r_p^3 = \frac{1}{2}\pi r_p^2 C_D \rho_f u_{p,z}^2 \tag{7-61}$$

则单个夹杂物终点上浮速度 u_p 可表示为

$$u_{p,z}^2 = \frac{8}{3}\frac{\Delta\rho g r_p}{\rho_f C_D} \tag{7-62}$$

当夹杂物上浮时，夹杂物的体积迁移量可表示为

$$u_{p,C,z}c = \int_0^\infty u_{p,z} f(r)\frac{4}{3}\pi r_p^3 \mathrm{d}r_p \tag{7-63}$$

相应地，夹杂物的数量迁移量可表示为

$$u_{p,N,z}N = \int_0^\infty u_{p,z} f(r)\mathrm{d}r_p \tag{7-64}$$

当颗粒雷诺数取不同数值时，可得表 7-2 所示的颗粒的阻力系数和单个夹杂物终点上浮速度；再对式（7-63）和式（7-64）进行积分即可得到表 7-2 所示的夹杂物特征体积浓度上浮速度和夹杂物特征数量密度上浮速度。

表 7-2　不同雷诺数下夹杂物的上浮速度

Re_p	$Re_p \leqslant 2$	$2 < Re_p \leqslant 500$	$Re_p > 500$
C_D	$C_D = \dfrac{24}{Re_p}$	$C_D = \dfrac{10}{\sqrt{Re_p}}$	$C_D = 0.44$
常数	$c_1 = \dfrac{2}{9} \times \dfrac{\Delta\rho g}{\mu}$	$c_2 = \left(\dfrac{4\sqrt{2}}{15} \times \dfrac{g\Delta\rho}{\sqrt{\rho\mu}}\right)^{\frac{2}{3}}$	$c_3 = \left(\dfrac{8}{3} \times \dfrac{\Delta\rho g}{0.44\rho}\right)^{\frac{1}{2}}$
$u_{p,z}$	$u_{p,z} = c_1 r_p^2$	$u_{p,z} = c_2 r_p$	$u_{p,z} = c_3 r_p^{\frac{1}{2}}$
$u_{p,C,z}$	$u_{p,C,z} = \dfrac{2c_1}{\sqrt[3]{6^2}} r^{*2}$	$u_{p,C,z} = \dfrac{c_2}{\sqrt[3]{6}} r^{*}$	$u_{p,N,z} = \dfrac{4c_3}{\sqrt[3]{6}} r^{*}$
$u_{p,N,z}$	$u_{p,N,z} = \dfrac{20c_1}{\sqrt[3]{6^2}} r^{*2}$	$u_{p,C,z} = \dfrac{\sqrt{\pi}c_2}{2\sqrt[6]{6}} r^{*\frac{1}{2}}$	$u_{p,N,z} = \dfrac{35\sqrt{\pi}c_3}{32\sqrt[6]{6}} r^{*\frac{1}{2}}$

7.5.2.5　计算区域和边界条件

基于板坯结晶器的对称性，计算区域可只取铸坯的 1/2 体积。夹杂物到达自由液面后，仅有 80% 的夹杂物被保护渣所吸附[30]，其余的夹杂物再次进入钢液中；而夹杂物一旦接触到凝固坯壳，立即被凝固坯壳所捕获[25]。综合以上研究成果，结晶器内夹杂物碰撞长大模型边界条件[74]见表 7-3。

表 7-3　结晶器内夹杂物碰撞长大模型边界条件

参　数		c	N
边界	自由液面	$F_C = 0.8\left(u_{C^*,n}c - D_{eff}\dfrac{\partial c}{\partial n}\right)$	$F_N = 0.8\left(u_{N,n}N - D_{eff}\dfrac{\partial N}{\partial n}\right)$
	入口	$c = c_0$	$N = N_0$
	水口壁面	$\dfrac{\partial c}{\partial n} = 0$	$\dfrac{\partial N}{\partial n} = 0$
	对称面	$\dfrac{\partial c}{\partial n} = 0$	$\dfrac{\partial N}{\partial n} = 0$
	结晶器壁面	$F_C = -D_0\dfrac{\partial c}{\partial n}$	$F_N = -D_0\dfrac{\partial N}{\partial n}$
	出口	$\dfrac{\partial c}{\partial n} = 0$	$\dfrac{\partial N}{\partial n} = 0$

7.5.2.6　结晶器内夹杂物分布特征

由于夹杂物质量守恒和数量守恒方程仅需求解两个偏微分方程组，计算量较小，因此广泛地用于描述钢包、中间包和结晶器内夹杂物碰撞长大行为[4,72~75]。

结晶器内夹杂物空间分布可以形象地称为“夹杂物云”，如图 7-7 所示。云的颜色越深，代表夹杂物体积浓度越大、夹杂物数量密度越大或夹杂物尺寸越大。从图 7-7 中可以看出，受钢液流动的影响，夹杂物的运动特征与钢液的流动特征相类似，也可分为上下两个循环区。受夹杂物碰撞长大等因素的影响，夹杂物的尺寸在结晶器内并不服从均匀分布。在水口出口处，湍动能耗散率最大，因而夹杂物在此区域的碰撞聚合也越剧烈。换言之，新的较大粒径夹杂物不断产生，小粒径的夹杂物不断消失。因此，沿钢液射流流股方向，夹杂物的数量密度逐渐减小，夹杂物的特征尺寸逐渐增大。在上部循环区，由于凝固坯壳和保护渣不断吸收夹杂物，因此夹杂物在沿铸坯窄面上行的过程中，体积浓度逐渐减小。在上部循环区的外围，夹杂物直接来自新鲜钢液的夹带，因此尺寸较小。而这些夹杂物要运动至上部循环区的涡心附近，则需要进行多次环状运动，因此它们有较多的时间进行聚合长大，这样就造成了在涡心的夹杂物特征尺寸大于在循环区外围的夹杂物尺寸。而下部循环区涡心处夹杂物特征尺寸较大。这是因为在涡心下方的夹杂物不断碰撞聚合上浮造成的。在结晶器下方夹杂物的体积浓度、数量密度和特征半径的“W”形分布，与结晶器下方的钢液流速“W”形分布相一致，说明对流输运是影响夹杂物分布的主要因素[74]。

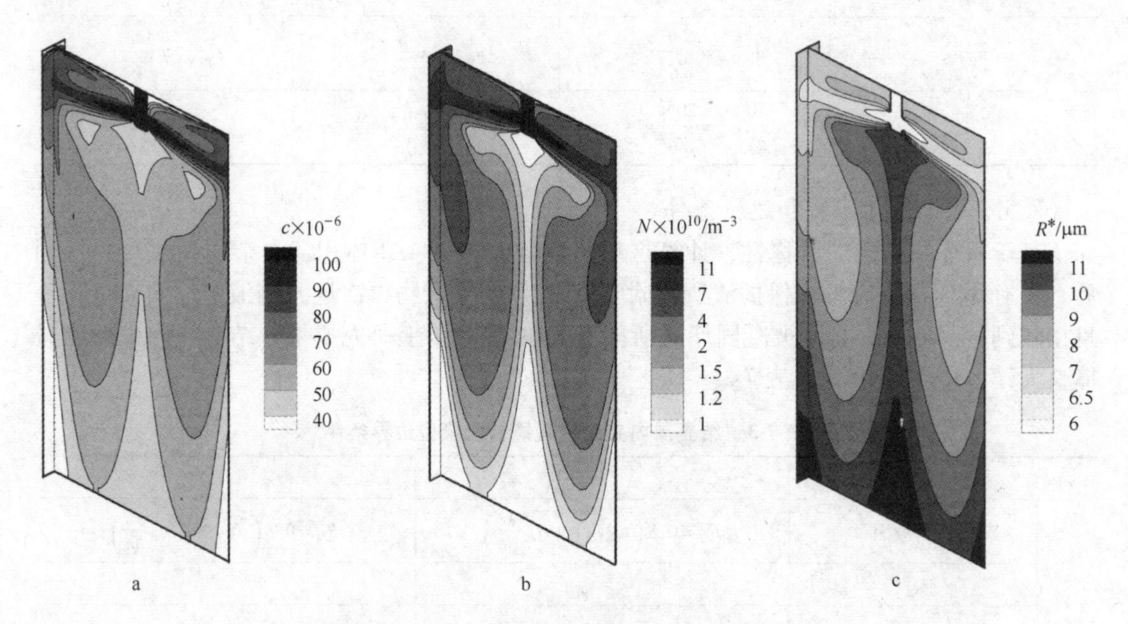

图 7-7 结晶器内夹杂物空间分布

a—夹杂物体积浓度；b—夹杂物数量密度；c—夹杂物特征半径

7.5.3 欧拉-拉格朗日混合模型

欧拉模型能够描述夹杂物在反应器内空间分布，而拉格朗日模型能在线跟踪夹杂物的运动，描述夹杂物碰撞长大过程。这两种模型具有各自的优点和缺陷，那么这两种模型结合而得到的混合模型是否能保持它们原有的优点而克服它们的缺陷呢？现有研究结果表明这种混合模型能相互弥补各自的不足从而更好地发挥各自的优点[52,76,77]。

因为夹杂物质量守恒和数量守恒模型能够给出夹杂物数量密度、特征尺寸在反应器内的空间分布，所以采用颗粒弹道模型计算单个夹杂物轨迹时，就已经知道夹杂物所在位置处的夹杂物的数量和尺寸分布。这些夹杂物信息和钢液流场信息提供了随机雨模型所需的信息，即影响区域大小的确定、入射粒子半径的选择及颗粒碰撞聚合条件的确立[52,76,77]。欧拉-拉格朗日混合模型的建立解决了传统颗粒分形生长不具有实际物理背景的难点，同时也利用随机雨模型作为桥梁将欧拉模型和拉格朗日模型两个独立的模型有机地结合在一起。这种混合模型的计算量较小，且能给出夹杂物空间分布，从而实现了跟踪一个夹杂物来描述簇状夹杂物的碰撞聚合过程。

欧拉-拉格朗日混合模型实质是颗粒弹道模型、夹杂物数量和质量守恒模型和修正的"随机雨"模型的组合体。颗粒弹道模型能够给出不同时刻夹杂物的位置，欧拉模型能给出夹杂物在该时刻夹杂物所在网格内夹杂物的数量和尺寸分布，而修正的随机雨模型[52,77]则能回答在该时刻该位置处的夹杂物之间能否发生碰撞和聚合，并给出聚合位置。钢液中夹杂物碰撞长大模型[77]如图 7-8 所示。

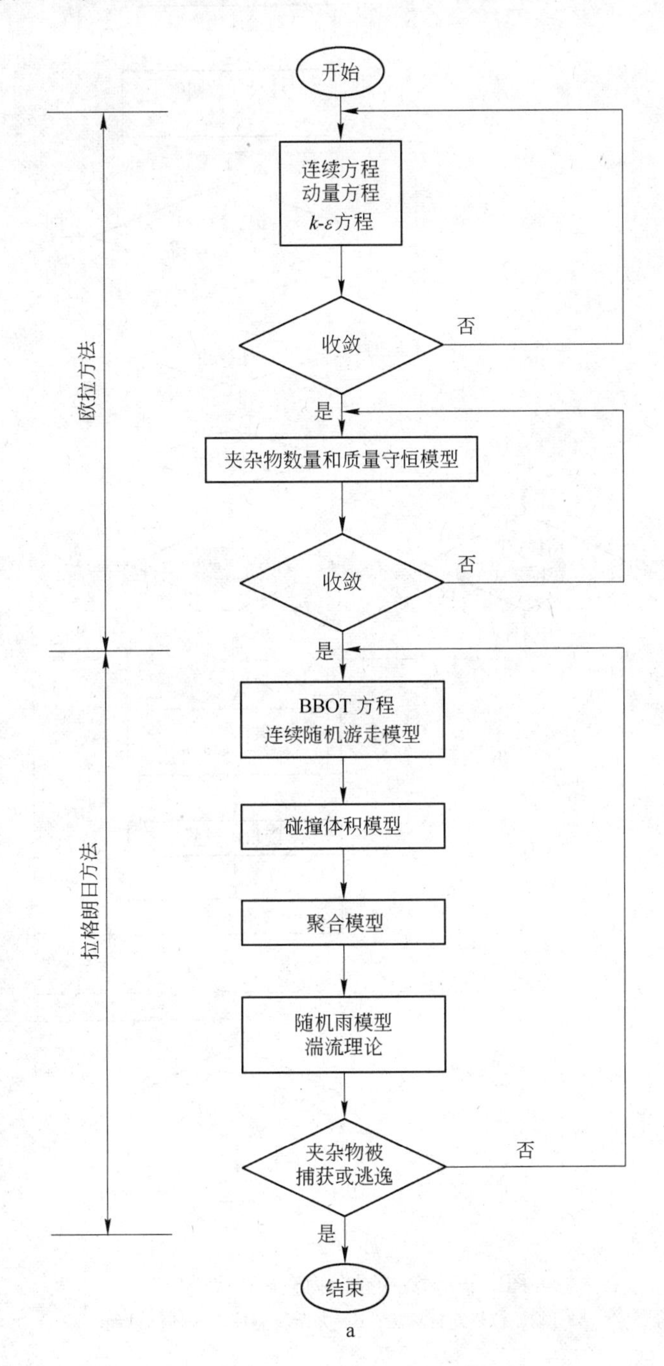

a

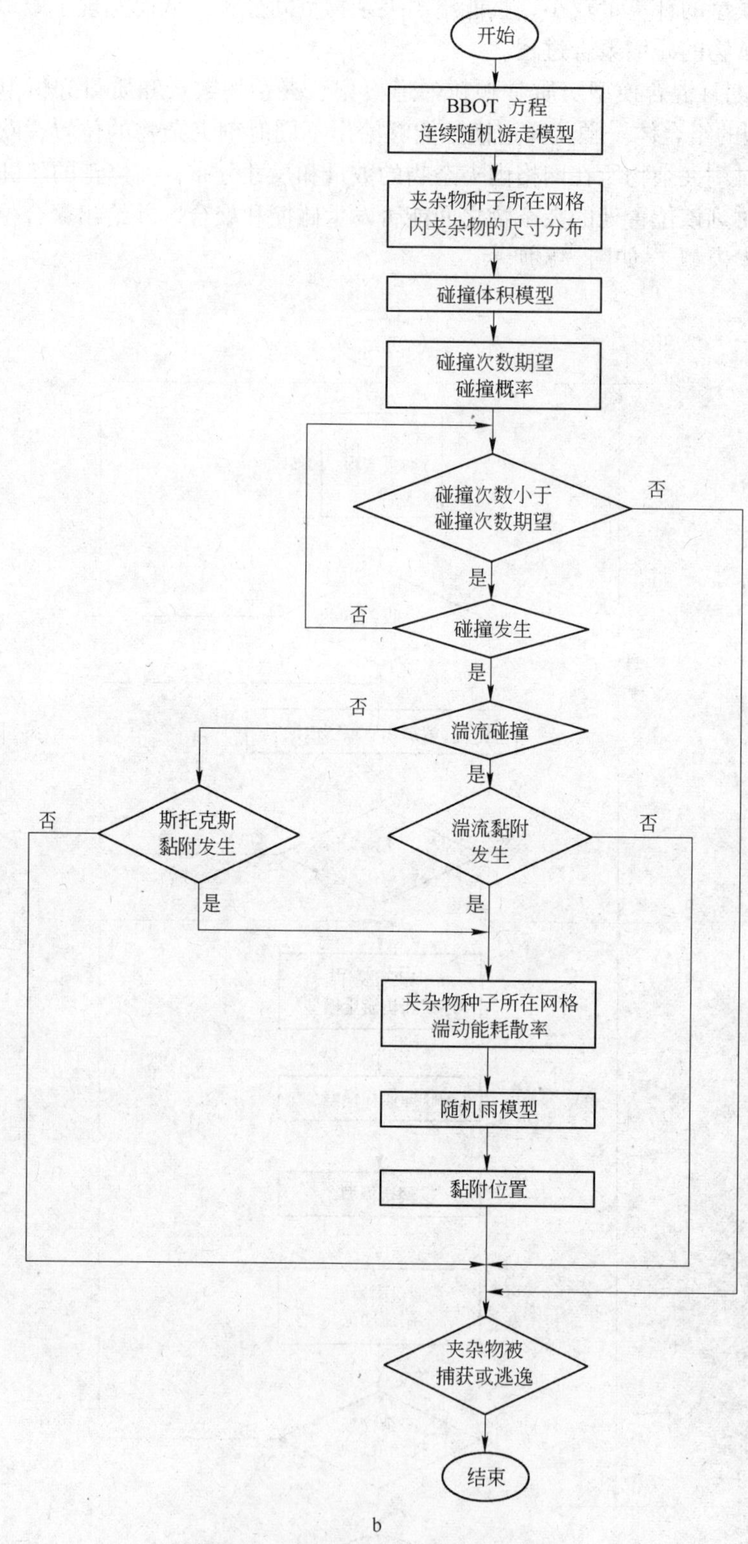

图 7-8 钢液中夹杂物碰撞长大模型

a—欧拉-拉格朗日算法；b—夹杂物碰撞聚合计算过程

7.5.3.1 连续随机游走模型

在研究颗粒运动行为的过程中，由于颗粒相浓度十分低，因此可以只考虑湍流对颗粒运动行为的影响，而忽略颗粒对流场的影响。基于此种假设，描述流场的物理量，如平均速度、平均湍动能、平均湍动能耗散率均能事先得到。

流场的瞬时速度 $\boldsymbol{u}_{\mathrm{f}}$ 直接关系到湍流场中夹杂物的运动行为，因此如何确定流场的瞬时速度是拉格朗日方法中的一个重要内容。计算流场的瞬时速度最简单的方法是引入涡团的生存周期模型。此模型用正态分布来描述脉动速度 $\boldsymbol{u}_{\mathrm{f}}'$，具体数学描述见式（7-42）和式(7-43)。

在涡团的生命周期内，此模型假定湍流流场是冻结的（即保持恒定）。但事实上，相邻网格点的速度或流体质点在微小时间间隔的速度并不是完全随机的，而是存在内在关联的，因此涡团的生存周期模型中的流场冻结假设会导致错误。幸运的是，通过在数学模型中引入相邻网格点或相邻时刻的内在关联函数，涡团的生存周期模型这个缺陷可以被弥补。

Lu[78,79] 提出的连续随机游走模型能够有效地避免涡团生存周期模型的上述缺陷。为了确定新脉动速度和前一时间步的脉动速度之间的关系，必须给出流体微团和夹杂物颗粒在一个时间步的运动行为，如图 7-9 所示。

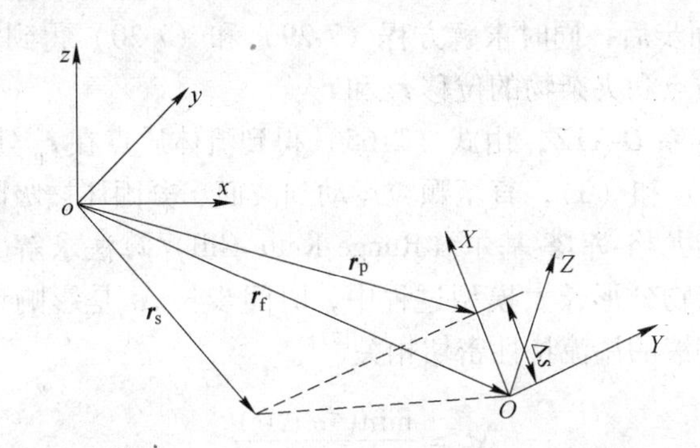

图 7-9 在 t 和 $t+\Delta t$ 时刻流体质点和固体颗粒的位置

在时刻 t，颗粒和流体质点均从相同位置 $\boldsymbol{r}_{\mathrm{s}}$ 出发。经过一个时间步长 Δt 后，它们分别到达 $\boldsymbol{r}_{\mathrm{p}}$ 和 $\boldsymbol{r}_{\mathrm{f}}$。$o$-$xyz$ 是绝对坐标系，O-XYZ 是基于位移 Δs 建立的局部坐标系。流体在位置 $\boldsymbol{r}_{\mathrm{s}}$ 和 $\boldsymbol{r}_{\mathrm{p}}$ 处的脉动速度存在如下关系式

$$W_i(\boldsymbol{r}_{\mathrm{p}}) = f(\Delta t) g_i(\Delta s) W_i(\boldsymbol{r}_{\mathrm{s}}) + \psi_i \quad (i = 1,2,3) \tag{7-65}$$

在局部坐标系 O-XYZ 中，流体的无量纲脉动速度分量定义如下

$$W_i = \frac{u_i'}{\sqrt{u_j' u_j'}} \quad (i,j = 1,2,3) \tag{7-66}$$

式（7-66）中的指标 1、2 和 3 分别代表图 7-9 所示的 X 轴、Y 轴和 Z 轴。ψ_i 是服从均值为零、方差为（σ_ψ）$_i$ 的高斯分布随机数，$(\sigma_\psi)_i$ 可由下式得到

$$(\sigma_\psi)_i = \sqrt{1 - f^2(\Delta t) g_i^2(\Delta s)} \quad (i = 1,2,3) \tag{7-67}$$

$$f(\Delta t) = \exp\left(\frac{-\Delta t}{\tau_f}\right) \tag{7-68}$$

$$g_i(\Delta s) = \exp\left(\frac{-\Delta s}{2\Lambda_i}\right)\cos\left(\frac{\Delta s}{2\Lambda_i}\right) \quad (i = 1,2,3) \tag{7-69}$$

式中，τ_f 为拉格朗日时间尺度，Λ_i 为欧拉尺度，它们可由下式得到

$$\tau_f = 0.235\frac{\overline{u_j' u_j'}}{\varepsilon} \quad (j = 1,2,3) \tag{7-70}$$

$$\Lambda_1 = 2.5\,\tau_f\sqrt{\overline{u_j' u_j'}} \quad (j = 1,2,3) \tag{7-71a}$$

$$\Lambda_2 = \Lambda_3 = 0.5\Lambda_1 \tag{7-71b}$$

式中，$\overline{u_j' u_j'} = \frac{2}{3}k$（$j = 1, 2, 3$）。 (7-72)

基于已知的流场，夹杂物连续随机游走模型的具体计算步骤如下：

（1）在 $t = 0$ 时刻，给定颗粒的夹杂物位置和初始速度。夹杂物的初始脉动速度分量 u_i' 服从高斯分布。夹杂物的瞬时速度由平均速度和脉动速度叠加得到。

（2）经过一个时间步后，同时求解方程（7-29）和（7-30）得到流体的瞬时速度和新位置，从而确定流体质点和夹杂物的位移 $\boldsymbol{r}_f$ 和 $\boldsymbol{r}_p$。

（3）建立局部坐标系 $O\text{-}XYZ$，由式（7-65）得到流体质点在 $\boldsymbol{r}_p$ 处的脉动速度。

（4）重复步骤（2）和（3），直至颗粒运动到液面、凝固坯被吸附或离开结晶器。

采用四阶变步长的龙格-库塔-基尔（Runge-Kutta-Gill）算法求解上述微分方程组。在计算夹杂物轨迹和夹杂物分形长大模型过程中，时间步长 Δt 是影响计算的重要因素。它的选取与网格系统和钢液的湍流特性密切相关[77]。

$$\Delta t = \frac{\min(\tau_{grid}, \tau_f)}{c_t} \tag{7-73}$$

式中，c_t 为时间步长因子，一般取值大于 10。而最小网格特征时间 τ_{grid} 可用下式确定

$$\tau_{grid} = \min(\Delta x_i / u_{f,i})\,(i = 1,2,3) \tag{7-74}$$

在每个时间步长上，计算收敛的判定标准为

$$\max\left|\frac{\boldsymbol{u}_p^{(n+1)} - \boldsymbol{u}_p^{(n)}}{\boldsymbol{u}_p^{(n+1)}}\right| < 10^{-5} \tag{7-75}$$

式中，n 为迭代次数。

7.5.3.2　分形长大模型

在冶金反应器中，湍流是影响夹杂物运动和碰撞长大的关键因素。连续随机游走模型成功地描述了湍流对夹杂物运动行为的影响。剩下的任务是如何描述夹杂物的非平衡长大过程。这就需要从分形理论这一新兴学科中寻找灵感。经典的随机雨模型能够描述簇状颗粒的长大过程，但是模型中的关键参数（如长度和时间）仅是数学变量而没有实际的物理意义。幸运的是，Rourke 提出的随机碰撞模型[80]和谷口尚司提出的聚合长大模型[81]在随

机雨模型和簇状夹杂物碰撞聚合模型之间架起了一座桥梁。因此，随机碰撞模型、聚合长大模型和随机雨模型就构成了修正的随机雨模型。此模型可以解决如下三个重要问题：（1）两个夹杂物之间的碰撞能否发生？（2）两个夹杂物之间的聚合能否发生？（3）两个夹杂物之间发生聚合时，聚合位置如何确定？

A 碰撞概率

夹杂物碰撞聚合模型的首要问题是如何确定两个夹杂物之间碰撞的发生。通常，将被跟踪计算运动轨迹的夹杂物称为种子夹杂物，其半径设为 r_j；另一个半径设为 r_i 的入射夹杂物则通过随机方法选定。由于半径为 r_i 的入射夹杂物出现的概率与其对应的尺寸分布函数有关，因此，其出现的概率表达式为

$$P(r_j) = \frac{\int_{r_i}^{r_{i+1}} f(r)\,\mathrm{d}r}{\int_0^{\infty} f(r)\,\mathrm{d}r} \tag{7-76}$$

根据几何关系，如果两个颗粒之间的距离小于它们的半径之和 $r_i + r_j$，碰撞就会发生。这样，种子颗粒与其他入射颗粒之间的碰撞次数期望值可表达为

$$\bar{n} = \frac{n_j \pi (r_i + r_j)^2 v \Delta t}{V} \tag{7-77}$$

式中，$v\Delta t$ 为半径为 r_i 的种子颗粒运动的距离；n_j 为在网格体积为 V 的钢液中半径为 r_j 的颗粒的数量。

Rourke 提出的碰撞体积模型[80]认为，颗粒之间的碰撞次数概率分布服从泊松分布，那么碰撞次数为 n 时的碰撞概率为

$$P_{\mathrm{col}}(n) = \frac{\bar{n}^n}{n!}\exp(-\bar{n}) \tag{7-78}$$

B 黏附概率

一旦两个颗粒发生碰撞，它们就有机会发生聚合而成为一个颗粒。这样一种现象的发生取决于黏附力和流体动力的相互作用。湍流碰撞和斯托克斯碰撞是较大尺寸夹杂物主要的碰撞长大方式，并且不同的碰撞方式具有不同的黏附概率。因此有必要首先确定两个颗粒之间的碰撞机制。

$$P_{\mathrm{adh}} = \begin{cases} P_{\mathrm{St}} & 0 \leqslant \zeta \leqslant \dfrac{\beta_{\mathrm{St}}}{\beta_{\mathrm{St}} + \beta_{\mathrm{t}}} \\ P_{\mathrm{t}} & \dfrac{\beta_{\mathrm{St}}}{\beta_{\mathrm{St}} + \beta_{\mathrm{t}}} < \zeta \leqslant 1 \end{cases} \tag{7-79}$$

式中，随机变量 ζ 服从均匀分布，且其平均值为 0.5。

如果两个夹杂物颗粒之间发生的碰撞是湍流碰撞，则相应的黏附概率[81,82]可由下式给出

$$P_{\mathrm{t}} = 0.732\left(\frac{5}{\omega}\right)^{0.242} \tag{7-80}$$

式中，ω 取决于黏性力和范德华力之比。

如果两个夹杂物颗粒之间发生的碰撞是斯托克斯碰撞，则现有文献［2，4］表明相应的黏附概率是1，即

$$P_S = 1 \tag{7-81}$$

C 黏附位置

黏附位置的确定问题可通过基于湍流理论的修正随机雨模型[76,77]来解决。其具体过程可简述如下：

（1）以种子夹杂物的中心作为球心，以湍流的科尔莫戈罗夫（Kolmogorov）尺寸作为半径画一个大球。

$$L_t = C_\mu k^{3/2}/\varepsilon \tag{7-82}$$

（2）将碰撞模型中半径为 r_i 的夹杂物作为入射粒子沿球内任意弦运动。由于夹杂物在反应器内不同位置处的浓度和尺寸分布各不相同，入射粒子尺寸选择应当取决于当地的夹杂物粒径分布，即式（7-76）。

（3）入射夹杂物从球表面出发，沿球内任意弦运动。

（4）如果两个夹杂物之间发生的碰撞，则碰撞位置即为黏附位置。如果碰撞不成功，则返回第（3）步，直至发生碰撞为止。

7.5.3.3 簇状夹杂物的形成

种子直径为30μm的夹杂物三种簇状形态如图7-10所示。

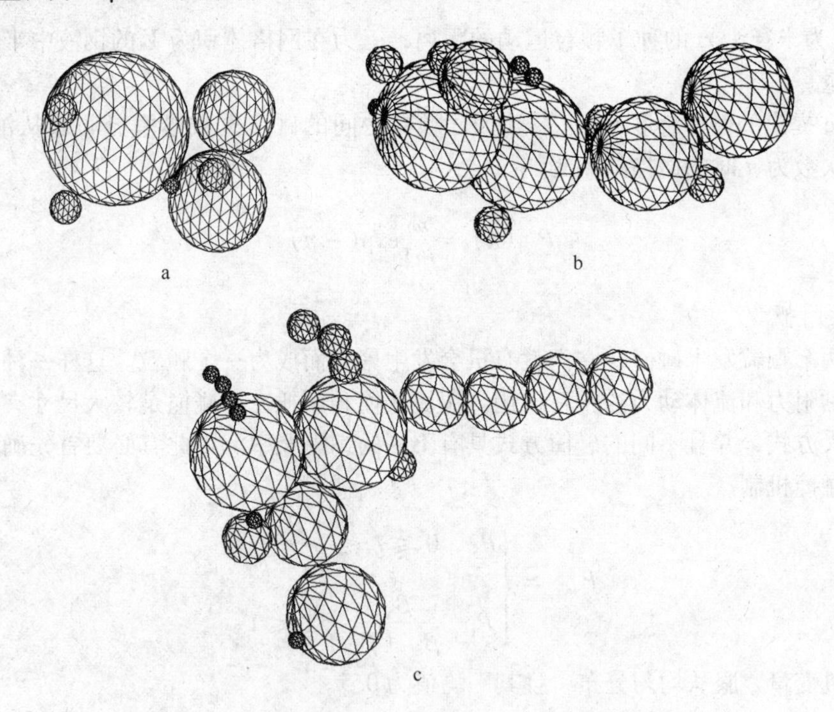

图7-10 种子直径为30μm的夹杂物三种簇状形态

a—7个颗粒；b—13个颗粒；c—19个颗粒

图7-10表明大粒径的夹杂物具有明显的簇状结构[52]。在离散涡生存期间，夹杂物的运动具有随机性。当其他夹杂物运动到种子夹杂物周围时，受黏性力和流体动力的作用，

种子夹杂物能吸附周围夹杂物粒子。一旦吸附成功，被黏附的夹杂物就在种子夹杂物表面形成突起，从而增大了种子夹杂物的体积和表面积，为下一次吸附过程提供了更有利的条件。同时，夹杂物的吸附作用具有持续性：被吸附的夹杂物往往成为下一次吸附的“活性”表面，这些突起最终成长为尺寸较大的触手。簇状夹杂物的多个触手结构已被实验工作所证实[83,84]，夹杂物的主链由较大粒径的夹杂物形成，而支链则由较小粒径的夹杂物形成；这种簇状结构比较松散，因此其表观密度较小。

图 7-10 还表明相同粒径的夹杂物的最终形态是不一样的。造成这一现象的主要原因如下：

(1) 夹杂物出发位置的确定是随机的，其在水口出口各点的出现概率相同。

(2) 在湍流的作用下，夹杂物运动轨迹不仅决定于当地钢液的时均速度，还与当地钢液的随机脉动速度有关。

(3) 在夹杂物运动过程中，夹杂物会经过不同的“夹杂物云”。在这些夹杂物中，夹杂物体积浓度、数量密度和尺寸各不相同。

(4) 在颗粒的碰撞、长大过程中，入射夹杂物的粒径、碰撞地点的选择也具有随机性。

(5) 种子颗粒一旦吸附其他夹杂物，成为一个较大的夹杂物后，它将具有更大的表面积，具有更强的吸附其他夹杂物的能力，从而成为一个更大的颗粒。这是一个恶性循环。

7.5.3.4 *夹杂物受力分析*

图 7-11 表示的是沿颗粒轨迹作用于粒径为 10μm 的颗粒上的各种类型力的变化规律。它具有如下特点：

(1) 因为簇状夹杂物中 Al_2O_3 的体积分率约为 0.03[85]，导致夹杂物的密度与钢液的密度相近，所以夹杂物受到的浮力与重力大致相等。

(2) 压强梯度力比重力高出大概一个数量级，因此在夹杂物的运动过程中，压强梯度力是最重要的力。这个事实导致了小尺寸的夹杂物颗粒不得不随着钢液流动而运动。

(3) Basset 力是第二重要的力，因为它的大小大概是重力的 3 倍。

(4) 重力、浮力、虚拟质量力和阻力处于同一数量级。

(5) 因为结晶器内钢液的速度梯度比较小，所以萨夫曼升力比重力低两个数量级，可以忽略。

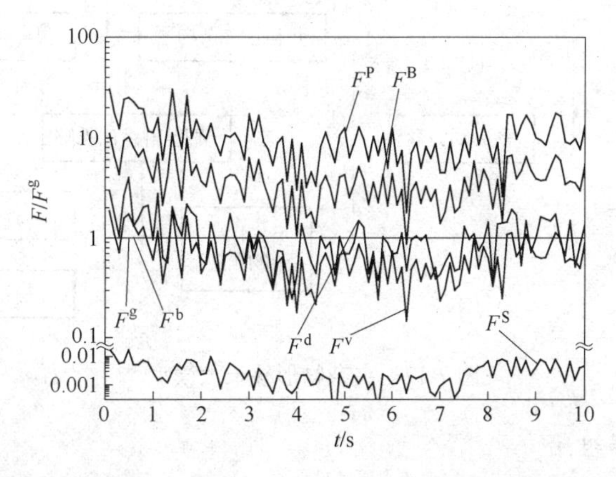

图 7-11 沿颗粒轨迹作用于粒径为 10μm 的颗粒上的各种类型力的变化规律

（6）虽然压强梯度力、巴赛特力、虚拟质量力和阻力不在一个数量级上，但是它们在夹杂物的运动过程中符合相同的变化规律。这个有趣的现象来源于两个重要原因：1）流体的加速和减速是影响压强梯度力、巴赛特力和虚拟质量力的关键因素。2）因为控制夹杂物运动的驱动力（压强梯度力）比颗粒的被动力（阻力）高出约一个数量级，因此阻力不得不随着压强梯度力的变化而变化。

（7）萨夫曼升力具有压强梯度力的部分特征，但是其变化规律并不与压强梯度力的完全一致，这取决于如下两个因素：1）影响萨夫曼升力的因素与影响压强梯度力、巴赛特力和虚拟质量力的因素不一样。结晶器内钢液速度场的旋度是影响萨夫曼升力的主要因素，而钢液流场的加速度是影响压强梯度力、巴赛特力和虚拟质量力的主要因素。因此，压强梯度力、巴赛特力，虚拟质量力和萨夫曼升力服从不同的规律。2）压强梯度力、巴赛特力，虚拟质量力和萨夫曼升力均取决于结晶器内钢液的流动行为。因此，萨夫曼升力的变化规律与压强梯度力、巴赛特力，虚拟质量力的变化规律具有一定程度的相似性。

7.5.4　夹杂物形核长大模型

图 7-12 所示为夹杂物形核长大模型，可分为两个子模型，形核热力学和长大动力学[1,2,3]。形核热力学子模型需要解决的是脱氧反应能否发生，以及夹杂物形核后的临界半径问题。而长大动力学子模型分为两部分：一个研究对象是小于临界半径的可溶性夹杂物，它们的长大机制为奥斯特瓦德熟化长大机制，一般采用直接方法进行求解；另一个研究对象是成为钢液中第二相的夹杂物颗粒，它们的长大机制为奥斯特瓦德熟化长大机制和颗粒碰撞长大机制，一般采用颗粒群组法[60]进行求解。

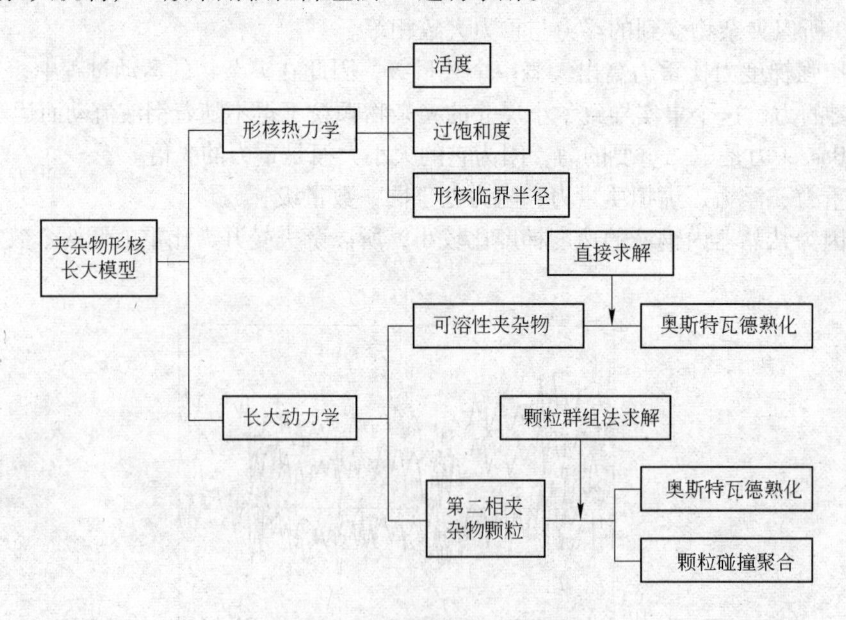

图 7-12　夹杂物形核长大模型

7.5.4.1　颗粒群组法

Smoluchowski 模型已被采用来描述各类反应器内颗粒的碰撞长大行为。由于在大多数反应器内流体流动处于湍流状态，因此颗粒之间的碰撞以湍流碰撞为主。如果碰撞尺寸 $r_i + r_j$ 远小于 Kolmogoroff 尺寸 $\eta = (\nu^3/\varepsilon)^{1/4}$，并且颗粒之间的聚合系数为 α，则可在 Smoluchowski 方程式（7-46）中考虑湍流碰撞因素，具体表达式为

$$\frac{\mathrm{d}n_k}{\mathrm{d}t} = \frac{1}{2}\sum_{i+j=k} 1.3(\pi\varepsilon/\nu)^{1/2}(r_i + r_j)^3 n_i n_j - \sum_{i=1}^{\infty} 1.3(\pi\varepsilon/\nu)^{1/2}(r_i + r_k)^3 n_i n_k \tag{7-83}$$

式中，ν 为流体运动黏度；ε 为湍动能耗散率；r 为颗粒半径。

将上式进行无因式化，得

$$\frac{\mathrm{d}n_k^*}{\mathrm{d}t^*} = \frac{1}{2}\sum_{i+j=k} (i^{1/3} + j^{1/3})^3 n_i^* n_j^* - \sum_{i+j=k}^{N_M} (i^{1/3} + j^{1/3})^3 n_i^* n_j^* \tag{7-84}$$

式中，$n_k^* = n_k/N_0$ 为包含 k 个分子夹杂物的无量纲颗粒数量密度；$t^* = 1.3\alpha(\pi\varepsilon/\nu)^{1/2} \cdot r_1^3 N_0 t$ 为无量纲时间；N_M 为最大尺寸颗粒中最小颗粒的数量；N_0 为初始时刻体积中单颗粒的总数量。

从模型理论基础的角度上来看，基于分子的颗粒数量守恒模型是准确的，并且控制方程物理意义清楚。但是将其用于夹杂物聚合计算时，由于计算耗时过长，因此直接求解 Smoluchowski 方程这种数值手段无法用于描述冶金过程的夹杂物形核长大过程。图 7-13 所示的颗粒群组法[60]为解决这一问题提供了思路。

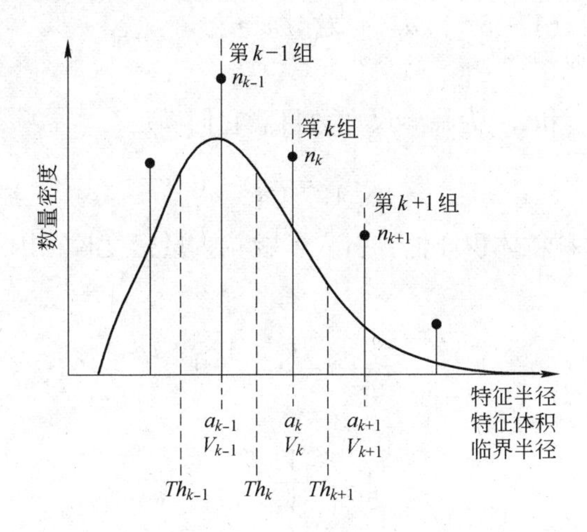

图 7-13 颗粒群组法中颗粒尺寸分布的定义

在颗粒群组法中，颗粒按照体积分为 M 组。这些组内颗粒的特征体积为 V_1，…，V_{k-1}，V_k，V_{k+1}，…，V_M。相邻组之间的体积成倍数增加，即

$$R_\mathrm{V} = \frac{V_k}{V_{k-1}} = 常数 \tag{7-85}$$

图 7-13 给出了颗粒尺寸分布的一个实例。每组颗粒尺寸采用一组离散的特征半径集合（a_1，…，a_{k-1}，a_k，a_{k+1}，…，a_M）来表达。其中，第 k 组内颗粒尺寸范围为 $[Th_k, Th_{k+1}]$，a_k 为第 k 组内颗粒的特征半径，Th_k 为第 k 组颗粒的左临界半径。

$$Th_k = \frac{a_{k-1} + a_k}{2} \tag{7-86a}$$

Th_{k+1}为第 k 组颗粒的右临界半径。

$$Th_{k+1} = \frac{a_k + a_{k+1}}{2} \tag{7-86b}$$

当聚合在两组颗粒之间发生时（第 $k-1$ 组和第 $k-1$ 组），将会产生一个与原始群组的特征尺寸不同的颗粒。如果这个新颗粒半径大于第 k 组颗粒的左临界半径，那么它将被划分到第 k 组；并且第 k 组的颗粒数量密度应根据颗粒的体积增量进行调整，而碰撞颗粒原来所属的第 $k-1$ 组颗粒数量密度也要作相应减少。如果这个新颗粒半径小于第 k 组颗粒的左临界半径，那么这个新颗粒仍属于原来的第 $k-1$ 组，并且第 $k-1$ 组的颗粒数量密度应根据颗粒的体积增量进行调整。

如果第 $k-1$ 组颗粒与其他颗粒（此颗粒来自于第 $i_{C,k-1}$组到第 $k-1$ 组）能够产生第 k 组的颗粒，那么上述提到的过程可用下述公式来表达

$$\frac{dn_k^*}{dt^*} = \sum_{i=i_{C,k-1}}^{k-1} \xi_{i,k-1}(a_i^* + a_{k-1}^*)^3 n_i^* n_{k-1}^* + \sum_{i=1}^{i_{C,k-1}} \xi_{i,k}(a_i^* + a_k^*)^3 n_i^* n_k^* - \sum_{i=i_{C,k}}^{M-1} (1 + \delta_{i,k})(a_i^* + a_k^*)^3 n_i^* n_k^* \tag{7-87}$$

式中，$a_k^* = a_k/a_1$，$i_{C,k-1}$和 $i_{C,k}$为临界尺寸数目。它们满足

$$i_{C,k-1} = i_{C,k} - 1 \tag{7-88}$$

为了保证聚合前后颗粒体积守恒，引入了颗粒数量密度校正因子 $\xi_{i,k-1}$和 $\xi_{i,k}$。它们的表达式如下：

$$\xi_{i,k-1} = \frac{V_i + V_{k-1}}{V_k} \tag{7-89a}$$

$$\xi_{i,k} = \frac{V_i}{V_k} \tag{7-89b}$$

当 $R_V = 2$ 时，表 7-4 给出了不同群组间聚合的关系。当第 $k-1$ 组颗粒与第 $k-1$ 组颗粒碰撞或者第 $k-1$ 组颗粒与第 $k-2$ 组颗粒碰撞时，聚合后产生的新颗粒的半径总是超过第 k 组颗粒的左临界半径。因此，在此情况下，式（7-87）中的 $i_{C,k-1}$的值是 $k-2$。而对于其他情况，$i_{C,k}$可以取以下值

$$i_{C,k} = \begin{cases} k & 2.08 < R_V < 3.51 \\ k-1 & 1.73 < R_V < 2.08 \\ k-2 & 1.56 < R_V < 1.73 \\ \vdots & \vdots \end{cases} \tag{7-90}$$

表 7-4 $R_V=2$ 时 8 个群组内两个颗粒之间的碰撞聚合

群组编号	群组颗粒特征体积 群组颗粒特征半径 群组临界半径	1	2	3	4	5	6	7	8
		1 1. 00	2 1. 26	4 1. 59	8 2. 00	16 2. 52	32 3. 17	64 4. 0	128 5. 04
		1. 13	1. 42	1. 79	2. 26	2. 85	3. 59	4. 52	
1	1 1. 00	2 1. 26	3 1. 44	5 1. 71	9 2. 08	17 2. 57	33 3. 21	65 4. 02	129 5. 05
2	2 1. 26		4 1. 59	6 1. 82	10 2. 15	18 2. 62	34 3. 24	66 4. 04	130 5. 07
3	4 1. 59			8 2. 0	12 2. 29	20 2. 71	36 3. 3	68 4. 08	132 5. 09
4	8 2. 00				16 2. 52	24 2. 88	40 3. 42	72 4. 16	136 5. 14
5	16 2. 52					32 3. 17	48 3. 63	80 4. 31	144 5. 24
6	32 3. 17						64 4. 00	96 4. 58	160 5. 43
7	64 4. 0							128 5. 04	192 5. 77
8	128 5. 04								256 6. 35

为了评估颗粒群组方法的正确性，采用四阶定步长的龙格-库塔（Runge-Kutta）方法分别求解了式（7-84）和式（7-87）。积分时间步长为 0. 001，最大颗粒的分子个数为 $N_m=10000$，最大群组编号为 $M=14$，聚合物初始条件是

$$n_k^* = \begin{cases} 1 & k = 1 \\ 0 & k > 1 \end{cases} \tag{7-91}$$

图 7-14 给出了直接求解方法和当 $R_V=2$ 时颗粒群组法两种方法计算得到的无量纲总

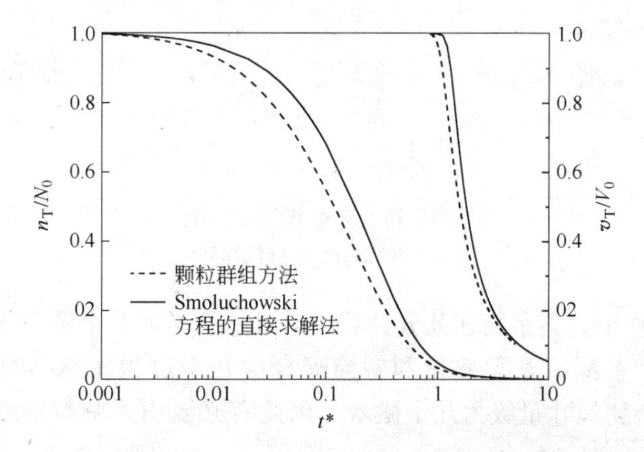

图 7-14 采用颗粒群组方法和直接求解方法得到的颗粒聚合曲线

体颗粒数量密度 n_T/N_0 和无量纲总体体积 v_T/V_0 随时间的变化规律。这里，V_0 是初始条件下的颗粒总体积。从图 7-14 中可以看出，颗粒群组法和直接求解方法给出的数值结果趋势保持一致，但是具体数值存在一定的差距。当 $t^*=0.1$ 时，颗粒群组法和直接求解方法在 n_T/N_0 计算结果方面的差异为 19.4%；当 $t^*=2$ 时，颗粒群组法和直接求解方法在 v_T/V_0 计算结果方面的差异为 18.0%。

7.5.4.2　单一产物的氧化物夹杂形核长大模型

对于可溶性的夹杂物和不可溶的夹杂物，奥斯特瓦德熟化机制均起作用，而碰撞长大机制仅对第二相的夹杂物颗粒有效。因此，具有单一产物的氧化物夹杂的形核长大模型可用下式来表达

$$\frac{dn_k}{dt} = \beta_{1,k-1}n_1n_{k-1} - \beta_{1,k}n_1n_k + \alpha_{k+1}A_{k+1}n_{k+1} - \alpha_kA_kn_k + \left[\frac{1}{2}\sum_{i=i_C,i+j=k}^{k-i_C}\beta_{i,j}^{TC}n_in_j - \sum_{i=i_C}^{\infty}\beta_{i,k}^{TC}n_in_k\right]\delta \quad (k \geqslant i_C) \tag{7-92}$$

式中，$\delta(k\geqslant i_C)$ 是克罗内克（Kronecker’s delta）函数。当 $k\geqslant i_C$ 时，$\delta=1$；当 $k<i_C$ 时，$\delta=0$。

7.5.4.3　计算方法

夹杂物尺寸分组如图 7-15 所示。

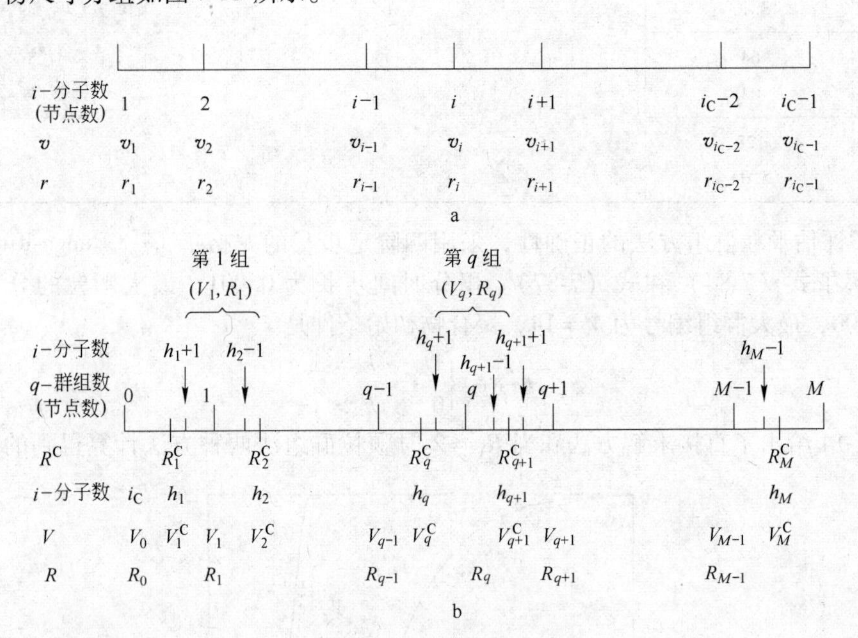

图 7-15　夹杂物尺寸分组

a—连续部分；b—群组部分

在实际炼钢过程中，夹杂物在几分钟后，其尺寸会增大 5 个数量级。例如，夹杂物在 60s 内会经历形核、奥斯特瓦德熟化和碰撞聚合这几个过程。最小的夹杂物尺寸量级为 0.1nm，最大的夹杂物尺寸量级为几十微米。因此有必要引入颗粒群组法来求解上式。求解思想如下：

（1）脱氧产物分为两部分，一部分是可溶性夹杂物，定义为连续部分。其夹杂物尺寸组成为单分子夹杂物，双分子夹杂物，直到 i_C-1 个分子夹杂物，如图 7-15a 所示。第二部分是不可溶的夹杂物分子。这部分夹杂物是钢液中的第二相粒子，属于群组部分。其夹杂物尺寸组成从 i_C 个分子夹杂物开始，直到最大尺寸的夹杂物。

（2）图 7-15a 表明，在连续部分，相邻节点的夹杂物分子数目是连续的，且节点的编号对应于夹杂物分子的个数。第一个节点对应的夹杂物分子个数是一个，第二个节点对应的夹杂物分子个数是两个，……第 i 个节点对应的夹杂物分子个数是 i 个，……最后一个节点对应的夹杂物分子个数是 i_C-1 个。

（3）图 7-15b 表明，钢液中出现的夹杂物粒子均划归在群组部分。在群组部分中，最小的夹杂物粒子的分子个数是 i_C 个，最大的粒子是钢液中能够存在的分子个数最多（M 个）的夹杂物粒子。在群组部分，节点所对应的夹杂物分子个数不再是连续的，节点的编号是群组的编号。相邻节点之间的特征夹杂物体积和特征夹杂物尺寸服从等比数列。如果第 q 组的夹杂物特征粒子体积和特征粒子半径分别用 ν_q 和 R_q 表示，那么相邻群组之间的特征夹杂物体积和特征夹杂物尺寸满足

$$\nu_{q+1} = R_V \nu_q \tag{7-93a}$$

$$R_{q+1} = R_V^{1/3} R_q \tag{7-93b}$$

（4）群组 q 的左边界是群组 $q-1$ 和群组 q 的分界点，它所对应的左临界夹杂物半径是群组 $q-1$ 的特征夹杂物半径和群组 q 的特征夹杂物半径的平均值。

$$R_q^C = \frac{R_{q-1}+R_q}{2} = \frac{1+R_V^{1/3}}{2} R_{q-1} \tag{7-94}$$

而相应的左临界夹杂物体积可表达为

$$\nu_q^C = \left(\frac{1+R_V^{1/3}}{2}\right)^3 \nu_{q-1} \tag{7-95}$$

左临界夹杂物的分子个数可表达为

$$h_q = \mathrm{int}\left(\frac{\nu_q}{\nu_1}\right) \tag{7-96}$$

式中，int 是对实数提取整数部分的算术操作符。

群组 q 的右边界是群组 $q+1$ 和群组 q 的分界点，它所对应的右临界夹杂物半径是群组 $q+1$ 的特征夹杂物半径和群组 q 的特征夹杂物半径的平均值。

$$R_{q+1}^C = \frac{R_q+R_{q+1}}{2} = \frac{1+R_V^{1/3}}{2} R_q \tag{7-97}$$

（5）在同一个群组内，夹杂物颗粒的数量密度服从平均分布。基于上述分析，式（7-92）可以简化为

$$\frac{\mathrm{d}n_k}{\mathrm{d}t} = \beta_{1,k-1} n_1 n_{k-1} - \beta_{1,k} n_1 n_k + \alpha_{k+1} A_{k+1} n_{k+1} - \alpha_k A_k n_k \quad (2 \leqslant k \leqslant i_C - 1) \tag{7-98a}$$

$$\frac{\mathrm{d}n_q}{\mathrm{d}t}=\beta_{1,h_q}n_1n_{q-1}\xi_1-\beta_{1,h_{q+1}}n_1n_q\xi_2+\sum_{i=h_q+1}^{h_{q+1}-1}\beta_{1i}n_1n_q\xi_3+\alpha_{h_{q+1}+1}A_{h_{q+1}+1}n_{q+1}\xi_4-$$

$$\alpha_{h_q+1}A_{h_q+1}n_q\xi_5-\sum_{i=h_q+2}^{h_{q+1}}\alpha_iA_in_q\xi_6+\sum_{i=i_{\mathrm{C},,q-1}}^{q-1}\xi_{i,q-1}\beta_{i,q-1}^{\mathrm{TC}}n_in_{q-1}+$$

$$\sum_{i=1}^{i_{\mathrm{C},q-1}}\zeta_{i,q}\beta_{i,q}^{\mathrm{TC}}n_in_q-\sum_{i=i_{\mathrm{C},q}}^{M-1}(1+\delta_{iq})\beta_{iq}^{\mathrm{TC}}n_in_q\quad(k\geqslant i_{\mathrm{C}})\tag{7-98b}$$

式中

$$\xi_1=\frac{1+h_q}{i_{\mathrm{C}}\psi^q}\times\frac{1}{h_q-h_{q-1}}\tag{7-99a}$$

$$\xi_2=\frac{h_{q+1}}{i_{\mathrm{C}}\psi^q}\times\frac{1}{h_{q+1}-h_q}\tag{7-99b}$$

$$\xi_3=\frac{1}{i_{\mathrm{C}}\psi^q}\times\frac{1}{h_{q+1}-h_q}\tag{7-99c}$$

$$\xi_4=\frac{h_{q+1}}{i_{\mathrm{C}}\psi^q}\times\frac{1}{h_{q+2}-h_{q+1}}\tag{7-99d}$$

$$\xi_5=\frac{1+h_q}{i_{\mathrm{C}}\psi^q}\times\frac{1}{h_{q+1}-h_q}\tag{7-99e}$$

$$\xi_6=\frac{1}{i_{\mathrm{C}}\psi^q}\times\frac{1}{h_{q+1}-h_q}\tag{7-99f}$$

$$\xi_{i,q-1}=\frac{V_i+V_{q-1}}{V_q}\tag{7-99g}$$

$$\zeta_{i,q}=\frac{V_i}{V_q}\tag{7-99h}$$

$$R_{\mathrm{V}}=2\tag{7-100a}$$

$$i_{\mathrm{C},q-1}=q-2\tag{7-100b}$$

$$i_{\mathrm{C},q}=q-1\tag{7-100c}$$

式中，$\delta(i,q)$ 为克罗内克（Kronecker's delta）函数。当 $\delta=1$ 时，$i=q$；当 $\delta=0$ 时，$i\neq q$。需要注意的是，在颗粒群组 q 内，特征夹杂物半径为 R_q，特征夹杂物数量密度为 n_q；颗粒群组 q 涉及的夹杂物分子个数为［h_q+1，h_{q+1}］，如图 7-16 所示。

式（7-98a）等号右端项具有与式（7-15）相同的物理意义。表 7-5 给出了式（7-98a）和式（7-98b）中各项的相似之处和不同之处。图 7-16 详细地展示了式（7-98b）等号右侧前 6 项的物理过程。式（7-98b）等号右侧第 1 项（表 7-5 中的表达式［1］）代表第 $q-1$ 组中最大的夹杂物颗粒（h_q 个夹杂物分子）捕获了一个夹杂物分子，形成了第 q 组中最小的夹杂物颗粒（h_q+1 个分子）；第 2 项（表 7-5 中的表达式［2］）代表第 q 组中最大的夹杂物颗粒（h_{q+1}个夹杂物分子）捕获了一个夹杂物分子，形成了第 $q+1$ 组中最小的夹杂物颗粒（$h_{q+1}+1$ 个夹杂物分子）；第 3 项（表 7-5 中的表达式［3］）代表第 q 组中夹杂物颗粒（其尺寸范围从 h_q+1 个分子到 $h_{q+1}-1$ 个分

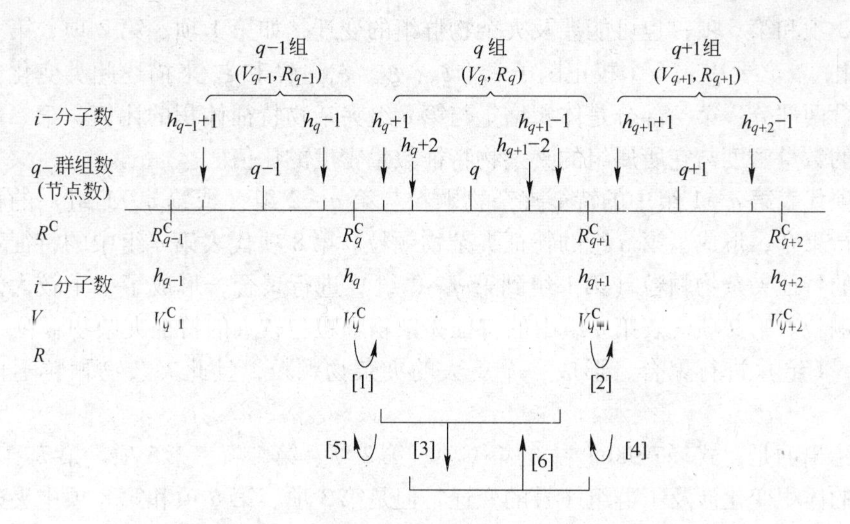

图 7-16 奥斯特瓦德熟化对夹杂物在不同群组间迁移的影响

子）捕获了一个夹杂物分子，形成了第 q 组中更大的夹杂物颗粒（其尺寸范围从 h_q+2 个分子到 h_{q+1} 个分子）；第 4 项（表 7-5 中的表达式［4］）代表第 $q+1$ 组的最小的夹杂物颗粒（$h_{q+1}+1$ 个分子）失去了一个夹杂物分子，形成了第 q 组中最大的颗粒（h_{q+1} 个分子）；第 5 项（表 7-5 中的表达式［5］）代表第 q 组的最小的夹杂物颗粒（h_q+1 个分子）失去了一个夹杂物分子，形成了第 $q-1$ 组中最大的颗粒（h_q 个分子）；第 6 项（表 7-5 中的表达式［6］）代表第 q 组中夹杂物颗粒（其尺寸范围从 h_q+2 个分子到 h_{q+1} 个分子）失去了一个夹杂物分子，形成了第 q 组中较小的夹杂物颗粒（其尺寸范围从 h_q+1 个分子到 $h_{q+1}-1$ 个分子）。

表 7-5 式（7-98a）与式（7-98b）之间的比较

序 号	表达式	节点之间的变迁	聚合反应
［1］	$\beta_{1,k-1}n_1n_{k-1}$	$(k-1)\to k$	$1+(k-1)\to k$
	$\beta_{1,h_q}n_1n_{q-1}\xi_1$	$(q-1)\to q$	$1+h_q\to(h_q+1)$
［2］	$-\beta_{1,k}n_1n_k$	$k\to(k+1)$	$1+k\to(k+1)$
	$-\beta_{1,h_{q+1}}n_1n_{h_q}\xi_2$	$q\to(q+1)$	$h_{q+1}+1\to(h_{q+1}+1)$
［3］	$\sum_{i=h_q+1}^{h_{q+1}-1}\beta_{1i}n_1n_q\xi_3$	$q\to q$	$1+i\to(i+1)$
［4］	$\alpha_{k+1}A_{k+1}n_{k+1}$	$(k+1)\to k$	$(k+1)-1\to k$
	$\alpha_{h_{q+1}+1}A_{h_{q+1}+1}n_{q+1}\xi_4$	$(q+1)\to q$	$(h_{q+1}+1)-1\to h_{q+1}$
［5］	$-\alpha_kA_kn_k$	$k\to(k-1)$	$k-1\to(k-1)$
	$-\alpha_{h_q+1}A_{h_q+1}n_q\xi_5$	$q\to(q-1)$	$(h_q+1)-1\to h_q$
［6］	$-\sum_{i=h_q+2}^{h_{q+1}}\alpha_iA_in_q\xi_6$	$q\to q$	$i-1\to(i-1)$

上述 6 项描述了下面一个过程：一个夹杂物颗粒捕获（或失去）了一个夹杂物分子，形成了一个新的夹杂物颗粒。这样一个夹杂物分子数量的变化可能不涉及夹杂物群组的变

迁，如第 3 项和第 6 项；也可能涉及夹杂物群组的变迁，如第 1 项、第 2 项、第 4 项和第 5 项。因此，有必要引入 6 个校正因子 ξ_1、ξ_2、ξ_3、ξ_4、ξ_5 和 ξ_6 来描述此类变化。这些校正因子包含两部分：第一部分是体积增量与第 q 组夹杂物特征体积的比值，第二部分是聚合前颗粒的数量密度与它所属组的夹杂物特征数量密度的比值。

第 7 项代表第 $q-1$ 组中的特征夹杂物颗粒与第 $q-2$ 组（或第 $q-1$ 组）的特征夹杂物颗粒进行聚合，形成了第 q 组的特征夹杂物颗粒。第 8 项代表第 q 组中的特征夹杂物颗粒与较小的特征夹杂物颗粒（第 1 组到第 $q-2$ 组）进行聚合，形成了一个较大的第 q 组的夹杂物颗粒。第 9 项代表第 q 组中的特征夹杂物颗粒与较大的特征夹杂物颗粒（第 $q-1$ 组到第 $M-1$ 组）进行聚合，形成一个更大的夹杂物颗粒，且此夹杂物颗粒不再属于第 q 组。

需要指出的是，式（7-98b）中的第 1 项、第 2 项、第 4 项、第 5 项、第 7 项和第 9 项中夹杂物的体积变化涉及了群组序号的变迁，但是第 3 项、第 6 项和第 8 项中夹杂物的体积变化发生在同一群组内。

夹杂物形核长大模型采用四阶变步长的龙格-库塔-基尔（Runge-Kutta-Gill）方法进行求解，初始的时间步长为 $\Delta t^* = \Delta t/(\beta_{11} n_{1,\mathrm{eq}}) = 10^{-4}$，每个时间步的收敛准则为

$$\frac{\left| \sum_{k=1}^{\infty} n_k^{t+\Delta t} - \sum_{k=1}^{\infty} n_k^{(t)} \right|}{\sum_{k=1}^{\infty} n_k^{t+\Delta t}} < 10^{-8} \tag{7-101}$$

计算结果与以前的文献中发表的 Al_2O_3 实验数据进行对比。在数值模拟中涉及的物理特性和热力学数据见表 7-6 和表 7-7。钢液铝脱氧实验在 1873K 温度下进行，钢液中初始氧含量为 0.01% ~0.012%，在实验过程中分别在 60s、180s、600s 和 1800s 进行取样，采用三维方法分析钢液中夹杂物的尺寸分布。因此，在数值计算中，初始氧含量设定为 0.011%，并假定直径大于 10μm 的夹杂物立即从钢液中去除。

表 7-6 钢液和夹杂物的物理特性和热力学数据

参 数	单 位	数 值
钢液密度 ρ_f	kg/m^3	6970[86]
钢液动力学黏度 μ	kg/(m · s)	0.00692[86,87]
钢液温度 T	℃	1873
湍流碰撞聚合系数 α_t		1
Al_2O_3		
夹杂物密度 ρ_{in}	kg/m^3	3823[88]
夹杂物和钢液间的界面自由能 σ	N/m	1.6[89~91]
夹杂物分子量 M_{in}	kg/mol	101.96×10^{-3}[86]
标准化学反应吉布斯自由能 $2[Al]+3[O]=Al_2O_3(s)$	J/mol	$-1202000+386.3T$[92~95]

表 7-7 相互作用系数[92,94,95]

i	j	e_i^j	r_i^j	i	j	e_i^j	r_i^j
O	O	-0.20	0	Al	O	-6.6	0
	Al	-3.9	1.7		Al	0.045	-0.001
	Zr	-2.1	0				

7.5.4.4 夹杂物尺寸的变迁

在实验过程中，将脱氧合金（铝含量10%的镍基合金）加入到（镍含量10%的铁基合金）。为了使脱氧合金充分熔化并使脱氧产生在坩埚内均匀分布，用一根氧化铝棒搅拌10s[96]。

为了比较模拟结果与实验结果之间的差异，将计算值 ϕ_{pred} 和实验值 ϕ_{exp} 的差与实验值的比值定义为相对误差 $\overline{\omega}$，即

$$\overline{\omega} = \frac{|\phi_{pred} - \phi_{exp}|}{\phi_{exp}} \times 100\% \tag{7-102}$$

图 7-17 表明，当 $\varepsilon = 0.2\text{m}^2/\text{s}^3$ 时，Al_2O_3 在 60s 时的夹杂物峰值直径 $d_{pv} = 0.234\mu\text{m}$ 和夹杂物最大数量密度 $n_{max} = 1.659 \times 10^5\text{mm}^{-3}$。而相应的实验数据为 $d_{pv} = 0.356\mu\text{m}$ 和 $n_{max} = 1.043 \times 10^5\text{mm}^{-3}$。对于夹杂物峰值直径，计算值和实验值的相对误差为 34.3%；对于夹杂物最大数量密度，计算值是实验值的 1.6 倍。

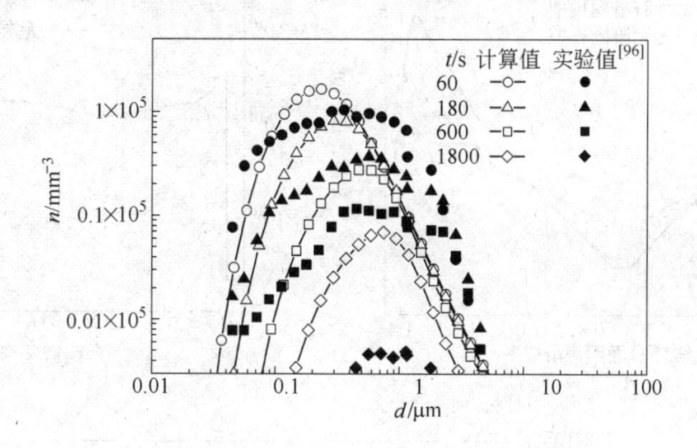

图 7-17 当 $\varepsilon = 0.2\text{m}^2/\text{s}^3$ 时不同时刻 Al_2O_3 夹杂物的尺寸分布

图 7-17 还表明，对于夹杂物峰值直径，在 180s、600s 和 1800s 时计算值与实验值的相对误差分别为 47.8%、4.35% 和 3.21%；对于夹杂物最大数量密度，在 180s、600s 和 1800s 时计算值与实验值的相对误差为 120.7%、136.1% 和 1363.4%。计算值和实验值的差异原因可归结为：（1）将簇状夹杂物近似为球状夹杂物。（2）在实验过程中，簇状夹杂物会发生断裂，从而导致小粒径夹杂物数量密度的增加；但是数学模型没有考虑大夹杂物断裂的因素。（3）在计算中引入了颗粒群组方法，当 $R_V = 2$ 时，相邻组之间夹杂物尺寸的增量为 $\sqrt[3]{2} = 1.26$，这是一个较粗的网格。（4）颗粒群组方法是对 Smoluchowski 方程的一个近似解法。由颗粒群组方法给出的总体颗粒数量密度和总体颗粒体积小于采用直接解法给出的数值解。（5）实验过程中搅拌棒的搅拌强度是未知的。在数值计算中，将搅拌棒

的搅拌效果用湍动能耗散率进行近似，且在前 10s 内保持恒定。

7.6　多过程耦合数学模型

7.6.1　凝固的影响

在以往的研究中，由于在计算流场时未考虑凝固的影响，只能假定在结晶器壁面的初始凝固坯壳不断吸附运动到此处的夹杂物。因此认为在结晶器壁面处夹杂物到达壁面的机制为扩散机制，应采用第三类边界条件[4]。但是在实际过程中，夹杂物在固态的坯壳内不能移动，因此在结晶器壁面处无输运机制，应采用第二类齐次边界条件[14,74]。在结晶器内存在着固液两相，导致夹杂物上浮行为仅仅存在于液相区内，而在固相区内夹杂物的运动速度等于固相速度。

利用钢液流动、凝固、夹杂物碰撞聚合模型[97]预测的结晶器出口处多个物理量的分布如图 7-18 所示。无论是否考虑凝固，在结晶器出口处，沿拉坯方向钢液法向速度的“M”分布造成了夹杂物体积分数和数量密度的“M”分布。当不考虑凝固时，在出口处，壁面为静止壁面，即壁面速度为零，如图 7-18a 所示。由于初始凝固坯壳非常薄，因此假定在壁面处夹杂物以扩散形式传输并被初始凝固坯壳所吸附，造成在壁面附近夹杂物的体

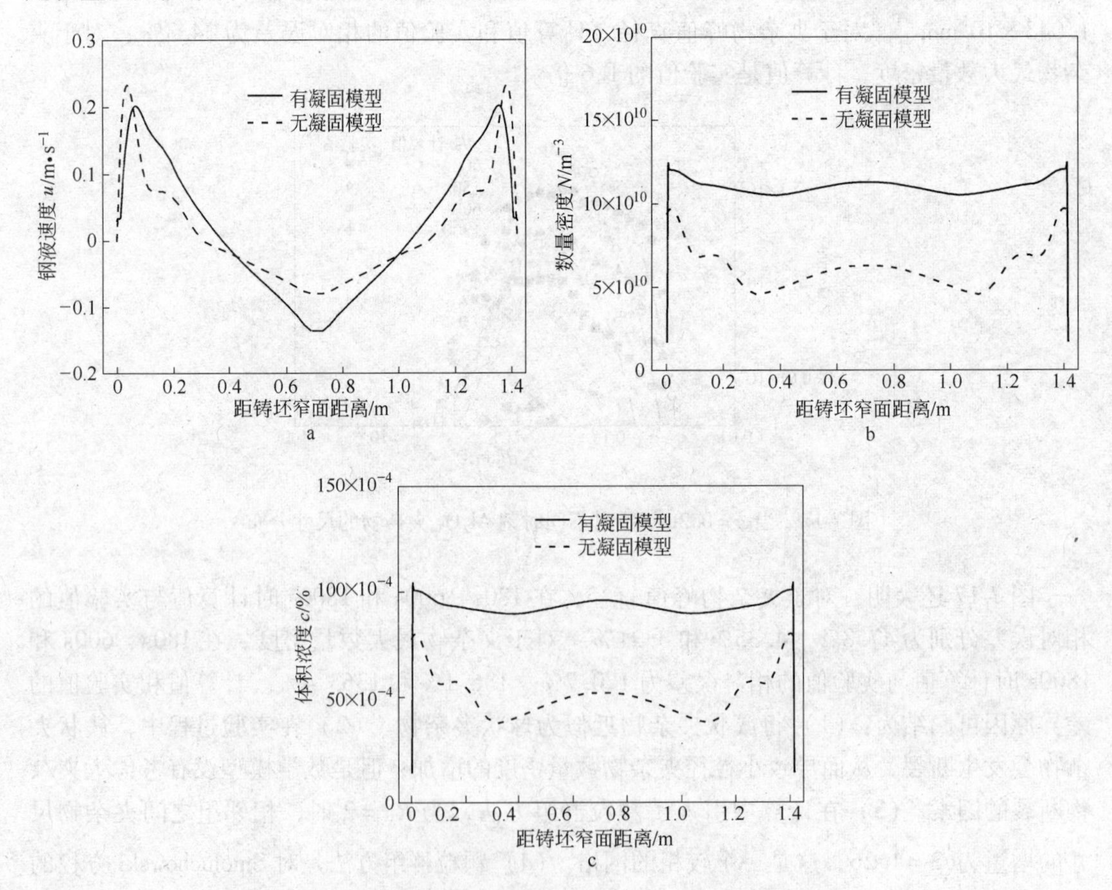

图 7-18　有无凝固模型下结晶器出口处物理量分布

a—钢液法向速度；b—夹杂物数量密度；c—夹杂物体积浓度

积分数较高，为77.7×10^{-6}，数量密度为$9.4\times10^{10}m^{-3}$。总体而言，钢液法向速度、夹杂物体积分数和数量密度变化较为平缓。

图7-18b和图7-18c表明：在铸坯初始坯壳内夹杂物分布不是连续变化的，而是在距窄面不远处存在一个阶跃式突变，当铸坯厚度为6.4mm时，夹杂物的体积分数为104.6×10^{-6}、数量密度为$12.5\times10^{10}m^{-3}$。在最外层的凝固坯壳内，夹杂物的体积分数较小，仅为14.4×10^{-6}；数量密度较低，仅为$1.7\times10^{10}m^{-3}$。这取决于以下原因：

（1）夹杂物一旦被凝固坯壳所俘获，就不再移动，造成坯壳内夹杂物体积分数和数量密度保持不变。

（2）在弯月面附近，由于保护渣层能不断地吸附夹杂物，因而弯月面附近夹杂物体积分数较低，数量密度较少。

（3）最外层的凝固坯壳由在弯月面处形成的初始凝固坯壳构成。在钢液冲击点附近，部分坯壳发生重熔现象，但是最外层的初始凝固坯壳不会被熔化，因此保留了在弯月面处所形成的凝固坯壳内夹杂物的分布特征，即最外层坯壳内夹杂物体积浓度较小且数量密度较少。

（4）在此模型中，未考虑液面的钢渣卷混现象，因此所涉及的夹杂物均为内生夹杂物，并无外来夹杂物。

（5）这一分布的阶跃现象发生在钢液冲击点位置，与初始坯壳在冲击点处的重熔有关。冲击点附近的钢液比较新鲜，温度较高，造成在冲击点以上区域形成的坯壳在此处会发生部分熔化现象，坯壳厚度减薄。由于新鲜钢液中所携带的夹杂物的体积分数和数量密度较高，因此在冲击点附近的液固两相区和凝固前沿处的夹杂物的体积分数和数量密度也较高[97]。

7.6.2 气泡的影响

在冶金过程中，通常认为钢液中气泡和夹杂物的相互作用机制与选矿过程水溶液中气泡与矿物颗粒相互作用机制相似，可将单个气泡吸附单个夹杂物过程分为6个步骤：

（1）夹杂物向气泡靠近并发生碰撞。

（2）气泡和夹杂物之间液膜的形成。

（3）夹杂物在气泡表面振荡或滑移。

（4）钢液、气泡和夹杂物三相的动态接触使液膜排除和破裂。

（5）气泡黏附颗粒。

（6）气泡与颗粒上浮。

在整个过程中，夹杂物与气泡的碰撞和黏附起决定性作用，因此可采用气泡黏附夹杂物的效率（或气泡捕获夹杂物的概率）来描述钢液中气泡吸附夹杂物过程[37,68,98~103]。

但是另有观点认为，钢液中存在的气泡尺寸较大，夹杂物是通过卷入到大气泡的尾流中而被去除[103]。整个过程分为：

（1）夹杂物接近气泡尾流区。

（2）夹杂物进入气泡尾流区。

（3）夹杂物在气泡尾流区内做循环运动并随气泡一起上浮。

目前研究者针对冶金过程中气泡吸附夹杂物建立的数学模型[98,99,101,104]大多来自矿选模型中的气泡吸附颗粒模型[105,106]。2006 年，Kwon 等在获得大量实验数据的基础上，提出了一个新的气泡吸附夹杂物模型[102,107]，气泡吸附夹杂物效率 P_{bp}可表示为：

$$P_{bp} = \frac{3}{2}\left(\frac{1}{94}\right)^2 \sqrt{\frac{3}{2}Re_b} \quad \left(\frac{r_p}{r_b} \ll 1\right) \tag{7-103}$$

式中，r_p 和 r_b 分别为夹杂物和气泡半径，m；Re_b 为气泡的颗粒雷诺数。

如果采用夹杂物数量和质量守恒模型来模拟钢液中夹杂物的行为，则由气泡吸附引起的夹杂物数量密度和体积浓度的减小可表示如下：

$$S_{N(bubble)} = -\int_0^{\infty} P_{bp}u_{bp}N_b\pi(r_b + r)^2 Ae^{-Br}dr \tag{7-104}$$

$$S_{C(bubble)} = -\int_0^{\infty} P_{bp}u_{bp}N_b\pi(r_b + r)^2\left(\frac{4}{3}\pi r^3\right)Ae^{-Br}dr \tag{7-105}$$

式中，u_{bp}为气泡与夹杂物的相对速度，m/s，由于假定夹杂物与钢液间不存在相对运动，因而气泡与夹杂物的相对速度即为气泡与钢液的相对速度；N_b 为气泡的数量密度，m^{-3}，可表示如下

$$N_b = \frac{3\alpha_g}{4\pi r_b^3} \tag{7-106}$$

式中，α_g 为含气率。

将式（7-106）分别代入式（7-104）和式（7-105），可得

$$S_{N(bubble)} = -\pi P_{bp}u_{g,l}\frac{3\alpha_g}{4\pi r_b^3}\left(\frac{2}{\sqrt[3]{36}}Nr^{*2} + \frac{2}{\sqrt[3]{6}}Nr_b r^{*} + Nr_b^2\right) \tag{7-107}$$

$$S_{C(bubble)} = -\pi^2 P_{bp}u_{g,l}\frac{\alpha_g}{\pi r_b^3}\left(\frac{20}{\sqrt[3]{36}}Nr^{*5} + \frac{8}{\sqrt[3]{6}}Nr_b r^{*4} + Nr_b^2 r^{*3}\right) \tag{7-108}$$

7.7 夹杂物数学模型的发展方向

由于夹杂物行为是一个涉及多相流动、多种物理化学反应的复杂过程，如果要在数学模型中考虑全部影响因素，无疑是不现实的，因此针对冶金过程夹杂物的数值模拟仍然需要基于一定假设。随着流体力学、分形理论，反应热力学和反应动力学等多学科的发展以及计算机技术的不断进步，各种数学模型之间会相互融合并衍生出新的数学模型，数值模拟结果也会越来越接近于实际过程。

目前针对夹杂物数学模型的研究已经取得了可喜的结果，但仍存在一定不足，未来的发展方向应当努力弥补已有模型的缺陷，并向多场耦合的方法发展[108]。总体而言，可归结为以下几点：

（1）碰撞长大是夹杂物尺寸变化的一个重要因素，而化学反应所产生的氧化产物是夹杂物的另一个重要来源，如何在现有模型中引入多种碰撞聚合模式并考虑化学反应的影响，已经引起了部分学者的浓厚兴趣。

（2）在数学模型中，夹杂物通常被简化为球形。但在实际冶金过程中，夹杂物的形态各异，甚至呈链状分布，这与球形颗粒假设相差甚远。因此如何在现有模型中准确考虑这

一因素，并开发相应的非球形夹杂物动力学数学模型具有十分重要的现实意义。

（3）夹杂物形核长大模型仅针对具有单一氧化产物的夹杂物，但是对于变价夹杂物（如Ti的氧化物）和复合夹杂物（如镁铝尖晶石）的形核长大规律研究尚未展开。

（4）吹氩操作已广泛地应用于冶金过程，如钢包、中间包和结晶器，如何将夹杂物聚合长大数学模型移植到气泡的碰撞聚合，并在模型中正确反映气泡对夹杂物的吸附作用，已经成为亟须解决的难点。

（5）在不同钢种的冶炼、精炼和连铸过程中，液态钢水中夹杂物的生成和转变规律。

参考文献

[1] Zhang L, Pluschkell W. Nucleation and growth kinetics of inclusions during liquid steel deoxidation[J]. Ironmaking Steelmaking, 2003, 30(2): 106~110.

[2] Zhang J, Lee H G. Numerical modeling of nucleation and growth of inclusions in molten steel based on mean processing parameters[J]. ISIJ International, 2004, 44(10): 1629~1638.

[3] Lei H, Nakajima K, He J C. Mathematical model for nucleation, Ostwald ripening and growth of inclusion in molten steel[J]. ISIJ International, 2010, 50(12): 1735~1745.

[4] Lei H, Wang L Z, Wu Z N, Fan J F. Collision and coalescence of alumina particles in the vertical bending continuous caster[J]. ISIJ International, 2002, 42(7): 717~725.

[5] 张邦文，冶金熔体中夹杂物一般动力学的理论研究及其应用[D]. 上海：上海大学，2003.

[6] 张邦文，李保卫，贺友多．金属熔体中夹杂物的生长动力学[J]. 钢铁研究学报，2005，17(6)：19~25.

[7] Boistelle R, Astier J. P. Crystallization mechanisms in solution[J]. Journal of Crystal Growth, 1988, 90 (2): 14~30.

[8] Lifshitz I M, Slyozov V V. The kinetics of precipitation from supersaturated solid solutions[J]. Journal of Physics and Chemistry of Solids, 1961, 19(1~2): 35~50.

[9] Wagner C. Theorie der alterung von niederschlagen durch umlosen[J]. Z. Elektrochem. 1961, 65(7): 581~590.

[10] 果世驹．粉末烧结理论[M]. 北京：冶金工业出版社，1998.

[11] Saffman P G, Turner J S. On the collision of drops in turbulent clouds[J]. Journal of Fluid Mechanics, 1956, 1(1): 16~30.

[12] 谷口尚司，菊池淳．流体中微小粒子の衝突・凝集機構[J]. 鉄と鋼，1992，78(4)：527~535.

[13] Lindborg U, Torssell, K. A Collision Model for the Growth and Separation of Deoxidation Products[J]. Transactions of the Metallurgical Society of AIME, 1968, 242(1): 94~102.

[14] Lei H, Geng D Q, He J C. A continuum model of solidification and inclusion collision-growth in the slab continuous casting caster[J]. ISIJ International, 2009, 49(10): 1575~1582.

[15] Linder S. Hydrodynamics and collisions of small particles in a turbulent metallic melt with special reference to deoxidation of steel [J]. Scandinavian Journal of Metallurgy, 1974, 3(2): 137~150.

[16] Javurek M, Gittler P, Rossler R, et al. Simulation of nonmetallic inclusions in a continuous casting strand [J]. Steel Research International, 2005, 76(1): 64~70.

[17] Dudukovic A, Pjanovic R. Effect of turbulent Schmidt number on mass~transfer rates to falling liquid films [J]. Industrial & Engineering Chemistry Research. 1999, 38(6): 2503~2504.

[18] Zhang L F, Wang Y F, Zuo X J. Flow transport and inclusion motion in steel continuous-casting mold under submerged entry nozzle clogging condition[J]. Metallurgical and Materials Transaction B, 2008, 39(4): 534~550.

[19] 吴苏州，张炯明．连铸浸入式水口结瘤现象的研究现状及发展[J]．钢铁研究学报，2007，19(12)：1～4.

[20] Basu S, Choudhary S K, Girase N U. Nozzle clogging behaviour of Ti-bearing Al-killed ultra low carbon steel[J]. ISIJ International, 2004, 44(10): 1653～1660.

[21] 山田亘，清瀬明人，中岛润二，等．连铸铸型内での介在物の凝集と凝固シェルへの捕捉[J]．材料とプロセス，1999，12：682～684.

[22] 柴田浩幸，Yin H，铃木翰雄，等．钢の固液界面における介在物の捕捉・押し出しの直接观察[J]．材料とプロセス，1996，9：596～597.

[23] Yin H, Shibata H, Emi T, et al. Characteristics of Agglomeration of Various Inclusion Particles on Molten Steel Surface[J]. ISIJ International, 1997, 37(10): 946～956.

[24] Shibata H, Yin H, Yoshinaga S, et al. In-situ observation of engulfment and pushing of nonmetallic inclusions in steel melt by advancing melt/solid interface[J]. ISIJ International, 1998, 38(2): 149～156.

[25] Lei H, Jin Y L, Zhu M Y, et al. Mathematical modelling of particle movement ahead of the solid-liquid interface in continuous casting[J]. Journal of Materials Science & Technology, 2002, 18(5): 403～406.

[26] 曹运涛，李殿明，董光军．射钉法测量坯壳厚度在济钢大板坯连铸机上的应用[J]．山东冶金，2006，28(5)：36～37.

[27] 李惊鸿，贾洪明，李晓伟，等，鞍钢厚板坯凝固坯壳厚度的测定[J]．炼钢，2008，24(6)：17～18.

[28] Cleaver J W, Yates B. Mechanism of detachment of colloidal particles from a flat substrate in a turbulent flow[J]. Journal of Colloid and Interface Science. 1973, 44(3): 464～474.

[29] Nakajima K, Okamura K, Inclusion transfer behavior across molten steel-slag interfaces[C]//Proceedings of the 4th International Conference on Molten Slags, Fluxes and Salts, Sendai, Japan, Institute for Steelmaking and Ironmaking of Japan, 1992: 505～510.

[30] Bouris D, Bergeles G. Investigation of inclusion re-entrainment from the steel-slag interface[J]. Metallurgical and Materials Transactions B, 1998, 29(3): 641～649.

[31] Strandh J, Nakajima K, Eriksson R, et al. Solid inclusion transfer at a steel-slag interface with focus on tundish conditions[J]. ISIJ International, 2005, 45(11): 1597～1606.

[32] Aboutalebi M R, Hasan, Guthrie R I L. Coupled turbulent flow, heat and solute transport in continuous casting process[J]. Metallurgical and Materials Transaction B, 1995, 26(4): 731～744.

[33] Santis M D, Ferretti. Thermo-fluid-dynamics modelling of the solidification process and behaviour of non-metallic inclusions in the continuous casting slabs[J]. ISIJ International, 1996, 36(6): 673～680.

[34] Miki Y, Thomas B G, Denissov A, et al. Model of inclusion removal during RH degassing of steel[J]. Iron and Steelmaker, 1997, 24(8): 31～38.

[35] Miki Y. Thomas B G. Modeling of inclusion removal in a tundish[J]. Metallurgical and Materials Transaction B, 1999, 30(4): 639～654.

[36] Lopez-Ramirez S, Barreto J J, et al. Modeling study of the influence of turbulence inhibitors on the molten steel flow, tracer dispersion and inclusion trajectories in tundishes[J]. Metallurgical and Materials Transaction B, 2001, 32(4): 615～627.

[37] 雷洪，朱苗勇，赫冀成．连铸结晶器内非金属夹杂物运动行为模拟[J]．过程工程学报，2001，1(2)：138～141.

[38] 王建军．中间包夹杂物运动行为的数模研究[J]．炼钢，2001，17(4)：40～43.

[39] Ho. Y H, Hwang W S. Numerical simulation of inclusion removal in a billet continuous casting mold based on the partial-cell technique[J]. ISIJ International, 2003, 43(11): 1715～1723.

[40] Li B, Tsukihashi F. Numerical estimation of the effect of the magnetic field application on the motion of in-

clusion in continuous casting of steel[J]. ISIJ International, 2003, 43(6): 923 ~ 931.

[41] 张邦文, 邓康, 雷作胜, 等. 连铸中间包中夹杂物聚合与去除的数学模型[J]. 金属学报, 2004, 40(6): 623 ~ 628.

[42] Yuan Q, Thomas B G, Vanka S P. Study of transient flow and particle transport in continuous steel caster molds: part II. Particle transport[J]. Metallurgical and Materials Transaction B, 2004, 35(4): 703 ~ 714.

[43] 张美杰, 汪厚植, 黄奥, 等. 气幕挡墙中间包钢水流动的数值模拟[J]. 特殊钢, 2006, 27(1): 30 ~ 32.

[44] Zhang L, Thomas B G. Numerical simulation on inclusion transport in continuous casting mold[J]. Journal of University of Science and Technology Beijing, 2006, 13(4): 293 ~ 300.

[45] 刘光穆, 石绍清, 邓康, 等. 电磁制动对 CSP 结晶器内夹杂物行为的影响[J]. 钢铁, 2007, 42(7): 22 ~ 25.

[46] Zhang L, Wang Y, Zuo X. Flow transport and inclusion motion in steel continuous-casting mold under submerged entry nozzle clogging condition[J]. Metallurgical and Materials Transaction B, 2008, 39(4): 534 ~ 550.

[47] 苏瑞先, 乐可襄, 方文艳. 板坯连铸结晶器夹杂物运动行为的数值模拟和优化[J]. 安徽工业大学学报(自然科学版), 2008, 25(3): 250 ~ 254.

[48] Leenov D, Kolin A. Theory of electromagnetophoresis. I. magnetohydrodynamic forces experienced by spherical and symmetrically oriented cylindrical particles[J]. The Journal of Chemical Physics, 1954, 22(4): 683 ~ 688.

[49] Asai S. Recent development and prospect of electromagnetic processing of materials[J]. Science and Technology Advanced Materials, 2000, 1(1): 191 ~ 200.

[50] Xu Z M, Li T X, Zhou Y H. Application of electromagnetic separation of phases in alloy melt to produce in-situ surface and functionally gradient composites[J]. Metallurgical and Materials Transactions A, 2003, 34(4): 1719 ~ 1725.

[51] Song C J, Xu Z M, Li J G. Study on electromagnetic force for preparation of in-situ Al/Mg_2Si functionally graded materials by electromagnetic separation method[J]. Metallurgical and Materials Transactions B, 2006, 37(6): 1007 ~ 1014.

[52] 雷洪, 赫冀成. 连铸结晶器内簇状夹杂物分形生长的 Monte Carlo 模拟[J]. 金属学报, 2008, 44(6): 698 ~ 702.

[53] Dong X, Yu A, Yagi J I, et al. Modelling of multiphase flow in a blast furnace: recent developments and future work[J]. ISIJ International, 2007, 47(11): 1553 ~ 1570.

[54] 赵永志, 程易, 金涌. 颗粒移动床内不稳定运动的计算颗粒动力学模拟[J]. 化工学报, 2007, 58(9): 2216 ~ 2224.

[55] 王淑彦, 刘永建, 董群, 等. 提升管内颗粒团聚行为的离散颗粒模拟[J]. 化工学报, 2010, 61(3): 565 ~ 572.

[56] Joo S, Guthrie R I L. Inclusion behavior and heat-transfer phenomena in steelmaking tundish operations: part I. Aqueous modeling[J]. Metallurgical and Materials Transaction B, 1993, 24(5): 755 ~ 765.

[57] 张炯明, 邓凤琴, 王文科, 等. 连铸中间包钢水夹杂物浓度的数值模拟[J]. 北京科技大学学报, 2004, 26(3): 247 ~ 250.

[58] 雷洪, 周骏, 金永丽, 等. 板坯连铸机内钢液流动和夹杂物行为[J]. 工业加热, 2011, 40(1): 44 ~ 46.

[59] Zhang L F, Taniguchi S, Cai K K. Fluid flow and inclusion removal in continuous casting tundish[J]. Metallurgical and Materials Transaction B, 2000, 31(2): 253 ~ 266.

[60] Nakaoka T, Taniguchi S, Matsumoto K, Johansen S T. Particle-size-grouping method of inclusion agglomeration and its application to water model experiments[J]. ISIJ International, 2001, 41(10): 1103 ~

1111.

[61] 李宏，温娟，张炯明，等．应用DLA模型模拟钢中夹杂物集团凝聚[J]．北京科技大学学报，2006，28(4)：343～347.

[62] Li H, Ning L, Wen J, Zhang J M, et al. Simulation resarch on monomer agglomeration of nonmetallic inclusions in steel with a diffusion limited aggregation model[J]. Journal of University of Science and Technology Beijing, 2006, 13(2): 117～120.

[63] 雷洪，杨柳，赫冀成．湍流状态下钢液中夹杂物的分形长大过程[J]．工业加热，2008，37(5)：14～16.

[64] Li H, Wang X, Sasaki Y, et al. Agglomeration simulation of chain-like inclusions in molten steel based on fractal cluster-cluster agglomeration model[J]. Materials Transactions, 2007, 48(8): 2170～2173.

[65] Shirabe K, Szekely J. A mathematical model of fluid flow and inclusion coalescence in the R-H vacuum degassing system[J]. Transactions ISIJ, 1983, 23(6): 465～474.

[66] Ilegbusi O J, Szekely J. Effect of magnetic field on flow, temperature and inclusion removal in shallow tundishes[J]. ISIJ International, 1989, 29(12): 1031～1039.

[67] Sinha A K, Sahai Y. Mathematical modeling of inclusion transport and removal in continuous casting tundish [J]. ISIJ International, 1993, 33(5): 556～566.

[68] Wang L T, Zhang Q Y, Peng S H, et al. Mathematical model for growth and removal of inclusion in a multituyere ladle during gas-stirring[J]. ISIJ International, 2005, 45(3): 331～337.

[69] 王立涛，张乔英，李正邦．中间包内流体流动及夹杂物去除的研究[J]．炼钢，2005，21(2)：26～29.

[70] Nakanishi K, Szekely J. Deoxidation kinetics in a turbulent flow field[J]. Transactions ISIJ, 1975, 15(10): 522～530.

[71] Tozawa H, Kato Y, Sorimachi K, et al. Agglomeration and flotation of alumina clusters in molten steel[J]. ISIJ International, 1999, 39(5): 426～434.

[72] 赵连刚，刘坤．连铸中间包内钢水夹杂物运动行为的数学模拟[J]．钢铁研究学报，2002，14(6)：19～24.

[73] Zhu M Y, Zheng S G, Huang Z Z, et al. Numerical simulation of nonmetallic inclusions behavior in gas-stirred ladles [J]. Steel Research International, 2005, 76(10): 718～722.

[74] 雷洪，赫冀成．板坯连铸机内钢液流动和夹杂物碰撞长大行为[J]．金属学报，2007，43(11)：1195～1200.

[75] 赵连刚，刘坤，李超，等．鞍钢板坯连铸机中间包挡墙设置优化与改进[J]．炼钢，2003，19(2)：21～25.

[76] Lei H, He J C. A dynamic model of alumina inclusion collision growth in the continuous caster[J]. Journal of Non-Crystalline Solids, 2006, 352(36～37): 3772～3780.

[77] Lei H, Zhao Y, Geng D Q. Mathematical model for cluster-inclusion's collision-growth in the inclusion cloud at the continuous casting mold[J]. ISIJ International, 2014, 54(7): 1629～1637.

[78] Lu Q Q, Fontaine J R, Aubertin G. A lagrangian model for solid particles in turbulent flows[J]. International Journal of Multiphase Flow, 1993, 19(2): 347～367.

[79] Lu Q Q, Fontaine J R, Aubertin G. Particle motion in two-dimensional confined turbulent flows[J]. Aerosol Science and Technology, 1992, 17(3): 169～185.

[80] O' Rourke P J, Collective drop effects on vaporizing liquid sprays [J]. PhD Thesis, Princeton University. New Jersey, USA, 1981.

[81] Taniguchi S, Kikuchi A, Ise T, et al. Model Experiment on the Coagulation of Inclusion Particles in Liquid Steel[J]. ISIJ International, 1996, 36: 117～120.

[82] Higashitani K, Ogawa R, Hosokawa G, et al. Kinetic theory of shear coagulation for particles in a viscous fluid[J]. Journal of Chemical Engineering of Japan, 1982, 15(4): 299 ~ 304.

[83] Yin H, Shibata H, Emi T, et al. "In-situ" observation of collision, agglomeration and cluster formation of alumina inclusion particles on steel melts[J]. ISIJ International, 1997, 37(10): 936 ~ 945.

[84] Mizoguchi T, Ueshima Y, Sugiyama M, et al. Influence of unstable non-equilibrium liquid iron oxide on clustering of alumina particles in steel[J]. ISIJ International, 2013, 53(4): 639 ~ 647.

[85] 浅野鋼一, 中野武人. アルミニウムを含有する脱酸剤による脱酸[J]. 鉄と鋼, 1971, 57 (13), 1943 ~ 1952.

[86] Iida T, Guthrie R I L. The physical properties of liquid metals. Oxford university press, Clarendon, 1988.

[87] Kawai Y, Shiraishi Y. Handbook of physico-chemical properties at high temperatures. The Iron and Steel Institute of Japan, Tokyo, 1988.

[88] Samsonov G V. The oxide handbook. IFI/Plenum, New York, 1973.

[89] 中島敬治. 溶鉄—スラグ—アルミナ系介在物における各相間の界面張力の推算[J]. 鉄と鋼, 1994, 80(5): 383 ~ 388.

[90] 荻野和巳, 野城清, 越田幸男. 溶鉄による固体酸化物の濡れ性におよぼす酸素の影響についで[J]. 鉄と鋼, 1973, 59(10): 1380 ~ 1387.

[91] Nogi K, Ogino. Role of interfacial phenomena in deoxidation process of molten iron. Canadian Metallurgical Quarterly, 1983, 22(1): 19 ~ 28.

[92] Sigworth G K, Elliott J F. The thermodynamics of liquid dilute iron alloys[J]. Journal of Materials Science, 1974, 8(1): 298 ~ 310.

[93] Li G, Suito H. Electrochemical measurement of critical supersaturation in Fe-O-M(M = Al, Si and Zr) and Fe-O-Al-M(M = C, Mn, Cr, Si and Ti) melts by solid electrolyte galvanic cell[J]. ISIJ International, 1997, 37(8): 762 ~ 769.

[94] Li G, Suito H. Galvanic cell measurements on supersaturated activities of oxygen in Fe-Al-M (M = C, Te, Mn, Cr, Si, Ti, Zr and Ce) melts[J]. Metallurgical and Materials Transactions B, 1997, 28(2): 251 ~ 258.

[95] Li G, Suito, H. Effect of alloying element M (M = C, Te, Mn, Cr, Si, Ti, Zr and Ce) on supersaturation during aluminum deoxidation of Fe-Al-M melts[J]. Metallurgical and Materials Transactions B. 1997, 28 (2): 259 ~ 264.

[96] Nakajima K, Ohta H, Suito H, Jonsson P. Effect of oxide catalyst on heterogeneous nucleation in Fe-10mass% Ni alloys[J]. ISIJ International, 2006, 46(6): 807 ~ 913.

[97] 雷洪, 张红伟, 陈芝会, 等. 连铸结晶器内钢液流动、凝固和夹杂物的分布[J]. 钢铁, 2010, 45 (5): 24 ~ 29.

[98] Wang L, Lee H G, Hayes P. Prediction of the optimum bubble size for inclusion removal from molten steel by flotation[J]. ISIJ International, 1996, 36(1): 7 ~ 16.

[99] 薛正良, 王义芳, 王立涛, 等. 用小气泡从钢液中去除夹杂物颗粒[J]. 金属学报, 2003, 39(4): 431 ~ 434.

[100] 王立涛, 薛正良, 张乔英, 等. 钢包炉吹氩与夹杂物去除[J]. 钢铁研究学报, 2005, 17(3): 34 ~ 38.

[101] Zhang L, Aoki J, Thomas B G. Inclusion removal by bubble flotation in a continuous casting mold[J]. Metallurgical and Materials Transaction B, 2006, 37(3): 361 ~ 379.

[102] Kwon Y J, Zhang J, Lee H G. A CFD-based nucleation-growth-removal model for inclusion behavior in a gas-agitated ladle during molten steel deoxidation[J]. ISIJ International, 2008, 48(7): 891 ~ 900.

[103] 郑淑国, 朱苗勇. 吹氩钢液精炼过程气泡去夹杂机理研究[J]. 钢铁, 2008, 43(6): 25 ~ 29.

[104] Wang L T, Zhang Q Y, Deng C H, et al. Mathematical model for removal of inclusion in molten steel by injecting gas at ladle shroud[J]. ISIJ International, 2005, 45(8): 1138 ~ 1144.

[105] Schulze H J. Hydrodynamics of bubble-mineral particle collisions [J]. Mineral Processing and Extractive Metallurgy Review, 1989, 5(1): 43 ~ 76.

[106] Yoon R H, Luttrell G H. The effect of bubble size on fine particle flotation [J]. Mineral Processing and Extractive Metallurgy Review, 1989, 5(1): 101 ~ 122.

[107] Kwon Y, Zhang J, Lee H G. Water model and CFD studies of bubbles dispersion and inclusions removal in continuous casting mold of steel[J]. ISIJ International, 2006, 46(2): 257 ~ 266.

[108] 雷洪，张红伟，张宁，等. 钢液中夹杂物行为数学模型的现状和展望[J]. 鞍钢技术，2010(2)：1 ~ 7.

8　合金凝固宏观传输过程的数值模拟

合金凝固过程是指受壁面冷却作用，铸型中的液态合金在壁面处形成初始坯壳；溶质在凝固前沿重新分配，液相区和糊状区中的熔体受热浮升力和溶质浮升力的作用循环流动；在凝固前沿富集的溶质随之迁移；最终溶质在合金内部非均匀分布，即形成偏析。

可以看出，合金凝固宏观传输过程是一个热量、动量和溶质传输的综合过程。热量、动量和溶质传输对最终凝固后材料的宏观偏析及内部质量具有重要影响。凝固研究的核心内容之一就是改善溶质成分偏析。因此，研究合金的凝固行为必须以传热为基础，根据研究目标的不同，酌情耦合动量和质量的传输过程。总体而言，研究合金凝固过程数学模型存在如图 8-1 所示的三种基本类型。

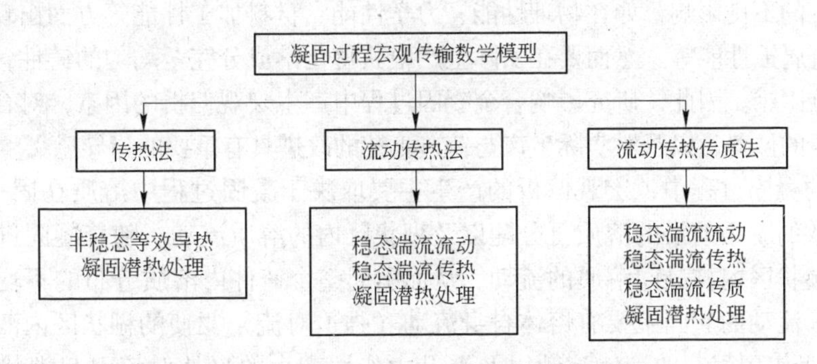

图 8-1　合金凝固过程宏观传输数学模型分类

钢液凝固的传热法就是由传热数学模型发展而来的薄片移动法（slice travelling method）。此方法主要用于对坯壳厚度、铸坯表面温度和液相穴长度做出估算，采用焓表示的控制方程[1]如下

$$\rho\frac{\partial h}{\partial t}=\frac{\partial}{\partial x}\left(\lambda\frac{\partial T}{\partial x}\right)+\frac{\partial}{\partial y}\left(\lambda\frac{\partial T}{\partial y}\right)\tag{8-1a}$$

也可采用温度表示[2~5]

$$\rho c_p\frac{\partial T}{\partial t}=\frac{\partial}{\partial x}\left(\lambda\frac{\partial T}{\partial x}\right)+\frac{\partial}{\partial y}\left(\lambda\frac{\partial T}{\partial y}\right)+\rho\Delta H_{\mathrm{LS}}\frac{\partial f_{\mathrm{s}}}{\partial x}\tag{8-1b}$$

或

$$\rho\left(c_p-\Delta H_{\mathrm{LS}}\frac{\partial f_{\mathrm{s}}}{\partial T}\right)\frac{\partial T}{\partial t}=\frac{\partial}{\partial x}\left(\lambda\frac{\partial T}{\partial x}\right)+\frac{\partial}{\partial y}\left(\lambda\frac{\partial T}{\partial y}\right)\tag{8-1c}$$

式中，h 为单位质量流体焓，J/kg；T 为温度，K；t 为时间，s；ρ 为密度，kg/m^3；c_p 为定压比热容，J/(kg·K)；λ 为导热系数，W/(m·K)；ΔH_{LS}为凝固潜热，J/kg；f_{s} 为无量纲的固相质量分数。

由于在数学模型中不包括对流项，因此液相穴中存在的对流换热效应只能通过人为增大导热系数的方式来考虑。在实际应用时，通常假设连铸机内各处的导热系数为常数。这一假设无法满足实际连铸过程中存在的各处对流强度差异较大这一基本事实，因此限制了此模型的应用。

钢液凝固的流动传热法就是将结晶器内钢液的湍流流动和传热进行耦合求解[6~10]。其主要特征是求解动量方程得到钢液的流动速度 $\boldsymbol{u}_f$ 和湍流黏度 $\boldsymbol{\mu}_t$，从而在传热方程中实现直接计算对流换热 $(\boldsymbol{u}_f \cdot \nabla)T$，并获得湍流导热系数 $\boldsymbol{\lambda}_t$。

$$\boldsymbol{\lambda}_t = \frac{c_p \boldsymbol{\mu}_t}{Pr_t} \tag{8-2}$$

此模型忽略了溶质偏析的影响，减小了计算量。

流动传热传质法则是在流动传热法的基础上增加溶质偏析因素的影响[11~14]。凝固理论表明：温度过冷和成分过冷是影响凝固过程的两大要素。因此，只有将流动模型、传热模型、凝固模型和溶质输运模型进行耦合计算，才能准确地得到连铸坯的凝固规律。

8.1 合金凝固和偏析模拟现状

宏观偏析是指在整个铸件中大于晶粒尺寸范围的合金成分的不均匀分布[15]。对于铸锭而言，如 A 型偏析、V 型偏析、底部负偏析等均为典型的宏观偏析。宏观偏析会对铸件质量产生一定程度的不良影响，如在物理性能、力学性能、材料加工性能等方面出现差异，降低金属材料的抗腐蚀性能等。然而要在实际生产中获得化学成分完全均匀的铸件，尤其是大尺寸铸件，十分困难。因此，研究影响合金凝固过程中产生宏观偏析的因素，对合理预测铸件产生宏观偏析的位置，以及对实际生产与铸造工艺的改进具有重要的指导意义。

在合金的凝固过程中，宏观偏析的产生主要取决于凝固过程中溶质在固/液相中溶解度差异所导致的凝固前沿的溶质再分配以及糊状区内的溶质流动。随着凝固进行，熔体的流动带动了糊状区内枝晶间溶质的流动，从而引起整个铸件内溶质分布的不均匀，最终产生宏观偏析。流动的起因主要有熔体自身流动（强迫对流）驱使的糊状区内液体流动、凝固收缩[16]抽吸作用引起的液体流动以及浮升力作用产生的自然对流引起糊状区内液体的流动。

另外，在凝固过程中还常见通道偏析。它是指在小于整个铸件范围内的介观偏析，其形成是由于糊状区内晶间液体的流动速度超过等温线移动速度而导致局部重熔，增大了局部渗透率，更容易产生液体流动，从而引起溶质局部集聚。

宏观偏析由平均溶质守恒方程来描述。在忽略凝固收缩的抽吸作用引起流动的条件下，针对凝固过程中由热浮力、溶质浮力作用而产生的自然对流所引起的宏观偏析，Ahmad 和 Combeau 等[17,18]分别采用有限容积法和有限元法模拟了自然对流条件下 Sn-5% Pb 和 Pb-48% Sn 两种成分合金的凝固过程，通过与基准实验—Hebditch 和 Hunt[19]的实验—结果进行对比以验证模拟结果的可靠性，并分析了通道偏析产生原因。20 世纪 80 年代中期至 90 年代初期，Bennon 和 Incropera[20~22]、Beckermann 和 Viskana[23]、Voller 等[24]，以及 Poirier 等[25]基于混合理论或体积平均理论推导出单相区域的连续介质模型，模拟宏观偏析取得了显著发展。Bennon 和 Incropera（1987 年）[20]建立了层流下二元合金的连续介质宏观传输模型，Aboutalebi（1995 年）[11]将该模型应用于连铸过程中，建立了二维凝固传热、紊流流动和溶质传输模型，模拟分析了方坯和圆坯内凝固坯壳分布及宏观偏析。之后，徐建辉[26]、陈卫德[27]、顾江平[28]、杨宏亮[12]等通过采用 Scheil 模型、考虑凝固收缩、固相扩散及其他合金元素的影响等分别对模型进行了扩展。

Gandin 等[29,30]采用宏/微观双向耦合的元胞自动机-有限元方法，模拟了 Pb-48% Sn、Ga-5% In 合金在二维矩形腔内、Sn-3% Pb 合金在三维矩形腔内的凝固过程，研究了晶粒结构、晶粒沉降运动对宏观偏析、通道偏析的影响。Zhang 等[31,32]采用元胞自动机-控制容积法，模拟分析了 Al-7% Si 合金凝固过程中热浮力、溶质浮力和凝固晶粒结构对液穴内流动方式及偏析模式（晶内、晶间偏析）的影响。

但是，对于不同合金体系所形成的宏观偏析在分布上的明显差异、通道偏析能否形成还缺乏规律性认识。同时，合金的固有物性参数和凝固工艺等外在因素对偏析模式的作用规律也需要深入探讨。基于上述考虑，建立了二元合金凝固过程耦合流动、传热、传质的宏观传输模型，深入研究了铸锭和连铸坯流动、凝固和溶质传输的耦合过程。此外，在钢的连铸过程中，为改善铸坯中心偏析和疏松，通常采用电磁搅拌和轻压下技术。这两者都需要准确预测和判断铸坯凝固末端位置，从而确定施加搅拌和轻压下的合适位置。这部分研究一般都会涉及薄片移动模型。这两个模型的模拟过程分别如图 8-2 和图 8-3 所示。

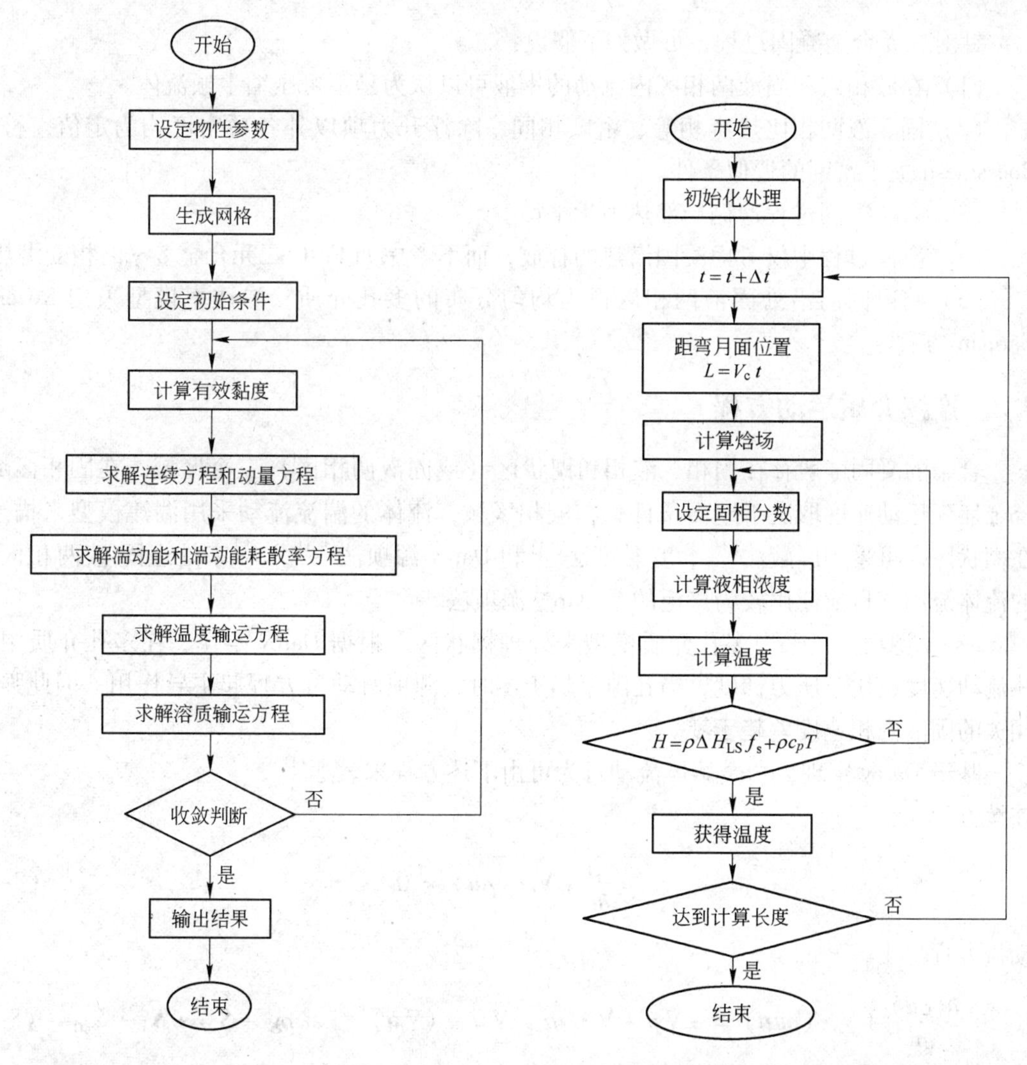

图 8-2 合金凝固耦合模型的计算流程　　图 8-3 薄片移动模型的计算流程

合金凝固耦合数学模型和薄片移动模型均以混合理论为基础，各方程的自变量 ϕ (u_i, k, ε, h, w 等) 均为固液相的混合值，即

$$\phi = \phi_l f_l + \phi_s f_s \tag{8-3}$$

凝固模型不可避免地要涉及凝固潜热的计算。对于凝固潜热，一般有焓法和等效比热法。焓法是一种直接方法：凝固潜热作为不可分割的一部分，出现在体系的总焓中。焓法容易处理凝固潜热的计算，但由于人们一般关心的是反应器内温度的分布，因此必须进行焓和温度的转换。等效比热法是一种间接方法：将凝固潜热从体系的总焓中分离出来，其对体系的热贡献不再体现在体系的总焓中，而是体现在体系的等效比热（或表观比热）中。当使用等效比热法时，能量方程中的输运变量就可以采用温度。

8.2 宏观传输模型基本假设

针对二元合金凝固过程，可做如下假设：

(1) 在液相穴和固液两相区内流动的钢液可以认为是不可压缩牛顿流体。

(2) 固、液两相比热容相等、密度相同，除浮升力项以外各项密度均为定值，符合 Boussinesq 关于密度的近似条件。

(3) 合金凝固过程遵循局部热力学平衡。

(4) 凝固过程中仅考虑凝固潜热的释放，而不考虑如 Fe-C 二元合金 δ-γ 的相变潜热。

(5) 将凝固前沿处固液两相区视为均匀分布的多孔介质，渗透率模型采用 Kozeny-Carman 方程。

8.3 连续介质运动方程

合金的凝固一般存在固相、液相和糊状区（或固液两相区）三个区域。在固相区域，合金坯壳运动速度取决于壁面条件；在液相区域，流体的湍流流动采用湍流模型来描述；在糊状区，可采用屏蔽法[33]、变黏度法[34]和 Darcy 源项法[9,11,35~38]来处理固-液两相区内的流体流动。目前使用较为广泛的是 Darcy 源项法。

Darcy 源项法是采用多孔介质模型来处理糊状区。根据 Darcy 定律，在多孔介质中流体流动速度正比于压力梯度，当孔隙率趋于零时，源项对动量方程起主导作用，因此强制相关的固液两相速度差趋于零。

基于 Darcy 定理，合金熔体流动行为可由下述方程来表达[11]：

连续方程

$$\frac{\partial \rho}{\partial t} + \nabla \cdot (\rho \boldsymbol{u}) = 0 \tag{8-4}$$

动量方程

$$\frac{\partial(\rho \boldsymbol{u})}{\partial t} + \nabla \cdot (\rho \boldsymbol{u}\boldsymbol{u}) = -\nabla p + \nabla \cdot \{\mu_{\text{eff}}[\nabla \boldsymbol{u} + (\nabla \boldsymbol{u})^{\text{T}}]\} + \rho \boldsymbol{g} + \boldsymbol{S}_{\text{uT}} + \boldsymbol{S}_{\text{p}} + \boldsymbol{S}_{\text{uC}} \tag{8-5}$$

在实际计算过程中，Darcy 源项 $\boldsymbol{S}_{\text{p}}$ 的计算可由下式来表述

$$S_p = -\frac{\mu_l}{K_p}(u - u_s) \tag{8-6a}$$

式中，渗透率 K_p（单位为 m^2）采用 Carman-Kozeny 公式[36,38,39]计算

$$K_p = \frac{f_l^3 + \xi}{D_1(1 - f_l)^2} \tag{8-6b}$$

式中，f_l 为液相分数，取值介于 0 和 1 之间；ξ 是一个很小的正数，用于保证式（8-6a）的分母不为零，从而避免由于 Darcy 源项 S_p 的引入而造成动量方程的计算发散；系数 D_1（单位为 m^{-2}）取决于多孔介质的形貌，其值采用 Minakawa[40] 提出的关系式 $D_1 = 180/d_0^2$ 来计算，而 d_0 的量级为 10^{-4}m。

对于固相而言，渗透率应该是一个很小的值，这样可以保证固相速度等于拉坯速度 u_s；对于液相而言，渗透率应该是一个很大的值，这样可以保证 Darcy 源项 S_u 对动量方程的贡献可被忽略。

模拟合金熔体流动行为可采用高雷诺数湍流模型[12]和低雷诺数湍流模型[11,13]。由于熔体流动和凝固两个过程是同时发生的，因此固液两相区（糊状区）内固液界面位置需要在求解后才能确定，无法预知。因此目前应用较为广泛的是 Jones 和 Launder 提出的低雷诺数的 k-ε 双方程模型[41~43]。

k 方程
$$\frac{\partial(\rho u_j k)}{\partial x_j} = \frac{\partial}{\partial x_j}\left[\left(\mu_l + \frac{\mu_t}{\sigma_k}\right)\frac{\partial k}{\partial x_j}\right] + G - \rho\varepsilon + D + \frac{\mu_l}{K_p}k \tag{8-7a}$$

ε 方程
$$\frac{\partial(\rho u_j \varepsilon)}{\partial x_j} = \frac{\partial}{\partial x_j}\left[\left(\mu_l + \frac{\mu_t}{\sigma_\varepsilon}\right)\frac{\partial \varepsilon}{\partial x_j}\right] + C_1 f_1 \frac{\varepsilon}{k}G - C_2 f_2 \frac{\rho\varepsilon^2}{k} + E + \frac{\mu_l}{K_p}\varepsilon \tag{8-7b}$$

其中，紊流黏度采用 Kolmogorov-Prandtl 关系式计算

$$\mu_t = \rho f_\mu C_\mu \frac{k^2}{\varepsilon} \tag{8-8}$$

模型中的常数及其他项的表达式见表 8-1。

表 8-1 低雷诺数模型和高雷诺数模型中的系数和经验常数

参数	低雷诺数模型	高雷诺数模型	参数	低雷诺数模型	高雷诺数模型
C_1	1.45	1.44	f_2	$1.0-0.3\exp(-Re_t^2)$	1.0
C_2	2.0	1.92	Re_t	$\rho k^2/(\mu_l\varepsilon)$	—
σ_k	1.0	1.0	Pr_t	0.9	0.9
σ_ε	1.3	1.3	Sc_t	1.0	1.0
C_μ	0.09	0.09	D	$-2\mu_l\left(\frac{\partial\sqrt{k}}{\partial x_j}\right)^2$	0
f_μ	$\exp[-2.5/(1+Re_t/50)]$	1.0	E	$-2\frac{\mu_l\mu_t}{\rho}\left(\frac{\partial^2\varepsilon}{\partial x_j\partial x_k}\right)^2$	0
f_1	1.0	1.0			

事实上，高雷诺数湍流模型[12]和低雷诺数湍流模型[9]的差异主要体现在固液两相区钢液流动计算的差异上。从理论上讲，固液两相区内枝晶的存在造成钢液流动涵盖了层流流动和过渡区流动，因此低雷诺数湍流模型比高雷诺数湍流模型更适于模拟固液两相区钢液的流动。但是从实践上看，只有得到准确的固液两相区枝晶的形貌才能准确地模拟固液两相区钢液的流动。而枝晶的形状与凝固前沿晶粒的形核、温度过冷和溶质成分过冷等密切相关，因此必须引入元胞自动机等模型才能得到准确的枝晶形貌[44]。但是元胞自动机等模型自身的计算量很大，它们的引入会造成模型过于复杂、内存需求和计算量过大。因此，在实际计算中往往忽略凝固前沿枝晶的形貌，而将凝固前沿视为一个平滑曲面。忽略凝固前沿枝晶形貌引起的钢液流动的误差很大，足以淹没高雷诺数湍流模型和低雷诺数湍流模型之间的差异。因此，在实际钢的连铸计算中，高雷诺数湍流模型和低雷诺数湍流模型均有较广泛的应用。而在铸锭凝固过程中，由于钢液流动是由自然对流引起的，因此常采用层流模型。

8.4 凝固过程能量方程

由凝固理论可知，在钢液凝固的过程中，需要释放出热量。释放热量的来源包括三部分：

（1）钢液物理显热。在钢液从浇注温度冷却至液相线温度过程中释放的热量。此过程不涉及物质相态的改变，其实质是钢液过热度的消除。

（2）凝固潜热。处于液相线温度的钢液冷却至固相线温度过程中释放的热量。此过程涉及物质相态的改变。在实际钢液的凝固过程中，溶质偏析的存在造成凝固前沿钢液成分偏离初始钢液成分，因此固相线温度也随之改变。

（3）钢坯物理显热。钢坯从固相线温度冷却到室温所释放的热量。此过程中不涉及物质相态的改变。物理显热的释放十分复杂。在冶金长度内，连铸坯坯壳在很长一段时间内是由喷水冷却，而后的空冷区依靠热辐射。连铸坯坯壳一边冷却一边接受液相穴传出的凝固潜热；在连铸坯完全凝固后，连铸坯坯壳继续向空气中辐射热量，使坯壳表面温度降低且均匀化。

钢液凝固过程释放出来的热量决定于钢的成分、拉坯速度和冷却强度。在连铸机不同位置释放热量的速度直接影响着连铸坯的质量。通过热平衡计算可知，40%的热量是通过结晶器至二冷区液相穴凝固终点释放出来的，60%的热量是完全凝固后的铸坯在冷却至室温过程中释放出来的。因此，为了节约能源，冶金工作者开发了铸坯热送热轧工艺和薄板坯连铸连轧工艺。

在对铸坯进行传热模拟过程中，考虑到液相穴内对流换热及凝固过程中释放的潜热的影响，目前模拟对凝固过程的能量方程有三种形式：（1）焓法[9,11]；（2）等效比热法[12,14]；（3）焓和温度的混合法[13,38]。

8.4.1 焓法

在有相变的体系，总焓 h 为显焓和潜热 ΔH 之和

$$h = \int_{T_0}^{T} c_p(t)\,\mathrm{d}t + \Delta H \tag{8-9}$$

对于二元合金凝固，潜热 ΔH 的计算式如下

$$\Delta H = \begin{cases} \Delta H_{\mathrm{LS}} & T \geqslant T_{\mathrm{liq}} \\ \Delta H_{\mathrm{LS}} f_{\mathrm{l}} & T_{\mathrm{liq}} < T < T_{\mathrm{sol}} \\ 0 & T \leqslant T_{\mathrm{sol}} \end{cases} \tag{8-10}$$

对于等温凝固

$$\Delta H = \begin{cases} \Delta H_{\mathrm{LS}} & T > T_{\mathrm{m}} \\ \Delta H_{\mathrm{LS}} f_{\mathrm{l}} & T = T_{\mathrm{m}} \\ 0 & T < T_{\mathrm{m}} \end{cases} \tag{8-11}$$

式中，液相质量分数 f_{l} 是温度的非线性函数；ΔH_{LS}是凝固潜热或熔化潜热；T_{liq} 和 T_{sol} 为碳质量浓度为 w_0 的铁碳合金的液相线温度和固相线温度，如图 8-4 所示；T_{m} 为纯铁的熔化温度。

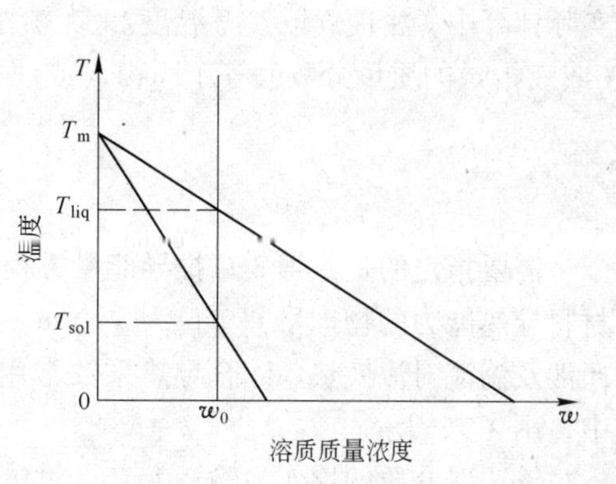

图 8-4 二元合金凝固过程中液相中溶质浓度与温度的关系

相应的能量方程为

$$\frac{\partial(\rho h)}{\partial t} + \nabla \cdot (\rho \boldsymbol{u} h) = \nabla \cdot \left(\frac{\lambda_{\mathrm{eff}}}{c_{p,\mathrm{s}}} \nabla h\right) + \nabla \cdot \left[\frac{\lambda_{\mathrm{eff}}}{c_{p,\mathrm{s}}} \nabla (h_{\mathrm{s}} - h)\right] - \nabla \cdot \left[\rho f_{\mathrm{s}} (h_{\mathrm{l}} - h_{\mathrm{s}})(\boldsymbol{u} - \boldsymbol{u}_{\mathrm{s}})\right] \tag{8-12}$$

式中，混合相密度

$$\rho = f_{\mathrm{s}} \rho_{\mathrm{s}} + f_{\mathrm{l}} \rho_{\mathrm{l}} \tag{8-13a}$$

混合相速度

$$u = f_{\mathrm{s}} u_{\mathrm{s}} + f_{\mathrm{l}} u_{\mathrm{l}} \tag{8-13b}$$

混合相总焓

$$h = f_{\mathrm{s}} h_{\mathrm{s}} + f_{\mathrm{l}} h_{\mathrm{l}} \tag{8-13c}$$

混合相比热容

$$c_{\mathrm{m}} = f_{\mathrm{s}} c_{\mathrm{s}} + f_{\mathrm{l}} c_{\mathrm{l}} \tag{8-13d}$$

固相或液相的总焓

$$\underset{i=l,\mathrm{s}}{h_i} = \int_{T_0}^{T} c_i \mathrm{d}t + h_i^{T_0} \tag{8-13e}$$

混合相的有效热传导系数

$$\lambda_{\mathrm{eff}} = f_{\mathrm{s}} \lambda_{\mathrm{s}} + f_{\mathrm{l}} \lambda_{\mathrm{l,eff}} = f_{\mathrm{s}} \lambda_{\mathrm{s}} + f_{\mathrm{l}} \left(\frac{\mu_{\mathrm{l}}}{Pr} + \frac{\mu_{\mathrm{t}}}{Pr_{\mathrm{t}}}\right) c_p \tag{8-13f}$$

混合相的质量分数存在归一化条件，即

$$f_{\mathrm{s}} + f_{\mathrm{l}} = 1 \tag{8-13g}$$

混合相的体积分数存在归一化条件，即

$$g_{\mathrm{s}} + g_{\mathrm{l}} = 1 \tag{8-13h}$$

其中，下标 s 和 l 代表固相和液相；f 为质量分数；g 为体积分数；Pr 为普朗特数。

温度和溶质的差异会造成密度的差异，从而会产生热浮力和溶质浮力。热浮力和溶质浮力对钢液的流动产生影响分别用源项 S_{uT} 和 S_{uC} 来表达（详见 8.4.4 节和 8.5.2 节）。在实际计算中，密度 ρ 取参考温度和参考溶质浓度下钢液的密度，是一个定值。这样固相（或液相）的质量分数就等于固相（或液相）的体积分数，即

$$f_s = g_s \tag{8-14a}$$

$$f_l = g_l \tag{8-14b}$$

需要指出的是，第 2 章推导能量方程中所涉及的导热系数用 λ 来表示，这是一个表征材料导热能力的物理量，单位为 W/(m · K)；而凝固计算不仅涉及到固相和液相的导热，还涉及湍流对流换热。综合导热系数常用 κ 或 λ 来表示，单位仍为 W/(m · K)。在本章中，用 λ 来表示。

焓法以介质的焓作为输运变量，对包括固相区、液相区和糊状区在内的整个研究区域建立统一的能量守恒方程；求出热焓后，再由焓和温度的关系式得到节点处的温度值。

通过能量方程计算得到焓，由焓与温度及液相分数之间的守恒关系 $h = c_p T + f_l \Delta H_{LS}$，可以得到温度与液相分数，具体见表 8-2。

表 8-2 焓与温度、液相分数的关系

条 件	温度 T	液相分数 f_l
$h > h_{liq}$（液相区）	$T = (h - \Delta H_{LS})/c_p$	$f_l = 1$
$h_e < h \leqslant h_{liq}$（糊状区）	$T = (h - \Delta H_{LS} f_l)/c_p$	$f_l = 1 - \frac{1}{1-k_p} \times \frac{T - T_{liq}}{T - T_m}$
$h_{sol} < h \leqslant h_e$（糊状区）	$T = T_e$	$f_l = (h - c_p T_e)/\Delta H_{LS}$
$h \leqslant h_{sol}$（固相区）	$T = h/c_p$	$f_l = 0$

表 8-2 中，$h_{liq} = c_p T_{liq} + \Delta H_{LS}$，$h_{sol} = c_p T_{sol}$，$h_e = c_p T_e + f_{l,e} \Delta H_{LS}$，$f_{l,e}$ 为共晶（或包晶）反应线上溶质浓度 w 对应的液相分数；液相线温度 $T_{liq} = T_m + (T_e - T_m)\frac{w}{w_e}$；固相线温度 $T_{sol} = T_m + (T_e - T_m)\frac{w}{w_{es}}$；$T_e$、$w_e$、$w_{es}$ 分别为合金的共晶（或包晶）转变温度以及相应的液相、固相溶质浓度。

8.4.2 等效比热法

等效比热法也称为温度修正法，它是焓法的一种简化形式，实质上是将凝固温度范围内释放的凝固潜热换算成等价的比热进行能量方程的计算，即

$$\rho c_{p,\mathrm{eff}} u_j \frac{\partial T}{\partial x_j} = \frac{\partial}{\partial x_j}\left(\lambda_{\mathrm{eff}} \frac{\partial T}{\partial x_j}\right) \tag{8-15a}$$

式中，等效比热 $c_{p,\mathrm{eff}}$ 的表达式为

$$c_{p,\mathrm{eff}} = c_p - h_f \frac{\partial f_s}{\partial T} \tag{8-15b}$$

对于二元合金凝固，通常假定固相质量分数f_s与温度呈线性关系[14,36,37]，即

$$f_l = 1 - f_s = \begin{cases} 1 & T > T_{liq} \\ \dfrac{T - T_{sol}}{T_{liq} - T_{sol}} & T_{sol} \leqslant T \leqslant T_{liq} \\ 0 & T < T_{sol} \end{cases} \tag{8-16}$$

那么，等效比热的表达式为

$$c_{p,eff} = \begin{cases} c_p & T > T_{liq} \\ c_p - \dfrac{\Delta H_{LS}}{T_{liq} - T_{sol}} & T_{sol} \leqslant T \leqslant T_{liq} \\ c_p & T < T_{sol} \end{cases} \tag{8-17}$$

8.4.3 焓和温度混合模式法

焓和温度混合模型是将对流项中输运变量采用焓，扩散项中的输运变量采用温度[13]，计算量较焓法有所减少。但是这种混合模型的缺陷在于方程的输运变量不统一，因此在编程过程中增加了工作量。

$$\nabla \cdot (\rho u h) = \nabla \cdot (\lambda_{eff} \nabla T) - \nabla \cdot [\rho (h_l - h)(u - u_s)] \tag{8-18}$$

8.4.4 热浮力

流动体系内较大的温度梯度会导致较大的密度梯度，这样密度较小的流体上升而造成密度较大的流体下沉来填补。这种由于温度差异产生热浮力而导致的定向对流流动称为自然热对流。研究自然热对流时必须考虑热浮力。

对于温度差为ΔT、溶质浓度差为Δw的钢液，如果利用布辛涅斯克近似（Boussinesq Approximation），则钢液密度可近似地表示为

$$\rho = \rho_{ref} + \Delta\rho = \rho_{ref}(1 - \beta_T \Delta T - \beta_w \Delta w) \tag{8-19}$$

其中

$$\Delta T = T - T_{ref} \tag{8-20a}$$

$$\beta_T = -\frac{1}{\rho}\left(\frac{\partial \rho}{\partial T}\right) \tag{8-20b}$$

式中，T_{ref}为特征温度（或参考温度）；w为溶质的质量分数；ρ_{ref}为参考温度和参考浓度下的钢液密度；T为钢液的实际温度；β_w为溶质膨胀系数；β_T为线膨胀系数，通常是正值，单位为1/K。

如果在特征温度下单位体积流体的质量力为重力$\boldsymbol{g}$，则温度为T的钢液单位体积质量力为

$$\rho_{ref}(1 - \beta_T \Delta T - \beta_w \Delta w)\boldsymbol{g} = \rho_{ref}\boldsymbol{g} - \rho_{ref}\beta_T(T - T_{ref})\boldsymbol{g} - \rho_{ref}\beta_w(w - w_{ref})\boldsymbol{g} \tag{8-21}$$

因此，温度为T的钢液所受重力可分为三项：第一项是特征温度下的钢液重力；第二

项是由于温度差而引起的对钢液重力的修正；第三项是由于浓度差而引起的对钢液重力的修正。由于在计算过程中，只会涉及一个密度即特征温度下的钢液密度 ρ_{ref}，而没有别的密度，因此常将 ρ_{ref} 写成 ρ 的形式。

这样，源项 S_{uT} 表示热浮力对钢液流动的作用，其计算式如下

$$\boldsymbol{S}_{uT} = -\rho \boldsymbol{g} \beta_T (T - T_{ref}) \tag{8-22}$$

式中，线膨胀系数 β_T 对碳钢的取值为 $1.0 \times 10^{-4}\,K^{-1}$[11]；$T_{ref}$ 可选液相线温度作为参考温度。

由于连铸过程一般不涉及热源，只有水冷和空冷两种冷却方式，因此钢液温度均小于浸入式水口处钢液温度。如果将浸入式水口处钢液温度作为参考温度 T_{ref}，则由式（8-22）可知，源项 $\boldsymbol{S}_{uT}$ 的方向与重力加速度 $\boldsymbol{g}$ 的方向相同。

需要指出的是，由于 $\rho_{ref}g$ 比 $(\beta_T \Delta T + \beta_w \Delta w)g$ 约高出 2 个数量级，因此要体现热浮力和溶质浮力的效果，建议在计算过程中将重力项与压强梯度项合并。如果重力加速度 $\boldsymbol{g}$ 的方向与 z 轴方向重合，那么

$$\begin{aligned} -\nabla p + \rho_{ref}\boldsymbol{g} &= -\frac{\partial p}{\partial x}\boldsymbol{i} - \frac{\partial p}{\partial y}\boldsymbol{j} - \frac{\partial (p - \rho g z)}{\partial z}\boldsymbol{k} \\ &= -\frac{\partial (p - \rho g z)}{\partial x}\boldsymbol{i} - \frac{\partial (p - \rho g z)}{\partial y}\boldsymbol{j} - \frac{\partial (p - \rho g z)}{\partial z}\boldsymbol{k} \\ &= -\frac{\partial p^*}{\partial x}\boldsymbol{i} - \frac{\partial p^*}{\partial y}\boldsymbol{j} - \frac{\partial p^*}{\partial z}\boldsymbol{k} \\ &= -\nabla p^* \end{aligned} \tag{8-23}$$

8.5 溶质宏观输运方程

8.5.1 控制方程

在合金凝固过程中，溶质在固液两相溶解度的不同会在固液界面处产生溶质偏析现象。这样，在固液两相内存在的溶质浓度梯度就会引起溶质的扩散现象。同时结晶器内钢液的紊流流动也会形成较强的溶质对流输运。根据上述输运机理，可以得到钢液内溶质碳的质量输运方程[11,21,22]为

$$\begin{aligned} \frac{\partial (\rho w_C)}{\partial t} + \nabla \cdot (\rho u w_C) = {} & \nabla \cdot (\rho D_{C,eff} \nabla w_C) + \nabla \cdot [\rho f_s D_{C,s} \nabla (w_{C,s} - w_C)] + \\ & \nabla \cdot \left[\rho f_l \left(D_{C,l} + \frac{\mu_t}{Sc_t}\right) \nabla (w_{C,l} - w_C)\right] - \\ & \nabla \cdot [\rho f_s (w_{C,l} - w_{C,s})(u - u_s)] \end{aligned} \tag{8-24}$$

式中

$$D_{C,eff} = f_s D_{C,s} + f_l \left(D_{C,l} + \frac{\mu_t}{Sc_t}\right) \tag{8-25}$$

对于钢中的硅、锰、磷、硫等元素，它们的输运方式也可写成上述形式。这里不再赘述。

8.5.2 溶质浮力

在钢液中溶质元素的浓度差异会产生溶质浮力，而溶质浮力对钢液流动的影响可用源项 $\boldsymbol{S}_{\mathrm{uC}}$ 来表达。类似于热浮力的推导过程，可得溶质浮力的表达式为

$$\boldsymbol{S}_{\mathrm{uC}} = -\rho \boldsymbol{g} \beta_{w_{\mathrm{C}}}(w_{\mathrm{C}} - w_{\mathrm{C,ref}}) \tag{8-26}$$

式中，溶质膨胀系数 $\beta_{w_{\mathrm{C}}}$ 的取值可正可负。对于碳钢，$\beta_{w_{\mathrm{C}}} = 4.0 \times 10^{-3}$[11]，$\beta_{w_{\mathrm{C}}}$ 值为正，参考碳浓度 $w_{\mathrm{C,ref}}$ 可选取钢初始成分中的碳浓度。此时，液相中溶质浮力 $\boldsymbol{S}_{\mathrm{uC}}$ 的方向与重力加速度方向相反，对于 Al-Si 合金，$\beta_{w_{\mathrm{C}}}$ 值为负，则溶质浮力 $\boldsymbol{S}_{\mathrm{uC}}$ 的方向与重力加速度方向相同。

8.5.3 溶质输运与夹杂物输运的比较

溶质再分配现象发生在固液两相共存区的固液界面处；在液相内，宏观溶质分布取决于对流输运和扩散输运两种机制；在固相内，宏观溶质分布仅取决于扩散输运。对于夹杂物而言，在液相内，夹杂物分布取决于对流输运和扩散输运两种机制；在固相内，夹杂物无输运机制。

虽然夹杂物输运方程与溶质输运方程十分类似，但是这两种现象产生的物理机制具有明显的差异，见表 8-3。

表 8-3 溶质输运和夹杂物输运特征

项 目	溶 质	夹杂物
固液界面分配机制	溶质再分配	无再分配机制
固液界面处分布特点	阶跃突变	连续分布，无阶跃突变
固相输运机制	扩散输运	不发生移动即无输运机制
液相输运机制	对流 + 扩散	对流 + 扩散
固相输运速度	固相速度	固相速度
液相输运速度	固液混合相速度	固液混合相速度 + 夹杂物上浮速度

（1）溶质在液固界面处有溶质分配现象，即溶质的质量分数在液固界面处存在阶跃式突变；但夹杂物的体积分数分布在液固界面处是连续的，不存在突变。

（2）夹杂物在固相内不能自由移动，因此夹杂物的运动速度等于凝固坯壳的运动速度；在固液两相区内，溶质的输运速度为液固混合相的速度，但夹杂物的输运速度取决于液固混合相的速度和夹杂物的上浮速度[14]。

$$u_{\mathrm{C*}} = (u_{\mathrm{f}} + u_{\mathrm{p,C*,z}})(1 - f_{\mathrm{s}}) + u_{\mathrm{s}} f_{\mathrm{s}} \tag{8-27}$$

$$u_{\mathrm{N*}} = (u_{\mathrm{f}} + u_{\mathrm{p,N*,z}})(1 - f_{\mathrm{s}}) + u_{\mathrm{s}} f_{\mathrm{s}} \tag{8-28}$$

式中，$u_{\mathrm{p,C*,z}}$、$u_{\mathrm{p,N*,z}}$ 分别为夹杂物在体积守恒和数量守恒方程中的特征上浮速度。

（3）在固相内浓度梯度的存在会发生溶质的扩散输运；但夹杂物在固相内没有扩散机制。在固液两相区内，夹杂物的有效扩散系数主要取决于夹杂物在钢液中扩散系数、钢液的湍流流动和液相分率[14]。

$$D_{\mathrm{eff}} = \left(D_{\mathrm{p0}} + \frac{v_{\mathrm{t}}}{Sc_{\mathrm{t}}}\right) f_{\mathrm{l}} \tag{8-29}$$

8.6 薄片移动传热模型

铸坯的液穴长度又称为液穴深度，是指铸坯从结晶器钢液面开始到铸坯中心液相完全凝固的长度。鉴于连铸过程实质上是一个伴随液相流动与凝固的传热过程，为简化计算，通常建立热传导模型，采用薄片移动法来预测连铸过程凝固坯壳厚度及凝固末端位置。

8.6.1 薄片传热模型的假定条件

（1）忽略拉坯方向的传热，铸坯凝固过程简化为二维平面内非稳态传热过程，即薄片平面内的传热过程。

（2）该薄片以铸坯同样拉速随铸坯下行，从而获得距弯月面不同位置处的温度分布、凝固坯壳厚度及最终凝固末端位置，即铸坯在拉坯方向的传热采用沿时间轴的步进方式来表达。

（3）由于铸坯截面结构及冷却条件的对称性，取铸坯的1/4截面作为研究对象。

（4）将钢液流动对钢液内部传热的影响转化为增大导热系数来处理。

（5）除导热系数 λ 外，其他物性参数视为常数。

8.6.2 热焓计算

根据傅立叶定律，二维平面内的非稳态导热微分方程为

$$\frac{\partial H}{\partial t} = \nabla \cdot (\lambda \nabla T) \tag{8-30}$$

式中，H 为单位体积的平均热焓，J/m^3；λ 为导热系数，W/(m · K)。

对式（8-30）采用完全显式差分离散，得离散方程为

$$H_{n+1} = H_n + \nabla \cdot (\lambda \nabla T_n)\Delta t \tag{8-31}$$

通过迭代求解获得全场焓的分布。

8.6.3 温度和固相率

考虑固相有限扩散，采用 Kobayashi 模型[45]求解温度和固相率，详见 9.2.4 节。

$$\frac{1}{T} = \frac{1}{T_{\mathrm{m}}} + \frac{R}{\Delta H_{\mathrm{LS}}} \sum_j (1 - k_{\mathrm{p},j}) \frac{w_{j,n+1}}{W_j} \tag{8-32}$$

$$w_{j,n+1} = (w_{j,n} - \Delta w_{j,n}) \left(\frac{P_{j,n+1}}{P_{j,n}}\right)^{\zeta_1} \left[1 + \frac{k_{\mathrm{p},j}(1 - k_{\mathrm{p},j})\beta_j^3}{2\gamma_j(1 - \beta_j k_{\mathrm{p},j})^3}(Q_{j,n+1} - Q_{j,n})\right] \tag{8-33}$$

对于 Fe-C 合金成分，二次枝晶间距 λ 的实验关联式 $\lambda = A\dot{T}^{-m}$ 中，实验常数取 $A = 7.185 \times 10^{-5}$，$n = 0.41$。碳的固相扩散系数 $D_j = D_0 \exp\left(-\frac{Q}{RT}\right)$，其中 $D_0 = 0.0127$，$Q = 0.8109$[46]。

同时，焓 H、温度 T 与固相率 f_{s} 之间存在如下平衡关系

$$H_{n+1} = \rho \Delta H_{\mathrm{LS}}(1 - f_{\mathrm{s},n+1}) + \rho c_p T_{n+1} \tag{8-34}$$

给定f_s，由式（8-33）、式（8-32）可求得$n+1$时刻的温度分布。代入式（8-34）进行反复迭代使其满足平衡关系，从而获得$f_{s,n+1}$的收敛解，并求得此时刻温度场的准确分布。

8.6.4 导热系数的确定

在固相区，导热系数视为温度的函数；在液相区，钢水流动加速了传热进程；在糊状区，树枝晶的生长削弱了钢水的对流运动。为引入对流对导热的影响，一般采用静止钢液导热系数的M倍来综合考虑对流传热的影响，即引入有效导热系数

$$\lambda_{eff} = \lambda_s f_s + (1 - f_s) M \lambda_s \tag{8-35}$$

式中，λ_s为固有导热系数，W/(m·K)；f_s为固相率；M为对流影响传热的经验参数。其中，固有导热系数λ_s可表示为[46]：

$$\lambda_s = \begin{cases} -0.042T + 61.4 & T \leqslant 840℃ \\ 0.00986T + 17.8 & T > 840℃ \end{cases} \tag{8-36}$$

为了讨论对流传热影响参数M对计算结果的影响，对Fe-C铸坯在结晶器和足辊水冷区、气雾冷却区分别取三组M参数：3、1.5；7、5；10、7。图8-5示出了有效导热系数与固有导热系数的关系。在高温区域，液相占有分数较大，有效导热系数值约为固有导热系数的3倍，代表对流换热强烈；而在低温区，液相分数逐渐减小至消失，有效导热系数值逐渐等于固有导热系数。

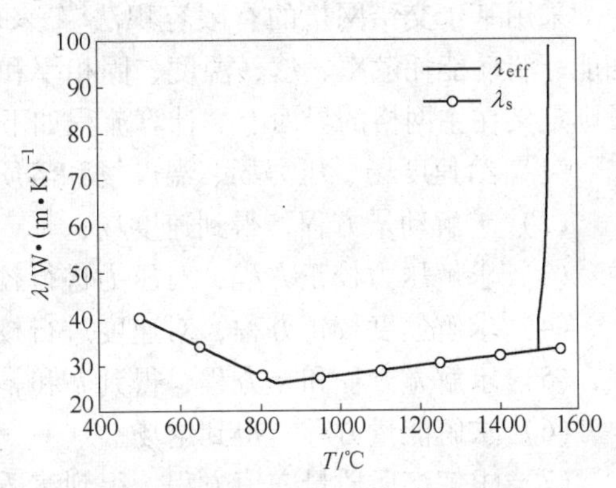

图8-5 等效导热系数与固有导热系数的关系

8.7 铸坯凝固过程的稳态模拟

8.7.1 凝固模型的离散和求解方法

凝固模型需要求解连续方程、动量守恒方程、k-ε方程、能量守恒方程、溶质质量守恒方程，这些方程可用一个通用微分方程式来表达

$$\frac{\partial(\rho u_i \phi)}{\partial x_i} = \frac{\partial}{\partial x_i}\left[\Gamma \frac{\partial \phi}{\partial x_i}\right] + S \tag{8-37}$$

式（8-37）左端项表示对流项；右端第一项表示扩散项；右端第二项表示源项。如果将式中的各项ρ、u、ϕ、Γ和S赋予不同的物理意义就可得到模型中的各方程[14]，见表8-4。

表8-4 守恒方程中的矢量、标量、扩散系数和源项

方程	输运矢量u	输运变量ϕ	扩散系数Γ	源项S
连续方程	$u_s f_s + u_l f_l$	1	0	0
动量方程	$u_s f_s + u_l f_l$	$u_s f_s + u_l f_l$	$\mu_l + \mu_t$	$-\nabla p + \rho g[\beta_T \Delta T + \beta_w \Delta w]$ $-\frac{\mu_l}{K_p}(u - u_s)$

续表 8-4

方程	输运矢量 u	输运变量 ϕ	扩散系数 Γ	源项 S
k 方程	$u_s f_s + u_l f_l$	k	$\mu_l + \dfrac{\mu_t}{\sigma_k}$	$G - \rho\varepsilon$
ε 方程	$u_s f_s + u_l f_l$	ε	$\mu_l + \dfrac{\mu_t}{\sigma_\varepsilon}$	$C_1 \dfrac{\varepsilon}{k} G - C_2 \rho \dfrac{\varepsilon^2}{k}$
能量方程	$(u_s f_s + u_l f_l) c_p$	T	$f_s \lambda_s + f_l\left(\lambda_l + \dfrac{\mu_t c_p}{Pr_t}\right)$	$\rho \Delta H_{LS} (\boldsymbol{u}_s f_s + \boldsymbol{u}_l f_l) \cdot \nabla f_s$
溶质方程	$u_s f_s + u_l f_l$	w_C	$f_s \rho D_{C,s} + f_l\left(\rho D_{C,l} + \dfrac{\mu_t}{Sc_t}\right)$	$\nabla \cdot [\rho f_s D_{C,s} \nabla (w_{C,s} - w_C)] + \nabla \cdot \left[f_l\left(\rho D_{C,l} + \dfrac{\mu_t}{Sc_t}\right) \nabla (w_{C,l} - w_C)\right] - \nabla \cdot [\rho (w_{C,l} - w_C)(u - u_s)]$

采用基于交错网格的有限容积法[47]来求解上述微分方程。在求解过程中，压力、湍动能、湍动能耗散率、焓、温度、固相率和溶质浓度设置在主网格节点上，而流体速度分量则定义在主网格的界面上。计算流程如下：

（1）给速度场、压力场、温度场和溶质浓度场赋初值；

（2）求解动量方程，得到速度场；

（3）求解压力校正方程，对压力进行校正，得到压力场；

（4）求解速度校正方程，对速度进行校正，得到速度场；

（5）求解 k 方程和 ε 方程，得到 k 和 ε 的空间分布；

（6）求解能量方程，得到焓场；

（7）求解溶质质量守恒方程，得到溶质浓度场；

（8）通过焓与温度、液相分数之间的守恒关系求出温度以及液相分数分布；

（9）求解含热浮力和溶质浮力的动量方程，得到速度场；

（10）返回到第（4）步，重复整个过程，直至得到收敛解为止。

8.7.2 稳态凝固过程边界条件和收敛条件

结晶器流场边界条件详见第 4 章。这里需要指出的是，结晶器内的坯壳是一个连续的整体。在不考虑铸坯的塑性变形的条件下，结晶器内坯壳移动速度等于拉坯速度。

对于能量和浓度输运方程的边界条件如下：

（1）在浸入式水口出口处的钢液温度及碳浓度等于中间包出口处钢液的温度和碳浓度；

（2）在自由液面处，钢液温度梯度和碳浓度梯度等于零；

（3）在对称面处，钢液温度梯度和碳浓度梯度等于零；

（4）在连铸机出口处，钢液温度梯度和碳浓度梯度等于零；

（5）在浸入式水口壁面处，钢液温度梯度和碳浓度梯度等于零；

（6）在坯壳外表面，碳浓度梯度等于零，而能量交换采用第三类边界条件

$$-\lambda \frac{\partial T}{\partial n} = \alpha (T_s - T_\infty) \tag{8-38}$$

式中，α 为坯壳壁面处对流换热系数；T_s 为壁面温度；T_∞ 为环境温度。

流场计算采用标准 $k\text{-}\varepsilon$ 双方程模型，能量方程采用等效比热法。所有的计算均采用 Fortran 语言进行编程。由于方程组具有高度非线性，且各方程之间完全耦合，应采用欠松弛以获得收敛解。稳态条件下计算收敛条件为进出口钢液质量流量之差小于 0.1%，进出口碳元素质量流量之差小于 0.5%。

采用数值计算手段求解上述数学模型，得到了结晶器内钢液流动、温度、碳浓度的空间分布规律。通过对比钢液流场、温度场和碳偏析分布特点，发现钢液的对流输运是影响钢液温度、碳分布的主要因素，并注意到弯月面角部存在一些有趣的传输现象。这些数值结果的取得有利于人们更清晰地了解铸坯中成分偏析特点，从而深入地剖析产生这种分布特点的物理机制。

8.7.3 板坯连铸过程

8.7.3.1 凝固坯壳厚度

工业试验[7,48]表明，凝固坯壳厚度与拉坯速度存在如下经验式

$$\frac{D}{2} = K^* \sqrt{t} = K^* \sqrt{\frac{L}{v}} \tag{8-39}$$

式中，L 为液芯长度，m；D 为铸坯坯壳厚度，mm；v 为拉坯速度，m/min；K^* 为综合凝固系数，mm/min^2。

整理后得到液相穴长度的表达式为

$$L = \frac{D^2 v}{4K^{*2}} \tag{8-40}$$

式中，板坯 K^* 一般取 26 ~ 29；方坯 K^* 一般取 28 ~ 35。

图 8-6 中空心三角形和空心方点分别表示在宽面中心 A 处和窄面中心 B 处固相率为 0.8 时的结晶器内坯壳分布的预测值，宽面中心 A 处的预测值和实验值在趋势上相符合，但窄面中心 B 处的预测值与实验值相比却有较大差异。这与结晶器内钢液流动和凝固传热特点有关[49]。

随着钢液射流冲击到窄面后形成上升流股和下降流股，钢液温度也逐渐降低。由于结晶器的冷却作用，靠近结晶器壁面的钢水温度不断降低，部分钢液放出凝固潜热从而形成凝固坯壳，如图 8-6 所示。在液面附近，结晶器窄面处的铸坯坯壳初始厚度大于结晶器宽面处的铸坯坯壳初始厚度；但是当距液面距离超过 0.3m 时，窄面处的铸坯坯壳厚度开始小于宽面处的铸坯坯壳厚度。这个有趣的现象是由以下两个原因造成的：

（1）由于结晶器角部的冷却效果最好，在靠近角部处的凝固坯壳所释放的凝固潜热最容易被水冷结晶器带走，从而促进了凝固坯壳的生长。相对于结晶器宽面而言，结晶器窄面距角部较近，被带走的热量也较多。

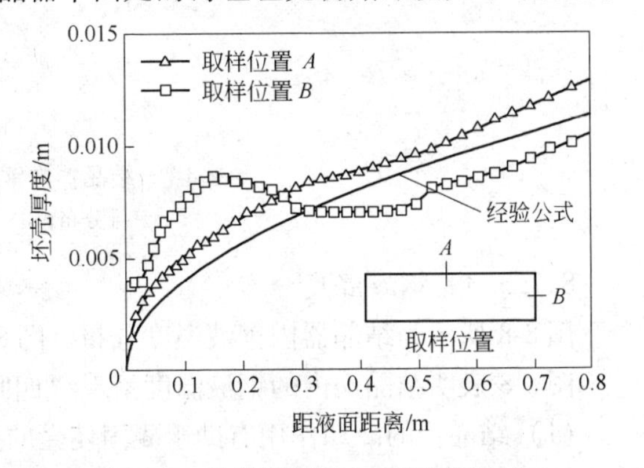

图 8-6 连铸结晶器内坯壳厚度变化

（2）在窄面附近运动的钢液温度比宽面附近运动的钢液温度高，甚至会使已经凝固的部分坯壳发生重熔。这不利于凝固坯壳的生长[50]。

图8-6表明在结晶器窄面中心 B 处，凝固坯壳厚度沿拉坯方向上呈现先增加、再减小、最后增大的规律。此现象是由两个原因引起的：

（1）结晶器是连铸过程最重要的钢液凝固装置，钢液在弯月面处形成初始凝固坯壳；水冷结晶器不断吸收凝固潜热，使钢液凝固过程持续进行，坯壳逐渐增厚。

（2）在距液面约0.38m处，坯壳厚度存在一个极小值。这个极小值的出现是与钢液流动规律密切相关的。在距液面约0.38m处位于钢液冲击点处，由于来自水口出口的钢液温度较高，造成了冲击点附近凝固坯壳的熔化，从而坯壳厚度变薄[50]。

8.7.3.2 钢液流动速度分布

图8-7是凝固条件下结晶器内钢液流动的速度分布[50]。来自浸入式水口的钢液流股到达窄面后分别形成上升流股和下降流股。受液面和初始凝固坯壳的限制，上升流股在结晶器上部形成上部回流区；下降流股沿初始凝固坯壳下行一段距离后转而向上流动，形成下部回流区。值得注意的是，由于结晶器的强冷作用，与结晶器壁相邻的钢液释放出凝固潜热而形成坯壳；初始凝固坯壳运动方向与拉坯速度方向相同，而与上升流的速度方向相反。因此，在弯月面处出现了角部涡，如图8-7b所示。

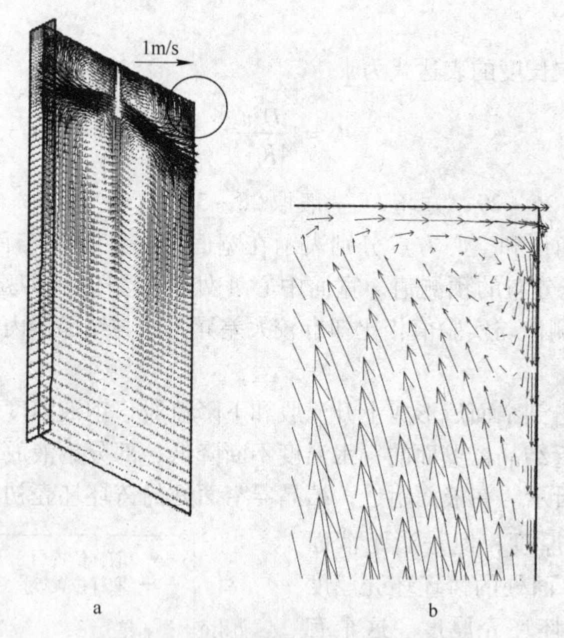

图8-7 结晶器内钢液运动速度分布

a—三维分布；b—弯月面放大图

8.7.3.3 钢液温度分布

图8-8所示为结晶器内钢液温度分布。图8-9所示为结晶器内钢液中碳的偏析。

图8-8表明结晶器内的钢液温度呈现“四眼”结构[50]。产生这种有趣现象的原因有：

（1）结晶器的冷却作用有助于凝固坯壳的生长。在结晶器窄面处的钢液主要来自浸入式水口较高温度的新鲜钢液，但在铸坯窄面处存在强烈的对流换热和凝固潜热的释放。因

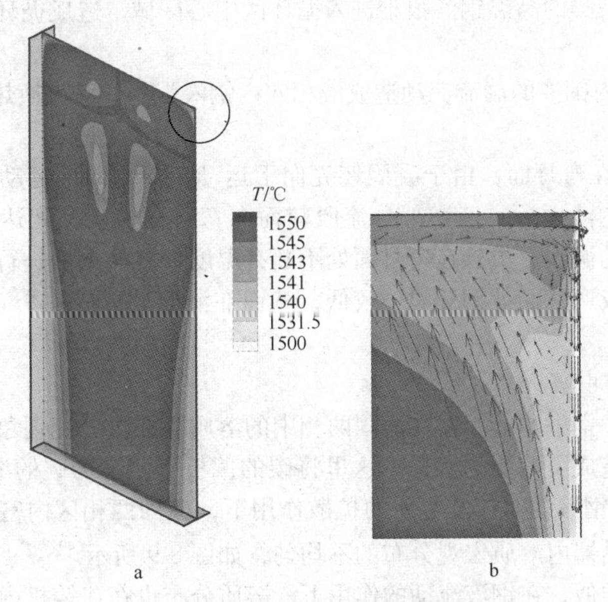

图 8-8 结晶器内钢液温度分布

a—三维分布；b—弯月面放大图

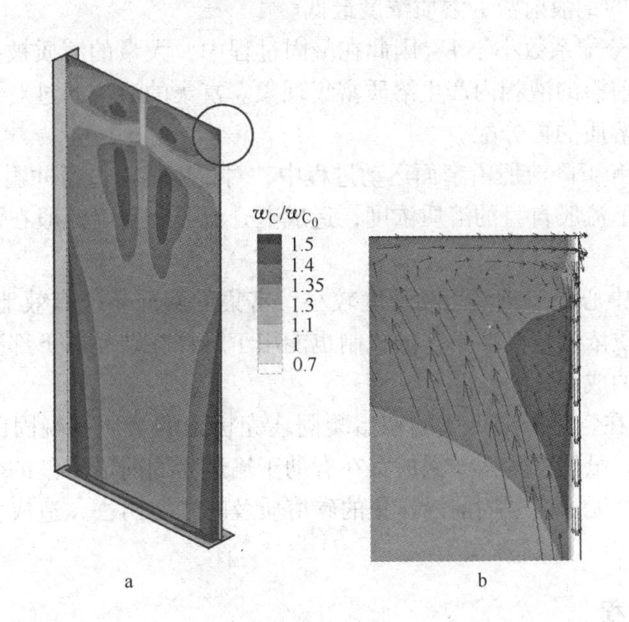

图 8-9 结晶器内钢液中碳的偏析

a—三维分布；b—弯月面放大图

此在结晶器窄面处的温度梯度较大。

(2) 由于对流作用，液面处钢液更新较快，因而液面处钢液温度较高。

(3) 沿结晶器窄面流动的钢液速度比沿结晶器宽面流动的钢液速度大，因此结晶器窄面附近钢液更新较快、温度较高。

(4) 由于在上部循环区和下部循环区中心处的钢液速度比循环区外围的钢液速度小，

因此循环区外围的新鲜的高温钢液很难进入循环区中心区域，造成循环区中心区域钢液更新慢、温度较低。

（5）在结晶器内钢液的湍流流动造成液相穴内钢液强烈的对流换热，因此液相穴内钢液温度梯度较小[50]。

图 8-8b 表明，在弯月面，由于凝固坯壳向下运动，而与向上运动的上升流股相互作用，使上升流股到达液面后，一小部分流股转而向弯月面流动，到达凝固坯壳后向下运动，形成一个较小的漩涡。虽然在弯月面处不断有温度较高的钢液进行补充，但结晶器的冷却能力较强，造成弯月面处钢液温度较低，从而在液面处形成一个面朝下的“7”字形分布[50]。

8.7.3.4 钢液中碳分布

在液固界面处，钢中的碳元素在液固两相中的溶质存在再分配现象。因此，在凝固前沿的液固两相区内造成了溶质的富集。这里将碳的偏析率定义为碳的浓度 w_C 与初始碳浓度 w_{C_0}之比。同时在钢液的对流及溶质的扩散作用下，液固两相区内富集的溶质会进入到液相穴内，造成结晶器内溶质宏观分布的不均匀，如图 8-9 所示[49]。

与温度场分布类似，在钢液流动的作用下，溶质分布也在连铸机内呈现上下两个回流区，但溶质分布的细节特征却与温度分布相反。其形成原因如下：

（1）来自水口的钢液射流的溶质浓度最低。

（2）由于溶质分配系数小于 1，因此在凝固过程中，大量的溶质被推向凝固前沿的液相内，从而在凝固前沿的液相内产生溶质富集现象。富集的溶质通过对流和扩散两种方式进行输运从而进行溶质的再分配。

（3）上升流股和下降流股沿窄面运动过程中，对凝固前沿进行冲刷，降低了凝固前沿的溶质浓度，提高了流股自身的溶质浓度，造成上升流股和下降流股在沿窄面运动过程中溶质浓度不断升高。

（4）在回流区中心处，钢液运动速度较小，富集的溶质不能有效地输运出去。因此，回流区中心处的溶质浓度较高。这样的机制也能用于解释在结晶器下部凝固前沿存在一个较大的溶质富集区的成因[50]。

图 8-9b 表明，在弯月面处形成的初始凝固坯壳析出的溶质在凝固前沿形成一个范围较小的溶质富集区。虽然弯月面漩涡的存在有助于输运凝固前沿富集的碳溶质，但是所形成的漩涡强度较弱，无法将凝固前沿富集的碳溶质及时输运出去，造成弯月面处碳溶质的富集[50]。

8.7.4 方坯凝固过程

方坯凝固过程数学模型与板坯数学模型基本相同，不同之处在于紊流流动采用修正的 Jones & Launder 低雷诺数紊流模型[11,13]来描述，能量方程采用混合模式法。

对于 Fe-C 体系，由于固相中的碳保持相对高的反扩散，可以假定相界面处保持局部的热力学平衡。依据平衡相图，忽略固液相线的曲率，并由杠杆定律，得到液相分数 f_l 与液/固相中的溶质浓度 w_l、w_s 之间的微元关系，具体见式（9-2）、式（9-3）、式（9-5）、式（9-10）。应当指出的是，在微观角度上假定局部平衡，并不意味着存在宏观意义上的平衡，溶质对流、扩散的宏观分布由浓度守恒方程式（8-24）来计算。

本例以 Fe-0.17%C 合金为对象，其合金物性参数及连铸工艺参数见表 8-5。计算采用三维耦合模型，研究连铸方坯内的传输现象[51]。

表 8-5 方坯的铸造工艺条件

工 艺 参 数	Fe-0.17%C	工 艺 参 数	Fe-0.17%C
截面尺寸/m×m	0.16×0.16	液相线温度 T_{liq}/℃	1524.0
水口直径/m	0.03	过热度 ΔT/℃	16.0
结晶器有效长度/m	0.78	结晶器段换热系数/W·(m^2·K)$^{-1}$	1279.0
铸速 v_c/m·s^{-1}	0.035	二冷区换热系数/W·(m^2·K)$^{-1}$	1080.0
平衡分配系数 k_p	0.2	模拟铸坯长度/m	2.0
固相线温度 T_{sol}/℃	1495.0		

8.7.4.1 铸坯内流场

图 8-10 给出铸坯纵向中心截面的流场及紊流参量分布。其中图 8-10b 为图 8-10a 的局部放大图，可以看出，水口入流在结晶器中上部形成回流，并在弯月面附近一部分回

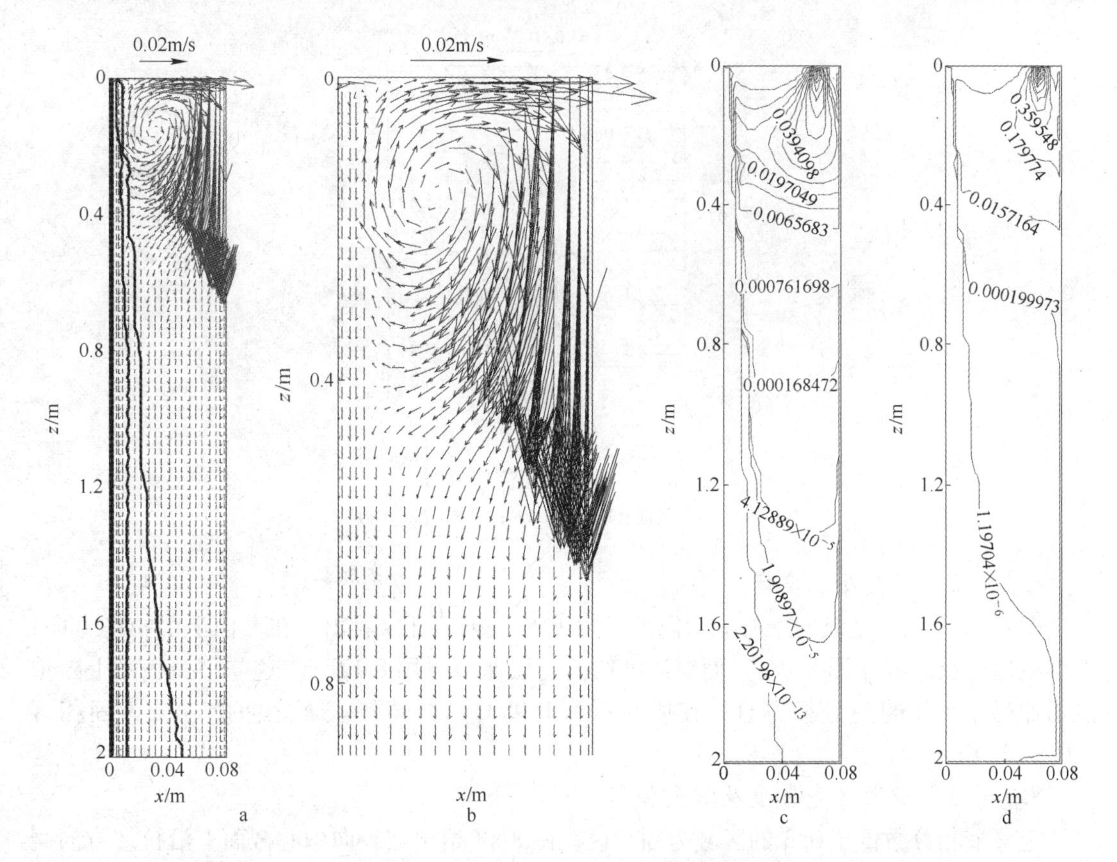

图 8-10 纵向中心截面流场及紊流参量分布

a—流场及液相分数；b—局部放大图；c—紊动能；d—紊动能耗散率

流沿固体壁面随已凝固的铸坯下行，至二冷区，主流股的流动逐渐呈平推流。图 8-10a 中两条等值线分别对应液相分数 0. 1、0. 99，可以看出在固相区、糊状区及液穴内的流动趋势。图 8-10c 和图 8-10d 给出紊流动能及其耗散率在液穴内的分布。从横截面流场分布图 8-11 中可以更清楚地看出，弯月面附近水平流动有分流，至结晶器出口附近，铸坯表面已逐渐形成无水平方向速度的凝固壳，至计算出口，已几乎无水平速度，为充分发展流动。

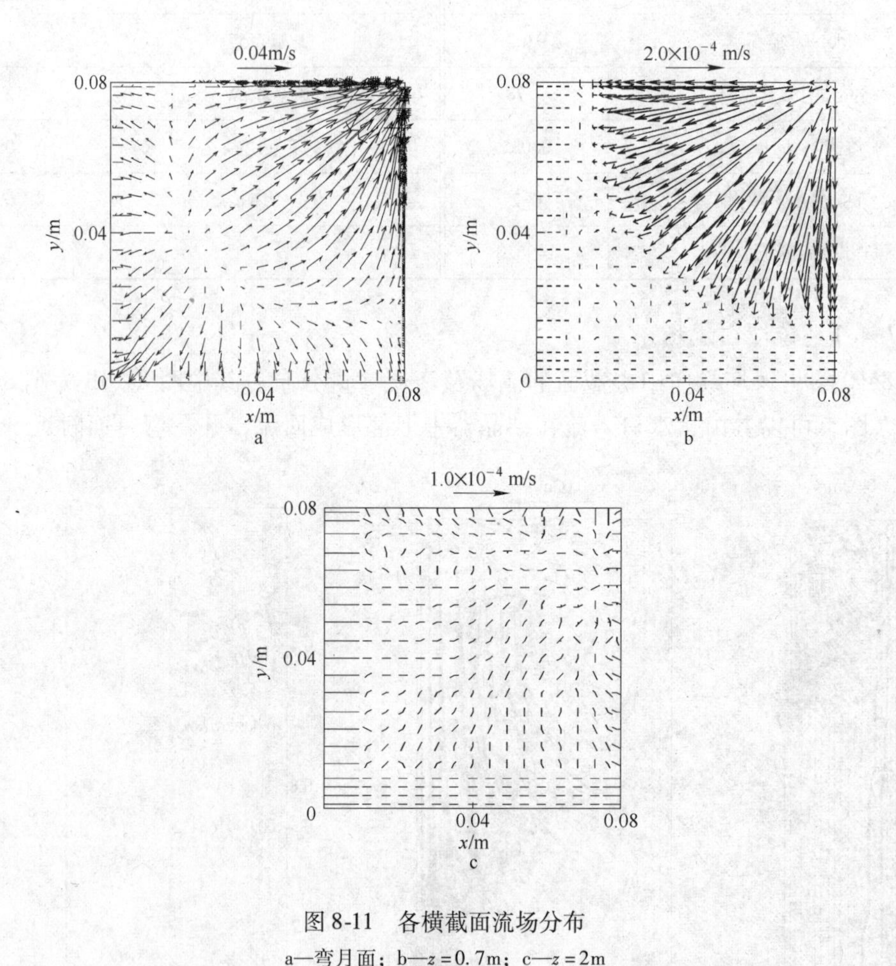

图 8-11 各横截面流场分布

a—弯月面；b—$z=0.7$m；c—$z=2$m

8. 7. 4. 2 温度及浓度场

图 8-12 给出铸坯纵向中心截面温度及浓度场分布。可以看出，在截面上沿拉坯方向，等温线值逐层递减（图 8-12a）而等浓度线值逐层递增（图 8-12b），这与平衡相图上随浓度增加温度下降的趋势相符合。在固相线（1495℃）与铸坯表面之间的区域为固相区（图 8-12a）。

8. 7. 4. 3 凝固坯壳厚度及溶质偏析

定义液相分数低于 0. 3 的区域为固相区。图 8-13 给出在纵向中心截面上沿拉坯方向凝固坯壳厚度分布曲线。在本计算条件下，结晶器出口处，凝固壳厚 0. 012m；至弯月面下 2. 0m 处，凝固壳厚 0. 0166m。

定义溶质元素的偏析率为其局部混合浓度与初始浓度之比，用 w/w_0 来表示。图8-14给出了沿拉坯方向各横截面中心线上溶质碳的偏析率及其相应的固相分数的变化。由图8-14可以看出，沿铸坯下行，固相分数曲线逐步向铸坯中心推进，即固相区逐步扩大，固相区中溶质碳的偏析率降为0.23，排出的溶质在液相区中通过流体流动使其分布均匀，且沿铸坯下行截面上的偏析逐层加剧。由图8-14中数据，在距弯月面0.2m层上，铸坯中心碳的偏析率为1.046；而至计算出口（距弯月面2m），该值已增至1.233。

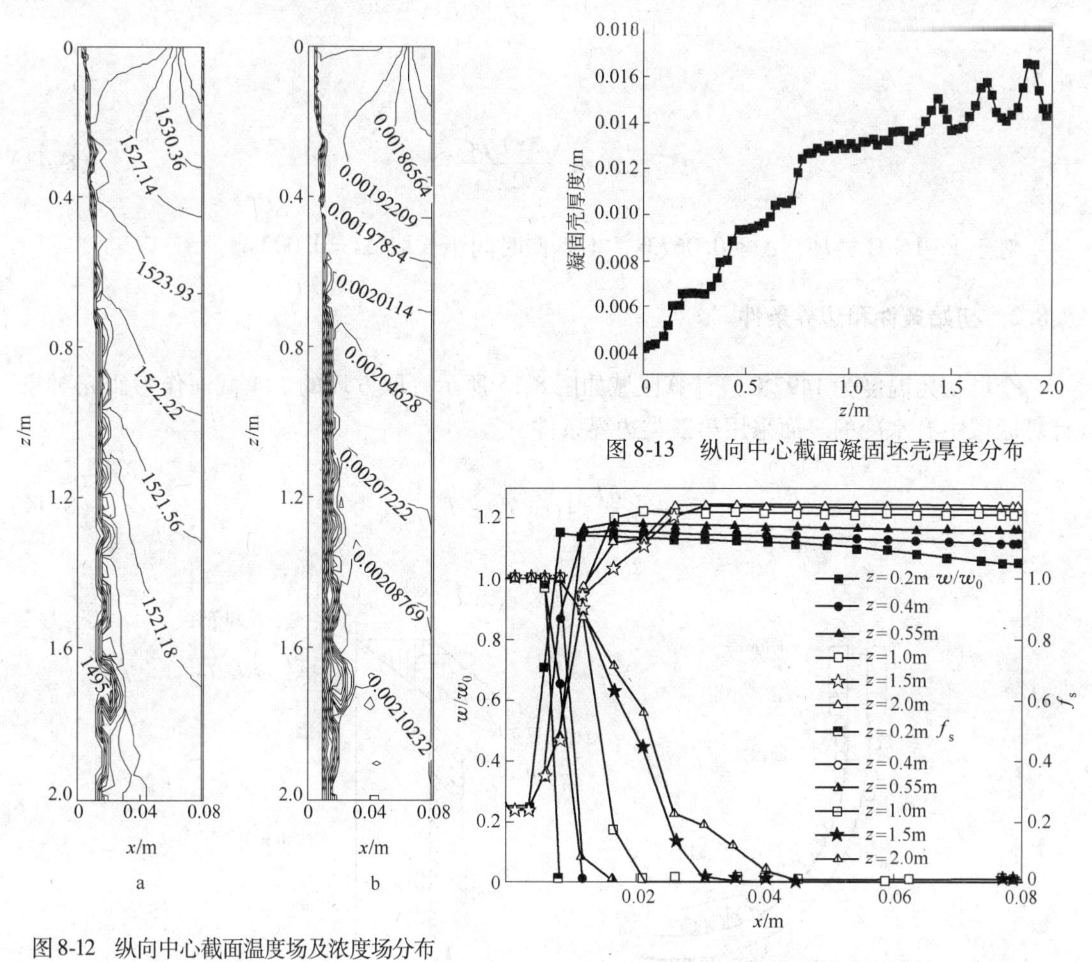

图8-12 纵向中心截面温度场及浓度场分布
a—温度场；b—浓度场

图8-13 纵向中心截面凝固坯壳厚度分布

图8-14 各横截面溶质偏析

8.8 铸坯凝固过程的非稳态模拟

铸坯凝固过程的非稳态模拟即是采用薄片移动模型来模拟连铸坯动态凝固过程。其数学模型的核心是二维非稳态热传导偏微分方程式（8-30）。

8.8.1 方程的离散和时间步长选取

铸坯尺寸为280mm×250mm，由于其对称性，取1/4截面为研究对象，计算区域尺寸为 140mm × 125mm。采用二维均分网格，节点数为 57 × 51，网格单元尺寸 2.5mm × 2.5mm，采用有限差分法显式离散热传导方程，由导热方程的稳定性分析，得到时间与空间步长的匹配关系

$$\frac{a\Delta t}{(\Delta x)^2} \leqslant \frac{1}{2} \tag{8-41}$$

式中

$$a = \frac{\lambda}{\rho c_p} \tag{8-42}$$

则有

$$\Delta t \leqslant \frac{(\Delta x)^2 \rho c_p}{2\lambda} \tag{8-43}$$

对于 Fe-1%C 铸坯，$\Delta t \leqslant 0.0673$s，本算例时间步长取 $\Delta t = 0.002$s。

8.8.2　初始条件和边界条件

全场初始温度为 1497℃。计算区域如图 8-15 所示。取方坯的 1/4 截面作为研究对象，计算区域中有水冷的一面采用第三类边界条件

$$-\lambda \frac{\partial T}{\partial n} = \alpha (T_s - T_\infty) \tag{8-44}$$

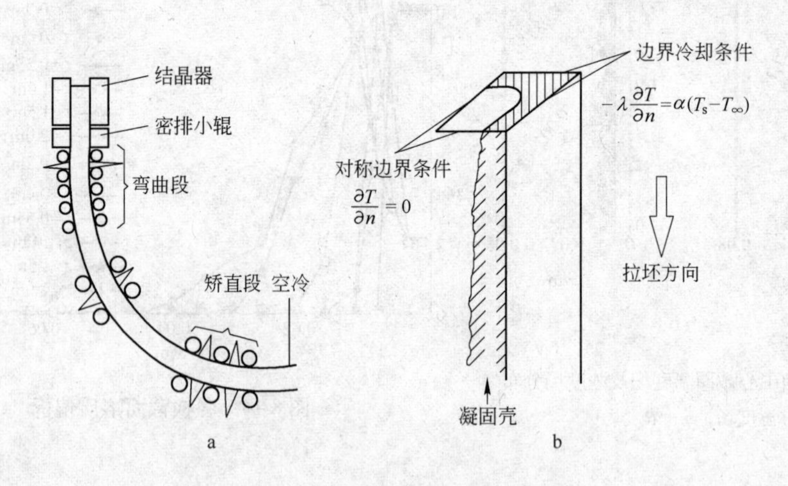

图 8-15　方坯边界冷却条件示意图

a—连铸机；b—计算区域

对称面处温度梯度为零

$$\frac{\partial T}{\partial n} = 0 \tag{8-45}$$

铸坯表面各段冷却水水流密度与换热系数有如下关系[45]：

在结晶器区域，依据水冷区换热系数公式

$$\alpha = 1.165W^{0.67}T_s^{-0.95}(1-0.004(T_\infty - 40)) \times 10^4 \tag{8-46}$$

采用数值拟合技术确定结晶器区域采用的常换热系数。

在足辊水冷区，采用式（8-46）计算换热系数。

在二冷二区、三区及空冷区

$$\alpha = 5.717T_s^{0.12}W^{0.52}V_a^{0.37} + \alpha_{rad} \tag{8-47}$$

$$\alpha_{rad} = 5.693\varepsilon\left[\left(\frac{T_s+273}{100}\right)^4 - \left(\frac{T_\infty+273}{100}\right)^4\right]/(T_s - T_\infty) \tag{8-48}$$

式中，α 为换热系数，W/(m^2 · K)；W 为水流密度，L/(m^2 · min)；T_s 为铸坯表面温度,℃；T_∞ 为冷却水温度或环境温度,℃；V_a 为水雾气流速度，15m/s；α_{rad} 为辐射换热系数，W/(m^2 · K)；ε 为黑度，取值为0.85。

铸坯各段冷却水流密度分布见表8-6。合金参数和工艺参数见表8-7 和表8-8。其中，表8-7 中的凝固潜热 ΔH_{LS} 由式（8-32）确定。

表 8-6 铸坯各段冷却水流密度分布

区 域	水流密度/L·(min·m^2)$^{-1}$	区 域	水流密度/L·(min·m^2)$^{-1}$
结晶器	2550	二冷区	25
足辊区	30	空冷区	0

表 8-7 Fe-1C 合金物性参数

碳浓度/%	1	密度 ρ/kg·m^{-3}	7810
液相线温度 T_{liq}/℃	1457.0	比热容 c_p/J·(kg·K)$^{-1}$	690
固相线温度/℃	1148.0	分配系数 k_p	0.30
纯铁熔点/℃	1538	共晶线液相浓度/%	4.3
凝固潜热 ΔH_{LS}/kJ·kg^{-1}	187.6		

表 8-8 工艺参数

过热度/℃	39.8	冷却水、环境温度 T_W/℃	25
初始温度/℃	1497	有效导热系数影响参数 M：水冷区、空冷区	3、1.5；7、5；10、7
拉速 v/m·min^{-1}	0.52		

8.8.3 计算结束判据

依据现场工况，从弯月面至最后火焰切割铸坯处的长度为28m。因此计算长度取为28m，当达到计算长度，计算结束。

8.8.4 温降曲线

在实验现场，分别在 10.64m、12.75m、14.28m、15.86m、17.4m、20.09m、23.99m、27.11m 处采用红外测温枪（PT120 型红外测温仪）测量侧面（250mm 宽度截面）中点与上、下顶点的温度。

图 8-16a 是 M 取值不同时，实验结果与模拟结果的对比，图 b 是图 a 的局部放大。由于模拟的对称性，模拟结果的上顶点温度与下顶点温度相同，即侧面顶点温度。而实际铸坯凝固过程中，由于存在弧形区，液相穴上移，即 $T_{侧上} > T_{侧下}$。可以看出，$M = 3$、1.5 的预测结果与实测温度吻合较好，所以最终确定经验参数 M 在水冷区取为 3、气雾区取为 1.5。

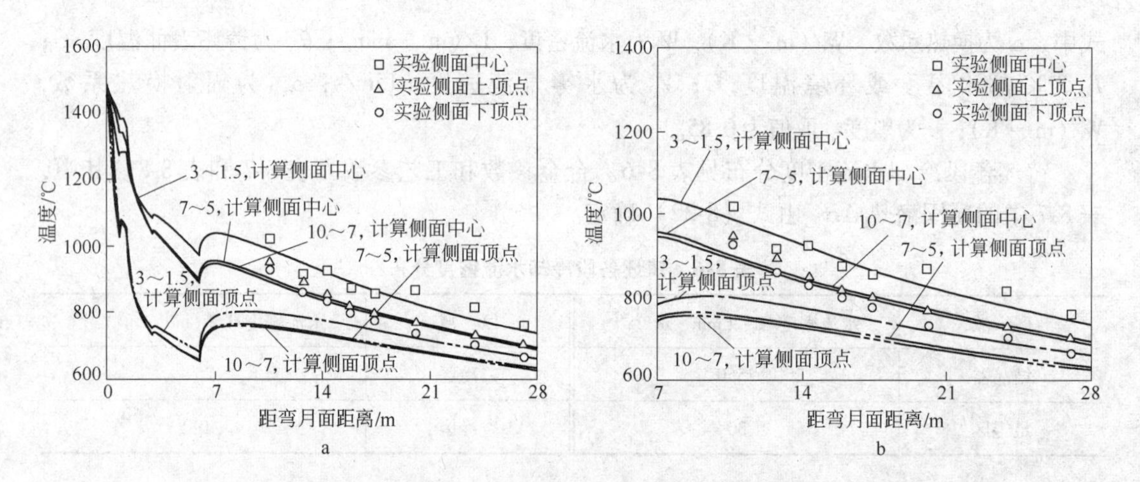

图 8-16 Fe-1%C 铸坯拉速为 0.52 m/min 时不同 M 值计算的温降曲线及与实验值对比

a—温降曲线；b—局部放大

受壁面冷却作用，图 8-16a 中在 0 ~ 6m，温度随距弯月面的距离增加而减小，在 6m 附近温度存在一个拐点，这是由于在 6.015m 前铸坯在结晶器、足辊区和二冷二区、三区有喷水冷却，而 6.015m 后变为空冷，换热方式由气雾喷淋冷却和辐射换热相结合的复合换热改变成仅辐射换热，热量传递变得困难，所以温度有所回升；之后，温度继续随距弯月面距离增加而减小。

模型计算温度与测温数据相符，验证了模型的可靠性。

8.8.5 温度场

薄片在随铸坯向下的移动过程中，由于薄片边缘与中心的温度差异，热量从中心向薄片边缘传递。图 8-17 表明，在不同截面，Fe-1%C 合金铸坯截面温度随着距弯月面距离的增大而逐渐降低。由于截面呈矩形，等温线由铸坯中心向表面呈椭圆形分布。各截面固相分数分布（图 8-18）显示出，随铸坯下行，凝固坯壳（固相区，$f_s > 0.99$）逐渐增大，液相区（$f_s = 0$）和糊状区（$0.99 > f_s > 0$）逐渐缩小至消失的趋势。

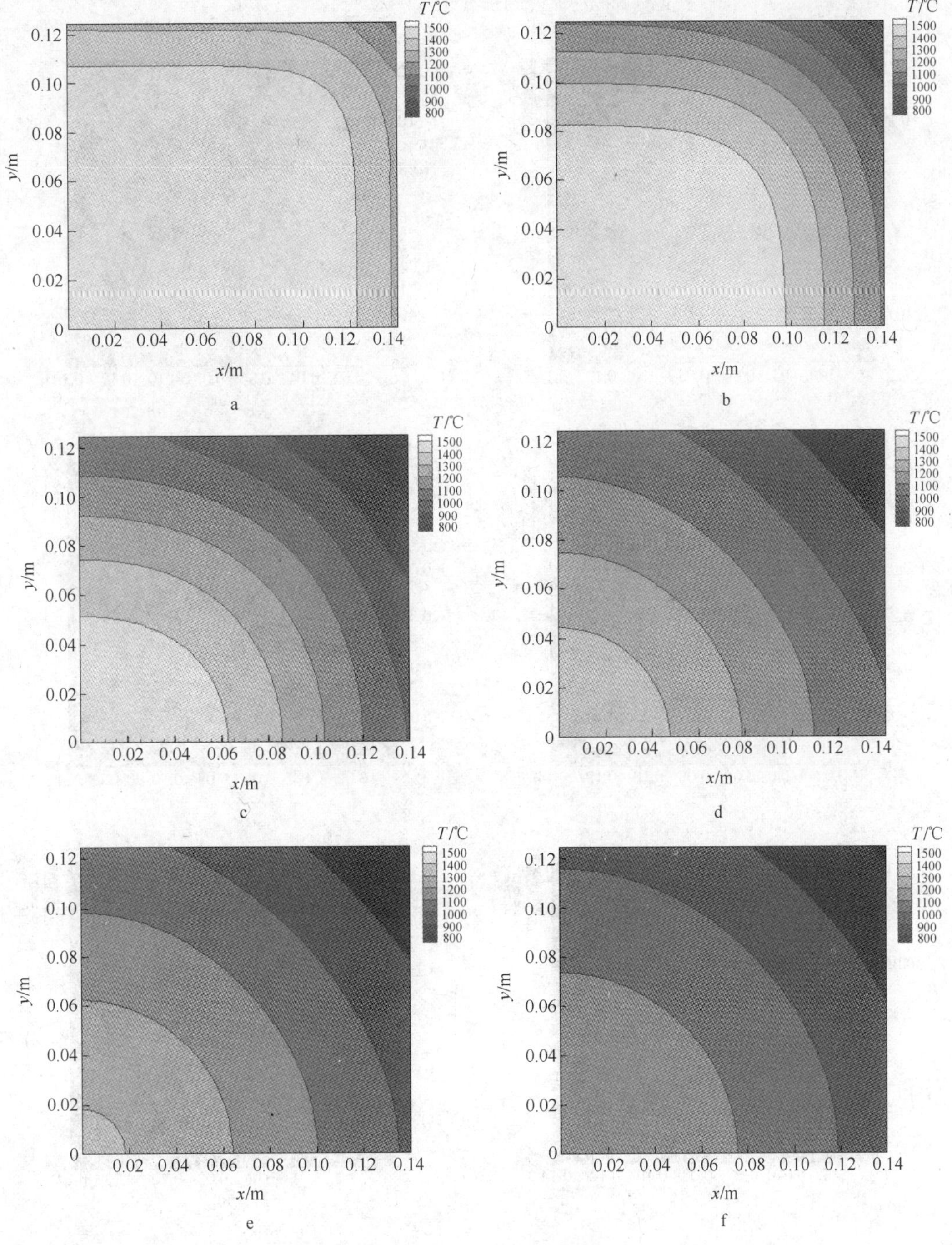

图 8-17 Fe-1%C 铸坯 1/4 截面温度场

a—结晶器出口（$Z=0.8$m）；b—二冷区上部（$Z=2.945$m）；c—二冷区下部（$Z=6.015$m）；
d—距弯月面 9.35m；e—距弯月面 10.64m；f—距弯月面 12.75m

8.8.6 凝固壳厚度与凝固末端位置

如图 8-19 所示，在固相率为 1 的曲线右下部区域，表示完全凝固的固相区，而在固相

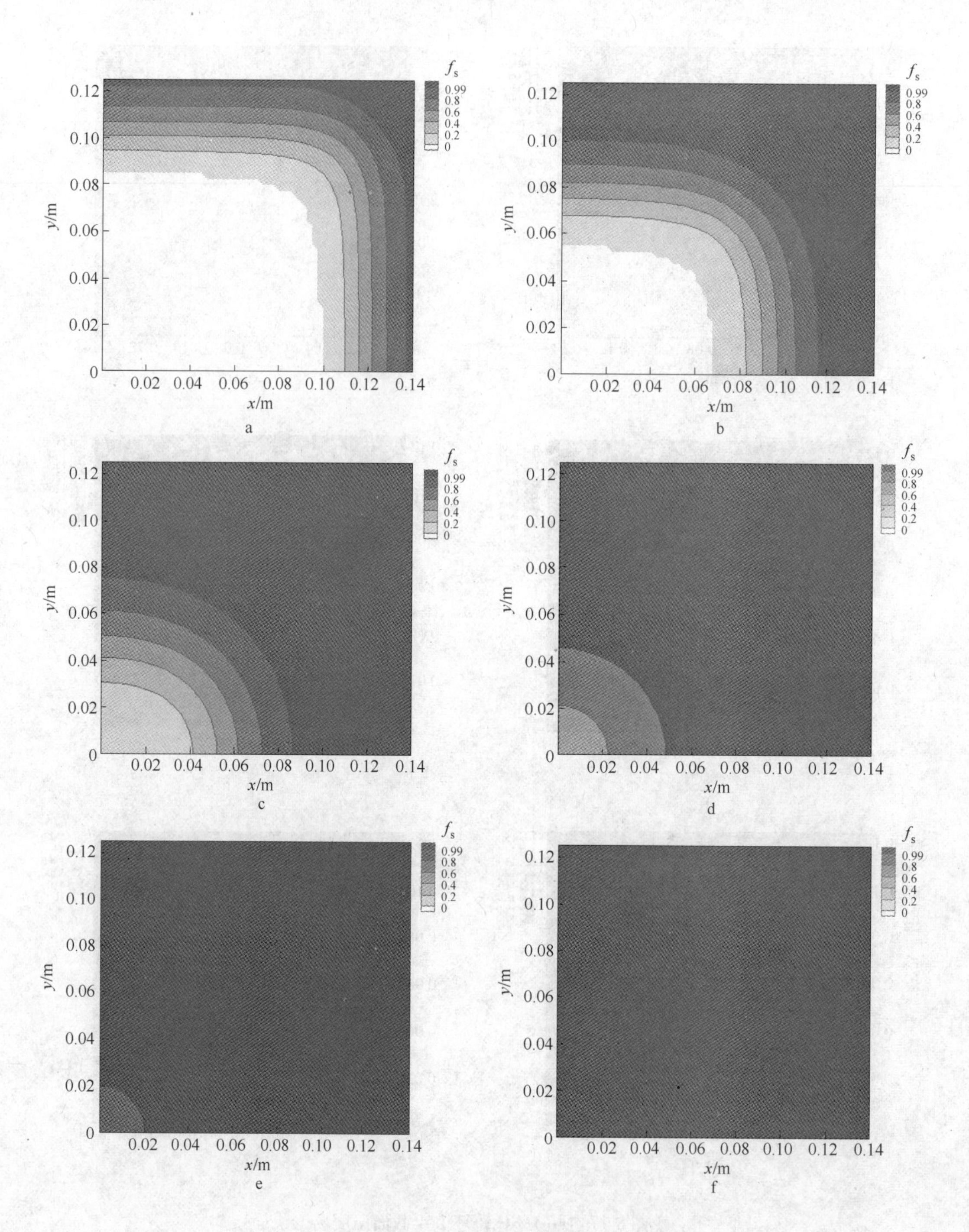

图 8-18　Fe-1%C 铸坯 1/4 截面固相分数

a—结晶器出口（$Z=0.8\text{m}$）；b—二冷区上部（$Z=2.945\text{m}$）；c—二冷区下部（$Z=6.015\text{m}$）；d—距弯月面 9.35m；e—距弯月面 10.64m；f—距弯月面 12.75m

率介于 0.01 ~1 的两条曲线之间的区域，表示糊状区。一般工程中，取 $f_s=0.7$ 的曲线来确定凝固壳厚度。可以看出，随着方坯沿拉坯方向不断冷却，凝固壳的厚度逐渐增大。至

弯月面下9.35m，凝固坯壳厚度达到0.14m，此为铸坯截面尺寸（280mm）的一半，则铸坯完全凝固。得到液相穴长度为9.35m，此处为凝固末端位置。

将数值模拟液相穴长度与经验公式进行对比。由液芯长度经验公式（8-40），综合凝固系数取方坯的经验常数，得到液穴长度范围为8.32～13m。模拟计算得到的液穴长度为9.35m，介于经验公式范围内。而数值模拟结合了实际的冷却条件，结果更为准确。

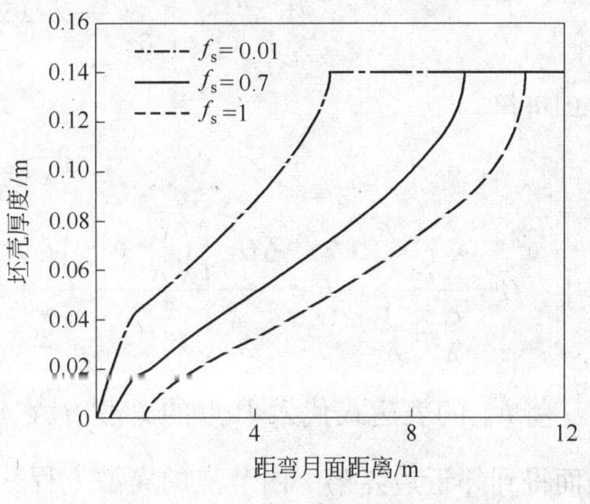

图8-19　沿拉坯方向凝固壳厚度的变化

8.9　铸锭凝固过程的非稳态分析

假设铸锭凝固过程为非稳态层流凝固过程，熔体黏度为常数，已凝固固相静止不动。其他假设条件同8.2节。采用耦合凝固传热、流动与溶质传输的连续介质模型（8.3～8.5节公式）进行模拟。

8.9.1　铸锭凝固过程边界条件和收敛条件

依据Hebditch和Hunt实验条件[19]，矩形型腔长100mm、高60mm、厚13mm，研究合金在其内部的凝固过程。忽略铸型厚度方向的影响，将计算区域简化为二维的矩形区域，如图8-20所示。初始时刻全场速度为零，壁面上速度为无滑移边界条件。固相生成后静止不动。初始时刻全场浓度分布均匀，固体壁面上与周围环境无质量交换。初始时刻全场温度分布均匀，除左侧竖直壁面与周围环境对流换热外，其余三个壁面与周围环境绝热。

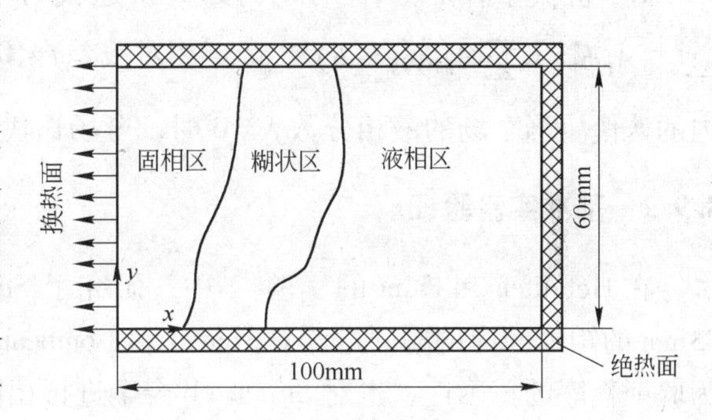

图8-20　Hebditch-Hunt实验示意图[19]

能量方程以焓为求解变量（式（8-12）），而其边界条件以温度为变量，因此需要通过焓与温度的守恒关系式将其边界条件转换为以焓为变量的边界条件，从而通过附加源项法带入能量方程进行离散求解。

以温度的第三类边界条件为例，由 $-\lambda\dfrac{\partial T}{\partial n}=\alpha(T_{\mathrm{W}}-T_{\mathrm{ext}})$，对于近邻左侧竖直壁面上的第一内节点$P$，其离散形式如下

$$\lambda\frac{T_{\mathrm{P}}-T_{\mathrm{W}}}{\delta x}=\alpha(T_{\mathrm{W}}-T_{\mathrm{ext}}) \tag{8-49}$$

由焓与温度的守恒关系 $h=c_pT+f_1\Delta H_{\mathrm{LS}}$，温度可以表示为 $T=(h-f_1\Delta H_{\mathrm{LS}})/c_p$，将边界条件离散式中的温度替换为焓，可得

$$\lambda \frac{(h_{\mathrm{P}} - f_{1,\mathrm{P}}\Delta H_{\mathrm{LS}}) - (h_{\mathrm{W}} - f_{1,\mathrm{W}}\Delta H_{\mathrm{LS}})}{c_p \delta x} = \alpha\left(\frac{h_{\mathrm{W}} - f_{1,\mathrm{W}}\Delta H_{\mathrm{LS}}}{c_p} - T_{\mathrm{ext}}\right) \tag{8-50}$$

整理可得

$$h_{\mathrm{W}} = h_{\mathrm{P}} C + B \tag{8-51}$$

其中，$C = \dfrac{\dfrac{1}{\delta x}}{\dfrac{\alpha}{\lambda} + \dfrac{1}{\delta x}}$，$B = \dfrac{\Delta H_{\mathrm{LS}}\left[\left(\dfrac{\alpha}{\lambda} + \dfrac{1}{\delta x}\right) f_{1,\mathrm{W}} - \dfrac{1}{\delta x} f_{1,\mathrm{P}}\right] + \dfrac{\alpha}{\lambda} c_p T_{\mathrm{ext}}}{\dfrac{\alpha}{\lambda} + \dfrac{1}{\delta x}}$。

将 h_{W} 的表达式代入 P 点的离散方程 $A_{\mathrm{P}} h_{\mathrm{P}} = \sum\limits_{nb=E,N,S} A_{nb} h_{nb} + A_{\mathrm{W}} h_{\mathrm{W}} + b$ 中，替换掉 h_{W}，从而得到邻近边界第一内节点的离散方程

$$(A_{\mathrm{P}} - A_{\mathrm{W}} C) h_{\mathrm{P}} = \sum_{nb=E,N,S} A_{nb} h_{nb} + (A_{\mathrm{W}} B + b) \tag{8-52}$$

即

$$A'_{\mathrm{P}} h_{\mathrm{P}} = \sum_{nb=E,N,S} A_{nb} h_{nb} + 0 \cdot h_{\mathrm{W}} + b' \tag{8-53}$$

方程中系数 $A'_{\mathrm{P}} = A_{\mathrm{P}} - A_{\mathrm{W}} C$、$b' = A_{\mathrm{W}} B + b$。依此，带入了边界条件的影响，求解得到 P 点的焓值。

非稳态条件下，每一时间步内，收敛指标采用控制方程的相对残差 r 来控制，$r = R^{(n)}/R^{(0)}$。其中 $R^{(n)}$、$R^{(0)}$ 分别为第 n 次迭代与第 1 次迭代全场的残差之和，即 $R^{(n)} = \sum\limits_{i,j}\left|(A_{\mathrm{P}}\phi_{\mathrm{P}} - \sum\limits_{nb} A_{nb}\phi_{nb} - b)^{(n)}\right|$。当相对残差 $r < 0.05 \sim 0.25$，即认为收敛，结束该时间步内的迭代。当全场的液相分数 $f_1 = 0$ 时，全场迭代终止。

8.9.2 基准实验验证

在 Hebditch 和 Hunt 的实验[19]中，研究了 Sn-5% Pb 合金在长 100mm、高 60mm、厚 13mm 的矩形腔内的凝固过程。Ahmad 和 Combeau 等[52,53]对其凝固过程进行了数值模拟。为验证程序的正确性，也对 Sn-5% Pb 合金进行相同物理条件下的数值模拟。

采用与 Ahmad 和 Combeau 等人相同的假设条件，忽略铸型厚度方向的影响，将铸型简化为二维几何模型。如图 8-20 所示，模型内注入熔融状态下的 Sn-5% Pb 合金，初始温度为 226℃，左侧竖直壁面与周围环境对流换热，对流换热系数为 300W/(m^2·K)，二次枝晶臂距 $\lambda_2 = 65\mu\mathrm{m}$，其余三个壁面与周围环境绝热。各边界上溶质与外界无质量交换，全场初始速度为零，固壁上流动无滑移。计算区域尺寸为 100mm × 60mm，网格数为 60 × 60，时间步长为 0.01s。合金物性参数及模拟参数见表 8-9。

表 8-9 合金物性参数及模拟参数

参 数	符号	单位	Sn-5% Pb[53]	Ga-5% In[55]	Al-7% Si[31]	Pb-48% Sn[52]	Fe-0.1% C[11]
初始浓度	W_0	%	5	5	7	48	0.1
初始温度	T_{int}	℃	226	26.5	620	232	1550
纯溶剂熔点	T_{m}	℃	232	29.8	660.37	327.5	1538[15]

续表 8-9

参数	符号	单位	Sn-5%Pb[53]	Ga-5%In[55]	Al-7%Si[31]	Pb-48%Sn[52]	Fe-0.1%C[11]
分配系数	k_p		0.0656	0	0.13	0.307	0.2
液相线温度	T_{liq}	℃	225.57	26.42	614.05	215.45	1529.88
液相线斜率	m	℃/%	−1.286	−0.667	−6.5	−2.334	−80.579
共晶/包晶温度	T_e	℃	183	15.3	577	183	1495[15]
共晶/包晶点液相浓度	w_e	%	38.1	21.42	12.6	61.9	0.53[15]
共晶/包晶点固相浓度	w_{es}	%	2.2	0	1.48	18.3	0.09[15]
参考浓度	w_{ref}	%	5	5	7	48	0.1
参考温度	T_{ref}	℃	226	26.5	620	232	1550
环境温度	T_{ext}	℃	25	0	25	25	25
密度	ρ	kg/m³	7000	6129.7	2452.5	9000	7020
溶剂密度	$\rho_{solvent}$	kg/m³	7310	5910	2700	11350	7870
溶质密度	ρ_{solute}	kg/m³	11350	7310	2330	7310	2260
动力黏度	μ	Pa·s	1×10^{-3}	2.03×10^{-3}	1.38×10^{-3}	1×10^{-3}	6.2×10^{-3}
凝固潜热	ΔH_{LS}	J/kg	61000	80240	387400	53550	270000
比热容	c_p	J/(kg·K)	260	380.74	1060	200	680
导热系数	λ	W/(m·K)	55	29.09	$\lambda_s f_s+\lambda_l f_l$①	50	34
液相扩散系数	D_l	m²/s	1×10^{-8}	1.525×10^{-9}	6.45×10^{-9}	1×10^{-9}[57]	1×10^{-8}
Gibbs-Thomson 系数	Γ	m·K	7.45×10^{-9}	2.18×10^{-7}	1.96×10^{-7}	5.68×10^{-8}[54]	1.9×10^{-7}[58]
二次晶臂间距	λ_2	μm	50	250	50	40	50
对流换热系数	α	W/(m²·K)	400	400	400	400	400
时间步长	Δt	s	0.01	0.04	0.005	0.01	0.05

①λ_s、λ_l 分别为固液两相的导热系数，$\lambda_s=233-0.11(273+t)$，$\lambda_l=36.5+0.028(273+t)$。

图 8-21a 给出了 Sn-5%Pb 合金在凝固进行到 400s 时全场的液相分数与速度分布。可以看出，在热-溶质浮升力共同作用下，液穴内形成逆时针方向的流动。液相分数呈现锯齿状分布，这正是形成通道偏析的根源。图 8-21b 示出在糊状区液相分数出现锯齿状分布处，出现通道偏析。而在液穴内，浓度呈现水平分层。从固相到液相溶质 Pb 从贫瘠到逐渐富集。该结果与 Combeau[53] 以及 Ahmad 等[52] 的预测结果完全符合。

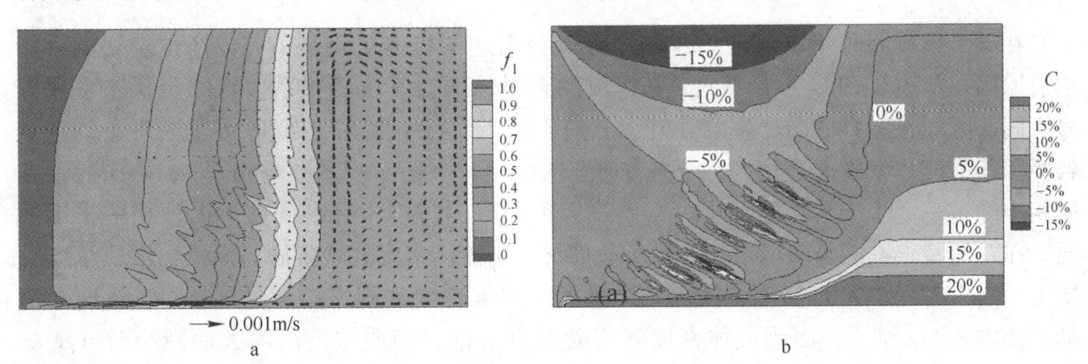

图 8-21 Sn-5%Pb 合金凝固进行到 400s 时刻的模拟结果

a—液相分数分布与流速分布；b—溶质 Pb 的相对浓度分布（$C=[(w-w_{ref})/w_{ref}]\times100\%$）

图 8-22 给出了合金凝固到 400s 时距铸型底面 15mm 平面上的流速分布。由图 8-22 可见，在固相区，流速为零；在液相区凝固界面前沿，流体沿逆时针方向流动，速度分量 v 方向竖直向下；在液相区内，速度分量 u、v 出现波动，呈现漩涡流。该趋势与 Combeau 等[53]的计算结果非常相符。

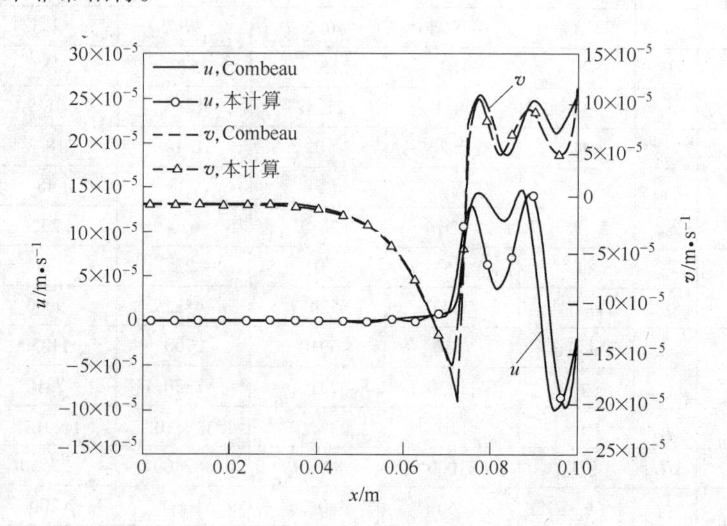

图 8-22 Sn-5% Pb 合金凝固到 400s 时距铸型底面 $Y=15$mm 处平面上的流速分布曲线
（u 为水平方向分速度，v 为竖直方向分速度）

图 8-23 进一步给出了凝固结束时距铸型底面不同高度截面上溶质的相对浓度分布。可见，在区域上部（图 8-23d）呈现明显负偏析，中部（图 8-23b、图 8-23c）稍有负偏析，区域下部（图 8-23a）在凝固末端出现严重正偏析，溶质富集。该计算结果与 Ahmad 等[52]预测结果完全相符，与 Hebditch 和 Hunt[19]的实验值趋势相同，在区域中上部符合较好。

针对 Pb-48% Sn[52,54]、Ga-5% In[54]合金也应用本模型在其各自的实验条件下进行了模拟，结果与文献中各合金的实验及模拟结果[52,54,55]均符合较好。由此验证了本模型模拟二元合金凝固过程中偏析现象的准确性。

8.9.3 热-溶质浮升力对合金凝固过程的影响

在不考虑凝固收缩作用时，热-溶质浮升力引起的自然对流是铸锭内产生宏观偏析的主要原因。如表 8-10 所示，不同元素组成的合金体系，其线膨胀系数与溶质膨胀系数符号不同，因而在竖直方向产生的浮升力方向不同，归根结底在于溶质/溶剂密度不同，导致凝固前沿流体密度的变化。对于本书研究的合金，平衡分配系数均小于 1，溶质元素在固相中的溶解度小于其在液相中的溶解度，因而凝固过程中在凝固前沿向液相中排出溶质。在左侧竖直壁面与环境对流换热的条件下，当流体密度随着凝固前沿排出溶质浓度的增大而增大时（$\beta_w<0$），糊状区内浓度梯度与温度梯度共同作用引起枝晶间流体向下流动，如图 8-24a 所示；而当流体密度随着凝固前沿排出溶质浓度的增大而减小时（$\beta_w>0$），溶质浓度梯度将减弱糊状区内温度梯度对密度变化的影响，由浓度梯度变化产生的浮升力引起糊状区内枝晶间流体向上流动，如图 8-24b 所示。

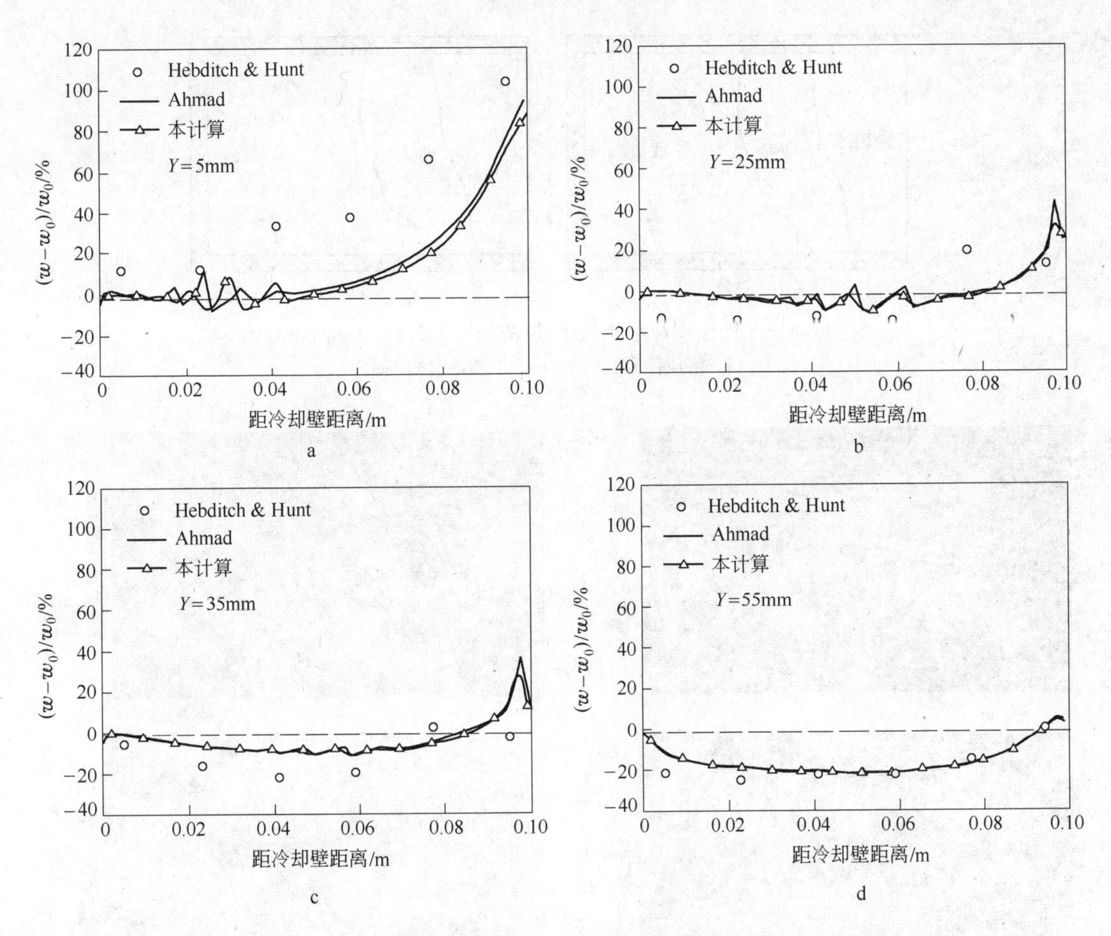

图 8-23 Sn-5% Pb 合金凝固结束时，距铸型底面高度 5mm、25mm、35mm、55mm 的水平面上 Pb 的相对浓度分布曲线

表 8-10 合金热-溶质浮升力作用方向

合 金	β_T/℃$^{-1}$	β_w/%$^{-1}$	热 浮 力	溶质浮力
Sn-5% Pb[52]	6×10^{-5}	-5.3×10^{-3}	（S/L 前沿向下）	
Ga-5% In[54]	1.19×10^{-4}	-1.663×10^{-3}		
Al-7% Si[55]	1×10^{-4}	-4×10^{-4}		
Pb-48% Sn[51]	1×10^{-4}	4.5×10^{-3}		（S/L 前沿向上）
Fe-0.1% C[11]	1×10^{-4}	4×10^{-5}		

图 8-25 模拟了表 8-10 中五种不同二元合金凝固结束时的溶质相对浓度分布（$C=[(w-w_{ref})/w_{ref}]\times100\%$）。采用的计算区域尺寸为 100mm×60mm，左侧竖直壁面与环境的对流换热系数取为 400W/(m^2·K)。依据二次枝晶臂距 λ_2 与冷却条件的关系 $\lambda_2=5.5(Mt_f)^{1/3}$，$M=-\Gamma D\ln(w_e/w_0)/[m(1-k_p)(w_e-w_0)]$[56]（式中，$\Gamma$ 为 Gibbs-Thomson 系数；D 为液相的扩散系数；t_f 为局部凝固时间），各合金 λ_2 分别取为 $\lambda_{2,\text{Sn-5\%Pb}}=50\mu m$、$\lambda_{2,\text{Ga-5\%In}}=250\mu m$、$\lambda_{2,\text{Al-7\%Si}}=50\mu m$、$\lambda_{2,\text{Pb-48\%Sn}}=40\mu m$、$\lambda_{2,\text{Fe-0.1\%C}}=50\mu m$。

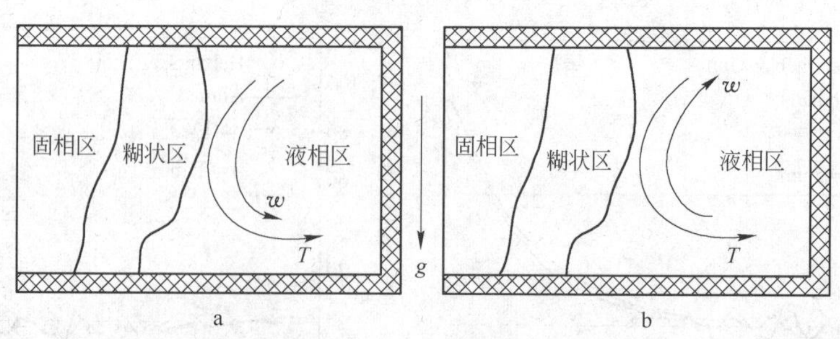

图 8-24 左侧壁面冷却条件下热-溶质浮升力作用方向示意图

a—溶质浮升力向下；b—溶质浮升力向上

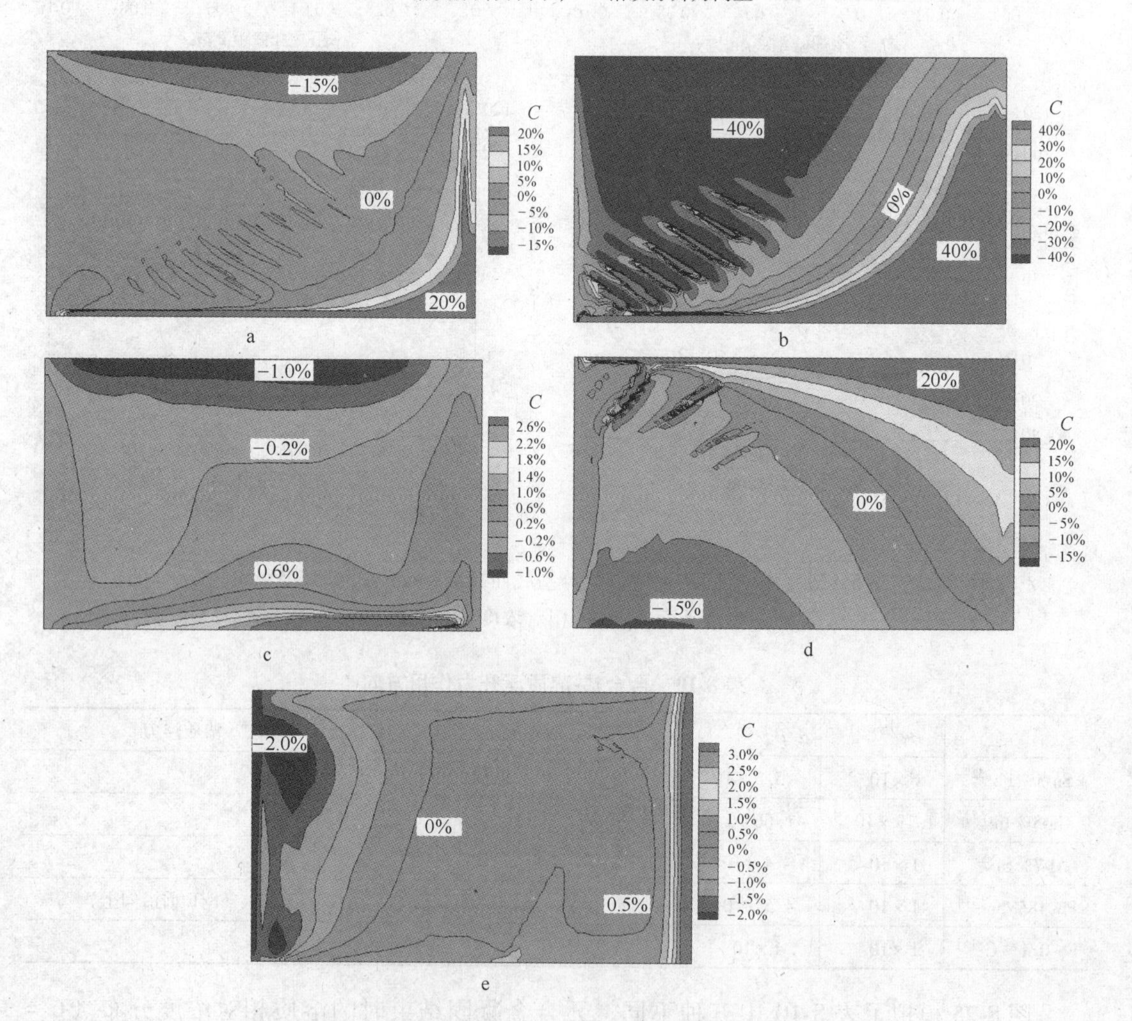

图 8-25 凝固结束时各合金中的溶质的相对浓度分布

a—Sn-5% Pb；b—Ga-5% In；c—Al-7% Si；d—Pb-48% Sn；e—Fe-0. 1% C

图 8-25a ~ c 对应的三种合金的热浮升力与溶质浮升力方向均竖直向下，在左侧壁面冷却的条件下，均产生逆时针方向的自然对流。但 a、b、c 各图的溶质浓度分布趋势仍有差异，表明热浮升力与溶质浮升力的相对作用强弱，即不同合金线膨胀系数与溶质膨胀系数

的数量级差异，对溶质分布还有很大影响。

图 8-24 还表明 Sn-5% Pb 合金、Ga-5% In 合金凝固结束时在铸锭中下部呈现明显的通道偏析。这是热浮升力与溶质浮升力引起的自然对流受凝固糊状区枝晶骨架的阻碍而形成的。左侧壁冷却条件下，析出溶质 Pb 和 In 的密度大于溶剂密度，使得凝固前沿的流体密度增大，在重力的作用下沿壁面竖直向下流动。热浮升力与溶质浮升力方向均呈竖直向下，带动液相区流体呈逆时针涡旋流动，溶质随着流动逐渐在铸型底层富集。由于糊状区内枝晶骨架的阻碍，糊状区内流体流速明显降低，阻力增大，枝晶前沿排出的溶质无法全部随流体流动进入液相区内，富集溶质累积到一定程度后降低了局部液体熔点进而造成局部重熔，从而在铸锭的下半部分沿流线形成向下倾斜生长的偏析通道。而对于 Al-7% Si 合金（图 8-25c），凝固结束时在铸锭底部和顶部出现溶质的正、负偏析，但整个铸锭内并没有出现同 Sn-5% Pb、Ga-5% In 合金相类似的偏析通道，并且偏析较弱。这是由于 Al-7% Si 合金溶质膨胀系数比 Sn-5% Pb 合金与 Ga-5% In 合金小一个数量级，溶质浮升力较弱，引起的溶质流较弱的缘故。

图 8-25d、e 对应的合金其热浮升力与溶质浮升力作用方向相反，相互抵消。同时，由于热浮升力与溶质浮升力的作用强弱不同，引起的溶质分布不仅与图 8-25a ~ c 不同，两种合金的溶质浓度分布趋势也有差异。

对于 Pb-48% Sn 合金（图 8-25d），凝固结束时在铸锭顶部出现正偏析。这是由于溶质膨胀系数远大于线膨胀系数，因此溶质浮升力占主导，流体的密度随着凝固前沿排入液相内溶质 Sn 浓度的增加而减小，因此，枝晶间的溶质上浮，在液相区内形成顺时针方向流动。在糊状区中，向上的流动将溶质从铸型底部带到顶部，从而造成铸型顶部溶质富集，出现正偏析；底部溶质贫乏，出现负偏析。糊状区内枝晶间富集溶质的流体在流向液相区的过程中，由于富集溶质 Sn 的液体熔点较低，凝固潜热的释放使得枝晶发生重熔，从而导致局部区域内流速增大，在糊状区上部沿流线形成沟槽。随着凝固过程的进行，溶质不断在沟槽内富集，浓度增大，形成通道偏析，一直伴随到凝固结束。而对于 Fe-0.1% C 合金（图 8-25e），可以看到溶质 C 的相对浓度从左侧冷却壁面向右逐渐增大，在铸锭右侧溶质浓度最高。对比其物性参数，Fe-0.1% C 合金的溶质膨胀系数比线膨胀系数小一个数量级，因此，虽然热浮升力与溶质浮升力作用方向相反，热浮升力在液相区内占主导作用，在左壁面冷却条件下在整个液相区内形成逆时针方向的涡流。随着凝固过程的进行，凝固前沿从固相中排出的溶质 C 随着液相区内流体的流动而向前运动，使得凝固结束时在铸锭右侧出现如图 8-25e 所示的正偏析。在整个区域内无通道偏析。

可以看出，线膨胀系数与溶质膨胀系数的数量级大小是影响流动方向与偏析趋势的主导因素。当溶质膨胀系数的绝对值比线膨胀系数大一个数量级以上时，溶质浮升力在糊状区起主导作用，通道偏析明显。

8.10 Fe-C 合金铸锭和铸坯的溶质分布分析

Fe-C 合金铸锭（8.9 节）和铸坯（8.7.4 节）的溶质分布各有其特点。在矩形型腔内进行的 Fe-0.1% C 合金铸锭的凝固过程主要由密度差引起的自然对流驱动。

图 8-26 进一步给出 Fe-C 合金铸锭的凝固及溶质偏析。由图 8-25e 和图 8-26 可见，因铸锭凝固壁面换热较弱，且内部仅为浮升力引起的自然对流，仅在最靠近两侧壁面处呈现

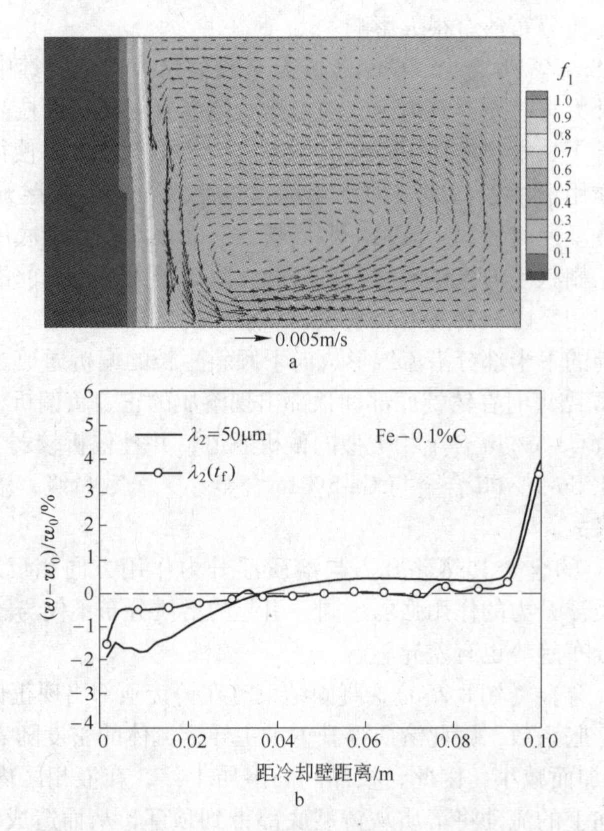

图 8-26　Fe-C 合金铸锭的凝固及溶质偏析

a—凝固至 $t=110$s，Fe-0.1%C 合金的液相分数与流场；

b—凝固结束时铸型中心截面上溶质相对浓度分布

正、负偏析特征，而在铸锭的芯部，溶质分布较为均匀并接近铸锭初始名义成分。在左侧壁冷却条件下，无论采用恒定的二次枝晶臂间距或随凝固时间呈函数变化的枝晶臂间距 λ_2，随凝固进行，均呈现出在开始凝固端负偏析、凝固末端正偏析的趋势。按图 8-26 中相对浓度（$C=[(w-w_0)/w_0]\times100\%$）数值，在开始凝固端呈负偏析，偏析率为 0.98；凝固末端呈正偏析，偏析率 1.04。

连铸坯的凝固过程受结晶器水口入流和注流拉坯的双重影响，凝固由强制对流换热驱动。在结晶器上部更呈紊流流动形态。由 2m 长 Fe-C 合金铸坯凝固过程流动（图 8-10）及溶质分布（图 8-14）可见，壁面换热较强，内部在结晶器部分为紊流流动，溶质扩散较充分，因此在开始凝固端（铸坯表面）呈现出负偏析，偏析率为 0.2，而在凝固末端（铸坯中心）呈正偏析，偏析率为 1.2～1.25，且铸坯芯部溶质分布较为均匀。

对 Fe-C 合金而言，无论铸锭还是铸坯，均没有出现通道偏析。

参 考 文 献

[1] Thomas B G. Modeling of the continuous casting of steel-past, present and future [J]. Metallurgical and Materials Transaction B, 2002, 33(6): 795～812.

[2] Mazumdar D. A consideration about the concept of effective thermal conductivity in continuous casting[J].

ISIJ International, 1989, 29(6): 524 ~ 528.

[3] 杨秉俭, 苏俊义. 板坯连铸结晶器中三维凝固壳厚度分布的数值模拟及实验验证[J]. 钢铁, 1996, 31(9): 24 ~ 28.

[4] 贾光霖, 齐雅丽, 张国志, 等. 合金钢连铸坯动态凝固过程数值模拟[J]. 东北大学学报, 2004, 25(2): 129 ~ 132.

[5] 冯亮花, 朱苗勇, 刘坤, 等. 厚板坯连铸二次冷却传热数学模拟[J]. 特殊钢, 2009, 30(2): 21 ~ 24.

[6] Huang X, Thomas B G, Najjar F M. Modeling superheat removal during continuous casting of steel slabs[J]. Metallurgical Transactions B, 1992, 23(3): 339 ~ 356.

[7] Ha M Y, Lee H G, Seong S H. Numerical simulation of three dimensional flow, heat transfer and solidification of steel in continuous casting mold with electromagnetic brake[J]. Journal of Materials Processing Technology. 2003, 133(3): 322 ~ 339.

[8] Moon C H, Hwang S M. An integrated, finite element-based process model for the analysis of flow, heat transfer, and solidification in a continuous slab caster[J]. International Journal for Numerical Methods in Engineering, 2003, 57(3): 315 ~ 339.

[9] Aboutalebi M R, Guthrie R I L, Seyedein S H. Mathematical modeling of coupled turbulent flow and solidification in a single belt caster with electromagnetic brake[J]. Applied Mathematical Modelling, 2007, 31(8): 1671 ~ 1689.

[10] Wu D F, Cheng S S, Cheng Z J. Characteristics of shell thickness in a slab continuous casting mold[J]. International Journal of Minerals, Metallurgy and Materials, 2009, 16(1): 25 ~ 31.

[11] Aboutalebi M R, Hasan M, Guthrie R I L. Coupled turbulent flow, heat and solute transport in continuous casting process[J]. Metallurgical and Materials Transaction B, 1995, 26(4): 731 ~ 744.

[12] Yang H L, Zhao L, Zhang X, et al. Mathematical simulation on coupled flow, heat and solute transport in slab continuous casting process[J]. Metallurgical and Materials Transaction B, 1998, 29(6): 1345 ~ 1356.

[13] 张红伟, 王恩刚, 赫冀成. 方坯连铸过程中钢液流动凝固及溶质分布的耦合数值模拟[J]. 金属学报, 2002, 38(1): 99 ~ 104.

[14] Lei H, Geng D Q, He J C. A continuum model of solidification and inclusion collision-growth in the slab continuous casting caster[J]. ISIJ International, 2009, 49(10): 1575 ~ 1582.

[15] 李强, 李殿中, 李依依. 铸钢件凝固过程中自然对流引起的宏观偏析模拟[J]. 金属学报, 2000, 36(11): 1197 ~ 1200.

[16] Mcdonald R J, Hunt J D. Convection fluid motion within the interdendritic liquid of a casting[J]. Metallurgical Transaction, 1970, 1(6): 1787 ~ 1788.

[17] Ahmad N, Combeau H, Desbiolles J L, et al. Numerical simulation of macrosegregation: a comparison between finite volume method and finite element method predictions and a confrontation with experiments[J]. Metallurgical and Materials Transaction A, 1998, 29A(2): 617 ~ 630.

[18] Zaloznik M, Kumar A, Combeau H. An operator splitting scheme for coupling macroscopic transport and grain growth in a two-phase multiscale solidification model: Part Ⅱ-Application of the Model[J]. Computational Materials Science, 2010, 48(1): 11 ~ 21.

[19] Hebditch D J, Hunt J D. Observations of ingot macrosegregation on model systems [J]. Metallurgical Transaction, 1974, 5(6): 1557 ~ 1563.

[20] Bennon W D, Incropera F P. Numerical simulation of binary solidification in a vertical channel with thermal and solutal mixed convection[J]. International Journal of Heat and Mass Transfer, 1988, 31(10): 2147 ~ 2160.

[21] Bennon W D, Incropera F P. A continuum model for momentum, heat and species transport in binary solid-

liquid phase change systems-Ⅰ. model formulation[J]. International Journal of Heat and Mass Transfer, 1987, 30(10): 2161 ~ 2170.

[22] Bennon W D, Incropera F P. A continuum model for momentum, heat and species transport in binary solid-liquid phase change systems-Ⅱ. application to solidification in a rectangular cavity[J]. International Journal of Heat and Mass Transfer, 1987, 30(10): 2171 ~ 2187.

[23] Beckermann C, Viskana R. Double-diffusive convection during dendritic solidification of a binary mixture [J]. Physico Chemical Hydrodynamics, 1988, 10(2): 195 ~ 213.

[24] Voller V R, Brent A D, Prakash C. The modeling of heat, mass and solute transport in solidication systems [J]. International Journal of Heat and Mass Transfer, 1989, 32(9): 1719 ~ 1731.

[25] Ganesan S, Poirier D R. Conservation of mass and momentum for the interdendritic liquid during solidification [J]. Metallurgical Transaction B, 1990, 21B(2): 173 ~ 181.

[26] 徐建辉, 杨秉俭, 苏俊义. 考虑凝固收缩作用的凝固过程及其液相流动的有限元计算模拟[J]. 南昌航空工业学院学报, 1995, 2(2): 11 ~ 17.

[27] 陈卫德, 郑贤淑, 金俊泽. 铸锭凝固行为的数值模拟[J]. 金属学报, 1996, 32(10): 1023 ~ 1026.

[28] 顾江平, 刘庄, 陈晓慈. 定向凝固钢锭中宏观偏析的预测 Ⅰ. 数学模型[J]. 金属学报, 1997, 33 (5): 461 ~ 465.

[29] Guillemot G, Gandin C A, Combeau H. Modeling of macrosegregation and solidification grain structures with a coupled cellular automation-finite element model[J]. ISIJ International, 2006, 46(6): 880 ~ 895.

[30] Guillemot G, Gandin C A, Bellet M. Interaction between single grain solidification and macrosegregation: Application of a cellular automaton-finite element model[J]. Journal of Crystal Growth, 2007, 303(1): 58 ~ 68.

[31] 张红伟, 中岛敬治, 王恩刚, 等. Al-Si 合金宏观偏析、凝固组织演变的元胞自动机-控制容积法耦合模拟[J]. 中国有色金属学报, 2012, 22(7): 1883 ~ 1896.

[32] Zhang H W, Nakajima K, Wang E G, et al. Modeling of macrosegregation and solidification microstructure for Al-Si alloy by a coupled cellular automaton-finite volume model[J]. IOP Conference Series: Materials Science and Engineering, 2012, 33(1): 12093 ~ 12102.

[33] Morgan K. A numerical analysis of freezing and melting with convection[J]. Computer Methods in Applied Mechanics and Engineering, 1981, 28(3): 275 ~ 284.

[34] Gupta M, Sahai Y. Mathematical modeling of fluid flow, heat transfer and solidification in two-roll melt drag thin strip casting of steel[J]. ISIJ International, 2000, 40(2): 144 ~ 152.

[35] Voller V R, Cross M, Markatos N C. An enthalpy method for convection/diffusion phase change [J]. International Journal for Numerical Methods in Engineering, 1987, 24(1): 271 ~ 284.

[36] Fujisaki K. Magnetohydrodynamic solidification calculation in Darcy flow[J]. IEEE Tractions on Magnetics, 2003, 39(6): 3541 ~ 3545.

[37] Shamsi M R R I, Ajmani S K. Three Dimensional turbulent fluid flow and heat transfer mathematical model for the analysis of a continuous slab caster[J]. ISIJ International, 2007, 47(3): 433 ~ 442.

[38] Kang K G, Ryou H S, Hur N K. Coupled turbulent flow, heat and solute transport in continuous casting processes with an electromagnetic brake[J]. Numerical Heat Transfer A, 2005, 48(5): 461 ~ 481.

[39] Asai S, Muchi I. Theroetical analysis and model experiments on the formation mechanism of channel-type segregation[J]. Transactions ISIJ, 1978, 18(2): 90 ~ 98.

[40] Minakawa S, Samarasekera I V, Weinberg F. Centerline porosity in plate castings[J]. Metallurgical transactions B, 1985, 16(4): 823 ~ 829.

[41] 陶文铨. 数值传热学[M]. 西安: 西安交通大学出版社, 1995.

[42] Jones W P, Launder B E. Prediction of laminarization with a two-equation model of turbulence[J]. International Journal of Heat and Mass Transfer, 1972, 15(2): 301 ~ 314.

[43] Jones W P, Launder B E. The calculation of low-Reynolds-number phenomena with a two-equation model of turbulence[J]. International Journal of Heat and Mass Transfer, 1973, 16(6): 1119 ~ 1130.

[44] Nakajima K, Zhang H, Oikawa K, et al. Methodological Progress for Computer Simulation of Solidification and Casting[J]. ISIJ International, 2010, 50(12): 1724 ~ 1734.

[45] Kobayashi S. A mathematical model for solute redistribution during dendritic solidification[J]. Transactions ISIJ, 1988, 28(7): 535 ~ 542.

[46] 日本神户制钢内部资料，1996.

[47] Patankar S V. Numerical Heat Transfer and Fluid Flow[M]. New York: Hemisphere Publishing Corporation. 1980.

[48] Meng Y, Thomas B G. Heat-transfer and solidification model of continuous slab casting: CON1D[J]. Metallurgical and Materials Transaction B, 2003, 34B(5): 685 ~ 705.

[49] 雷洪，张红伟，陈芝会，等. 连铸结晶器内钢液流动、凝固和夹杂物的分布[J]. 钢铁, 2010, 45(5): 24 ~ 29.

[50] Lei H, Zhang H W, He J C. Flow, solidification and solute transport in a continuous casting mold with electromagnetic brake[J]. Chemical Engineering & Technology, 2009, 32(6): 991 ~ 1002.

[51] 翁宇庆. 超细晶钢——钢的组织细化理论与控制技术[M]. 北京：冶金工业出版社，2003: 855 ~ 873.

[52] Ahmad N, Combeau H, Desbiolles J L, et al. Numerical simulation of macrosegregation: a comparison between finite volume method and finite element method predictions and a confrontation with experiments[J]. Metallurgical and Materials Transaction A, 1998, 29(2): 617 ~ 630.

[53] Zaloznik M, Kumar A, Combeau H. An operator splitting scheme for coupling macroscopic transport and grain growth in a two-phase multiscale solidification model: Part Ⅱ-Application of the model[J]. Computational Materials Science, 2010, 48(1): 11 ~ 21.

[54] Guillemot G, Gandin C A, Combeau H. Modeling of macrosegregation and solidification grain structures with a coupled cellular automaton-finite element model[J]. ISIJ International, 2006, 46(6): 880 ~ 895.

[55] Guillemot G, Gandin C A, Bellet M. Interaction between single grain solidification and macrosegregation: Application of a cellular automaton-finite element model[J]. Journal of Crystal Growth, 2007, 303(1): 58 ~ 68.

[56] Rappaz M, Boettinger W J. On dendritic solidification of multicomponent alloys with unequal liquid duffusion coefficients[J]. Acta Metallurgica, 1999, 47(11): 3205 ~ 3219.

[57] Liu W T. Finite element modelling of macrosegregation and thermomechanical phenomena in solidification processes[J]. Doctorial degree thesis, Paris: Ecole des Mines de Paris, 2005: 105 ~ 106.

[58] Kurz W, Fisher D J. Fundamentals of Solidification. 4th revised edition[M]. 李建国，胡侨丹，译. 北京：高等教育出版社，2010: 243.

9 合金凝固路径

凝固路径是指合金在凝固过程中逐步析出各固相的顺序，以及各相成分、相分数随温度变化的规律。通常将用于描述凝固路径的模型称为微观偏析模型。

微观偏析模型是联系宏观和微观过程的纽带，它描述在枝晶臂间距范围内发生的局部溶质扩散过程，通常基于微区域内的溶质质量平衡来进行推导。凝固微观偏析模型的发展经历了从二元合金到多元合金，从预测枝晶相到预测枝晶、包晶、共晶各相共存结构的过程。根据解的形式来划分，二元合金微观偏析模型可分为解析解模型和联立偏微分方程求解的数值解模型，如图 9-1 所示。三元以上多元合金模型多为数值解模型，更精确的模型还耦合了热力学平衡计算，如图 9-2 所示。

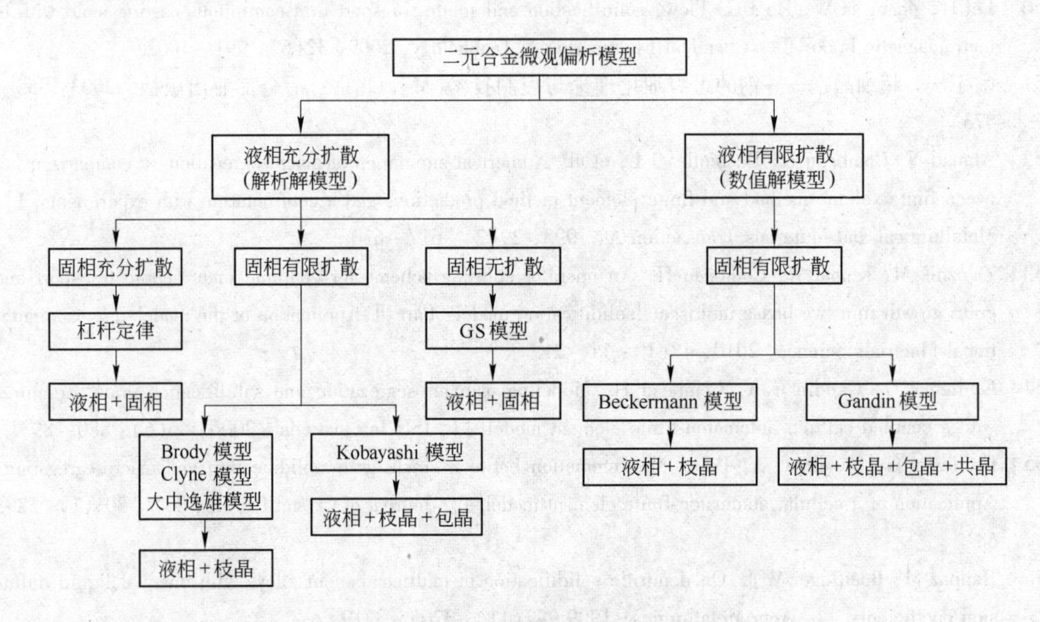

图 9-1 二元合金微观偏析模型分类

9.1 二元合金微观偏析模型

枝晶凝固过程中，溶质元素在糊状区内固液两相中溶解度的差异导致了微观偏析。这种在枝晶尺度上产生的溶质再分配现象直接影响到合金自身的凝固、偏析、缩松和热裂等凝固缺陷的产生。影响微观尺度的溶质再分配行为的重要参数包括固相扩散系数、溶质平衡分配系数、凝固速度（或局部凝固时间）及枝晶形貌等因素。凝固微观模型的主要任务是给出溶质质量浓度 w_s（或 w_l）与固相质量分数 f_s 或体积分数 g_s 的函数关系。这一关系式取决于凝固界面上溶质元素的无量纲分配因子 k_p 和溶质元素在固相及液相中的扩散条件。目前常用凝固微观模型有四种类型：(1) 固相完全扩散、液相充分混合模型；(2) 固

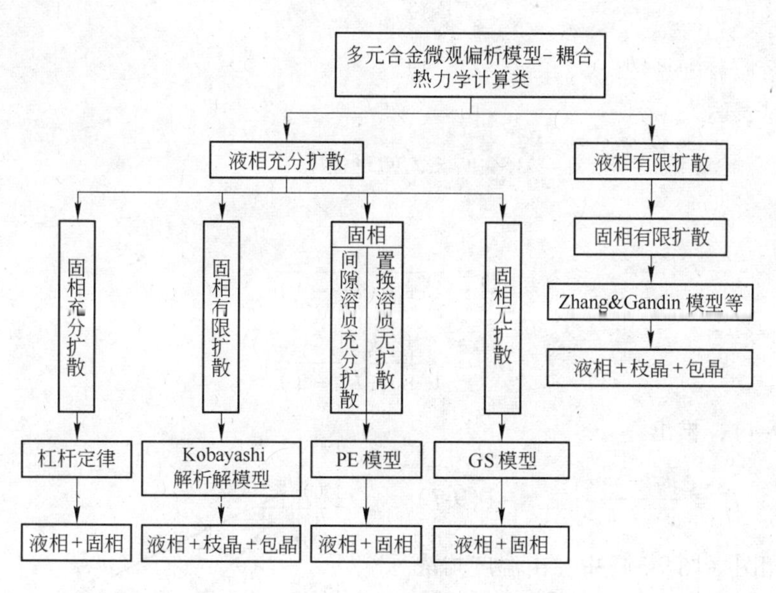

图 9-2 多元合金微观偏析模型分类

相无扩散、液相充分混合模型；(3) 固相有限扩散、液相充分混合模型；(4) 固相有限扩散、液相有限混合模型。

考虑到液相溶质扩散系数要比固相溶质扩散系数大 2 ~3 个数量级，可以认为固相扩散是溶质再分配过程的控制性环节。杠杆定律（LR）和 Gulliver-Scheil 公式（GS）[1~4]是人们最早提出并且仍在广泛应用的微观偏析模型。这两个模型不仅函数形式简单，而且还能真实地描述固相充分扩散与固相无扩散这两种极端条件下的溶质再分配行为。

9.1.1 解析解模型中液相线温度的确定

虽然固、液相线温度分别与固、液相溶质浓度呈非线性关系，但在解析解模型中，常采用线性相图来计算固、液相线温度。基于相图，在固、液相线曲率较小的情况下，采用线性相图假设可以反映固、液相线温度与溶质浓度的关系，又不影响结果的准确性。例如，对于 Fe-C 二元合金，忽略固液相线的曲率，液相线温度表达为

$$T_{\mathrm{liq}} = T_{\mathrm{m}} - m w_{\mathrm{l}} \tag{9-1}$$

式中，m 为液相线温度随溶质浓度 w_{l} 变化的下降系数。由平衡相图，有

$$T_{\mathrm{liq}} = T_{\mathrm{m}} + (T_{\mathrm{e}} - T_{\mathrm{m}})\frac{w}{w_{\mathrm{e}}} \tag{9-2}$$

9.1.2 固相完全扩散、液相充分混合模型

杠杆定律假定固、液相溶质均无限扩散[33]，这种平衡凝固模型仅适用于原子半径非常小的间隙原子。例如，钢中的氢、氧、氮和碳，因为它们的固相扩散系数较大，可以近似地认为在通常铸造条件下符合平衡凝固条件[5]。在此假定下，固相浓度和液相浓度存在表达式

$$k_p = w_s / w_l \tag{9-3}$$

式中，k_p 为溶质分配系数。

代入杠杆定律表达式

$$w = f_s w_s + f_l w_l \tag{9-4}$$

得到

$$w_l = \frac{w}{1 + f_s(k_p - 1)} \tag{9-5}$$

$$w_s = \frac{k_p w}{1 + f_s(k_p - 1)} \tag{9-6}$$

由式（9-4），推出

$$f_s = \frac{w_l - w}{w_l - w_s} \tag{9-7}$$

在线性相图（图 9-3）中，由温度与浓度的相似三角形关系可推知

$$\frac{w_l - w}{w_l - 0} = \frac{T - T_{liq}}{T - T_m} \tag{9-8}$$

由式（9-5），可以得到

$$f_s = \frac{1}{1 - k_p} \frac{w_l - w}{w_l - 0} \tag{9-9}$$

最终得到固相质量分数

$$f_s = \frac{1}{1 - k_p} \frac{T - T_{liq}}{T - T_m} \tag{9-10}$$

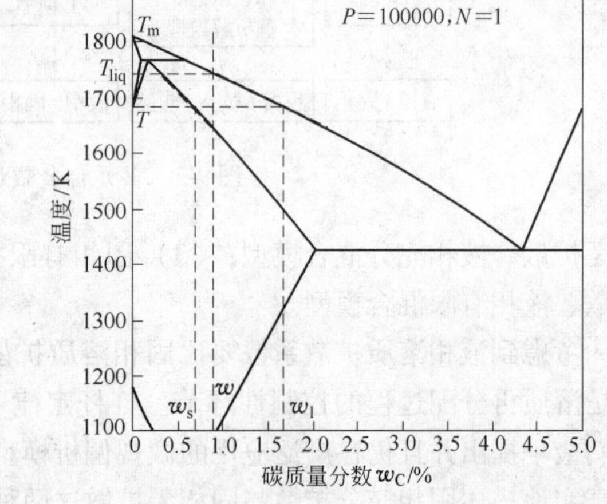

图 9-3 Fe-C 平衡相图中杠杆定律遵循的凝固路径

9.1.3 固相无扩散、液相充分混合模型

当忽略固相内扩散，且假定液相内完全扩散时，由溶质质量守恒得

$$w = w_l f_l + \int_0^{f_s} w_s \mathrm{d}f \tag{9-11}$$

引入式（9-3）的平衡系数 k_p，则式（9-11）变为

$$w = w_l f_l + \int_0^{f_s} k_p w_l \mathrm{d}f \tag{9-12}$$

将上式对固相分数 f_s 进行求导，得

$$0 = f_l \frac{\mathrm{d}w_l}{\mathrm{d}f_s} - w_l + k_p w_l \tag{9-13}$$

在平衡分配系数 k_p 为常数的条件下，对式（9-13）进行积分，并应用边界条件 $f_s = 0$ 时 $w_l = w$，得

$$w_l = w(1 - f_s)^{k_p - 1} \tag{9-14}$$

在线性相图中，液相线为直线，推得$\frac{w_l}{w}=\frac{T_m-T}{T_m-T_{liq}}$，整理后，得

$$f_s = 1 - \left(\frac{T_m - T}{T_m - T_{liq}}\right)^{1/(k_p-1)} \tag{9-15}$$

式（9-15）被称为 Gulliver-Scheil（简称 GS）公式[1~4]。

这种平衡凝固模型适用于原子半径较大的置换原子，如钢中的硅、锰、铬和钼。

需要指出的是，Gulliver-Scheil（GS）模型计算由初始浓度 w 开始，直至共晶温度，即液相完全消失处，计算才结束。对于 Fe-C 二元相图，所研究的钢液成分中 w 浓度均小于 4.3%（共晶线上液相浓度），线性相图的假设可以得到很好的满足，如图 9-4 所示。

9.1.4 固相有限扩散、液相充分混合模型

当考虑溶质在固相内的扩散时，美国学者 Brody 和 Flemings[6] 基于局部溶质质量守恒，给出了枝晶凝固的微观偏析表达式。凝固界面附近的浓度分布如图 9-5 所示。

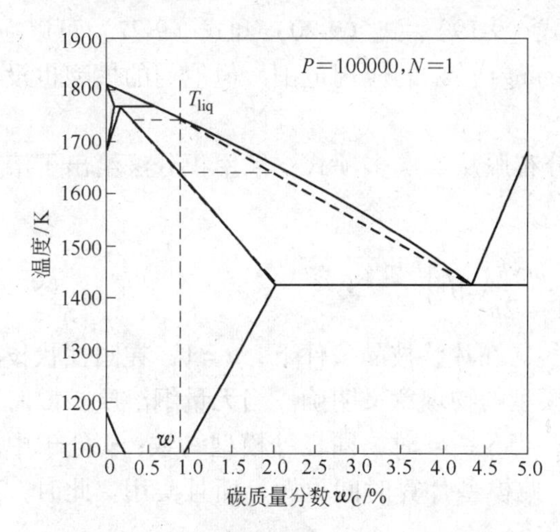

图 9-4 Fe-C 平衡相图中 Gulliver-Scheil 模型遵循的凝固路径

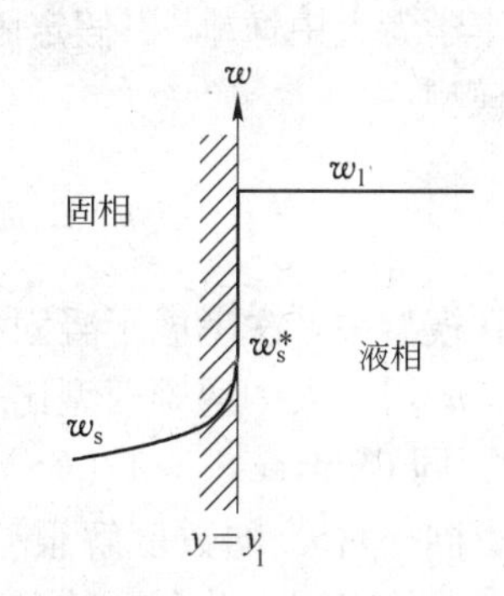

图 9-5 凝固界面附近的浓度分布（液相一侧完全混合的场合）

由图 9-5，局部溶质质量守恒定律

$$d(f_l w_l) + d(f_s \overline{w}_s) = 0 \tag{9-16}$$

在固液界面处表述为

$$\rho V d(f_s \overline{w}_s) = \rho V w_s^* df_s + D_s \rho_s A \left.\frac{\partial w_s}{\partial y}\right|_{y_1} dt \tag{9-17}$$

对固相内的扩散不进行求解，而是假定

$$\left.\frac{\partial w_s}{\partial y}\right|_{y_1} = \frac{\partial w_s^*}{\partial y_1} \tag{9-18}$$

利用 $w_s^* = k_p w_l$ 的关系，求解式（9-16）、式（9-17），得到液相浓度与固相分数的关系式。

（1）在枝晶的凝固速度 $d\lambda/dt$ 为定值时

$$w_l = w\left(1 - \frac{f_s}{1+\gamma k_p}\right)^{k_p-1} \tag{9-19}$$

无量纲溶质扩散时间 γ 是固相扩散系数 D_s、凝固时间 t_f 和枝晶臂间距 λ 的函数

$$\gamma = \frac{D_s \rho_s A \mathrm{d} w_s^*}{\rho V \mathrm{d} y_1} = \frac{4 D_s t_f}{\lambda^2} \tag{9-20}$$

（2）在 $\mathrm{d}\lambda/\mathrm{d}t \propto 1/\sqrt{t}$（凝固厚度与凝固时间服从平方根关系）时

$$w_l = w[1 - (1 - 2\gamma k_p) f_s]^{\frac{k_p - 1}{1 - 2\gamma k_p}} \tag{9-21}$$

$$f_s = \frac{1}{1 - 2\gamma k_p}\left[1 - \left(\frac{T_m - T}{T_m - T_{liq}}\right)^{\frac{1 - 2\gamma k_p}{k_p - 1}}\right] \tag{9-22}$$

在无量纲溶质扩散时间 $\gamma = 0.5$ 时，Brody-Flemings 模型退化为杠杆模型，但在现实凝固过程中，当无量纲溶质扩散时间取较大值时才满足平衡凝固条件。

由于没有求解固相内的扩散，Brody-Flemings 模型在 $\gamma \geqslant 0.6 \sim 0.7$ 时给出了不合理的结果。为了使 $\gamma \to \infty$ 时，式（9-5）的杠杆定律能够成立，瑞士学者 Clyne 和 Kurz[7] 在溶质再分配模型中对溶质扩散时间 γ 进行了修正，提出 γ' 代替 γ

$$\gamma' = \gamma[1 - \exp(-1/\gamma)] - 0.5\exp(-0.5\gamma) \tag{9-23}$$

由于 γ' 的极大值为 0.5，因此采用 γ' 的式（9-19）、式（9-20）和式（9-22）可以在 γ 等于任意值时都成立，从而扩展了 Brody-Flemings 模型的应用范围，但他们的模型也没有求解固相内的扩散。

日本学者大中逸雄[8,9] 假定固相内溶质分布服从二次多项式，采用积分法给出了溶质再分配模型

$$w_l = w\left[1 - \left(1 - \frac{2n\gamma k_p}{1 + 2n\gamma}\right) f_s\right]^{\frac{k_p - 1}{1 - 2n\gamma k_p/(1 + 2n\gamma)}} \tag{9-24}$$

并在模型中首次考虑了凝固相的几何形貌。在片状枝晶条件下，$n = 1$；在圆柱状枝晶条件下，$n = 2$。大中逸雄模型比 Clyne-Kurz 模型的物理意义明确。当无量纲溶质扩散时间 $\gamma \to 0$ 时，同 Gulliver-Scheil（GS）模型一致；当 $\gamma \to \infty$ 时，同杠杆模型一致；γ 处于中间数值时也同松宫[10] 的数值解很一致。另外，此模型计算时间也短，而且实用。此时，对于二元合金给出固液共存区的温度和固相率关系

$$T = T_m - (T_m - T_{liq})\left[1 - \left(1 - \frac{2n\gamma k_p}{1 + 2n\gamma}\right) f_s\right]^{(k_p - 1)/[1 - 2n\gamma k_p/(1 + 2n\gamma)]} \tag{9-25}$$

$$f_s = \left[\frac{1 + 2n\gamma}{1 + 2n\gamma(1 - k_p)}\right]\left[1 - \left(\frac{T_m - T}{T_m - T_{liq}}\right)^{[1 - 2n\gamma k_p/(1 + 2n\gamma)]/(k_p - 1)}\right] \tag{9-26}$$

9.1.5 固液相溶质有限扩散的数值解模型

Wang 和 Beckermann [11] 开发了二元合金体系中等轴枝晶凝固的偏析模型，模型考虑了固相中溶质元素的反扩散。Tourret 和 Gandin [12~14] 考虑到溶质元素在晶间液相的不完全混合状态，去除了模型中的假定条件，耦合热力学平衡计算，预测了枝晶、包晶和共晶反应并存的 Al-Ni 二元合金凝固路径，并与 Al-Ni 二元合金的实测数据进行了比较。

9.1.6 溶质再分配模型比较分析

徐达鸣等[15] 分析了微观溶质偏析模型的数学形式，将上述溶质再分配模型写成如下的通用计算式

$$w_s = k_p w\left[1-(1-\Psi k_p)f_s\right]^{\frac{k_p-1}{1-\Psi k_p}} \tag{9-27}$$

$$f_s = \left(\frac{1}{1-\Psi k_p}\right)\left[1-\left(\frac{T_m-T}{T_m-T_{liq}}\right)^{\frac{1-\Psi k_p}{k_p-1}}\right] \tag{9-28}$$

式中，各模型中无量纲扩散参数 Ψ 的取值[15]见表9-1。

表9-1 溶质再分配模型中无量纲扩散参数 Ψ 的表达式

溶质再分配模型	无量纲扩散参数 Ψ	溶质再分配模型	无量纲扩散参数 Ψ
Gulliver-Scheil(GS)模型	$\Psi=0$	Clyne-Kurz 模型	$\Psi=2\gamma[1-\exp(-1/\gamma)]-\exp(-0.5\gamma)$
杠杆定律	$\Psi=1$	大中逸雄模型	$\Psi=2n\gamma/(1+2n\gamma)$ （片状枝晶，$n=1$；圆柱状枝晶，$n=2$）
Brody-Flemings 模型	$\Psi=2\gamma$		

需要指出的是，在炼钢过程中，一般采用溶质质量分数 w 表示溶质浓度。例如，碳的质量分数用 w_C 表示，单位为%。本章如果没有特殊说明，所用浓度均为质量分数，这里不再赘述。

微观溶质偏析模型具有三个重要参数，即平衡分配系数 k_p、液相线温度 T_{liq} 和固相线温度 T_{sol}。在以往的凝固计算中均做如下假设：忽略液相线和固相线的曲率[16,17]，即液相线和固相线的斜率视为恒定常数。由于缺少相关数据，在钢的凝固计算中大多采用加拿大学者 Aboutalebi 的数据[18~21]，见表9-2。图9-6是利用商业软件 Thermo-Calc[22]得到的不同碳质量分数下钢的液相线温度、固相线温度和碳的平衡分配系数。实际的液相线是一条较为平坦的曲线，而固相线则为折线，因此目前所用的钢的热物性参数与理论值之间存在一定的差异。液相线的温度差异在2℃以内，相对误差小于0.1%；而固相线的温度差异在8℃以内，相对误差小于1.0%；平衡分配系数差异最大，相对误差高达29.1%，见表9-2。同时，还应注意到，在包晶反应液相成分点 $w_C=0.53\%$ 处，碳平衡分配系数是不连续的。这是因为以包晶反应线温度为分界，包晶反应线上、下的固相线斜率不同造成碳平衡分配系数产生阶跃。

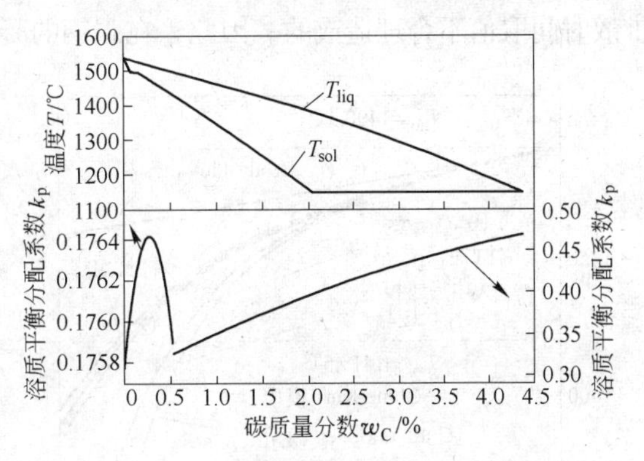

图9-6 不同碳浓度下钢的液相线温度、固相线温度和碳平衡分配系数

表9-2 不同碳浓度下钢的热物性参数

项 目	钢中碳质量分数/%					
	$w_C=0.1$			$w_C=0.8$		
	k_p(-)	T_l/℃	T_s/℃	k_p(-)	T_l/℃	T_s/℃
Aboutalebi[11]	0.2	1530	1490	0.48	1475	1375
Thermo-Calc	0.176	1530.1	1494.6	0.340	1476.2	1382.7
相对误差/%	13.6	0.007	0.31	29.1	0.08	0.56

表 9-3 给出了 $w_C=0.59\%$ 的碳素钢的凝固参数，图 9-7 给出了不同固相分数条件下不同模型下所预测的固液界面温度。当完全凝固（即 $f_s=1$）时，利用 Brody-Flemings 模型、杠杆定律和大中逸雄模型（圆柱状枝晶和片状枝晶）计算的固相线温度分别为 1458.4℃、1394.0℃、1387.6℃和 1381.3℃，而 Clyne-Kurz 和 Gulliver-Scheil（GS）模型则给出了失真的解。总体而言，杠杆定律的预测值最接近于真实固相线温度，大中逸雄模型次之。因此，在碳钢的凝固计算中不宜采用 Clyne-Kurz 模型和 Gulliver-Scheil（GS）模型。

表 9-3 $w_C=0.59\%$碳钢的凝固参数

碳质量分数 w_C/%	纯铁熔点 T_m/℃	液相线温度 T_{liq}/℃	固相线温度 T_{sol}/℃	无量纲溶质扩散时间 γ(－)	溶质分配系数 k_p(－)
0.59	1537.8	1490.5	1419.5	2.5[27]	0.329

杠杆定律和 Gulliver-Scheil 模型分别描述了两种极端的溶质偏析行为，即固相完全扩散和固相无扩散。因此，正确的溶质偏析模型所预测的溶质浓度应在这两个模型的预测值之间。图 9-8 给出了不同固相率条件下不同模型下所预测的无量纲溶质浓度。Clyne-Kurz 模型和大中逸雄模型曲线都在杠杆定律（固相完全扩散）和 Gulliver-Scheil 模型（固相无扩散）之间，并且比较接近杠杆定律，其中大中逸雄模型曲线更接近杠杆定律曲线。而 Brody-Flemings 模型曲线则位于杠杆定律曲线和 Gulliver-Scheil 模型曲线之外，这是模型中溶质扩散时间取值不合理造成的。因此，在碳钢的凝固计算中不宜采用 Brody-Flemings 模型。

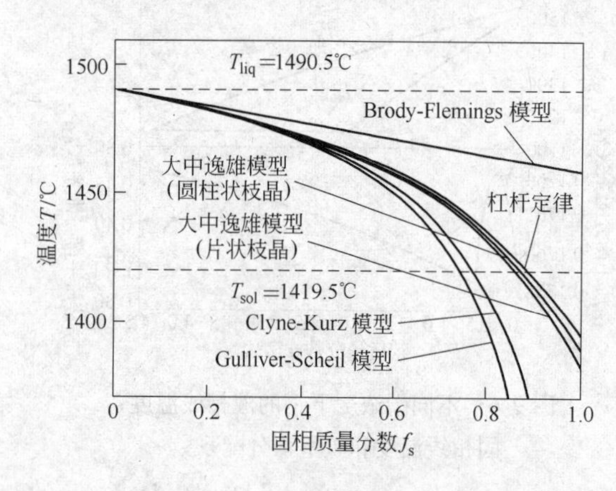

图 9-7 不同溶质偏析模型预测的固液界面温度

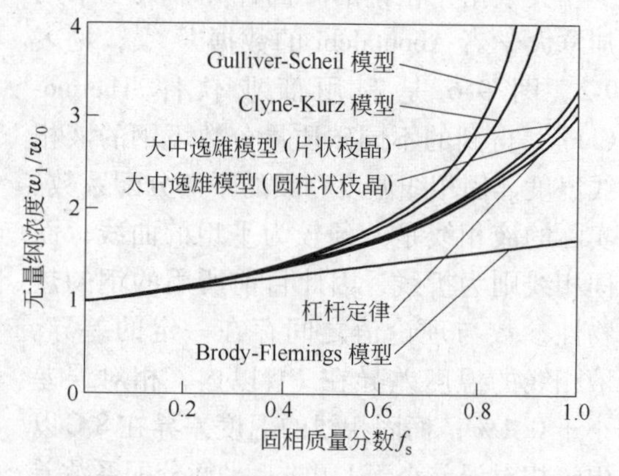

图 9-8 不同溶质偏析模型预测的无量纲溶质浓度

综上，在实际的铁碳二元合金的凝固计算中，涉及碳溶质分布的模型建议采用杠杆定律或大中逸雄模型。

9.2 多元合金微观偏析模型

多元合金体系中，枝晶、包晶和共晶等多种结构通常同时存在，这就需要更好地理解和区分存在于这些结构中的晶内偏析和晶间偏析。

对于枝晶结构，Rappaz 和 Boettinger[23] 对 Wang 和 Beckermann [11] 的二元合金等轴枝晶凝固的偏析模型进行了简化，采用线性相图，并假定晶间液相区成分均匀，将其推广应用到多元合金体系。Tourret 和 Gandin [12~14] 去除了 Wang-Beckermann[11] 模型中的假定条件，考虑到溶质元素在晶间液相的不完全混合状态，耦合热力学平衡计算，预测了枝晶、包晶和共晶反应并存的 Al-Ni 二元合金凝固路径。Zhang 和 Gandin 等 [24] 将此 Tourret 和 Gandin[12~14] 的二元合金模型推广到三元体系，预测了三元合金系枝晶相的凝固过程。这些模型均假定溶质为抛物型分布。

对于包晶结构，Kobayashi [25] 基于 Brody-Flemings 模型的数值解，提出了多元合金的微观偏析模型并预测出钢的包晶转变过程。Thuinet 和 Combeau [26] 开发出预测 Fe-Ni-C 合金枝晶和包晶结构的偏析模型，模型直接求解溶质在各相中的分布，而不是假定溶质的分布形式，增加了计算量。Natsume 等[27] 也开发了简化的一维自由边界模型，结合热力学平衡计算来预测 Fe 基多元合金中包晶转变过程。

Zhang 和 Gandin 等[28] 进一步扩展了所开发的枝晶凝固微观偏析模型[24]，实现对多元合金中包晶转变过程的预测。针对 Fe-C-Cr 合金，直接耦合热力学平衡计算预测凝固路径，并详细探讨了再辉过程和包晶转变过程。模型还再现了极端扩散条件——杠杆定律（LR）、Gulliver-Scheil 模型（GS 模型）、偏平衡模型（PE 模型）下的凝固路径，从而验证了模型。

以下介绍各模型，并着重介绍 Kobayashi 模型[25] 和 Zhang 和 Gandin 等[28] 耦合热力学计算的溶质有限扩散模型。

9.2.1 杠杆定律

多元合金中，保持体系的浓度不变（恒等于初始浓度），进行各温度下的热力学平衡计算，从而得到固、液相均充分扩散条件（杠杆定律，LR）下的凝固路径。热力学平衡计算遵循体系吉布斯自由能最小原理来进行。对于一个 n 元体系，需给出 $n+2$ 个条件使得体系自由度为零 [22]，这些条件包括体系的总量（摩尔分数或质量分数），$n-1$ 个溶质元素浓度、温度和压力。

9.2.2 Gulliver-Scheil 模型

Gulliver-Scheil 模型（GS 模型）设定固相溶质无扩散，则已凝固固相对新相的析出没有贡献，保持冻结状态；新相总是由剩余液相中析出。这样，对于多元合金而言，遵循 GS 模型的凝固路径通过将体系的浓度设为液相浓度，进行各温度下的热力学平衡计算获得，如图 9-9 所示。

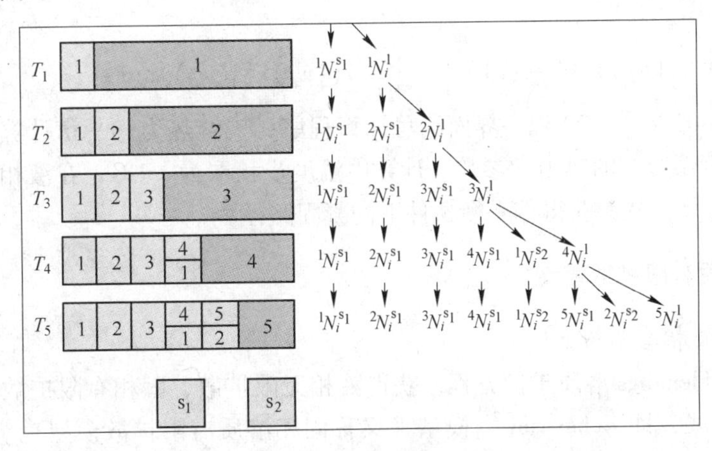

图 9-9 Gulliver-Scheil 模型模拟合金凝固过程原理[22]

9.2.3 偏平衡模型

偏平衡模型（PE 模型）由 Kozeschnik[29] 及 Chen 和 Sundman[30] 提出，模型考虑了固相中置换溶质与间隙溶质扩散程度的差异，溶质扩散程度介于杠杆定律和 Gulliver-Scheil 模型（GS 模型）的极限情况之间。设定固相中置换溶质无扩散，间隙溶质（如钢中的 C、O、N、H 及 B 元素）充分扩散。同 GS 模型相同，新相仍由剩余液相中析出，然而，相成分和相分数基于间隙溶质化学势相等的原则加以调整。这里，模型以 Fe 基合金为例，仅将碳溶质（C）视为间隙溶质，其他各元素均视为置换溶质。模型的思路可方便扩展到多个间隙溶质的情形。

在一个温度步长内，随温度下降，两相间（液相 l 和固相 s_1）的偏平衡凝固过程遵循以下方程：

（1）间隙溶质 C 在液相 l 和一固相 s_1 中的化学势相等

$$\mu_C^l = \mu_C^{s_1} \tag{9-29}$$

（2）间隙溶质 C 在偏平衡前后保持质量守恒

$$f^l((w_C^l)' - (w_C^l))/(1-(w_C^l)') + f^{s_1}((w_C^{s_1})' - (w_C^{s_1}))/(1-(w_C^{s_1})') = 0 \tag{9-30}$$

（3）各相中，如 Fe 等置换溶质的 u-分数在偏平衡前后保持不变

$$(w_{Fe}^l)' = (1-(w_C^l)')/(1-(w_C^l))(w_{Fe}^l) \tag{9-31a}$$

$$(w_{Fe}^{s_1})' = (1-(w_C^{s_1})')/(1-(w_C^{s_1}))(w_{Fe}^{s_1}) \tag{9-31b}$$

（4）置换溶质在偏平衡前后保持总质量守恒

$$(f^l)' = (1-(w_C^l))/(1-(w_C^l)')(f^l) \tag{9-32a}$$

$$(f^{s_1})' = (1-(w_C^{s_1}))/(1-(w_C^{s_1})')(f^{s_1}) \tag{9-32b}$$

C 在 s_1 和 l 相中的化学势通过给定相成分、温度和压力由热力学相平衡计算确定。上述公式中，(w_C^l) 和 $(w_C^l)'$ 为 C 在偏平衡前后液相中的质量浓度，$(w_C^{s_1})$ 和 $(w_C^{s_1})'$ 为 C 在 s_1 固相中相应的平均质量浓度，$(w_C^{s_1}) = \sum_k ({}^k w_C^{s_1} {}^k f^{s_1}) / \sum_k {}^k f^{s_1}$，这里 ${}^k w_C^{s_1}$ 为随温度下降的凝固过程中第 k 步上新生成的 C 浓度，f^l 和 $f^{s_1} = \sum_k {}^k f^{s_1}$ 分别为第 k 步液相 l 和固相 s_1 的相质量分数。

多相（即液相和各固相 s_1，s_2，…，s_m）间的偏平衡过程等同于多个两相（即液相和固相 s_1，液相和固相 s_2，…，液相和固相 s_m）间的偏平衡过程。这时，间隙溶质在各相间的质量守恒遵循以下方程

$$f^l((w_C^l)' - (w_C^l))/(1-(w_C^l)') + \sum_{j=1}^{m} f^{s_j}((w_C^{s_j})' - (w_C^{s_j}))/(1-(w_C^{s_j})') = 0 \tag{9-33}$$

利用 Thermo-Calc[22]/TQ 程序界面编写计算程序，耦合热力学平衡计算，利用 TCFE6 数据库[31]获得钢系合金的热力学参数。计算中温度步长取为 −1℃，在液相的质量分数小于 10^{-4} 时结束计算，从而获得偏平衡条件下的凝固路径。

9.2.4 固相溶质有限扩散模型

9.2.4.1 液相溶质浓度

求解 Brody-Flemings 溶质扩散方程，获得液相无限扩散、固相有限扩散条件下方程近似解的离散表达式，即 Kobayashi[25] 模型（又称固相溶质有限扩散模型）。在某一固相率 $f_{s,n+1}$ 时，液相浓度 $w_{j,n+1}$ 可表达为

$$w_{j,n+1} = (w_{j,n} - \Delta w_{j,n})\left(\frac{P_{j,n+1}}{P_{j,n}}\right)^{\zeta_j}\left[1 + \frac{k_{p,j}(1 - k_{p,j})\beta_j^3}{2\gamma_j(1 - \beta_j k_{p,j})^3}(Q_{j,n+1} - Q_{j,n})\right] \tag{9-34}$$

通过设定f_s，由式（9-34）求得 $n+1$ 时刻的液相浓度 $w_{j,n+1}$。

式中

$$\gamma_j = \frac{8D_j\Delta t}{\lambda^2(f_{s,n+1}^2 - f_{s,n}^2)} \tag{9-34a}$$

$$\beta_j = \gamma_j/(1 + \gamma_j) \tag{9-34b}$$

$$P_{j,n} = 1 - (1 - \beta_j k_{p,j})f_{s,n} \tag{9-34c}$$

$$\zeta_j = \frac{k_{p,j} - 1}{1 - \beta_j k_{p,j}} \tag{9-34d}$$

$$Q_{j,n} = \left(1 - \frac{1 + \beta_j}{2}k_{p,j}\right)\frac{1}{P_{j,n}^2} - [5 - (2 + 3\beta_j)k_{p,j}]\frac{1}{P_{j,n}} - [3 - (1 + 2\beta_j)k_{p,j}]\ln P_{j,n} \tag{9-34e}$$

其中，$f_{s,n+1}$为固相率；$w_{j,n+1}$为 $n+1$ 时刻溶质 j 的液相浓度；$\Delta w_{j,n}$为在时刻 n 时由于有沉积析出产物导致的溶质浓度的变化；λ 为二次枝晶间距，由实验关联式 $\lambda = A\dot{T}^{-m}$确定，A、m 为实验常数；$\dot{T}$ 为固液相线间平均冷却速率，由

$$\dot{T} = \frac{T_{liq} - T}{t - t_{LS}} \quad (t > t_{LS}) \tag{9-35}$$

确定；$k_{p,j}$为溶质 j 的固相 S 和液相 L 的平衡分配系数；D_j 为溶质 j 的固相扩散系数

$$D_j = D_0\exp\left(-\frac{Q}{RT}\right) \tag{9-36}$$

9.2.4.2 温度场

假设合金为理想稀溶液，设定固液界面保持局部平衡，由 Kobayashi、Tiller 文献[25,32]，则在 $n+1$ 时刻某单元中液相和固相的平衡温度 T，仅由 $w_{j,n+1}$ 和 $f_{s,n+1}$ 共同决定，

$$\frac{1}{T} = \frac{1}{T_m} + \frac{R}{\Delta H_{LS}}\sum_j(1 - k_{p,j})\frac{w_{j,n+1}}{W_j} \tag{9-37}$$

式中，T_m 为纯溶剂元素的熔点温度；ΔH_{LS}为凝固潜热；W_j 是溶质 j 的原子量。

9.2.4.3 固相率

由于存在凝固潜热，焓 H 与温度 T 存在以下关系

$$H_{n+1} = \rho\Delta H_{LS}(1 - f_{s,n+1}) + \rho c_p T_{n+1} \tag{9-38}$$

则在 $n+1$ 时刻，固相率$f_{s,n+1}$需满足下式

$$\frac{H_{n+1}}{\rho\Delta H_{LS}} - \frac{c_p}{\Delta H_{LS}}T_{n+1}(f_{s,n+1}) + f_{s,n+1} - 1 = 0 \tag{9-39}$$

式中，ρ 为密度；c_p 为比热容。

通过求解非稳态导热微分方程，可以获得全场焓分布。联立式（9-34）和式（9-37），对式（9-39）进行反复迭代，获得$f_{s,n+1}$的收敛解，从而求得此时刻温度场的准确分布。

总体而言，Kobayashi 模型能求解固相的有限扩散，并能应用于多元合金体系。模型表达式简洁，编写程序方便。

9.2.5 耦合热力学计算的固、液相溶质有限扩散模型

针对一个多元多相体系传热传质过程，基于容积平均法，可以建立固、液相溶质均有

限扩散的多元合金微观偏析模型[11~14,24,28]。

9.2.5.1 容积平均方程

建立球形凝固区域，固相 $s_1^{(1)}$、$s_1^{(2)}$、$s_2^{(2)}$ 和不同成分液相 $l^{(0)}$、$l^{(1)}$ 及 $l^{(2)}$ 在凝固区域中分布如图 9-10 所示。枝晶和包晶相在半径为 R 的球体中心形核。糊状区(1) = $s_1^{(1)}+l^{(1)}$ 和晶外液相区(0) = $l^{(0)}$ 在 $R^{(1)}$ 处划分边界。而糊状区(2) = $s_1^{(2)}+s_2^{(2)}+l^{(2)}$ 和糊状区(1) = $s_1^{(1)}+l^{(1)}$ 在 $R^{(2)}$ 处划分边界。

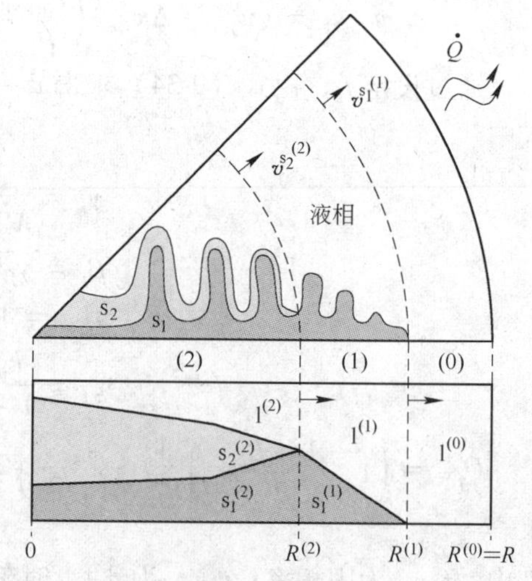

图 9-10 晶外区(0)、晶内区(1)和(2)中枝晶相 s_1、包晶相 s_2 以及液相 l 分布

模型采用如下假定：

(1) 模型中各相固定不动，且具有相等的常密度。

(2) 体系为球体，球半径为 R、外表面面积 A、体积 V。

(3) 固相 s_1 和 s_2 在球中心处过冷的液相 l 中形核，并沿径向方向生长。相 s_1 形成枝晶结构，以其枝晶尖端位置 $R^{(1)}$ 为边界划分区域，外部区域标记为（0）区，由晶外液相 $l^{(0)}$ 组成。内部的糊状区（1）为固相 s_1（记为 $s_1^{(1)}$）和晶内液相 $l^{(1)}$ 的混相区。相 s_2 形成包晶结构。晶尖位置 $R^{(2)}$ 处为（2）区和（1）区边界分界面。包晶相 $s_2^{(2)}$ 在（2）区中晶间液相 $l^{(2)}$ 和初生相 $s_1^{(2)}$ 之间生成。

(4) 模型考虑了 s/l、s/s 和 l/l 各相间界面处以及区域边界处的扩散质量交换机制。而 $s_1^{(1)}/l^{(0)}$ 和 $s_2^{(2)}/l^{(1)}$ 边界的迁移速度直接应用动力学模型给出。

(5) 基于 Lewis 数$\left(\text{为热扩散率和质量扩散系数之比，} Le=\dfrac{\alpha}{D}\right)Le \gg 1$，温度在整个体系内均匀分布。

(6) 各相界面处于热力学平衡状态。

(7) 晶体尖端生长速度由多元合金的生长动力学模型来计算，模型联立抛物型枝晶尖端溶质扩散的 Ivantsov 解[33]和界面稳定性准则[34]进行求解。

针对图 9-10 的凝固区域，建立如下容积平均方程。

假设 α 相由 α/β 相界面所包围。忽略宏观扩散流通量，相 α 的总质量守恒和溶质守恒方程如下

$$\frac{\partial g^{\alpha}}{\partial t}=\sum_{\beta(\beta\neq\alpha)} S^{\alpha/\beta} v^{\alpha/\beta} \tag{9-40}$$

$$g^{\alpha}\frac{\partial \langle w_i^{\alpha}\rangle^{\alpha}}{\partial t}=\sum_{\beta(\beta\neq\alpha)} S^{\alpha/\beta}\left(w_i^{\alpha/\beta}-\langle w_i^{\alpha}\rangle^{\alpha}\right)\left(v^{\alpha/\beta}+\frac{D_i^{\alpha}}{l_i^{\alpha/\beta}}\right) \tag{9-41}$$

相应地，相 α 和 β 间的界面质量守恒和溶质平衡可写为

$$v^{\alpha/\beta}+v^{\beta/\alpha}=0 \tag{9-42}$$

$$\left(w_i^{\alpha/\beta}-w_i^{\beta/\alpha}\right)v^{\alpha/\beta}+\frac{D_i^{\alpha}}{l_i^{\alpha/\beta}}\left(w_i^{\alpha/\beta}-\langle w_i^{\alpha}\rangle^{\alpha}\right)+\frac{D_i^{\beta}}{l_i^{\beta/\alpha}}\left(w_i^{\beta/\alpha}-\langle w_i^{\beta}\rangle^{\beta}\right)=0 \tag{9-43}$$

合金凝固过程中整体的能量守恒表达式为

$$\frac{\partial\langle H\rangle}{\partial t}=\sum_{\alpha}\left(\langle H^{\alpha}\rangle^{\alpha}\frac{\partial g^{\alpha}}{\partial t}+g^{\alpha}\frac{\partial\langle H^{\alpha}\rangle^{\alpha}}{\partial T}\frac{\partial T}{\partial t}+g^{\alpha}\sum_{i}\frac{\partial\langle H^{\alpha}\rangle^{\alpha}}{\partial\langle w_i^{\alpha}\rangle^{\alpha}}\frac{\partial\langle w_i^{\alpha}\rangle^{\alpha}}{\partial t}\right)$$

$$=-\frac{\alpha_{\mathrm{ext}}S_{\mathrm{ext}}}{\rho}(T-T_{\infty}) \tag{9-44}$$

式中，α_{ext}为体系和环境（温度恒为T_{∞}）热交换的表观换热系数。

9.2.5.2 界面比表面积和扩散长度

界面比表面积定义为

$$S^{\alpha/\beta}=A^{\alpha/\beta}/V \tag{9-45}$$

假定界面为平板形状，在区域边界处各比表面积表示为

$$S^{\mathrm{l}(1)/\mathrm{l}(0)}=3R^{(1)^2}/R^3 \tag{9-45a}$$

$$S^{\mathrm{s}_1^{(1)}/\mathrm{s}_1^{(2)}}=(g^{\mathrm{s}_1^{(1)}}/g^{(1)})(3R^{(2)^2}/R^3) \tag{9-45b}$$

$$S^{\mathrm{l}(2)/\mathrm{l}(1)}=(g^{\mathrm{l}(1)}/g^{(1)})(3R^{(2)^2}/R^3) \tag{9-45c}$$

在区域内各相间界面处，各比表面积分别为

$$S^{\mathrm{l}(1)/\mathrm{s}_1^{(1)}}=2g^{(1)}/\lambda_2 \tag{9-45d}$$

$$S^{\mathrm{l}(2)/\mathrm{s}_2^{(2)}}=S^{\mathrm{s}_2^{(2)}/\mathrm{s}_1^{(2)}}=g^{(2)}(2/\lambda_2) \tag{9-45e}$$

在α/β界面处，元素i在α相中的扩散长度定义为

$$l_i^{\alpha/\beta}=-(w_i^{\alpha/\beta}-\langle w_i^{\alpha}\rangle^{\alpha})/(\partial w_i/\partial n)\big|_{\alpha/\beta} \tag{9-46}$$

假定在各相间溶质分布呈抛物型，在（k）区（$k=1$或2）中相间界面处溶质在α相中的扩散长度为

$$l_i^{\alpha/\beta}=(g^{\alpha}/g^{(k)})(\lambda_2/6) \tag{9-46a}$$

式中，在$\mathrm{s}_1^{(1)}/\mathrm{l}^{(1)}$界面，$\alpha=\mathrm{s}_1^{(1)}$及$\mathrm{l}^{(1)}$；在$\mathrm{s}_1^{(2)}/\mathrm{s}_2^{(2)}$界面，$\alpha=\mathrm{s}_1^{(2)}$；在$\mathrm{s}_2^{(2)}/\mathrm{l}^{(2)}$界面，$\alpha=\mathrm{l}^{(2)}$。

假定以$\mathrm{s}_2^{(2)}$相中部为界溶质呈对称分布，在$\mathrm{s}_1^{(2)}/\mathrm{s}_2^{(2)}$相间界面和$\mathrm{s}_2^{(2)}/\mathrm{l}^{(2)}$相间界面处，$\mathrm{s}_2^{(2)}$相的扩散长度为

$$l_i^{\alpha/\beta}=(g^{\mathrm{s}_2^{(2)}}/g^{(2)})(\lambda_2/12) \tag{9-46b}$$

在液相中，通过设定准静态的扩散分布来考虑沿径向的扩散，$l_i^{\mathrm{l}(0)/\mathrm{l}(1)}$和$l_i^{\mathrm{l}(1)/\mathrm{l}(2)}$的表达式详见文献［12～14］。

9.2.5.3 尖端生长动力学

（1）区和（2）区边界的推进速度分别与固相$\mathrm{s}_1^{(1)}$和$\mathrm{s}_2^{(2)}$的尖端生长速度相等。固相$\mathrm{s}_1^{(1)}$在（0）区中液相内以枝晶形式生长，固相$\mathrm{s}_2^{(2)}$在（1）区和（0）区的液相中呈包晶生长，它们的生长速度求解遵循同样的步骤：均需联立求解超饱和度公式（式（9-50））、界面稳定性准则（式（9-52））、界面热力学平衡方程（式（9-47））。

求解固相$\mathrm{s}_1^{(1)}$的枝晶生长速度需联立以下各式

$$T_{\mathrm{L}}(\langle w_i^{\mathrm{l}(0)}\rangle^{\mathrm{l}(0)})-T=\sum_i\frac{\partial T}{\partial w_i^{\mathrm{l}(0)/\mathrm{s}_1^{(1)}}}(\langle w_i^{\mathrm{l}(0)}\rangle^{\mathrm{l}(0)}-w_i^{\mathrm{l}(0)/\mathrm{s}_1^{(1)}})+\frac{2\Gamma^{\mathrm{s}_1^{(1)}}}{r^{\mathrm{s}_1^{(1)}}} \tag{9-47}$$

$$\Omega_i=\frac{w_i^{\mathrm{l}(0)/\mathrm{s}_1^{(1)}}-\langle w_i^{\mathrm{l}(0)}\rangle^{\mathrm{l}(0)}}{w_i^{\mathrm{l}(0)/\mathrm{s}_1^{(1)}}-w_i^{\mathrm{s}_1^{(1)}/\mathrm{l}(0)}} \tag{9-48}$$

$$k_i^{s_1^{(1)}/l^{(0)}} = \frac{w_i^{s_1^{(1)}/l^{(0)}}}{w_i^{l^{(0)}/s_1^{(1)}}} \tag{9-49}$$

$$\Omega_i = Iv(Pe_i) = Pe_i \exp(Pe_i) E_1(Pe_i) \tag{9-50}$$

$$Pe_i = \frac{r^{s_1^{(1)}} v^{s_1^{(1)}/l^{(0)}}}{2D_i^l} \tag{9-51}$$

$$r^{s_1^{(1)2}} v^{s_1^{(1)}/l^{(0)}} = \frac{1}{4\pi^2} \sum_i \frac{D_i^l \Gamma^{s_1^{(1)}}}{(\partial T/\partial w_i^{l^{(0)}/s_1^{(1)}}) w_i^{l^{(0)}/s_1^{(1)}} (k_i^{s_1^{(1)}/l^{(0)}} - 1)} \tag{9-52}$$

其中，$T_L(\langle w_i^{l^{(0)}} \rangle^{l^{(0)}})$为多元合金体系中固相 $s_1^{(1)}$ + 液相的二相亚稳相图中成分为$\langle w_i^{l^{(0)}} \rangle^{l^{(0)}}$处的液相面温度值。

当计算包晶相 $s_2^{(2)}$ 向（1）区以及（0）区中的液相中生长的速度时，上述方程组中，液相面温度需替换为平均成分 $\langle w_i^{l^{(0+1)}} \rangle^{l^{(0+1)}}$ 下的温度 $T_L(\langle w_i^{l^{(0+1)}} \rangle^{l^{(0+1)}})$，这里成分$\langle w_i^{l^{(0+1)}} \rangle^{l^{(0+1)}}$为液相 $l^{(1)}$ 和 $l^{(0)}$ 成分经相分数加权平均后的平均成分。

9.2.5.4　相边界 l^{k-1}/l^k（$k=1$，2）和 s_{k-1}^{k-1}/s_{k-1}^k（$k=2$）处成分

在 $l^{(0)}/l^{(1)}$ 相边界处具有连续性条件如 $w_i^{l^{(0)}/l^{(1)}} = w_i^{l^{(1)}/l^{(0)}}$，结合方程式（9-43）和相边界处的连续性条件，可获得 $l^{(0)}/l^{(1)}$、$l^{(1)}/l^{(2)}$、$s_1^{(1)}/s_1^{(2)}$ 边界处的成分。

9.2.5.5　热力学数据及相平衡参数

通过直接耦合 Thermo-Calc 软件及其 PTERN 数据库[31]，可直接得到 Fe-C-Cr 三元合金系热力学数据及相平衡参数，如 $\langle H^\alpha \rangle^\alpha$、$\partial \langle H^\alpha \rangle^\alpha / \partial T$、$\partial \langle H^\alpha \rangle^\alpha / \partial \langle w_i^\alpha \rangle^\alpha$、$k_i^{\alpha/\beta}$ 以及 $\partial T/\partial w_i^{\alpha/\beta}$ 等。

9.2.5.6　计算步骤

（1）随着体系的冷却，由合金的瞬时成分通过热力学平衡计算获得合金相形核温度。当过冷度大于预设的形核过冷度时，初晶、包晶相在球形区域中心依次形核。

（2）确定区域边界迁移速度（9.2.5.3 节），界面比表面积、界面扩散长度（9.2.5.2 节），固/固相界面以及固/枝晶间液相相界面成分和界面速度（方程式（9-42）和式(9-43)），以及区域边界成分（9.2.5.4 节）。

（3）由 Gear 方法依次迭代求解总的质量守恒（方程式（9-40））、溶质质量守恒（方程式（9-41））和体系能量守恒方程（方程式（9-44））直至收敛，从而得到随体系温度变化的各相分数和平均相成分。

9.3　偏平衡模型预测的凝固路径

9.3.1　Fe-C-V-W-Cr-Mo 高速钢中碳化物析出

高速钢中，碳化物对于材料的耐磨性起到至关重要的作用。为获得更好的耐磨性能，需要严格控制凝固过程中碳化物的性状（析出顺序、数量和成分）。通常，碳化物的性状采用实验观察、测量和数值预测的手段通过研究其凝固路径来获得。

本节中，采用考虑了碳在固相 FCC（奥氏体）和 BCC（铁素体）中反扩散的偏平衡模型（PE）来研究 Fe-C-V-W-Cr-Mo 高速钢中碳化物的析出机制，考察碳化物析出顺序及各相的微观偏析，并与 Yamamoto[35] 的实验数据进行对比。从碳化物影响合金硬度的角度，

检验偏平衡模型的适用性[36]。

9.3.1.1 Fe-C-V-W-Cr-Mo 高速钢凝固实验

Yamamoto[35]实施了 Fe-C-V-W-Cr-Mo 高速钢的凝固实验（11 个合金试样：C1 ~ C4 为 C 成分变化合金，V1 ~ V5 为 V 成分变化合金，W1 ~ W4 为 W 成分变化合金）。将各原料在氩气保护的 SiC 加热炉中熔化；之后，把含有 Fe、C、V、W、Cr 及 Mo 成分的熔融合金倒入圆柱形金属铸型（ϕ12mm × 100mm）中。合金液中，Cr 和 Mo 的成分固定为 5%，C 成分介于 1% ~4% 之间，V 成分介于 0 ~ 12% 之间，W 成分介于 0 ~6% 之间，具体成分见表 9-4。采用坩埚进行热分析实验来检测合金的凝固行为，取 30g 的合金棒放入坩埚中重新融化至高于合金熔点 100℃ 以上温度，然后在氩气保护的 SiC 炉内以 0.17 ~ 0.22K/s（即 10 ~ 13K/min）的冷速冷却。通过热分析曲线获得各固相的析出温度，通过高温淬火后观察金相获得凝固组织结构。由 X 射线衍射、彩色腐蚀和 EPMA（电子探针微区分析）化学分析手段来识别主要的碳化物。在合金相析出温度附近利用 EPMA 确定各相成分。测定的典型高速钢合金 W3 中的碳化物成分见表 9-5。

表 9-4 Fe-C-V-W-Cr-Mo 高速钢化学成分和碳化物析出顺序

合金		化学成分/%					碳化物析出顺序	
		C	V	W	Cr	Mo	偏平衡模型（PE）预测	测量[35]
C1		1.39	3.03	4.77	4.23	4.90	M_6C(1267℃)⟶MC(1253℃)⟶M_7C_3(1223℃)⟶M_2C(1205℃)	MC + M_2C
C2	V2	1.99	3.06	4.30	4.16	4.94	MC(1239℃)⟶M_6C(1226℃)⟶M_7C_3(1199℃)⟶M_2C(1172℃)	MC + M_2C
C3		2.50	3.13	5.05	4.49	5.21	MC(1227℃)⟶M_6C(1202.5℃)⟶M_7C_3(1186.5℃)⟶M_2C(1144.5℃)	MC + M_2C + M_7C_3
C4		3.27	3.42	3.85	4.06	5.06	MC(1215.5℃)⟶M_7C_3(1162.5℃)⟶M_6C(1128℃)⟶M_2C(1107℃)⟶M_3C(1101.5℃)	MC + M_2C + M_7C_3
	V1	1.29	—	5.18	4.57	4.95	M_6C(1280℃)⟶M_7C_3(1202℃)	M_6C + M_7C_3
W2	V3	2.02	6.24	3.78	5.09	4.98	MC(1270℃)⟶M_6C(1249℃)⟶M_7C_3(1230℃)⟶M_2C(1214℃)	MC + M_2C
	V4	2.11	8.48	5.09	5.00	4.64	MC(1276℃)⟶M_6C(1226℃)⟶M_7C_3(1209℃)	MC + M_2C
	V5	2.07	11.13	4.62	4.82	4.77	MC(1290℃)⟶M_6C(1249℃)⟶M_7C_3(1229℃)	MC + M_2C
W1		1.86	5.64	—	4.94	5.26	MC(1274℃)⟶M_2C(1234℃)⟶M_7C_3(1228℃)⟶M_6C(1216℃)	MC + M_2C
W3		2.48	5.31	4.73	5.17	5.27	MC(1256℃)⟶M_6C(1226℃)⟶M_7C_3(1211℃)⟶M_2C(1180℃)	MC + M_2C + M_7C_3
W4		1.94	4.67	5.32	5.07	5.36	MC(1256℃)⟶M_6C(1252℃)⟶M_7C_3(1223℃)⟶M_2C(1200℃)	MC + M_2C

注：1. 合金 C1 ~ C4 为 C 含量变化的 Fe-[1 ~4]C-3V-5W-5Cr-5Mo 合金，合金 V1 ~ V5 为 V 含量变化的 Fe-2C-[0 ~ 12]V-5W-5Cr-5Mo 合金，合金 W1 ~ W4 为 W 含量变化的 Fe-2C-5V-[0 ~6]W-5Cr-5Mo 合金。

2. 合金 W3 用于电子探针（EPMA）分析。

表 9-5　典型高速钢合金 W3 中的碳化物成分

碳化物	以 u－分数表示的成分/%					碳化物构成	维氏硬度[35,42]
	Fe	V	W	Cr	Mo		
MC	2.67	56.32	16.37	9.11	15.53	VC	2100，2800
	(2.5)	(56.25)	(17.5)	(7.5)	(15)		
M_6C	33.55	2.25	31.76	3.43	29.00	$(Fe, Mo, W)_6C$	1890～2060
M_7C_3	42.3	11.49	3.96	35.42	6.84	$(Fe, Cr)_7C_3$	1600～1800
	(57.5)	(5)	(6.25)	(21.25)	(11.25)		2305～2410
M_2C	9.35	14.73	6.88	5.15	63.88	Mo_2C	1800，2250
	(7.5)	(11.25)	(30)	(15)	(35)		

注：1. 表中数据为针对合金 W3 预测的碳化物成分以及 EPMA 数据（圆括号内数据[35]）。
　　2. 碳化物 MC、M_2C 和 M_7C_3 类型由 X 射线衍射（XRD）图谱确定。

分析可知，采用坩埚进行热分析实验的结果较为粗糙，会导致几种模糊判断：(1) 当两相的析出温度很接近时，热峰值会有重叠。(2) 热分析曲线上的小峰值，产生原因是由于析出相量少，或是实验误差。因热电偶外有保护套管保护，敏感度变差，不能确定小峰值处是否存在析出相。

9.3.1.2　凝固过程中碳化物析出机制

针对 Fe-C-V-W-Cr-Mo 高速钢合金，视碳元素为间隙元素，其他元素为置换元素。则与 GS 模型相比，采用 PE 模型来预测包含碳化物析出的高速钢的凝固路径，具有优越性。

本节针对表 9-4 中典型高速钢合金 W3，采用 PE 模型预测其凝固路径，通过与 Yamamoto[35] 的实验数据相比较，分析碳化物析出机制。

A　合金 W3 在凝固过程中剩余液相成分的演变

剩余液相成分随固相析出和固液界面溶质再分配而发生变化，如表 9-4 和图 9-11 所

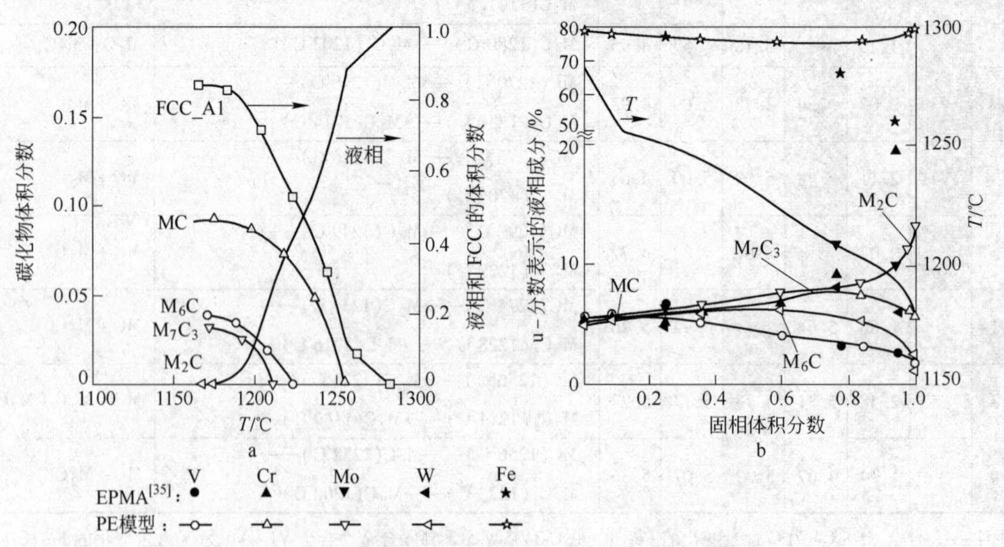

图 9-11　合金 W3 中，剩余液相成分随固相析出的变化

a—固相的析出顺序；b—剩余液相成分变化

示。由 PE 模型预测，合金 W3 首先生成初生相 FCC（1283℃），之后依次析出碳化物 MC(1256℃)→M_6C(1226℃)→M_7C_3(1211℃)→M_2C(1180℃)。随凝固进行，各固相的含量不断增加。相应地，剩余液相成分依 V→W→Cr→Mo 顺序不断下降。M_2C 在凝固最终阶段形成，可以推断其含量较少。实验方面，Yamamoto[35] 利用坩埚进行了热分析实验，给出碳化物析出顺序为 MC→M_2C→M_6C。实验与数值预测的主要差别在于热分析曲线上 M_6C（1226℃）和 M_7C_3（1211℃）双峰重叠的模糊判断。事实上，由表 9-5，测量中未检测到 M_6C 成分，测量的 M_2C 中主要成分 W 和 Mo 与计算的 M_6C 中相应成分一致。而测量的 M_2C 中 Fe 和 V 成分与计算的 M_7C 成分一致。因此可以断定，M_6C(1226℃)被 M_7C 包裹，为 M_2C(1180℃)的形核质点。

B 合金 W3 在凝固过程中析出固相的成分演变（微观偏析）

依据合金 W3 中固相析出顺序 FCC、MC、M_6C、M_7C_3 及 M_2C，图 9-12 左图给出元素在各固相中的分配系数，右图给出各固相中的界面成分演变（即微观偏析）。

初生相 FCC 先行析出。由于各溶质元素（C，V，W，Cr，Mo）在 FCC 中的分配系数 k_p 均小于 1（图 9-12a），随固相体积分率 g^s 增加直至 $g^s=0.12$，液相中各成分均增大

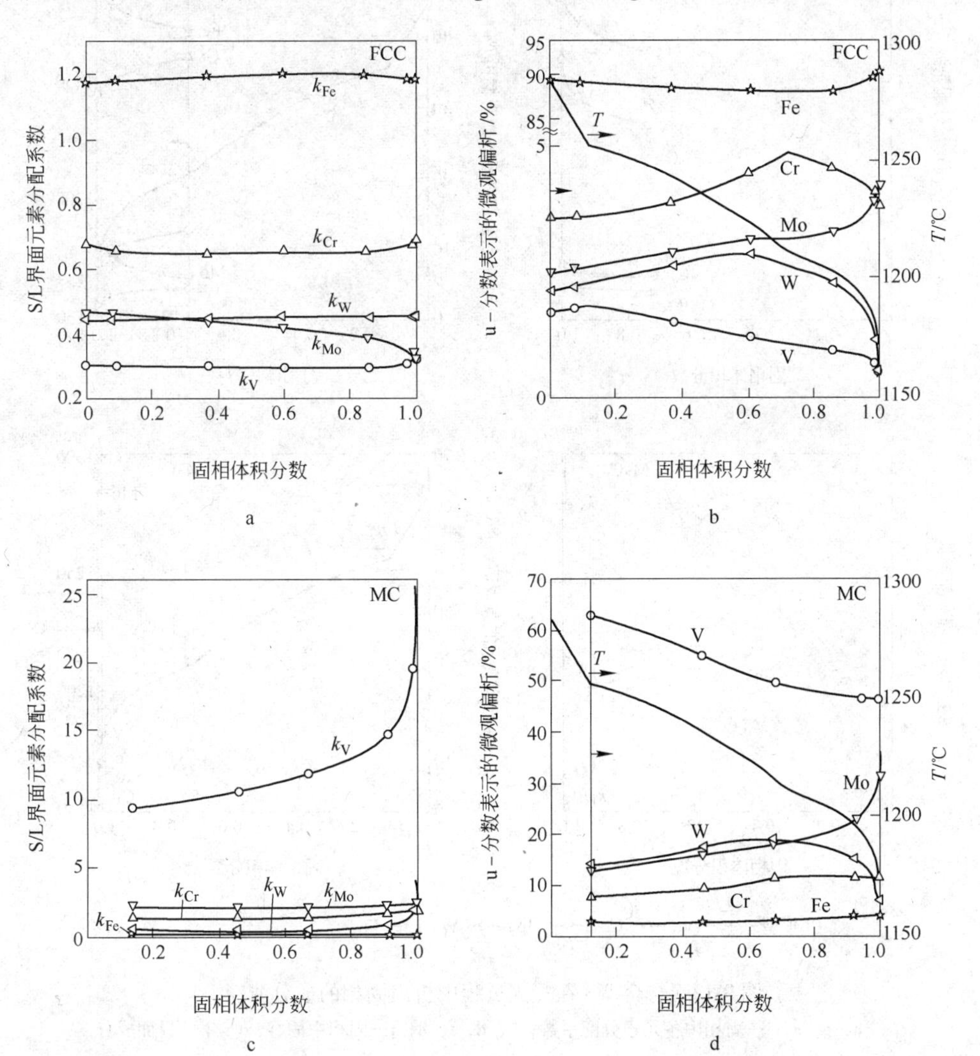

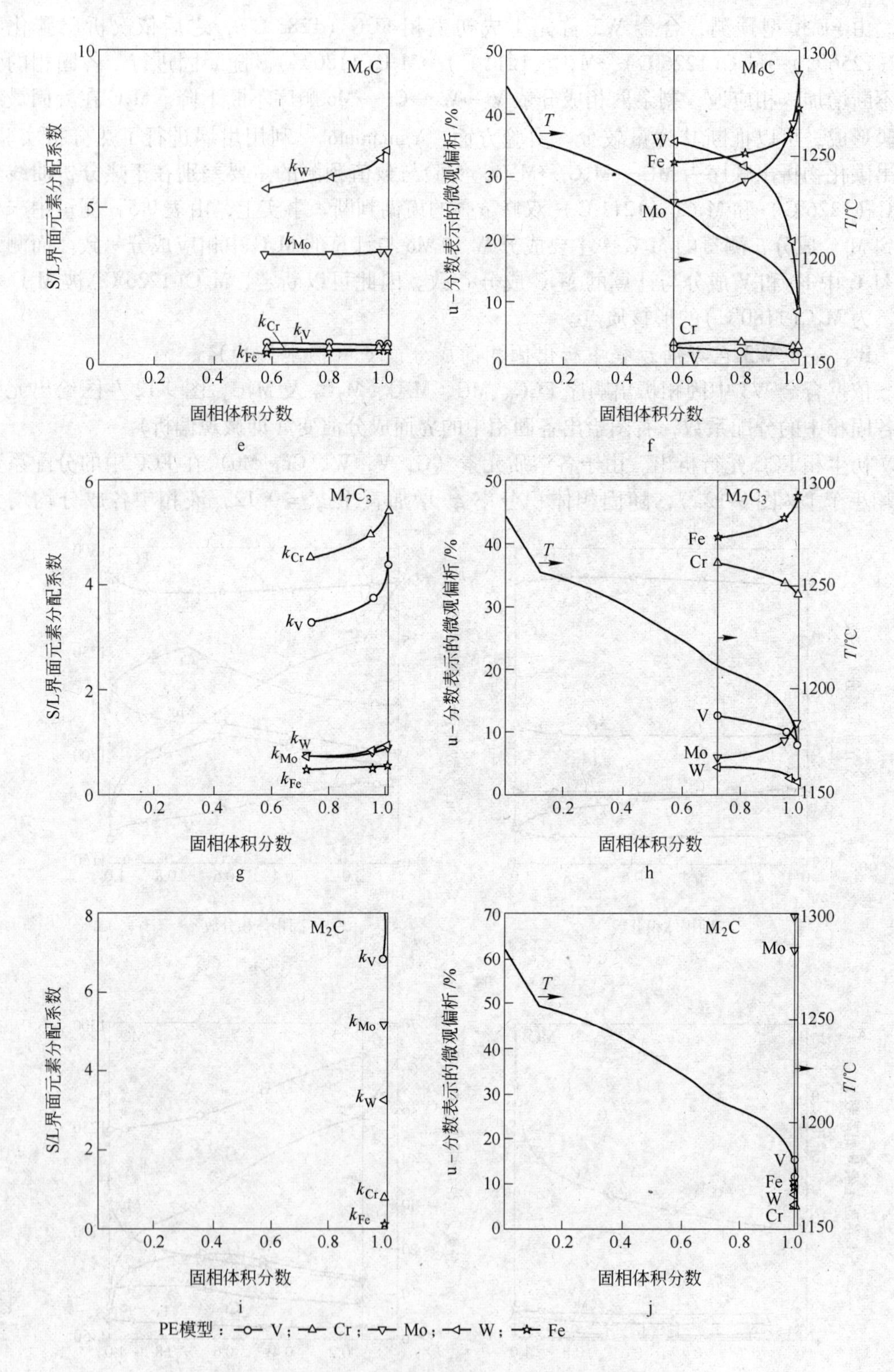

图 9-12 合金 W3 在凝固过程中析出固相的成分演变

a，c，e，g，i—固相中各元素分配系数；b，d，f，h，j—固相中固/液（S/L）界面成分

(图9-11b)。这里，合金元素 V、W、Cr、Mo 为 BCC 相（即铁素体）稳定元素，而元素 C 为奥氏体稳定元素。接着 MC 相析出，MC 相中元素 V 的分配系数 $k_{p,V}>10$（图 9-12c），使得 V 的液相成分 w_V^l 大幅下降（图 9-16）。表明当新碳化物生成时，一旦某元素的分配系数$k_p>1$，其相应的液相成分必下降。

同样地，在 $g^s>0.55$ 处，生成 M_6C，剩余液相中 W 和 Mo 的成分下降（图 9-12e 和图 9-11b）。在 $g^s>0.73$ 时，随着 M_7C_3 的生成，剩余液相中 Cr 的成分开始下降（图 9-12g 和图 9-11b）。由于在剩余液相中 Mo 成分的积累，最终在$f_s>0.98$ 时生成 M_2C(图 9-12i 和图 9-11b)。

9.3.1.3 碳化物的平均成分

依据图 9-12 右图，碳化物的平均成分可由凝固过程中固液界面上析出成分的累加（即微观偏析）来计算。例如，采用图 9-12d 计算 MC，图 9-12f 计算 M_6C，图 9-12h 计算 M_7C_3，图 9-12j 计算 M_2C。为与 Yamamoto[35] 的 EPMA 测量数据（表 9-5 圆括号内数据）进行比较，用 u-分数的形式（不含碳元素成分，定义见式（9-31））给出各碳化物成分。由 PE 预测结果：MC 为 VC 碳化物，其中 V 成分最高，u-分数占到 56%；M_6C 为 $(Fe, Mo, W)_6C$碳化物，其中 Fe、Mo、W 元素的 u-分数分别为 34%、29% 和 32%；M_7C_3 为 $(Fe, Cr)_7C_3$ 碳化物，其中 Fe 和 Cr 元素的 u-分数分别为 42% 和 35%；M_2C 为 Mo_2C 碳化物，其中 Mo 元素的 u-分数为 64%。

碳化物成分随着 C、V、W 元素的添加而变化。增加 C 增大了各碳化物（MC、M_6C、M_7C_3 和 M_2C）中 Mo 成分但压制了 V 和 Cr 成分。而改变 V 和 W 成分对碳化物中成分的影响呈互补关系：增加 V 含量，各碳化物中 V 含量均显著增大，与此同时，增大了 M_7C_3 和 M_2C 碳化物中的 Cr 含量但降低了 W 和 Mo 的含量。增加 W 含量，各碳化物中 W 含量均显著增大，然而降低了 MC 和 M_2C 碳化物中 V 含量，也降低了 M_6C 碳化物中 Mo 含量。这些成分变化必然引起碳化物硬度的变动。

预测的 MC 和 M_7C_3 碳化物成分与 EPMA 测量值几乎完全相同。由 EPMA 测量的 M_2C 成分清晰表征出与 M_2C（对比测量和预测的 Fe 和 V 成分）和 M_6C（对比测量和预测的 W 和 Mo 成分）两种碳化物相关联的特征。

由对高速钢合金 W3 的预测可以确定，PE 模型能准确提供大量有用的信息，如碳化物析出顺序、碳化物数量及成分，并能给出在热分析试验中检测不到的碳化物信息。实际上，碳化物成分与其硬度息息相关，见表 9-5。

9.3.1.4 C、V 和 W 成分对碳化物析出种类和数量的影响

当 C 介于 1.2% ~3.6% 范围内、V 介于 0 ~11% 范围内、W 介于 0 ~5.3% 范围内时，Fe-C-V-W-5% Cr-5% Mo 合金的主要碳化物为 MC、M_6C 和 M_7C_3。碳化物的种类和数量随 C、V 和 W 成分而变化，如图 9-13 所示。增加 C 有利于 M_7C_3、M_3C 和 MC 的形成，但削弱了 M_6C 碳化物的析出。增加 V 有利于增加 MC 碳化物的量但减少了 M_7C_3 和 M_6C 的量，除去了 M_2C 碳化物。增加 W 有利于增加 M_6C 的量但减少了 MC 的生成量。

9.3.1.5 高速钢的硬度

高速钢的硬度主要受碳化物影响，随碳化物量的增加而增大。在主要生成的碳化物 MC、M_6C 和 M_7C_3 中，增加 C 成分，有利于 MC、M_7C_3 碳化物的生成，但显著增加了 M_7C_3 中 Fe 成分，从而降低了 M_7C_3 硬度。增加 V 成分，显著增加了 MC 量及 MC 中 V

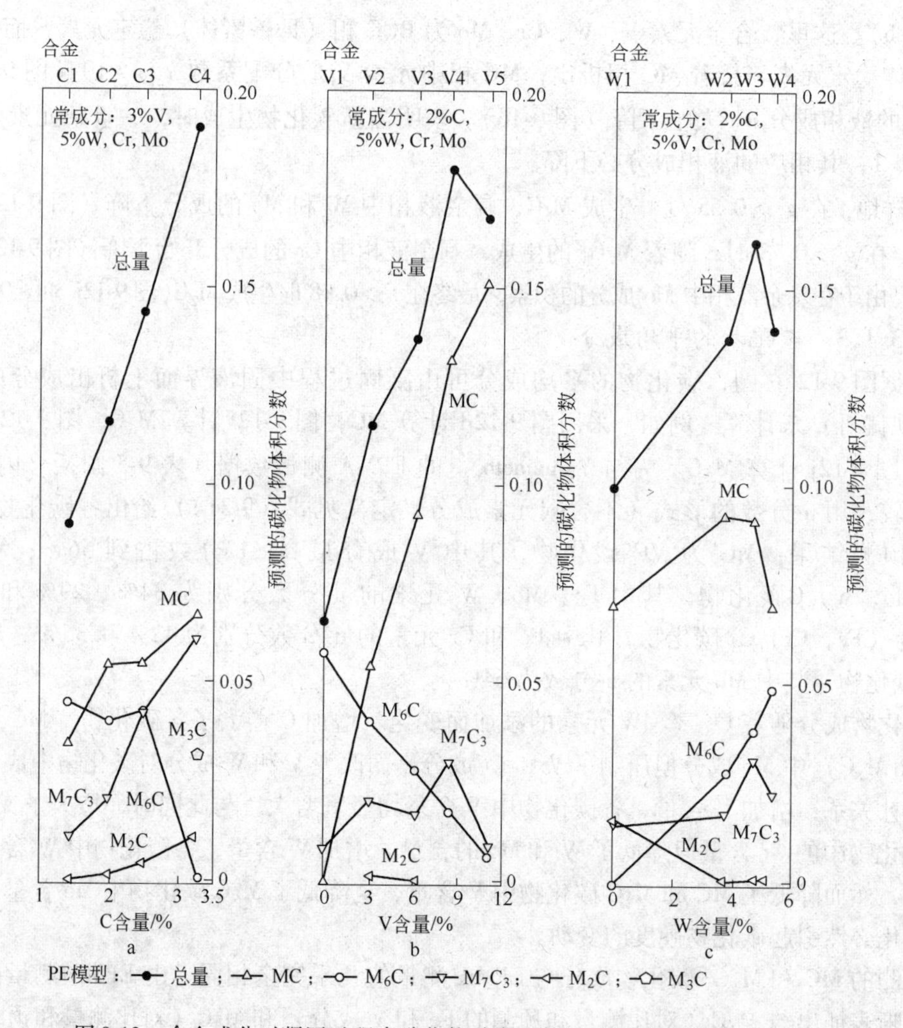

图9-13 合金成分对凝固过程中碳化物种类和数量的影响（PE模型预测）

a—随C成分变化；b—随V成分变化；c—随W成分变化

含量，提高了MC硬度，使得M_7C_3碳化物构成由$(Fe,Cr)_7C_3$转变为$(Cr,Fe)_7C_3$，从而稍稍增大M_7C_3硬度。增加W成分，显著提高了M_6C数量及M_6C中W含量，从而提高了M_6C硬度。总之，添加V和W可提高MC和M_6C碳化物的硬度。然而，过量加入V和W（均为铁素体稳定元素）会引起基体由FCC转变为BCC相，从而降低合金基体硬度。

借助表9-5中各相的维氏硬度值和图9-13中预测的各相体积分数，可以定量计算总硬度指标。总硬度指标定义为MC、M_6C、M_7C_3、M_2C以及M_3C（维氏硬度为1340[35]）碳化物硬度与预测出的相体积分数乘积之和。由表9-5中维氏硬度的最小值和最大值，计算出硬度指标曲线（图9-14），其中“最小”为硬度指标最小值曲线，“最大”为最大值曲线。在本研究的C、V和W元素变化范围内，硬度指标介于100～500之间。

表9-5的碳化物中，MC的硬度最高。由图9-13可见，在V成分接近8.5%处，MC碳

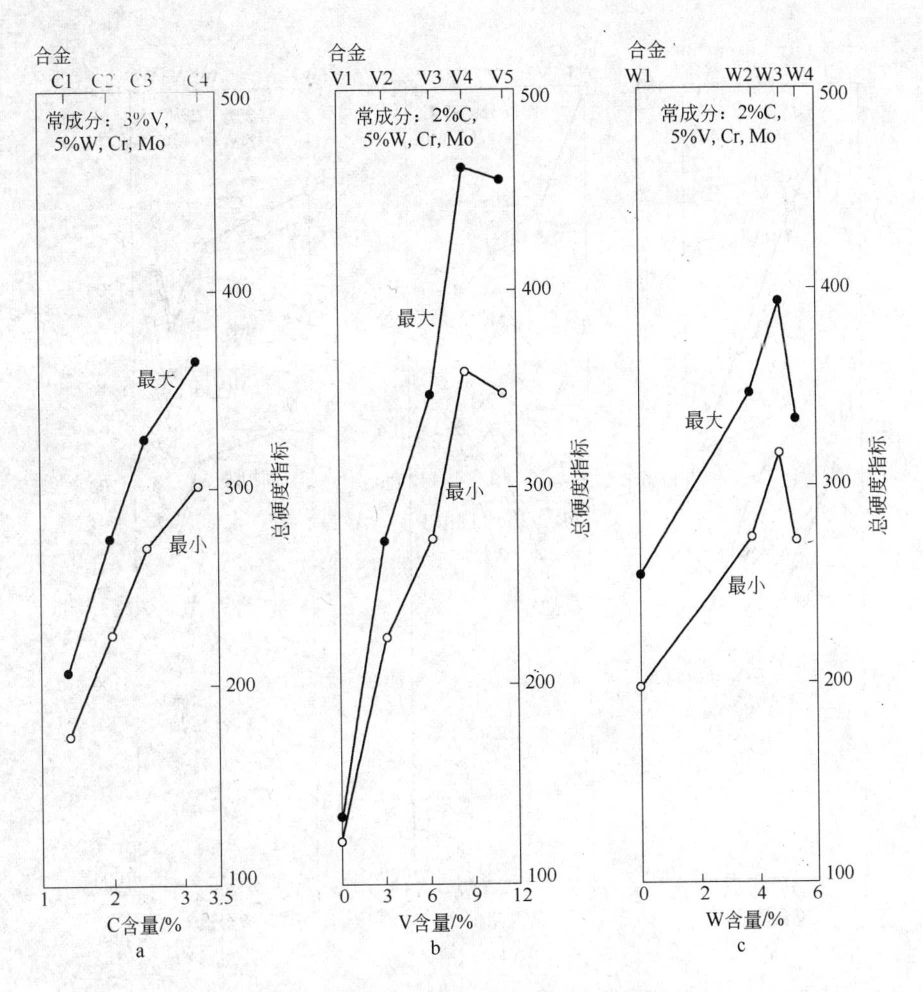

图 9-14 合金成分对高速钢硬度指标的影响

a—随 C 成分变化；b—随 V 成分变化；c—随 W 成分变化

化物的量达最大值。此外，随 C、V 和 W 成分的增加，碳化物总量增大。贡献到图 9-14 的硬度指标中，可以看出，随着 C、V 和 W 成分的增加，硬度指标的最小值和最大值均增加。V 成分达到 8.5% 时，获得硬度指标最大值，为 350 ~ 500。考虑到图 9-15 中，当 V 成分超过 6% 时，FCC 基体被 BCC 基体所取代，而 BCC 基体可能会降低合金硬度，因此推荐 V 元素的添加量控制在 6% ~ 8.5% 之间。

9.3.1.6 PE 模型预测高速钢合金相析出的准确性

图 9-15 用温度-成分相图给出 C、V 和 W 成分变化对碳化物析出顺序的影响。加空心符号的实曲线为 PE 模型预测结果，实心符号为 Yamamoto[35] 热分析实验数据。在所研究的 C、V、W 范围内，初生相主要为 FCC；仅当 V 成分高于 8% 时，初生相由 BCC 取代了 FCC，这是由于 V、W、Cr 和 Mo 等合金元素为 BCC 相稳定元素的缘故。另外，由图 9-15 还可以看出，碳化物析出顺序为 MC、M_6C、M_7C_3 和 M_2C，当 C 成分达到最大值 3.27%，还析出 M_3C。

采用 PE 模型预测的液相线温度、MC 及 M_2C 的析出温度分别与热分析实验数据相差

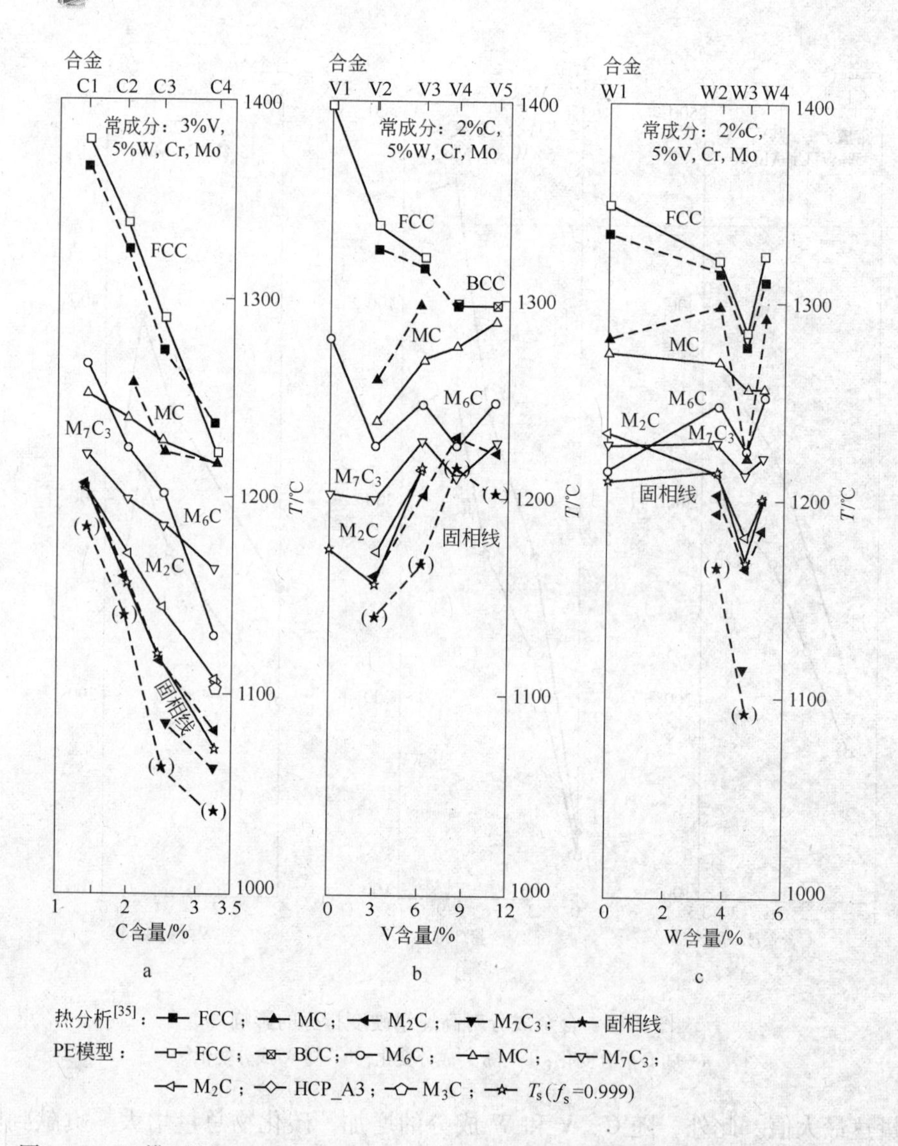

图 9-15　PE 模型预测的 Fe-C-V-Cr-Mo-W 高速钢凝固路径与热分析实验测定值的比较

a—随 C 成分变化；b—随 V 成分变化；c—随 W 成分变化

3 ~ 17℃、1 ~ 38℃及 2 ~ 28℃，温差较小。而预测的固相线温度则与热分析实验数据相差 17 ~ 77℃。由于用坩埚进行热分析实验，从该热分析曲线很难准确地估算固相线温度，因此两者温差从预测精度（9.3.1.2 节）和实验准确度（9.3.1.1 节）上来讲在可接受的范围内。

另外，对合金相的析出顺序，PE 模型能够预测出合适的碳化物析出顺序并修正实验结果中由于峰重叠（由于相析出温度相近）或小峰（由于相析出量过少）导致的模糊判断。

总体而言，基于热力学平衡计算和可靠的数据库信息，PE 模型能够可靠地预测多元合金体系在冷却速率低于 10 ~ 13K/min 时少量析出碳化物情形下的凝固行为，获得析出顺序、析出温度、析出相数量和成分等有用信息。

9.3.2 含 Ti 高 Cr 铸铁中碳化物的析出

高 Cr 铸铁（HCCIs）因组织结构中存在高硬度的 M_7C_3 碳化物而具有高耐磨性，被广泛用作耐磨材料。在合金中获得更多的碳化物，为提高其耐磨性，亚共晶型 HCCIs 已逐渐被过共晶型 HCCIs 所取代。在过共晶型 HCCIs 中，M_7C_3 不仅以共晶相析出，还以初生相析出，在组织中所占比例增大。同时，为细化粗大的初生 M_7C_3 相，在凝固过程中常采用合金化技术并选用 Ti 元素作为添加剂，它不仅能细化 M_7C_3 碳化物晶粒，自身还能形成具有更高硬度的 TiC 碳化物。

Liu 等[37]、Zhi 等[38]、Chung 等[39]和 Bedolla-Jacuinde 等[40]针对不同 Ti 含量的高 Cr 铸铁（见表 9-6，分别为 Fe-4% C-17% Cr，Fe-4% C-20% Cr，Fe-4% C-25% Cr 以及 Fe-2.5% C-16% Cr 合金）进行了实验研究。发现，添加 Ti 不仅细化了 M_7C_3 碳化物，还降低了 M_7C_3 碳化物的体积分数（图 9-16）。然而，这些研究并没有详细地探讨 Ti 以及 HCCIs 中其他组成元素对碳化物析出顺序、数量和成分的影响。

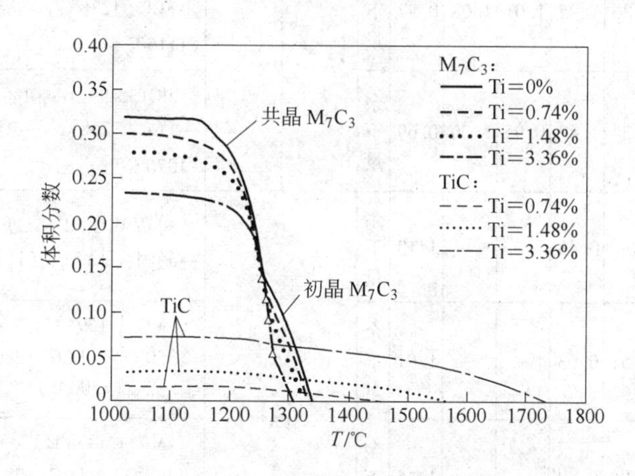

图 9-16 采用 PE 模型预测合金 L1 ~ L4 的碳化物（M_7C_3 和 TiC）体积分率

（图中“△”点代表初晶 M_7C_3 到共晶 M_7C_3 的转变点）

另外，对于少量析出碳化物的情形，考虑了 C 在 FCC 和 BCC 固相中的反扩散、但忽略 C 在碳化物中扩散的偏平衡（PE）模型，能够对合金相和碳化物析出行为进行有效预测，这已由 Chen 和 Sundman[30]在对 Fe-C-Cr 合金凝固路径的预测、笔者等[36]在对 Fe-C-V-W-Cr-Mo 高速钢凝固路径的预测中得到证实。

本节中，将偏平衡(PE)模型应用于添加 Ti 合金元素的高 Cr 铸铁(HCCIs)中，即 Fe-C-Cr-Ti-Mn-Mo-Ni-Si 多元合金体系，考察其在析出大量碳化物情形下预测凝固路径的有效性[41]。

首先，针对 Fe-4% C-17% Cr-1.5% Ti 基合金，分析凝固过程中碳化物的析出机制。将预测的相析出顺序与 DSC 热分析结果相比较，将预测的相微观偏析与测量的 M_7C_3 碳化物成分进行对比。试样均选用 Liu 等[37]研究制取的试样。预测结果和实验测量结果均能区分初晶和共晶 M_7C_3 碳化物在成分上的变化。这有助于确认碳化物成分变化对于碳化物硬度的影响。

其次，对于表 9-6 中的各合金系，借助于前期实验结果[37~40]，详细讨论了 C、Ti、Cr 对碳化物析出顺序、数量、成分的影响，并考察上述变化对于碳化物和合金硬度的影响。

表 9-6 Fe-C-Cr-Ti-Mn-Mo-Ni-Si 高 Cr 铸铁的化学成分和相析出顺序

研究者	合金标号	化学成分/%								冷却条件		相析出顺序	
		C	Cr	Ti	Mn	Mo	Ni	Si	Fe			偏平衡(PE)模型预测	实验测量
Liu 等[37]	L1	4.90	16.40	0	1.59	0.75	1.09	0.85	余下量	石墨铸型，砂型 24~107 K/min	DSC 5~70 K/min	初晶 M_7C_3(1362℃)→FCC(1217℃)→M_3C(1157℃)→凝固终了$_{f_s=0.99}$(1074℃)	初晶 M_7C_3
	L2	4.03	15.60	0.74	1.72	0.93	1.08	0.99	余下量			MC(1458℃)→初晶 M_7C_3(1323℃)→FCC(1250℃)→M_3C(1133℃)→凝固终了$_{f_s=0.99}$(1058℃)	TiC+初晶 M_7C_3
	L3	4.01	17.40	1.48	1.91	0.89	1.11	0.95	余下量			MC(1574℃)→初晶 M_7C_3(1329℃)→FCC(1264℃)→凝固终了$_{f_s=0.99}$(1084℃)	TiC+初晶 M_7C_3
	L4	3.91	17.50	3.36	1.95	1.01	1.08	0.97	余下量			MC(1733℃)→初晶 M_7C_3(1308℃)→FCC(1276℃)→凝固终了$_{f_s=0.99}$(1115℃)	TiC+初晶 M_7C_3
	L5	4.04	16.70	1.34	1.82	0.95	1.06	0.69	余下量			MC(1549℃)→初晶 M_7C_3(1317℃)→FCC(1258℃)→凝固终了$_{f_s=0.99}$(1076℃)	TiC+初晶 M_7C_3
Zhi 等[38]	Z1	4.06	20.35	0	0.45	—	—	1.13	余下量	砂型		初晶 M_7C_3(1366℃)→FCC(1278℃)→凝固终了$_{f_s=0.99}$(1195℃)	初晶 M_7C_3
	Z2	3.95	19.74	0.51	0.63	—	—	1.01	余下量			MC(1394℃)→初晶 M_7C_3(1350℃)→FCC(1280℃)→凝固终了$_{f_s=0.99}$(1200℃)	TiC+初晶 M_7C_3
	Z3	3.90	19.50	0.95	0.54	—	—	1.16	余下量			MC(1488℃)→初晶 M_7C_3(1347℃)→FCC(1283℃)→凝固终了$_{f_s=0.99}$(1208℃)	TiC+初晶 M_7C_3
	Z4	3.97	19.97	1.47	0.50	—	—	1.18	余下量			MC(1562℃)→初晶 M_7C_3(1349℃)→FCC(1286℃)→凝固终了$_{f_s=0.99}$(1217℃)	TiC+初晶 M_7C_3
Chung 等[39]	C1	4.00	25.00	0	—	—	—	—	余下量	水冷铜炉		初晶 M_7C_3(1348℃)→FCC(1291℃)→凝固终了$_{f_s=0.99}$(1269℃)	初晶 M_7C_3
	C2			1.00								MC(1469℃)→初晶 M_7C_3(1338℃)→FCC(1290℃)→凝固终了$_{f_s=0.96}$(1279℃)	TiC+初晶 M_7C_3
	C3			2.00								MC(1587℃)→初晶 M_7C_3(1328℃)→FCC(1292℃)→凝固终了$_{f_s=0.99}$(1282℃)	TiC+初晶 M_7C_3
	C4			6.00								MC(1817℃)→FCC(1304℃)→共晶 M_7C_3(1296℃)→凝固终了$_{f_s=0.99}$(1296℃)	TiC+共晶 M_7C_3

续表 9-6

研究者	合金标号	化学成分/%								冷却条件	相析出顺序	
		C	Cr	Ti	Mn	Mo	Ni	Si	Fe		偏平衡(PE)模型预测	实验测量
Bedolla-Jacuinde 等[40]	B1	2.40	15.92	0	1.77	2.91	2.52	1.41	余下量	砂型	FCC(1294℃)→共晶 M_7C_3(1278℃)→M_6C(1203℃)→凝固终了$_{f_s=0.99}$(1129℃)	共晶 M_7C_3
	B2	2.46	16.02	0.11	1.78	2.88	2.62	1.48	余下量		FCC(1288℃)→共晶 M_7C_3(1278℃)→MC(1264℃)→M_6C(1204℃)→凝固终了$_{f_s=0.99}$(1127℃)	TiC + Mo_2C + 共晶 M_7C_3
	B3	2.48	16.02	0.72	1.90	2.92	2.49	1.40	余下量		MC(1442℃)→FCC(1294℃)→共晶 M_7C_3(1276℃)→M_6C(1203℃)→凝固终了$_{f_s=0.99}$(1136℃)	TiC + Mo_2C + 共晶 M_7C_3
	B4	2.45	15.82	1.53	1.86	2.95	2.53	1.45	余下量		MC(1565℃)→FCC(1305℃)→共晶 M_7C_3(1277℃)→M_6C(1212℃)→凝固终了$_{f_s=0.99}$(1149℃)	TiC + Mo_2C + 共晶 M_7C_3
	B5	2.61	16.12	1.68	1.84	2.90	2.55	1.45	余下量		MC(1586℃)→FCC(1298℃)→共晶 M_7C_3(1278℃)→M_6C(1210℃)→凝固终了$_{f_s=0.99}$(1146℃)	TiC + Mo_2C + 共晶 M_7C_3

注：表中共 18 组合金，分别以研究者首字母命名为 L1 ~ L5、Z1 ~ Z4、C1 ~ C4 及 B1 ~ B5。

最终，确认 PE 模型在析出大量碳化物情形下预测凝固路径的有效性。

9.3.2.1 高 Cr 铸铁凝固实验

Liu 等[37]进行了添加 Ti 的高 Cr 铸铁（Fe-C-Cr-Ti-Mn-Mo-Ni-Si 合金 4 种，编号 L1 ~ L4）凝固实验。原料在具有氩气保护的中频感应炉（45kW，7kHz）内融化，之后，浇注入 3 种铸型（金属型、硅砂型和石墨型）内，铸型尺寸（长 × 宽 × 高）为 120mm × 84mm × 55mm。将带有保护管的热电偶放置在铸型宽度中心截面位置 1（距右壁 15mm，距底面 22mm）和位置 2（距右壁 60mm，距底面 5mm）处记录过程温度变化，如图 9-17a 所示。通过铸型凝固实验获得的温降曲线（图 9-17b）能粗略检测到共晶温度和凝固结束温度。

为分析试样 L1 ~ L4 中各相的析出温度及其凝固行为，采用日本东北大学的差热扫描（DSC）热分析仪对上述合金试样重新进行了 DSC 热分析实验。试样取自热电偶放置位置 1 处附近，L1 ~ L5 试样的具体成分见表 9-7，其他研究者采用的合金试样 Z1 ~ Z4、C1 ~ C4

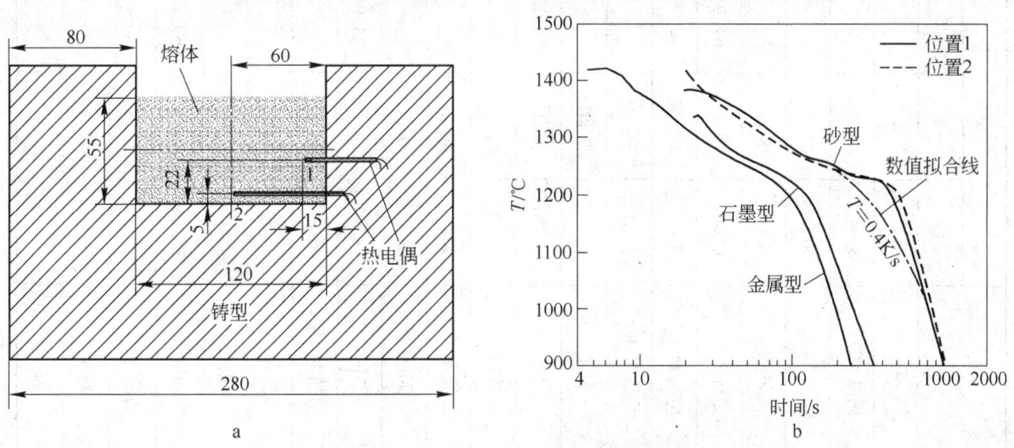

图 9-17 添加 Ti 的高 Cr 铸铁凝固实验及结果分析

a—铸锭铸造过程及测温位置示意图；b—含 1.5% Ti 的过共晶 HCCI 合金 L3 典型冷却曲线（砂型中冷速 0.40K/s (24.0K/min)，石墨型中冷速 1.34K/s (80.2K/min)，金属型中冷速 1.78K/s (107.0K/min)）

表 9-7 预测的 Fe-C-Cr-Ti-Mn-Mo-Ni-Si 过共晶高 Cr 铸铁的碳化物成分和析出数量

合金	碳化物	成分/%								析出的体积分数	碳化物类型	维氏硬度[42]
		C	Cr	Ti	Ni	Mo	Mn	Si	Fe			
L1	MC	—	—	—	—	—	—	—	—	—		
	初晶 M_7C_3	8.66	38.26	—	0.17	0.66	1.15	—	51.10	0.26	$(Fe,Cr)_7C_3$	1600 ~ 1800
	共晶 M_7C_3	8.60	31.49	—	0.19	1.15	1.57	—	57.00	0.12	$(Fe,Cr)_7C_3$	
	M_3C	6.68	8.57	—	0.52	1.91	2.73	—	79.59	0.11		
L2	MC	18.40	16.60	61.90	0.01	2.85	0.05	3.9×10^{-5}	0.26	0.02	TiC	3200
	初晶 M_7C_3	8.69	43.96	—	0.12	0.77	1.14	—	45.31	0.12	$(Fe,Cr)_7C_3$	
	共晶 M_7C_3	8.61	36.99	—	0.15	1.85	1.78	—	50.63	0.17	$(Fe,Cr)_7C_3$	
	M_3C	6.59	7.40	—	0.44	4.88	4.87	—	75.80	0.24		
L3	MC	18.30	14.10	65.10	0.01	2.32	0.05	3.8×10^{-5}	0.21	0.03	TiC	
	初晶 M_7C_3	8.71	47.39	—	0.11	0.70	1.23	—	41.86	0.11	$(Cr,Fe)_7C_3$	2305 ~ 2410
	共晶 M_7C_3	8.61	40.26	—	0.14	2.31	2.12	—	46.56	0.18	$(Fe,Cr)_7C_3$	
	M_3C	6.47	0.07	—	0.16	8.18	11.40	—	73.70	3.8×10^{-5}		
L4	MC	18.30	14.10	64.90	0.01	2.48	0.04	2.0×10^{-5}	0.21	0.03	TiC	
	初晶 M_7C_3	8.70	46.20	—	0.11	0.75	1.18	—	43.10	0.10	$(Cr,Fe)_7C_3$	
	共晶 M_7C_3	8.60	39.00	—	0.13	2.38	2.09	—	47.80	0.19	$(Fe,Cr)_7C_3$	
	M_3C	—	—	—	—	—	—	—	—	—		
L5	MC	18.00	10.30	69.20	0.01	2.24	0.04	4.0×10^{-5}	0.18	0.06	TiC	
	初晶 M_7C_3	8.73	50.83	—	0.09	0.75	1.21	—	38.38	0.05	$(Cr,Fe)_7C_3$	
	共晶 M_7C_3	8.65	45.31	—	0.11	2.13	1.97	—	41.83	0.18	$(Cr,Fe)_7C_3$	
	M_3C	—	—	—	—	—	—	—	—	—		

注:表中 L1 ~ L5 为采用 Liu 实验[37] 的 5 种合金。

和 B1 ~ B5 的成分也在表 9-6 中给出。取一小块试样加工成圆盘（ϕ4.3mm×2mm），放置在 DSC 装置的铝坩埚中在超纯氩气气氛下熔化并凝固。加热速率保持 20K/min 加热至 1600℃。之后，分别以 5K/min、20K/min 和 70K/min 的速率冷却，监测各固相的析出。固相的析出温度由 DSC 曲线来判断。加热过程中的固相线温度或冷却过程中的凝固末端温度 T_{sol}定义为基准线与 DSC 热峰延长线切线的交点，如图 9-18 所示。

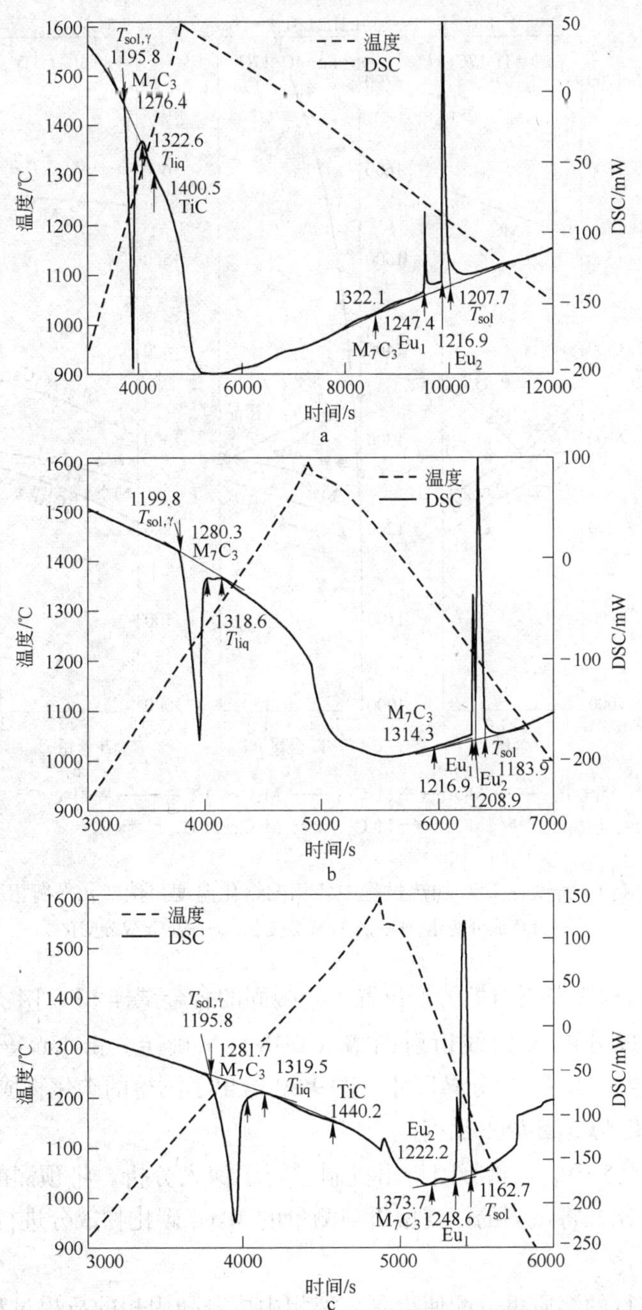

图 9-18 高 Cr 铸铁合金 L3（Ti = 1.5%）的 DSC 曲线

（升温速度均为 20K/min。Eu_1 和 Eu_2 代表 DSC 冷却过程中的两个共晶放热峰）

a— $\dot{T}$ = 5K/min；b— $\dot{T}$ = 20K/min；c— $\dot{T}$ = 70K/min

将 DSC 加热过程曲线与伪二元平衡相图相比较，结果如图 9-19 所示。由图可见，DSC 曲线再现出加热过程中初晶 M_7C_3 析出温度、共晶 M_7C_3 + FCC 结构析出温度和固相线温度 T_{sol}，与采用 Thermo-Calc 热力学软件计算的伪二元平衡相图相一致，温差分别为 0 ~ 21℃、16 ~ 24℃和 15 ~ 31℃。由此表明此 DSC 热分析方法可靠。

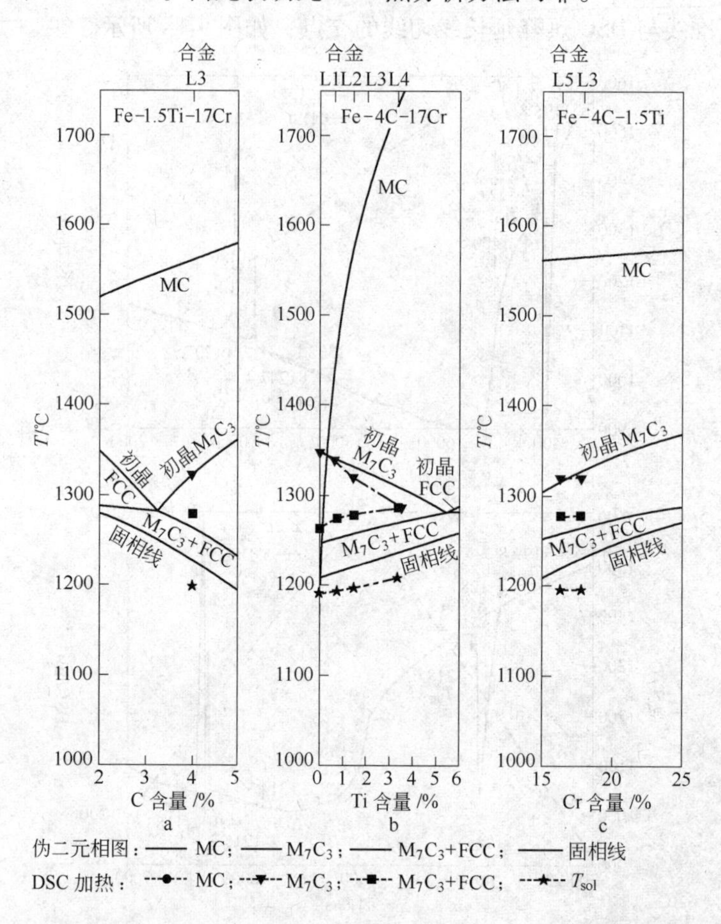

图 9-19 高 Cr 铸铁在 DSC 加热过程中各相的熔化温度与伪二元平衡相图的比较

a—随 C 成分变化；b—随 Ti 成分变化；c—随 Cr 成分变化

M_7C_3 碳化物的构成采用石墨铸型位置 1 处凝固的合金试样 L1 ~ L4 来确定。室温下初晶和共晶 M_7C_3 的成分由 X 射线衍射图谱（EDX）来确定。由 Liu 等[37] 的研究，取定 11.2μm 为初晶和共晶 M_7C_3 的分界尺寸。图 9-20 给出了测得的碳化物成分。

9.3.2.2 碳化物凝固析出机制

针对合金 L1 ~ L5 中碳化物凝固析出机制进行了深入分析。将预测的析出顺序与 DSC 热分析曲线进行对比，将预测的微观偏析与测量的 M_7C_3 碳化物成分进行对比。

A 相析出顺序

固液相界面进行的溶质再分配使得剩余液相中成分随固相的析出过程而变化。举例来说，如图 9-21 所示，对于合金 L3，平均成分或名义成分为 Fe-4% C-17% Cr-1.5% Ti，固相的析出遵循 MC（1576℃）→初晶 M_7C_3（1329℃）→共晶 M_7C_3 + FCC（1256℃）→ M_3C

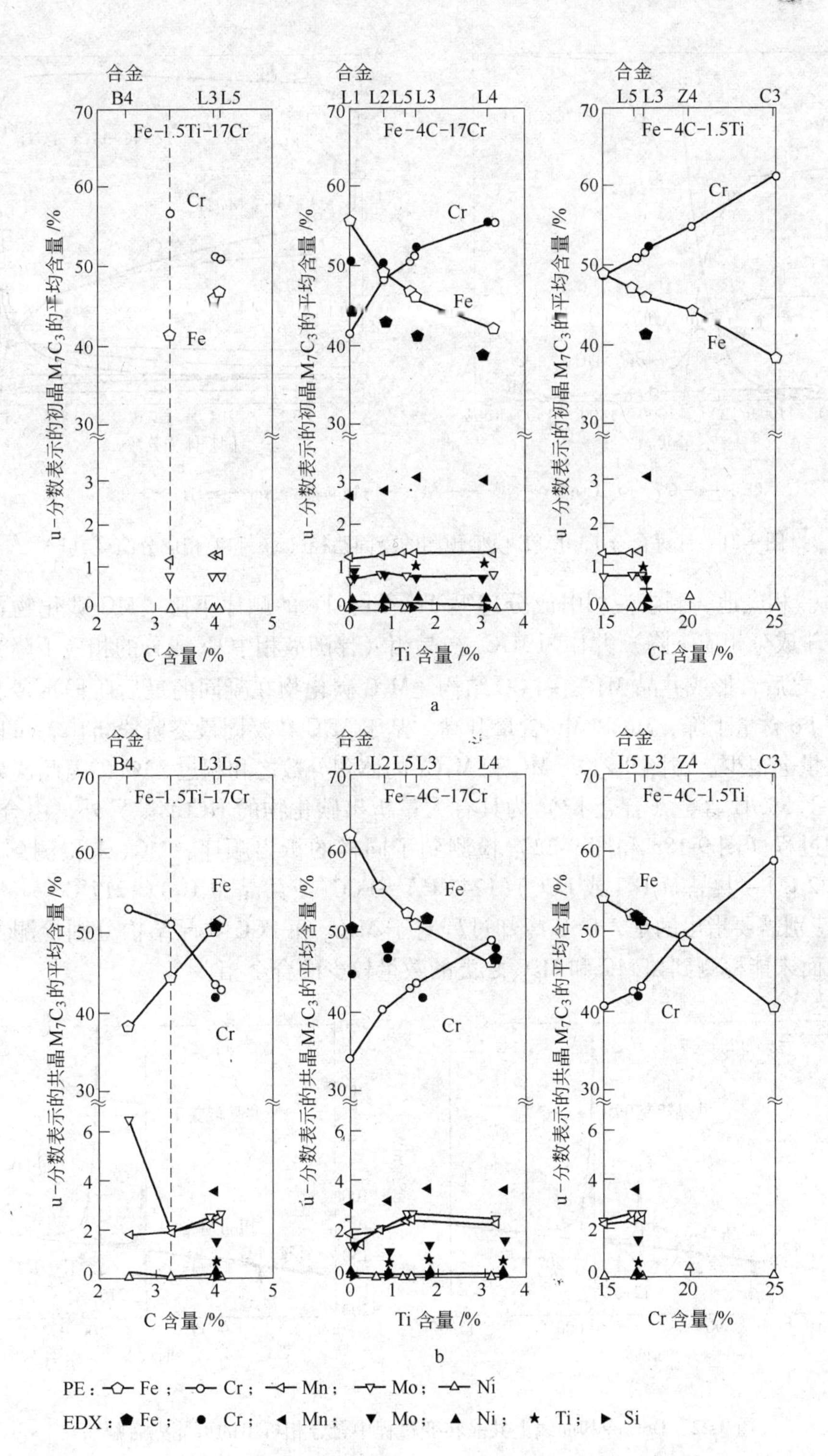

图 9-20　C、Ti 和 Cr 成分对初晶 M_7C_3 和共晶 M_7C_3 碳化物成分的影响

（C 含量图中竖直虚线代表图 9-19a 中亚共晶-过共晶转变点）

a—初晶 M_7C_3 平均成分；b—共晶 M_7C_3 平均成分

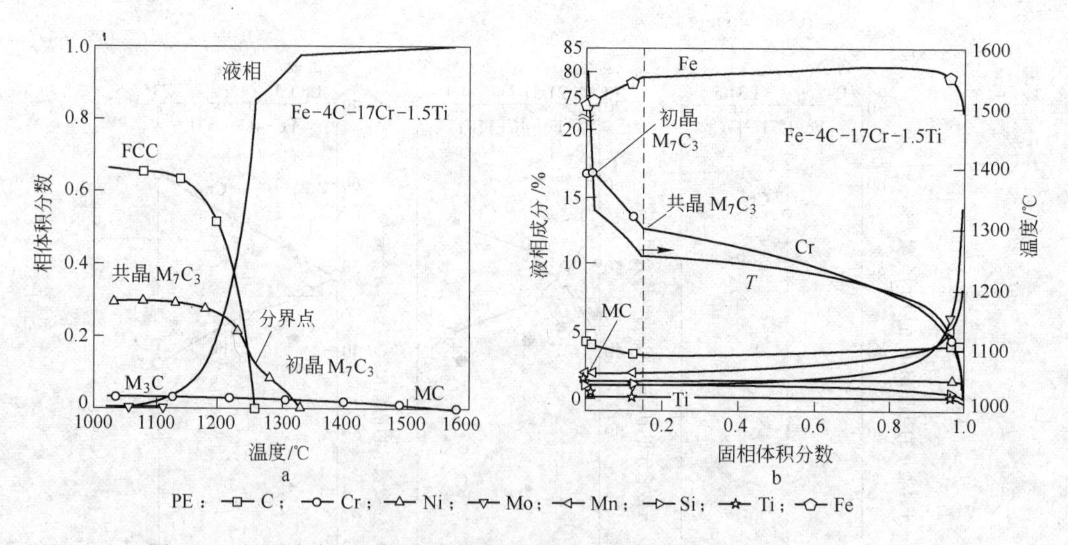

图 9-21 针对合金 L3 由 PE 模型预测的凝固路径（a）和液相成分演变（b）

（1109℃）。相应地，剩余液相中成分遵循 Ti→Cr→Fe 的顺序下降。MC 碳化物首先析出（液相中 Ti 成分相应下降）并作为 M_7C_3 初晶相（伴随液相中 Cr 成分的相应下降）的形核质点[37]。之后，形成共晶 M_7C_3 + FCC 结构。M_3C 碳化物在凝固的最后阶段形成，导致剩余液相中 Fe 含量下降、Mo 和 Mn 含量升高。基于 M_3C 在凝固最终阶段析出，可以推断该碳化物数量会很少。由图 9-21a，MC 和 M_7C_3 的体积分数之和超过 33%，因此认为 Fe-4% C-17% Cr-1.5% Ti 合金（合金 L3）为具有大量析出碳化物的 HCCIs。另外，由合金 L3 的 DSC 冷却过程（图 9-18a 和图 9-22）检测到了同样的析出顺序：MC（未检测到）→初晶 M_7C_3（1322℃）→共晶 M_7C_3（或 FCC）（1247℃）→FCC（或共晶 M_7C_3）（1217℃）→M_3C（未检测到）。特别需要指出的是，DSC 冷却过程对于 M_7C_3 和 FCC 共晶结构分别检测到了两个放热峰；而未能检测到如 MC 和 M_3C 之类的数量较少的合金相。

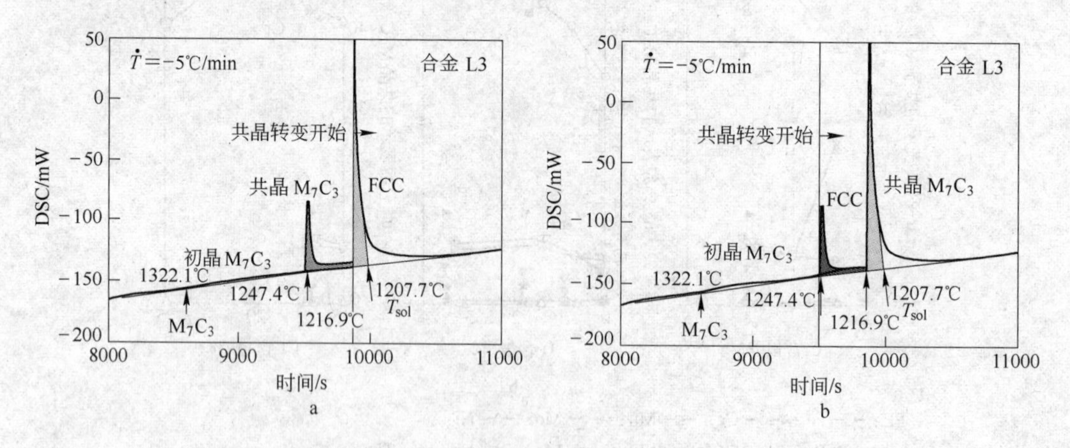

图 9-22 DSC 冷却曲线上共晶转变过程中合金相析出的可能先后顺序

通常认为共晶转变时，由液相同时析出两个固相。由图 9-18 的 DSC 冷却曲线上则可观察到 HCCIs 共晶转变的双放热峰，尽管在 DSC 加热曲线上仅有表示共晶结构熔化的单吸热峰。当冷却速率由 5K/min 增大到 70K/min 时，双峰的间隔变窄。共晶相以先后顺序出现是扩散控制的凝固过程的直接结果，这与通常认为的共晶相会同时析出有所不同。图9-22 示出共晶 M_7C_3和 FCC 相析出的可能先后顺序：一种是在初晶 M_7C_3 后，共晶的 M_7C_3 首先析出（对应于第一个共晶峰），则共晶转变开始于 FCC 相形成处（对应于第二个共晶峰），1216.9℃，如图 9-22a 所示。由图 9-20 成分分析可知，初晶和共晶 M_7C_3 的成分不同，因此，尽管共晶 M_7C_3 相在初晶 M_7C_3 相析出后接续析出，代表共晶 M_7C_3 相析出的放热峰与初晶 M_7C_3 相析出的放热峰并非为一个，而是在初晶 M_7C_3 析出的放热峰之后出现。另外一种是在初晶 M_7C_3 相析出后，FCC 相首先析出（对应于第一个共晶峰），然后析出共晶 M_7C_3 相（第二个共晶峰），则共晶转变开始于 1247.4℃，即 FCC 相形成处，如图9-22b所示。

由 HCCIs 合金 L3 的伪二元合金相图（图 9-23）[37] 可以验证，多元合金系中共晶转变与二元合金系不同。在多元合金系中，共晶转变不是在某一恒定温度下进行，而是在一定温度范围内进行。如图 9-18 和图 9-22 所示，共晶转变开始于一个共晶构成相的析出（第一个放热峰），并在延后一定时间或过冷一段温度后，接着析出第二构成相（第二个放热峰）。两放热峰之间的间隔随着凝固过程冷却速率的增大、溶质扩散的加快而减小。

需指明的是，合金 L1 ~ L4 的凝固过程经历了正常的共晶转变，获得的共晶组织结构也为正常的共晶结构，这可由图 9-24[37] 得到佐证。

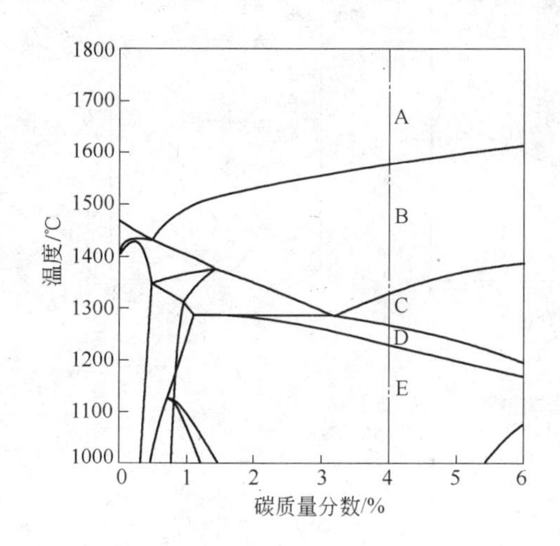

图 9-23 Thermo-Calc 软件计算的含 1.5% Ti 的过共晶 HCCIs 相图[37]

A 区—液相；B 区—液相 + TiC（FCC_A1 2）；C 区—液相 + M_7C_3 + TiC；D 区—液相 + γ(FCC_A1) + TiC + M_7C_3；E 区—γ + TiC + M_7C_3

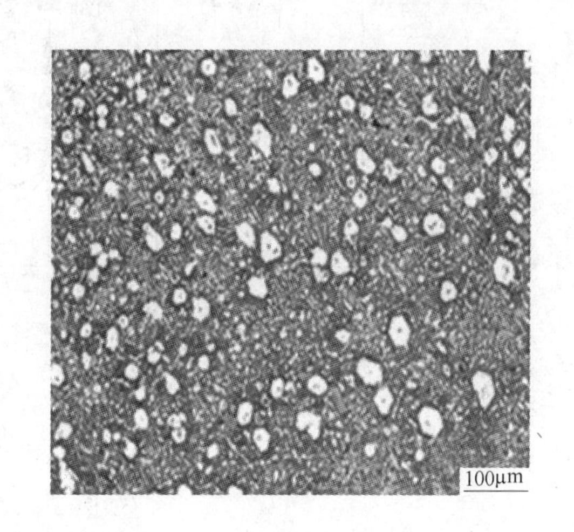

图 9-24 石墨铸型中 M_7C_3碳化物的显微组织[37]

还需指明的是，热电偶通常包有 Al_2O_3 保护套管，对于共晶转变中相的析出不敏感，因此，通常测量下，共晶转变看似发生在一恒定温度下。然而，采用更敏感和准确的 DSC 热分析仪，则能够感知 HCCIs 共晶转变过程中对应于合金相相继析出的双放热峰。

图 9-25 所示为预测的凝固顺序与 DSC 测量结果。由图 9-25 可见，预测的共晶温度更

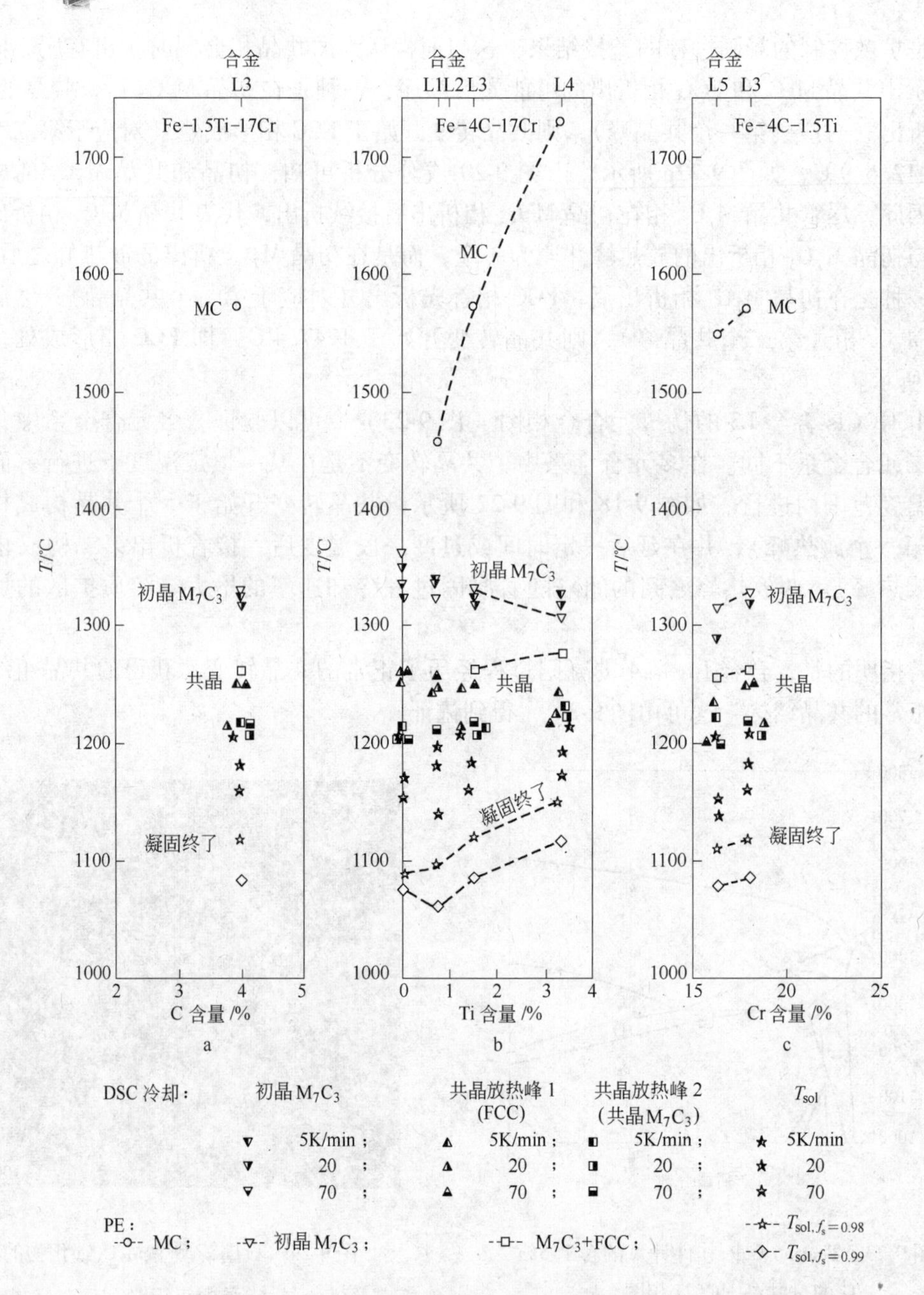

图 9-25 比较不同 C、Ti 和 Cr 成分下 PE 模型预测与 DSC 冷却过程中高 Cr 铸铁的合金相析出过程

（预测的相析出温度为合金相由高温开始析出时的温度）

a—随 C 成分变化；b—随 Ti 成分变化；c—随 Cr 成分的变化

接近于测量的第一个共晶放热峰值，即图 9-22b 的情形。从而表明，HCCIs 中共晶结构析出顺序为 FCC 相领先于共晶 M_7C_3 相析出。PE 模型确实能正确预测出合金的凝固特性，并由预测结果分析合金成分对相析出顺序的影响，如图 9-16 和图 9-25 所示，预测与实验结果具有可比性。但是也应明确，PE 模型不能计算出冷却速率对相（如图 9-18 中 DSC 曲线上共晶转变中的各相）析出温度的影响。

B 凝固过程中固相成分演变（微观偏析）

针对 HCCIs 合金 L3，其平均成分或名义成分为 Fe-4% C-17% Cr-1.5% Ti，依据相析出顺序：MC、初晶 M_7C_3、共晶 M_7C_3 + FCC，来分析碳化物的析出机制。图 9-26 显示出各固相中元素在凝固过程中固/液界面上的分配系数。

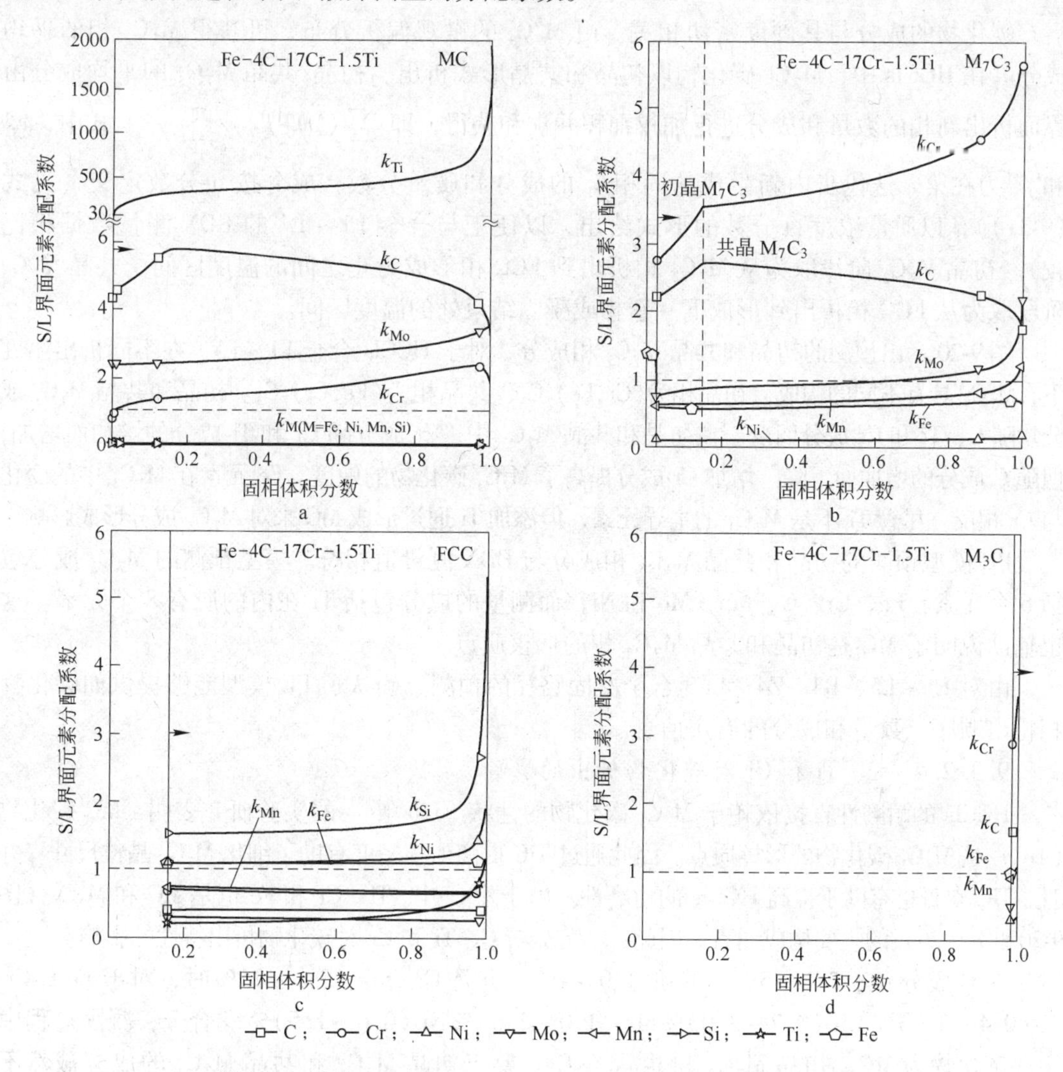

图 9-26 合金 L3 中 MC、M_7C_3、FCC 和 M_3C 相中元素的偏析

a—MC 相；b—M_7C_3 相；c—FCC 相；d—M_3C 相

凝固由 MC 碳化物析出开始。Ti 元素在 MC 中的分配系数值最大，为 $k_{p,Ti} = w^{*\,MC}_{Ti}/w^{l}_{Ti} \approx 40$（图 9-26a），使得 Ti 的液相成分 w^{l}_{Ti} 最先大幅下降（图 9-21b）。可以推断出，液相中某些成分的减少必伴随着碳化物新相（由这些元素构成新相，且 $k_p > 1$）的析出。在固相体积分率 $g^s > 0.026$ 时，液相 Cr 成分下降，对应初晶 M_7C_3 的析出（图 9-26b），此时，M_7C_3 中 $k_{p,Cr} \approx 2.7$，为各元素中分配系数最大者。接着，在 $g^s > 0.15$ 时，形成共晶 M_7C_3 + FCC 结构（图 9-26c）。FCC 中，Si、Ni 和 Fe 元素的分配系数 $k_p > 1$，但其他元素的 $k_p < 1$。最后，在 $g^s > 0.98$ 时，析出凝固终了的共晶 M_3C 相（图 9-26d）。其中，Cr、C、Fe 和 Mn 元素在 M_3C

中的 $k_p>1$，而 Mo 和 Ni 元素的 $k_p<1$。使得在凝固终了阶段，剩余液相中 Mo 和 Mn 成分升高，如图 9-21b 所示。正是由于生成了 M_3C，并作为 M_3C 的构成元素，如 Mn 之类的奥氏体稳定元素在液相中呈现与元素 Ni 相反的变化趋势，而与铁素体稳定元素 Mo 的变化趋势相同。

9.3.2.3 M_7C_3 碳化物平均成分

碳化物的成分与其硬度密切相关。由 M_7C_3 的微观偏析分布，可获得 M_7C_3 相的平均成分。在 HCCIs 中，M_7C_3 碳化物以初晶和共晶形式析出。初晶/共晶 M_7C_3 的平均成分由界面析出新相的数量和成分进行加权乘积并求和获得，即 $\sum_k ({}^k w_C^{s_1} {}^k f^{s_1}) / \sum_k {}^k f^{s_1}$（式中，${}^k w_C^{s_1}$ 和 ${}^k f^{s_1}$ 为在第 k 迭代步内新生成的固相 s_1 的成分和质量分数，成分按 u-分数定义（见式(9-31)），以质量浓度百分数的形式给出，以便于与合金 L1 ~ L4 的 EDX 测量数据相比较）。初晶 M_7C_3 阶段取为从 M_7C_3 相析出到 FCC 相形成为止之间的温度区间。共晶 M_7C_3 阶段取为从 FCC 相析出到形成下一新相或凝固结束处的温度区间。

图 9-20 示出预测的初晶和共晶 M_7C_3 相成分。对于 HCCIs 合金 L1 ~ L5，在不同析出温度下，M_7C_3 具有不同的构成，初晶相为 $(Cr,Fe)_7C_3$、共晶相为 $(Fe,Cr)_7C_3$。初晶和共晶 M_7C_3 成分均随 C、Ti 和 Cr 成分而变。在初晶和共晶 M_7C_3 中，Cr 成分随 Cr 和 Ti 成分的增加而增加，但随 C 成分的增加而下降。增加 Cr 成分提高了 M_7C_3 碳化物的硬度。Fe 元素在 M_7C_3 中的变化与 Cr 相反。尽管 Ti 不是 M_7C_3 的主导元素，但添加 Ti 通过形成 MC 来对 M_7C_3 成分形成影响。

PE 模型预测的初晶和共晶 M_7C_3 相成分与 EDX 测量值相符。模型预测的 M_7C_3 成分包括 6 个元素：Fe、Cr、C、Mn、Mo 和 Ni，而测量的成分包括 Ti 在内的所有 8 个元素。这也辅助说明了 MC 是初晶和共晶 M_7C_3 相的形核质点。

由对 L1 ~ L5、B4、Z4 和 C3 合金凝固路径的预测，确认了 PE 模型能够提供如碳化物相析出顺序、数量和成分的有用信息。

9.3.2.4 C、Ti 和 Cr 对碳化物析出的影响

HCCIs 的耐磨性直接依赖于 M_7C_3 碳化物的性状。Liu 等[37]的实验研究表明，MC 碳化物（TiC）是 M_7C_3 碳化物的形核质点。因此通过 TiC 提高形核密度有助于细化 M_7C_3 晶粒尺寸，并且，TiC 本身也有助于提高 HCCIs 的耐磨性。由于除 C 外，Ti、Cr 和 Fe 也是 MC 和 M_7C_3（图 9-20和图 9-26）的主要构成元素。因此，本节分析 C、Ti 和 Cr 对碳化物析出特性的影响。

在 C 成分介于 2% ~5%、Ti 介于 0 ~4%，并且 Cr 介于 15% ~25% 时，对于 Fe-C-Cr-Ti-(0.4 ~2.0)%Mn-(0.7 ~3.0)%Mo-(1.0 ~2.6)%Ni-(0.6 ~1.5)%Si 合金，凝固过程中主要碳化物为 MC、初晶 M_7C_3 和共晶 M_7C_3。鉴于初晶 M_7C_3 和共晶 M_7C_3 的成分截然不同，本研究首次将它们区分为两种碳化物。

由图 9-27，增加 C 不改变 MC 碳化物的数量，但显著增大了总 M_7C_3 碳化物（初晶 + 共晶）的数量。增加 Cr 几乎不影响 MC 和 M_7C_3 的生成量。相反，增加 Ti 显著降低了 M_7C_3 碳化物量（当C >3.24%，为初晶 M_7C_3 相；当 C <3.24%，为共晶 M_7C_3 相），取而代之的是 MC 碳化物。

9.3.2.5 高 Cr 铸铁的硬度

HCCIs 中基体 FCC 相主要起到韧性连接的作用，而碳化物相主要负责合金的硬度。基于预测的碳化物数量（图 9-27）、碳化物成分和构成（图 9-20），利用碳化物的维氏硬度数据：(Fe，Cr)$_7$C$_3$ 的维氏硬度为 1600 ~1800，(Cr，Fe)$_7$C$_3$ 的为 2305 ~2410，TiC 的为 3200[42]，可以定量地计算高 Cr 铸铁的硬度。

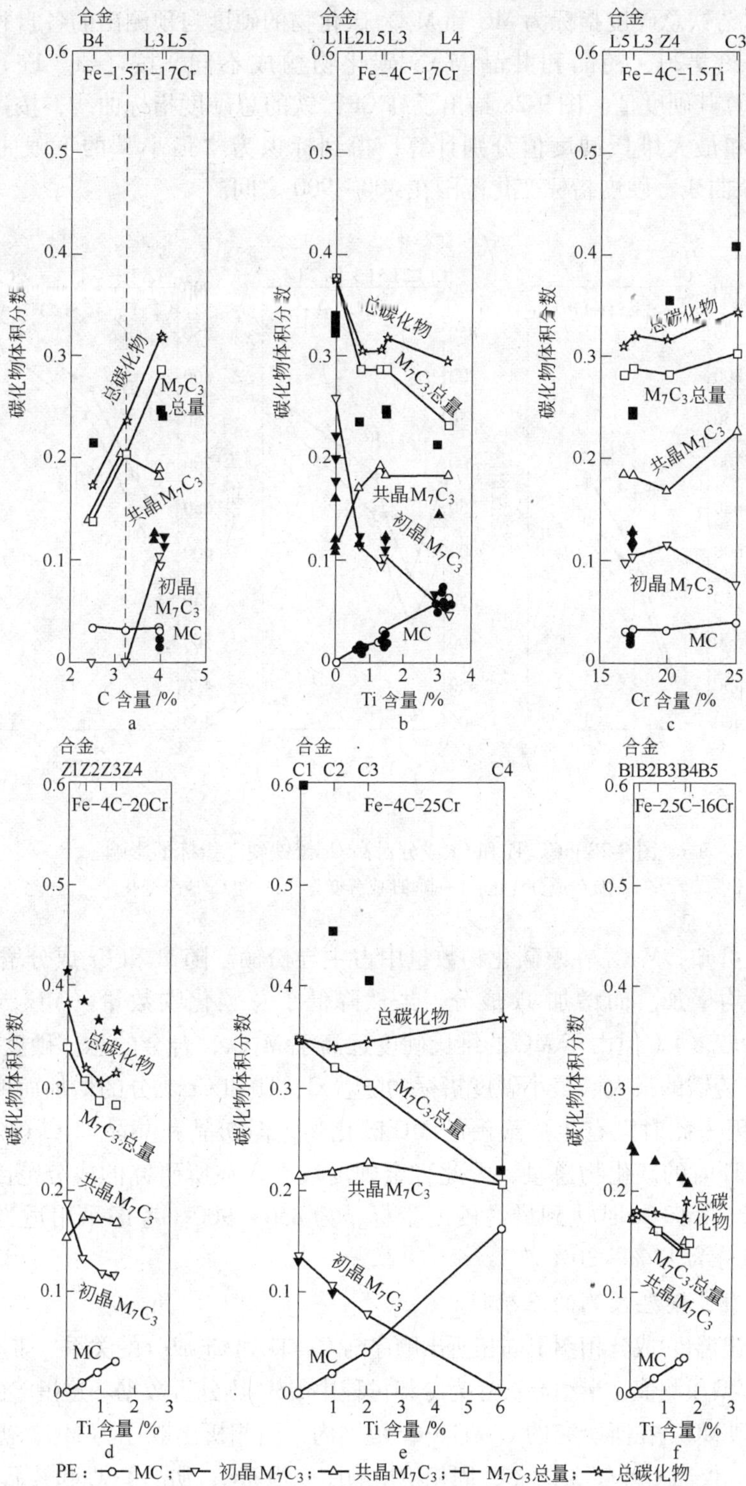

图 9-27 C、Ti 和 Cr 成分对 M_7C_3 和 TiC 碳化物体积分数的影响

（图中实心散点为实验数据[37~40]，实线+空心符号为 PE 模型预测结果）

a—随 C 成分变化；b，d~f—随 Ti 成分变化；c—随 Cr 成分变化

定义高 Cr 铸铁总硬度指标为 MC 和 M_7C_3 碳化物的硬度与预测出的各自相体积分数的加权乘积，由图 9-20，初晶和共晶 M_7C_3 碳化物构成不同，按（Cr，Fe）$_7C_3$ 和（Fe，Cr）$_7C_3$ 分别计算其硬度值。图 9-28 给出了高 Cr 铸铁的总硬度指标曲线，按每种碳化物构成，采用最小和最大维氏硬度值分别计算，得到标识为“最小”的下限曲线和标识为“最大”的上限曲线，硬度指标变化范围在 400 ~ 900 之间。

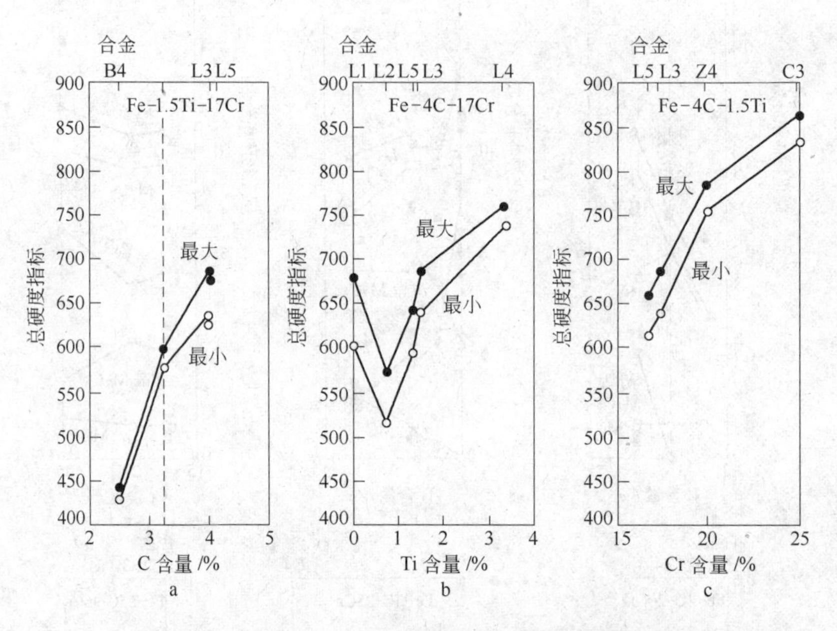

图 9-28 C、Ti 和 Cr 成分对高 Cr 铸铁硬度指标的影响

a—随 C 成分变化；b—随 Ti 成分变化；c—随 Cr 成分变化

由图 9-27 可知，M_7C_3 在总碳化物数量中占主导份额。随 C 和 Cr 成分增加，M_7C_3 和总碳化物数量均增加。而增加 Ti 成分，虽然降低了总碳化物数量（MC 数量增加，但 M_7C_3 数量减少较多），但由于 MC 的维氏硬度远高于 M_7C_3，合金的总体硬度仍有所提高。结果是，高 Cr 铸铁的最大、最小硬度指标均随着 C、Ti 和 Cr 成分的增加而增加。Ti 成分为零处例外，因为此时没有生成最硬的 MC 碳化物，但初晶和共晶 M_7C_3（（Fe，Cr）$_7C_3$）总量高于添加 Ti 时的碳化物总量，因此合金硬度较高。在所研究的成分范围内，成分在 4% C、1.5% Ti、25% Cr 时达到最高硬度指标，为 850 ~ 900。考虑采用适当的合金添加量，推荐 Cr 成分为 17% ~20%。

9.3.2.6 PE 模型预测的准确性

图 9-25 给出温度-成分相图上固相析出顺序与 C、Ti 和 Cr 成分的关系。带有空心符号的实线代表 PE 模型预测值，半空心符号为冷却过程中 DSC 热分析数据。这里，由于析出量过少，不能检测到 MC。在所研究的 C、Ti、Cr 范围内，固相析出顺序为 MC、初晶 M_7C_3、共晶 M_7C_3 + FCC。仅当 C 小于 3.24%，固相析出顺序变为 MC、初晶 FCC 和共晶 M_7C_3 + FCC。

预测的初晶 M_7C_3、FCC 和共晶 M_7C_3 的析出温度与冷却过程 DSC 热分析数据分别相差 7 ~ 40℃、2 ~ 48℃和 2 ~ 64℃，温差较小；而预测的凝固终了温度（f_s = 0.98）与 DSC 热分析数据相差较大，为 22 ~ 116℃。鉴于从 DSC 热分析过程很难准确地估计凝固终了温度；并且，PE 模型本身也存在局限性，如没有考虑置换溶质在固相的扩散、没有考虑与凝固结构相关的扩散长度、合金数据库的局限性等。从而认为预测与 DSC 热分析两者之间的温差在可接受的准确性范围内。

总结上述研究结果，表明 PE 模型能够有效地预测多元合金中大量析出碳化物的情形下析出相的性状。

9.4 耦合热力学计算的固、液相溶质有限扩散模型预测的凝固路径

Fe-0.6%C-10%Cr 合金溶质的基准扩散系数由 Thermo-Calc 软件/MOB2 动力学数据库[43]给出，各固相中溶质的扩散系数取其形核温度时数值并在模拟过程中保持为常数。模拟在闭合体系、常压状态下进行。体系物性参数、初始条件和边界条件见表 9-8。

表 9-8 体系物性参数、初始条件和边界条件

参 数		数 值			
热力学数据库		Thermo-Calc 软件/PTERN[31]			
名义浓度 $w_{i,0}/\%$	$i=\mathrm{C}$	0.6			
	$i=\mathrm{Cr}$	10			
液相扩散系数 $D_i^{l}/\mathrm{m^2\cdot s^{-1}}$	$i=\mathrm{C}$	10^{-8}			
	$i=\mathrm{Cr}$	10^{-9}			
		P[43]	LR	GS	PE
BCC 相扩散系数 $D_i^{s1}/\mathrm{m^2\cdot s^{-1}}$	$i=\mathrm{C}$	6×10^{-9}	6×10^{-9}	10^{-16}	6×10^{-9}
	$i=\mathrm{Cr}$	1.7×10^{-11}	10^{-10}	10^{-16}	10^{-16}
FCC 相扩散系数 $D_i^{s2}/\mathrm{m^2\cdot s^{-1}}$	$i=\mathrm{C}$	10^{-9}	6×10^{-9}	10^{-16}	6×10^{-9}
	$i=\mathrm{Cr}$	2.7×10^{-13}	10^{-10}	10^{-16}	10^{-16}
二次枝晶臂距 λ_2/m		20×10^{-6}	6×10^{-6}	30×10^{-6}	20×10^{-6}
BCC/液相界面 Gibbs-Thomson 系数 $\Gamma_1^{s(1)}/\mathrm{K\cdot m}$		10^{-9}	10^{-13}		
FCC/液相界面 Gibbs-Thomson 系数，$\Gamma_2^{s(2)}/\mathrm{K\cdot m}$		1.9×10^{-9}	1.9×10^{-13}		
密度 $\rho/\mathrm{kg\cdot m^{-3}}$		7674			
体系半径 R/m		10^{-3}			
初始温度/K		1739.46			
形核过冷度/K		0			
换热系数 $\alpha_{ext}/\mathrm{W\cdot(m^2\cdot K)^{-1}}$		40			
环境温度 T_∞/K		293			

溶质有限扩散模型采用的参数见表 9-8 中列 P 数据。通过调整扩散系数和二次枝晶臂间距，再现 LR、GS 和 PE 模型预测的凝固路径，如图 9-29 所示。

图 9-29 中，粗线加标识的曲线（如 L、FCC 或 BCC 曲线）代表了采用表 9-8 列 P 所示参数模拟的结果，细线 + 开口、半实心和全实心符号的曲线分别为采用表 9-8 相应列参数由溶质有限扩散模型再现的 LR、GS 和 PE 模型的凝固路径。而由 LR、GS 和 PE 模型直接预测的凝固路径由无符号的细线加标识的曲线（如 L(GS)、FCC(PE)或 BCC(LR)曲线）等来表示。其中，L、FCC、BCC 或 M_7C_3 代表出现的合金相，而圆括号内的 LR、GS 或 PE 代表采用的模型。

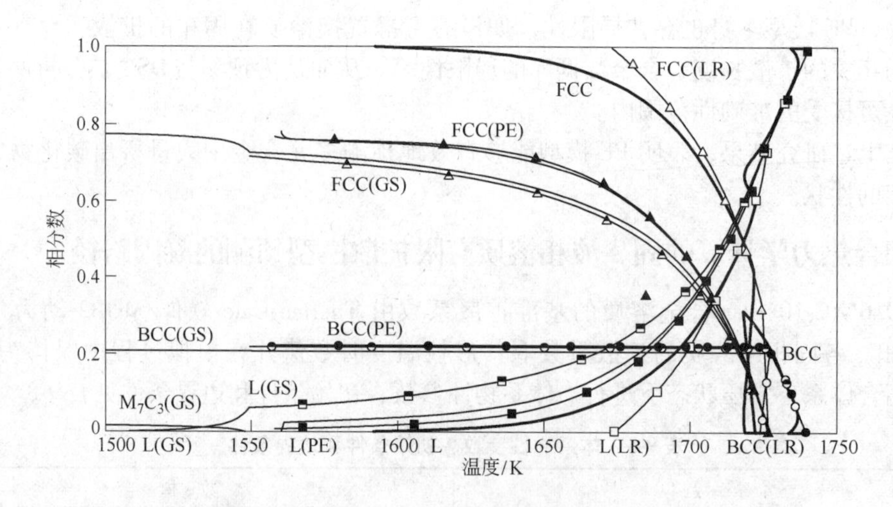

图 9-29 采用溶质有限扩散模型（标识为 P）预测的凝固路径

LR 定律设定溶质在固、液相中完全混合，这表明，在各模型中，LR 定律采用最大的扩散系数以获得最薄的扩散长度。为接近这个极限，人为增大固相中 C 和 Cr 的扩散系数使之接近由 MOB2 数据库得到的液相中的扩散系数数值。二次枝晶臂间距设为一小值，6μm。由图 9-29 可见，细实线 + 空心符号的曲线再现了由 Thermo-Calc 软件即完全采用热力学平衡计算得到的结果。在包晶点 1726.61K 处，包晶相 FCC(s_2)即刻快速耗尽了初晶 BCC 相(s_1)，凝固结束在 1672.84K，凝固组织结构为单一的 FCC 相。

GS 模型假定溶质元素在固相无扩散，因此扩散层厚度与其他模型相比最厚。为达到该假定条件，C 和 Cr 在固相中的扩散系数均设定为一很小值（$10^{-16}m^2/s$）。二次枝晶臂间距设为 30μm。在此微小的固相溶质扩散条件下，BCC/FCC 界面不发生移动。结果正如图 9-29 中带有半实心符号的细实线曲线所示，已生成的 BCC 相如冻结般不再发生变化，不发生包晶转变。枝晶/包晶界面锁定不动，所形成的 BCC 和 FCC 相分数随冷却进行保持恒定。并且，凝固结束处推迟到较低温度的共晶点处。本计算结束在第一个共晶点，即 M_7C_3 相的形核温度 1549.27K 处。

PE 模型中，固相中按间隙溶质和置换溶质，扩散系数有所差异。本例中，C 的扩散系数设为与 LR 模型相同，而 Cr 的扩散系数与 GS 模型相同。二次枝晶臂间距选择 20μm，以提供介于 LR 和 GS 间的适宜的扩散长度。已经获知，C 的快速扩散和 Cr 的无扩散对于 BCC/FCC 界面的移动没有影响。由于缺少溶质元素的扩散，界面保持不动。于是，当 FCC 生成时，已形成的 BCC 相仍保持不变。图 9-29 中带有实心符号的细实线曲线的预测与这一分析相符，PE 模型也没有预测出包晶转变的发生。最终，凝固结束在 M_7C_3 相形核处，形核温度高于 GS 模型值，为 1560.15K。

更普遍的情形是采用 MOB2 数据库中提供的扩散系数并给定一定厚度的扩散长度，二次枝晶臂间距取为 20μm。Gibbs-Thomson 系数数量级在 10^{-9}K · m。由表 9-8 中数据，C 的扩散系数非常大，而 Cr 的值高于 PE 模型。结果如图 9-29 所示，预测的凝固路径（粗实线）介于 LR 和 PE 模型结果之间。凝固在 1590.81K 结束，还未形成 M_7C_3 相。凝固路径接近 LR 模型结果，但能够预测出包晶转变过程。在接近包晶点的 1726.66K，BCC 相快速被 FCC 相消耗殆尽。

9.5 再辉及包晶转变过程

采用溶质有限扩散模型，图 9-30 给出表 9-8 中列 P 所示参数下的温度和相分数随时间变化的曲线。计算采用换热系数 $\alpha_{ext}=40W/(m^2\cdot K)$，其他参数见表 9-8 中列 P 所示。

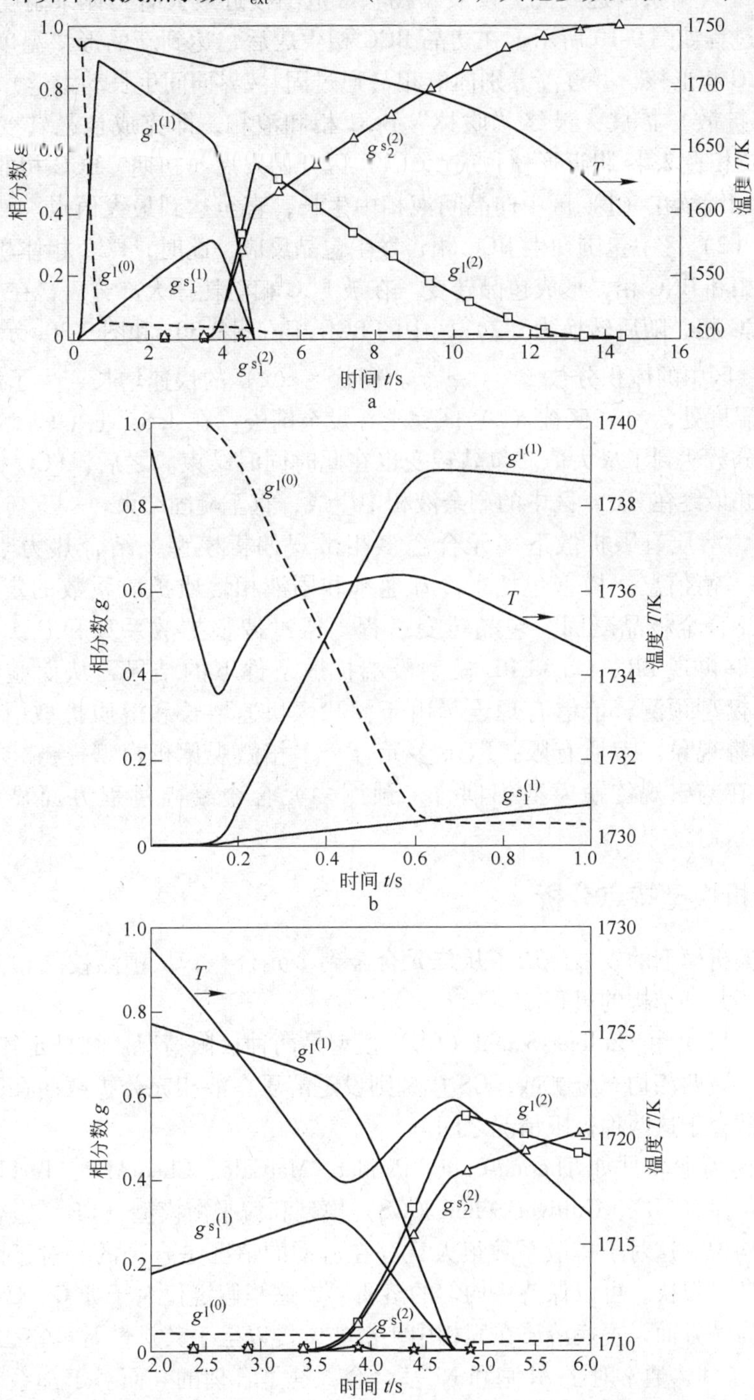

图 9-30 采用溶质有限扩散模型的温度、相分数随时间变化曲线

a—凝固过程冷却曲线；b—液相线温度附近再辉过程；c—包晶转变温度附近再辉过程

由冷却曲线可以看到两个再辉过程，分别对应于 $s_1^{(1)}$ = BCC 初生相（图 9-30b）和 $s_2^{(2)}$ = FCC 包晶相（图 9-30c）的生成。再辉发生在糊状区((1) 区或（2）区）的快速发展所释放出的热量高于周围环境吸取的热量时，当这两种热量达平衡时，体系温度达到最大值。最终，糊状区达到充分发展，糊状区范围接近最大时，体系温度开始下降。

包晶转变过程如图 9-10 所示。在初晶 BCC 相生成后，达到新的形核温度时，在 BCC 相和液相间 FCC 相形核，并逐渐分别向液相（通过固/液界面间生长动力学）和 BCC 相中（固/固界面间扩散）扩展，最终“吃掉” BCC 相和液相，即完成包晶转变过程。由图 9-30可知，FCC 相在 2.4s 附近形核，表示（2）区开始发展。初期，FCC 相的体积分数增长缓慢，BCC 相继续在（1）区中向晶间液相中生长，直至达到最大值点。然后，FCC 相逐渐推进并在（2）区中包围初生 BCC 相，发生包晶反应。此时，FCC 相体积分数迅速增大，替换掉液相和 BCC 相，形成包晶转变。在被 FCC 相消耗掉大部分后，在（1）区中仍残存少量的 BCC 相，随后转换为（2）区中的 BCC 相。图 9-30a 和图 9-30c 示出 BCC 相在（1）区和（2）区中的体积分数 $g^{s_1^{(1)}}$ 和 $g^{s_1^{(2)}}$。糊状区（2）的快速增长产生了第二次再辉。在再辉的最高温度处，(1) 区被（2）区完全吞没至消失。在 4.8s 处（2）区及其内部晶间液相的体积分数达到了最大值。包晶转变也在此时同时结束。之后，FCC 相由（2）区中的剩余液相并最终在（0）区中的剩余液相中生成，直至凝固结束。

综上所述，溶质有限扩散下多元合金多相微观偏析模型，结合热力学平衡计算，能准确获知相平衡信息。模型包括了冷却速率和固液相溶质扩散系数的定量影响，能够预测 Fe-C-Cr 合金枝晶凝固、包晶转变过程。通过调整扩散系数和二次枝晶臂间距数值，模型能够再现 LR、GS 和 PE 模型极端扩散条件下的结果，从而验证了模型的正确性。通过模型预测，能够合理诠释由于糊状区快速增长和溶质扩散引起的包晶转变所导致的再辉现象。溶质有限扩散下多元合金多相微观偏析模型能够定量反映冷却速率的影响，在与宏观传输模型相耦合，预测多元合金凝固过程方面显示出特有的潜力。

9.6 微观偏析模型特点分析

凝固微观偏析模型的发展经历了从二元合金到多元合金，从预测枝晶相到预测枝晶、包晶、共晶各相共存结构的过程。

杠杆定律（LR）和 Gulliver-Scheil（GS）模型是两种极限情况。杠杆定律体现平衡凝固，溶质在固、液两相均充分扩散；GS 模型则设定溶质在液相充分扩散而在固相无扩散。实际的固相扩散介于这两种极限情况之间。

一些常用的商业软件如 Thermo-Calc、Pandat、MatCalc、ChemAPP、TerFKT、PmlFKT 等常采用杠杆定律（LR）、Gulliver-Scheil（GS）模型和偏平衡模型（PE）。这些模型假定液相溶质分布均匀，这对于扩散系数很大且存在流动的情况是合理的。对于固相，LR 定律假定溶质扩散仍很快，可以保持一均匀的溶质场，这一假定仅对于如 C、O 和 N 等间隙溶质成立。而另一方面，置换溶质在固相中扩散非常慢以至于其扩散常可略去，这对应于 GS 模型的假设条件，通常对于 Al 基和 Ni 基合金，这是合理的。而对于钢系合金，PE 模型更合理，它考虑了间隙溶质的充分扩散和置换溶质可略去的弱扩散，通过平衡各相中间隙溶质的化学势使其相等来实现。各商业软件中，对于合金的凝固路径的预测可通过耦合上述三个模型，调用热力学及动力学数据库的数据来实现。然而，液相中充分扩散的假设可能会导致错误的预测结果。

另外，DICTRA 软件[44]结合 MOB2[43]动力学数据库数据，可以预测局部平衡条件下由溶质在固/液相中的扩散控制的凝固路径。

Kobayashi 模型给出了 Brody-Flemings 方程的解析解，可预测多元合金包括枝晶、包晶相的凝固过程，模型包含了二次枝晶臂距和冷却速率的影响，能够与宏观传输过程相结合。并且，模型表达式较为简化，计算速度较快。

为更系统、准确地分析枝晶生长，需要精确跟踪凝固过程中的溶质场，学者们进一步推出了其他的微观偏析模型。Beckermann 等[11,45,46]开发了二元合金体系中等轴枝晶凝固的偏析模型，模型中考虑了在过冷液相中初生枝晶相的生成。在代表性体积元中，存在三相：固相、晶间液相、晶外液相，模型考虑了各相中溶质的有限扩散。该模型包括了影响凝固路径的两个主要参数：二次枝晶臂距和冷却速率的作用。Gandin 等[12~14]扩展了上述模型，使之能够同时预测二元合金中枝晶和共晶结构共存[47]以及枝晶、包晶和共晶结构共存直至凝固结束的情形[12]，并通过耦合热力学和动力学数据库数据，进一步推广到三元合金枝晶和包晶凝固过程[28]。该模型能够很容易地由三元体系推广到多元体系。

从精确预测合金相的析出顺序以及相成分、相分数随温度的演变过程的角度考虑，首推 Gandin、Zhang 等的模型[12,24,28]。同时，将微观偏析模型与宏观传输方程相耦合是准确预测合金凝固路径和组织结构的有效途径。在模拟实际铸件的过程中，考虑计算速度和模型的简化，首推基于一维凝固情形的 Kobayashi 模型[25]。

表 9-9 详细比较了各模型的特点和所采用参数的特征。

表 9-9 预测凝固路径所采用的典型微观偏析模型

模型	液相扩散	固相扩散	枝晶臂尺寸	冷却速率	二元/多元体系	凝固组织结构	对流	方法
杠杆定律[33]	充分扩散	充分	无	无	多元	液相+固相	无	通过商业软件进行热力学平衡计算（TECCS）：Thermo-Calc、Pandat、MatCalc、ChemAPP、TerFKT、PmlFKT等
Gulliver-Scheil 模型[1~4]	充分	无扩散	无	无	多元	液相+固相	无	TECCS（Thermo-Calc、Pandat、MatCalc、ChemAPP、TerFKT、PmlFKT 等）
Kozeschnik-Chen（偏平衡模型）[29,30]	充分	间隙溶质：充分，置换溶质：无	无	无	多元	液相+固相	无	TECCS（MatCalc、Thermo-Calc）
DICTRA[44]	有限扩散	有限	有	有	多元	液相+2 固相	无	TECCS（Thermo-Calc/DICTRA）
Beckermann[11,45]	有限	有限	二次晶臂尺寸	有	二元	液相+枝晶	有	数值模型

续表 9-9

模 型	液相扩散	固相扩散	枝晶臂尺寸	冷却速率	二元/多元体系	凝固组织结构	对流	方 法
Gandin[12~14,24,28]	有限	有限	二次晶臂尺寸	有	二元	液相+枝晶+共晶，液相+枝晶+包晶+共晶	可加流场	数值模型+TECCS（Thermo-Calc）
					三元	液相+枝晶+包晶		
Krane[48]	充分	充分	无	有	三元	液相+枝晶+包晶+共晶	有	数值模型+平衡相图
Kobayashi[25]	充分	有限	二次晶臂尺寸	有	多元	液相+枝晶+包晶	无	数值模型
Pustal[49]	有限	有限	二次晶臂尺寸	有	三元	液相+枝晶+共晶	无	数值模型 + TECCS（Thermo-Calc）
Combeau[26]	有限	有限	无	有	多元	液相+枝晶+包晶	可加流场	数值模型 + TECCS（Thermo-Calc）
Natsume[27]	有限	有限	一次晶臂尺寸	有	二元，多元	液相+枝晶+包晶	无	数值模型 + TECCS（ChemAPP）

参考文献

[1] Gulliver G H. Quantitative effect of rapid cooling upon the constitution of binary alloys[J]. Journal of Institute of Metals, 1913, 9(1): 120~157.

[2] Gulliver G H. Journal of Institute of Metals, 1914, 11: 252.

[3] Gulliver G H. Journal of Institute of Metals, 1915, 13: 263.

[4] Scheil E. Retrograde saturation curves. Zeitschrift für Metallkunde, 1942, 34: 70~72.

[5] 胡汉起. 金属凝固原理[M]. 北京: 机械工业出版社, 2008.

[6] Brody H D, Flemings M C. Solute redistribution during dendritic solidification[J]. Transactions of the Metallurgical Society of AIME. 1966, 236(5): 615~624.

[7] Clyne T W, Kurz W. Solute redistribution during solidification with rapid solid state diffusion[J]. Metallurgical and Materials Transaction A, 1981, 12(3): 965~971.

[8] 大中逸雄. 固相内扩散を伴う凝固时の溶质再分配[J]. 鉄と鋼, 1984, 70(4): S913.

[9] Ohnaka I. Mathematical analysis of solute redistribution during solidification with diffusion in solid phase[J]. Transactions ISIJ, 1986, 26(12): 1045~1051.

[10] Matsumija T, Kajioka H, Mizoguchi S, et al. Proceeding of The 5th Japan-Germany Seminar[J]. 日本铁钢协会, 1984, 218.

[11] Wang C Y, Beckermann C. A multiphase solute diffusion model for dendritic alloy solidification[J]. Metallurgical Transactions A. 1993, 24(6): 2787~2802.

[12] Tourret D, Gandin C A. A generalized segregation model for concurrent dendritic, peritectic and eutectic solidification[J]. Acta Metallurgica, 2009, 57(7): 2066~2079.

[13] Tourret D, Gandin C A, Volkmann T, et al. Multiple non-equilibrium phase transformations: Modelling versus electro-magnetic levitation experiment[J]. Acta Metallurgica, 2011, 59(11): 4665~4677.

[14] Tourret D, Reinhart R, Gandin C A, et al. Gas atomization of Al-Ni powders: Solidification modeling and neutron diffraction analysis [J]. Acta Metallurgica, 2011, 59(17): 6658~6669.

[15] 徐达鸣, 傅恒志, 郭景杰, 等. 一种合金枝晶凝固微观溶质再分布统一模型[J]. 哈尔滨工业大学学报, 2003, 36(10): 1156~1161.

[16] Bennon W D, Incropera F P. A continuum model for momentum, heat and species transport in binary solid-liquid phase change systems-Ⅰ. Model formulation[J]. International Journal of Heat Mass Transfer, 1987, 30(10): 2161~2170.

[17] Bennon W D, Incropera F P. A continuum model for momentum, heat and species transport in binary solid-liquid phase change systems-Ⅱ. Application to solidification in a rectangular cavity[J]. International Journal of Heat and Mass Transfer, 1987, 30(10): 2171~2187.

[18] Aboutalebi M R, Hasan M, Guthrie R I L. Coupled turbulent flow, heat and solute transport in continuous casting process[J]. Metallurgical and Materials Transaction B, 1995, 26(4): 731~744.

[19] 张红伟, 王恩刚, 赫冀成. 方坯连铸过程中钢液流动凝固及溶质分布的耦合数值模拟[J]. 金属学报, 2002, 38(1): 99~104.

[20] Lei H, Geng D Q, He J C. A continuum model of solidification and inclusion collision-growth in the slab continuous casting caster[J]. ISIJ International, 2009, 49(10): 1575~1582.

[21] 李中原, 赵九洲. 平行板型薄板坯连铸结晶器中钢液流动、凝固及溶质分布的三维耦合数值模拟[J]. 金属学报, 2006, 42(2): 211~217.

[22] Thermo-Calc TCCS manuals Thermo-Calc software AB (Stockholm, SE), 2008.

[23] Rappaz M, Boettinger W J. On dendritic solidification of multicomponent alloys with unequal liquid diffusion coefficients[J]. Acta Metallurgica, 1999, 47(11): 3205~3219.

[24] Zhang H W, Gandin C A, Ben Hamouda H, et al. Prediction of solidification paths for Fe-C-Cr alloys by a multiphase segregation model coupled to thermodynamic equilibrium calculations[J]. ISIJ International, 2010, 50(12): 1859~1866.

[25] Kobayashi S. A Mathematical model for solute redistribution during dendritic solidification[J]. Transactions ISIJ, 1988, 28(7): 535~542.

[26] Thuinet L, Combeau H. A new model of microsegregation for macrosegregation computation in multicomponent steels. Part Ⅱ: Application to Fe-Ni-C alloys[J]. Computational Materials Science, 2009, 45(2): 285~293.

[27] Natsume Y, Shimamoto M, Ishida H. Numerical modeling of microsegregation for Fe-base multicomponent alloys with peritectic transformation coupled with thermodynamic calculations[J]. ISIJ International, 2010, 50(12): 1867~1874.

[28] Zhang H W, Gandin C A, Nakajima K, et al. A multiphase segregation model for multicomponent alloys

with a peritectic transformation, MCWASP XIII 2012, 2012 IOP Conference Series: Materials Science Engineering, 33, 012063.

[29] Kozeschnik E. A Scheil-Gulliver model with back-diffusion applied to the micro segregation of chromium in Fe-Cr-C Alloys[J]. Metallurgical and Materials Transactions A, 2000, 31A(6): 1682~1684.

[30] Chen Q, Sundman B. Computation of partial equilibrium solidification with complete interstitial and negligible substitutional solute back diffusion[J]. Materials Transactions 2002, 43(3): 551~559.

[31] Shi P. 2008 Public ternary alloy solutions database V1.3 Thermo-Calc Software AB (Stockholm, SE).

[32] Tiller W A. The science of crystallization: microscopic interfacial phenomena. Cambridge University Press, 1991: 231~276.

[33] Dantzig J A, Rappaz M. Solidification EPFL Press (Lausanne, CH), 2009.

[34] Langer J S, Muller-Krumbhaar H. Stability effects in dendritic crystal growth[J]. Journal of Crystal Growth, 1977, 42(12): 11~14.

[35] Yamamoto K. 耐磨耗用高炭素ハイス系合金の组织制御と特性评价[J]. Doctorial thesis of Kyushu University, Japan, 1999(in Japanese).

[36] Zhang H W, Nakajima K, Gandin C A, et al. Prediction of carbide precipitation using partial equilibrium approximation in Fe-C-V-W-Cr-Mo high speed steels[J]. ISIJ International, 2013, 53(3): 493~501.

[37] Liu Q, Zhang H W, Wang Q, et al. Effect of cooling rate and ti addition on the microstructure and mechanical properties in as-cast condition of hypereutectic high chromium cast irons[J]. ISIJ International, 2012, 52(12): 2210~2219.

[38] Zhi X H, Xing J D, Fu H G, et al. Effect of titanium on the as-cast microstructure of hypereutectic high chromium cast iron[J]. Materials Characterization, 2008, 59: 1221~1226.

[39] Chung R J, Tang X, Li D Y, et al. Effects of titanium addition on microstructure and wear resistance of hypereutectic high chromium cast iron Fe-25wt%Cr-4wt%C[J]. Wear, 2009, 267: 356~361.

[40] Bedolla-Jacuinde A, Correa R, Quezada J G, et al. Effect of titanium on the as-cast microstructure of a 16% chromium white iron[J]. Materials Science and Engineer A, 2005, 398: 297~308.

[41] Zhang H W, Liu Q, Shibata H, et al. Partial equilibrium prediction of solidification and carbide precipitation in Ti-added high Cr cast irons[J]. ISIJ International, 2014, 54(2): 374~383.

[42] Ogi K. Solidification of alloy white cast iron, The Journal of the Japan Foundrymen's Society, 1994, 66 (10): 764~771 (in Japanese).

[43] Helander T. 1998 MOB2-Mobility database Thermo-Calc software AB (Stockholm, SE).

[44] Borgenstam A, Engstrom A, Hoglund L, et al. DICTRA a tool for simulation of diffusional transformations in alloys[J]. Journal of Phase Equilibria and Diffusion, 2000, 21(3): 269~280.

[45] Wang C Y, Beckermann C. A unified solute diffusion model for columnar and equiaxed dendritic alloy solidification[J]. Materials Science and Engineering, 1993, 171(1): 199~211.

[46] Martorano M A, Beckermann C, Gandin C A. A solutal interaction mechanism for the columnar-to-equiaxed transition in alloy solidification[J]. Metallurgical and Materials Transactions A, 2003, 34(8): 1657~1674.

[47] Gandin C A, Mosbah S, Volkmann T, et al. Experimental and numerical modeling of equiaxed solidification in metallic alloys[J]. Acta Metallurgica, 2008, 56(13): 3023~3035.

[48] Krane M J M, Incropera F, Gaskell D R. Solidification of ternary metal alloys-Ⅰ. Model development[J]. International Journal of Heat Mass Transfer, 1997, 40(16): 3827~3835.

[49] Pustal B, Bottger B, Ludwig A, et al. Simulation of macroscopic solidification with an incorporated one-dimensional microsegregation model coupled to thermodynamic software[J]. Metallurgical and Materials Transactions B, 2003, 34B(4), 411~419.

10 合金凝固组织预测的元胞自动机模型

合金的凝固过程是材料制备过程中决定产品质量的关键性环节之一，它涉及宏观传输（传热、传质、流动）、相变热力学（相平衡、相界面、化学平衡）与凝固动力学（溶质再分配、形核、生长）等多种复杂现象。在以往的宏观模拟中，没有考虑晶粒形核、生长动力学过程与潜热释放的关系，导致模拟结果比较粗糙。目前，学者们将宏观过程模拟与晶粒形核、生长过程相结合，以提高温度场的模拟精度，为微观模拟中至关重要的过冷度的准确计算提供了条件。合金凝固组织模拟是指在晶粒尺度上对合金凝固过程进行模拟。通过数值手段模拟合金凝固过程及其微观组织演变，旨在揭示凝固过程规律，避免各种凝固缺陷的产生，优化工艺，提高产品质量。

鉴于宏观传热、传质、流动影响微观形核和生长的温度和浓度条件，而微观形核和生长释放的潜热又反过来影响温度、溶质等宏观场的分布。因此，有必要将宏观传输过程与微观形核生长过程相结合，通过建立合理的数学模型，得到更符合实际凝固过程的模拟结果，实现对凝固组织预测和控制，获得需要的合金制品的质量及性能，深入理解凝固过程中产生的各种物理现象。

本章着重介绍凝固组织预测的元胞自动机模型，其与宏观传输模型的耦合形式分为双向强耦合模式和单向弱耦合模式，分别如图 10-1 和图 10-2 所示。

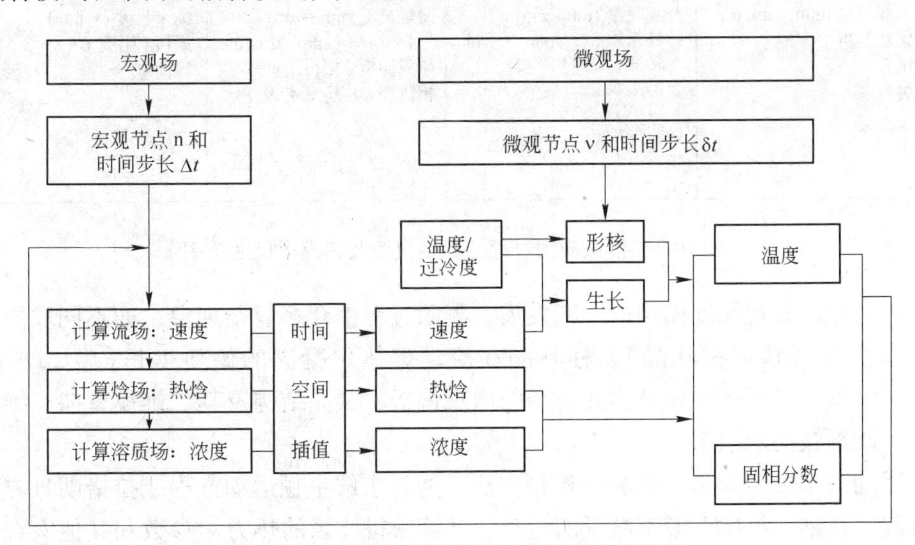

图 10-1　元胞自动机模型双向强耦合流程图

10.1　凝固组织预测模型概述

图 10-3 给出了模拟凝固过程的典型模型及其模拟尺度范围。实际应用中，根据需要的模拟尺度进行选择。

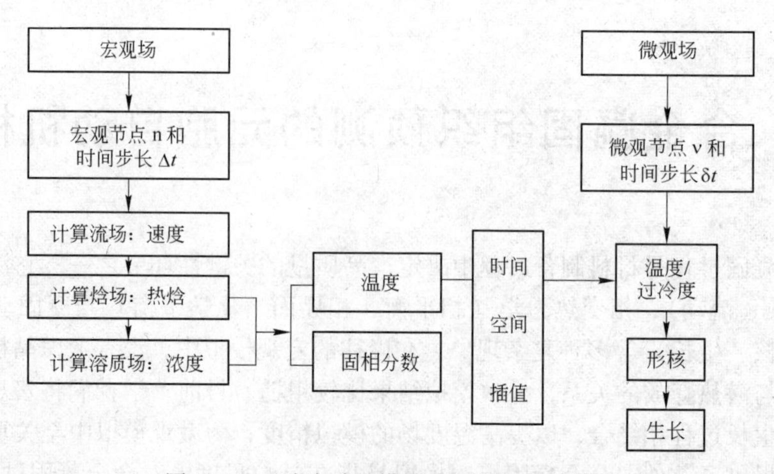

图 10-2　元胞自动机模型单向弱耦合流程图

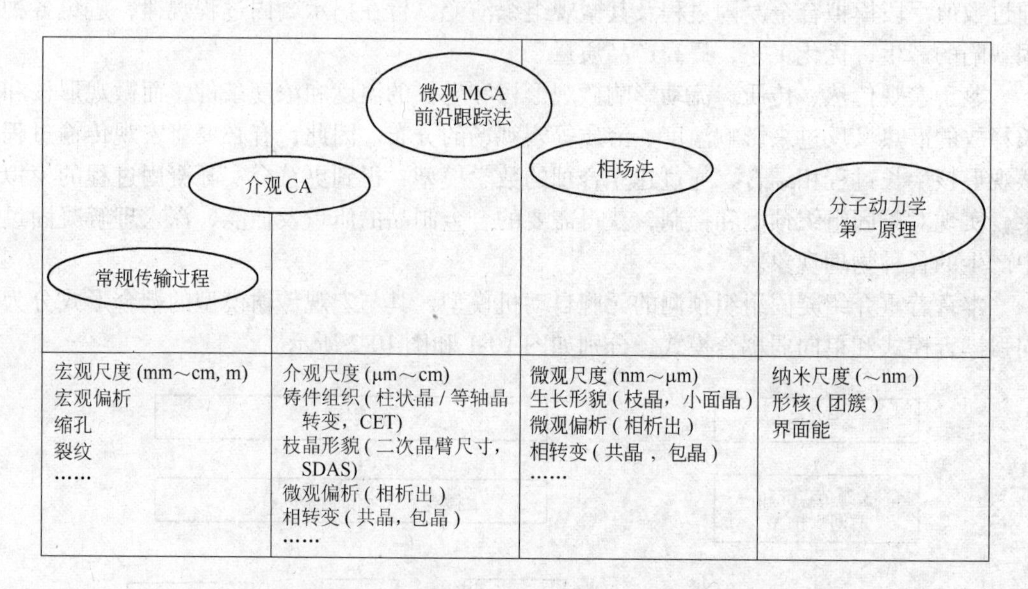

图 10-3　模拟凝固过程的典型模型及其模拟尺度范围

随着微观、介观尺度模型的不断发展，凝固过程中众多复杂现象，如不同取向的多晶粒的竞争生长（选取柱状晶），柱状晶在流动熔体中凝固的偏斜生长行为，二次晶臂（SDAS）模拟，二元、三元及多元合金的微观偏析、共晶结构及其二维模型向三维模型的扩展等，逐渐被揭示出来。

分子动力学模型[1]是一套分子模拟方法，通过求解牛顿运动方程或拉格朗日方程、哈密顿方程，在纳米尺度上考察粒子的运动，计算获得体系的热力学参数和其他宏观性质参数。通过分子动力学模拟可获得如固液界面能、液相扩散系数、动力学系数等热力学和动力学参数信息，是定量描述和预测凝固组织的重要基础。

进行凝固组织预测的方法主要分为两类：模拟晶粒外轮廓面的迁移和模拟糊状区固液（S/L）界面的迁移。前者包括：介观元胞自动机法（Cellular Automaton，CA）、蒙特卡洛法（Monte Carlo method，MC）。后者包括：微观 CA、相场法（Phase Field，PF）、前沿跟踪法（Front Tracking method）、水平集法（Level Set）等。

相场法[2]属于确定模型，能够将凝固过程的溶质守恒方程与形核、生长过程耦合起来，通过在模型中引入相场函数来区分不同相区，避免了跟踪相界面的困难。相场方程反映了扩散、有序化势与热力学驱动力的综合作用，把相场方程与温度场、溶质场、流场及其他外场耦合，可对金属液的凝固过程进行真实的模拟，并能够清晰地显示凝固过程中枝晶长大、粗化的生长细节。不足的是，受计算条件限制，模拟尺寸较小。

CA 法[3]和 MC 法[4]属于随机模型，能够将凝固过程的能量方程与形核、生长过程相结合，模拟过程中跟踪固液界面的移动，适于描述柱状晶的形成及柱状晶与等轴晶间的转变。其中，MC 法基于界面能最小原理，依据界面能的改变随机取样，确定形核和生长位置。MC 法主要依赖凝固热力学原理，缺乏对晶粒生长动力学物理机制的考虑，其时间步长也与实际凝固时间无关。而 CA 模型考虑了异质形核和生长过程的物理机制。CA 法结合概率性和确定性方法有效预测铸锭、方坯、板坯等的凝固晶体结构。Rappaz 和 Gandin[3]首先建立了介观尺度的 CA 模型（μm ~ cm 数量级），通过耦合宏观传热和传质过程（确定性模型），逐个求解各晶粒的生长，从而实现对柱状晶/等轴晶转变（CET）和晶体结构的预测。模型中形核位置和新晶核的结晶方向随机确定，通过引入枝晶尖端生长动力学描述晶核的长大。其计算速度快，可模拟较大尺寸铸件。Zhu 等[5]进一步建立了微观尺度 CA 模型（nm ~ μm 数量级），考虑了固液相中的溶质扩散和溶质再分配，实现对枝晶生长细节的描述。

图 10-4 所示为元胞自动机模型的分类。CA 法预测的晶粒轮廓如图 10-5 所示。MCA 法预测的枝晶形貌如图 10-6 所示。比较图 10-5 和图 10-6，可以看出介观、微观 CA 法模拟枝晶结构上的差别。

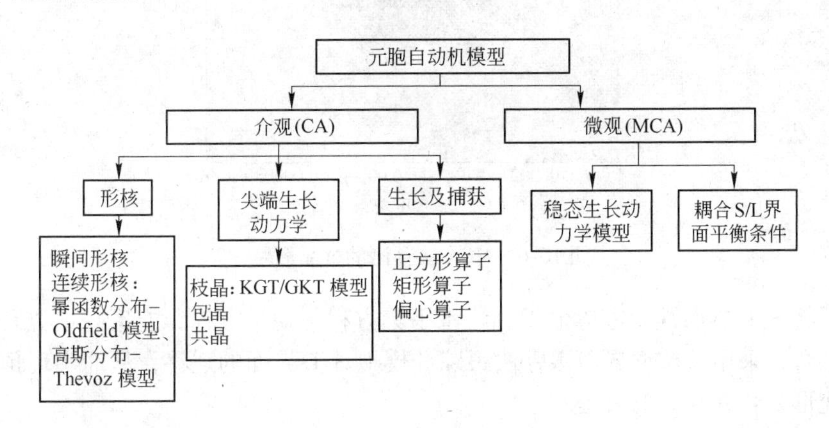

图 10-4　元胞自动机模型分类

Dilthey 与 Pavlik[6]、Nastac[7]、Beltran-Sanchez 与 Stefanescu[8,9]开发了前沿跟踪法（FT），通过求解传热、溶质传输方程结合适当的界面条件，直接模拟遵循固液（S/L）尖锐界面动力学规律的枝晶生长。通过边界节点随界面条件的推移，前沿跟踪法能显式确定 S/L 界面形状和位置，代价是需要进行复杂的数值计算，因此模拟实际合金的凝固过程将耗费较高的计算成本。

水平集法[10]是 Osher 等人提出的一种零等值面方法，在许多复杂界面追踪问题中得到

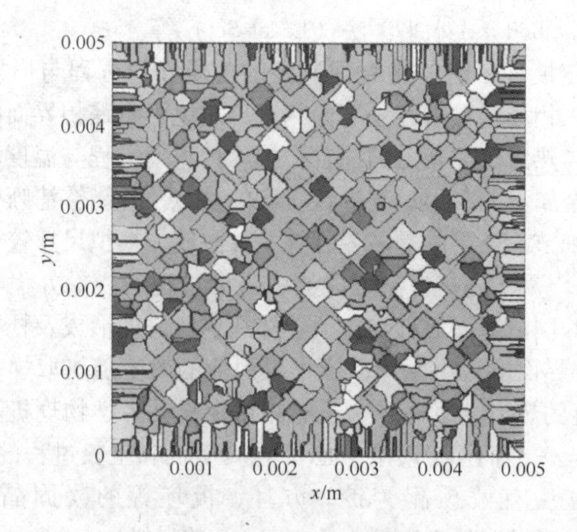

图 10-5　CA 法预测的晶粒轮廓

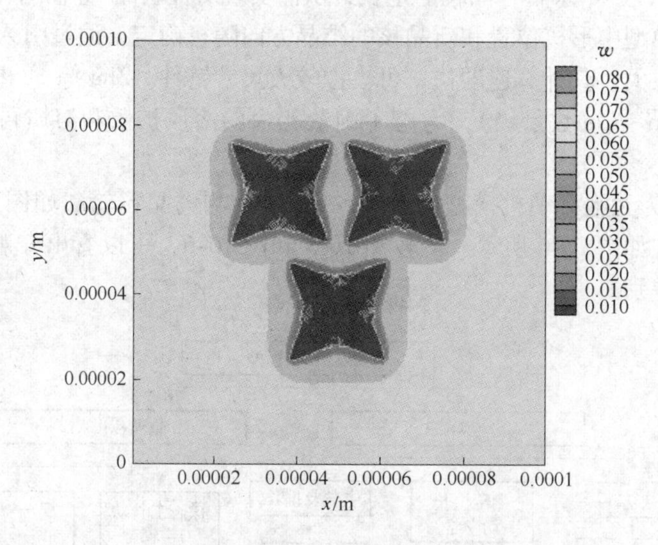

图 10-6　MCA 法预测的枝晶形貌

应用。模型将 S/L 界面视为零等值面，将水平集方程与动量方程、能量守恒方程、溶质传输方程相耦合，采用欧拉型界面跟踪法跟踪和模拟 S/L 界面的迁移，从而实现预测 S/L 界面迁移、变形、合并与分离过程。

10.2　介观元胞自动机法

介观元胞自动机模型（CA）预测的是晶粒轮廓演变，模型包括对晶体形核、晶体生长及其长大过程遵循的捕获规则的描述。

10.2.1　晶粒形核模型

异质形核是指在熔体中异质颗粒上进行晶粒形核。异质形核模型分为瞬间形核模型和连续形核模型[11]。瞬间形核模型指在某一临界过冷度下瞬间全部形核。连续形核模型认为形核密度是温度（过冷度）的连续分布函数，模型考虑了形核过冷度的影响和形核的连续性，能够体现由各临界形核过冷度来表征的多形核点簇在熔体中共存的现象，更接近实际过程，目前已被较广泛应用于晶体生长的模拟中。连续分布函数有幂函数分布（Oldfield 模型）[12]，或高斯函数分布（Thevoz 模型）[13]。Oldfield 模型需调整参数较少，Ohsasa 等[14]在其元胞自动机模拟中多次采用它。在 Thevoz 的连续形核模型中，形核点分布采用统计函数（形核密度随过冷度变化的高斯分布函数）来确定，即

$$\frac{\mathrm{d}n}{\mathrm{d}(\Delta T')} = \frac{n}{\sqrt{2\pi}\Delta T_{\sigma}}\exp\left[-\frac{1}{2}\left(\frac{\Delta T' - \Delta T}{\Delta T_{\sigma}}\right)^2\right] \tag{10-1}$$

高斯形核分布函数如图 10-7 所示，在铸型壁和熔体中分别采用不同的异质形核参数：型壁形核参数有 n_{S}、ΔT_{S}、$\Delta T_{\mathrm{S},\sigma}$；熔体形核参数有 n_{V}、ΔT_{V}、$\Delta T_{\mathrm{V},\sigma}$。其中，$n$ 为最大形核密度，ΔT 和 ΔT_{σ} 分别为形核分布的最大过冷度和标准偏差。

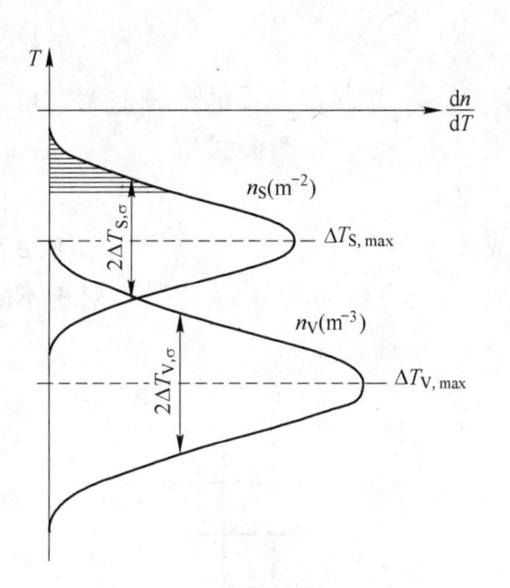

图 10-7 高斯形核分布函数[13]

将 Thevoz 连续形核模型取极限条件 $\Delta T \to 0$℃，即对应于瞬间形核模型。Gandin 等[3]、笔者和 Nakajima 等[15,16]在其元胞自动机模拟中采用了此形核模型并利用式（10-1）判断各 CA 单元的活跃度（形核概率），即在一个微观时间步长 δt 上，若某一个 CA 单元的形核概率 $P_{\mathrm{V}} = \delta n \cdot V_{\mathrm{CA}}$（$V_{\mathrm{CA}}$ 为单元体积）大于某个随机数，则该单元形核。δn 为形核密度随过冷度 $\mathrm{d}(\Delta T)$ 增加而产生的变化。一旦此 CA 单元形核后，该单元的状态即刻由液态转变为固态，并被赋予一个随机的晶体学取向 θ。

10.2.2 晶体生长动力学

在介观尺度的元胞自动机法（CA）中，晶粒由枝晶臂尖端界定的轮廓线/面所界定。因此，介观尺度的 CA 法模拟凝固过程中晶粒外轮廓的演变，但不描述 S/L 界面本身的迁移。

对于扩散生长条件，共晶生长动力学常采用 Jackson 和 Hunt 模型[17]。枝晶尖端生长动力学描述了稳态生长条件下枝晶尖端生长速率与局部过冷度（为成分过冷、曲率过冷和热过冷之和）的函数关系。当局部过冷度仅考虑成分过冷时，生长速率由 KGT 模型[18]或 LKT 模型[19]来描述。当存在流体流动时，Gandin 等人考虑了流动方向对枝晶生长速度的影响，提出了流场下的枝晶尖端生长动力学模型——GGAN 模型[20]。为节省计算时间，多数学者将上述生长动力学模型曲线进行插值，采用简化得到的生长速率与过冷度的多项式或幂函数关系式。

10.2.3 生长捕获算子

在 CA 网格体系中，已形核的晶粒逐渐长大，依据生长速率，可预测其生长轮廓。当邻居单元（邻居关系推荐采用 Moore 8 邻居关系，而不采用 Von Neumann 4 邻居关系，见

图 10-8）网格中心在母单元的生长轮廓内，其被母单元的生长捕获。Gandin 等[3,21~23]开发了三种生长捕获算子：正方形算子、矩形算子、偏心算子。

10.2.3.1 正方形生长捕获算子

正方形生长捕获算子[3]如图 10-9 所示，形核晶粒和被捕获的晶粒均以正方形的轮廓（二维）进行长大，模型能够反映晶粒生长的竞争、淘汰机制，适用于二维均匀温度场。该机制通过观察在均匀温度场中环己醇等轴晶粒的二维生长轮廓接近于正方形[24]而得到。一旦邻居单元被生长的枝晶所捕获，其继承的初始生长轮廓仍为正方形。枝晶尖端的生长长度为正方形的半对角线长度，计算为

$$L(t) = \int_{t_S}^{t} v_{tip}[\Delta T(t')]\mathrm{d}t' \tag{10-2}$$

式中，v_{tip}为枝晶尖端的生长速率，可采用 KGT 模型来计算。仅考虑尖端的成分过冷，对于二元合金，经验公式为

$$v_{tip}(\Delta T) = A \cdot \Delta T^n \tag{10-3}$$

或

$$v_{tip}(\Delta T) = a_1\Delta T^2 + a_2\Delta T^3 \tag{10-4}$$

式中，n、A、a_1、a_2 为常数，对于不同合金取不同数值[9]。

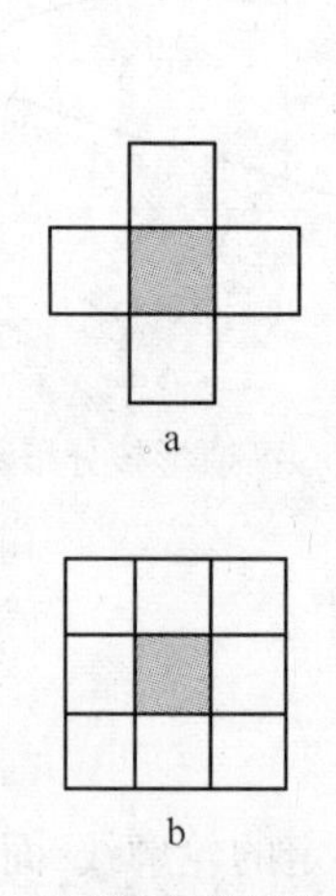

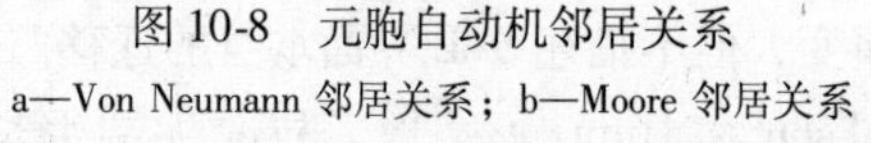

图 10-8 元胞自动机邻居关系

a—Von Neumann 邻居关系；b—Moore 邻居关系

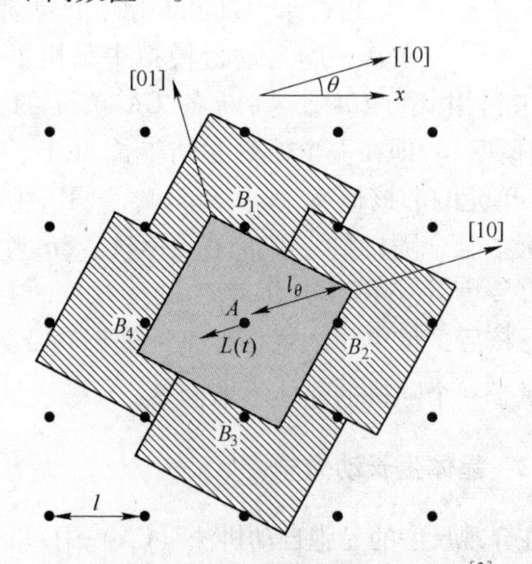

图 10-9 正方形生长捕获算子示意图[3]

在图 10-9 中，单元 A 的半对角线长度为 l_θ

$$l_\theta = L(\cos\theta + |\sin\theta|) \tag{10-5}$$

当经过一定时间，A 单元的生长会捕获其周围最临近的四个节点 B，其生长概率为

$$P_g = \frac{L(t)}{l_\theta} \tag{10-6}$$

当随机概率

$$r \leqslant P_g \tag{10-7}$$

则认为 A 点周围邻近节点 B 点被 A 点的生长所捕获，其单元状态由液态变为固态，生长方向与 A 点相同。

图 10-11a 给出采用正方形算子在均匀温度场下模拟的单晶粒生长形貌（晶粒外轮廓）。可以看出，随凝固进行，当捕获邻居单元后，晶粒簇的晶体学取向由于受 CA 网格

体系各向异性的影响会偏离其初始取向，需采取枝晶尖端修正的方法来保持初始形核点的取向，这使得该方法难以应用于非均匀温度场的情形。

换言之，正方形生长模型仅适用于均匀温度场条件；另外，为保持晶体取向，还须对生长方向不断地进行修正。

10.2.3.2 矩形生长捕获算子

矩形生长捕获算子[21]能够保持形核点晶粒的最初取向而不需要修正，适用于梯度温度场条件。如图10-10所示，二维模型中，形核点晶粒在各方向以相同的生长速度生长，生长外轮廓为正方形。当生长面（如（11）面）超过某邻点时，该邻点被捕获，并继承此时的矩形生长轮廓作为其初始生长轮廓继续生长。当母单元周围邻居均变为固相时停止生长。

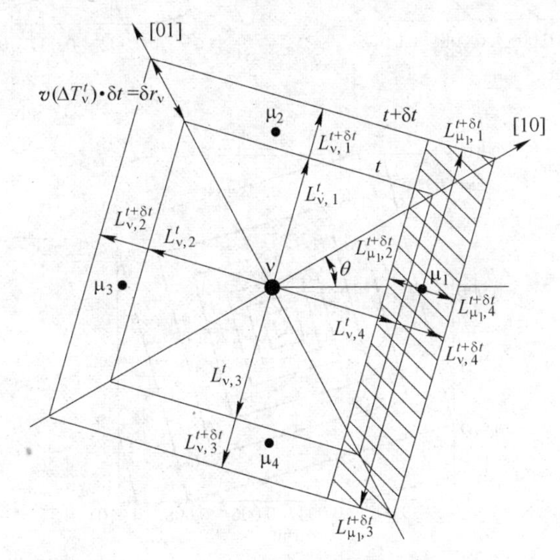

图10-10 矩形生长捕获算子示意图[21]

单元μ_i面（11）的生长长度$L_{\mu_i,j}^t$为

$$L_{\mu_{i,j}}^t = L_{\mu_{i,j}}^{t-\delta t} + \frac{v_{\text{tip}}(\Delta T_{\mu_i}^{t-\delta t})\delta t}{\sqrt{2}} \tag{10-8}$$

当采用Von Neumann邻居关系时（图10-8a），$(i,j)=1，4$；当采用Moore邻居关系时（图10-8b），$(i,j)=1，8$。

图10-11b和图10-12a给出采用矩形算子分别在均匀/梯度温度场下模拟的单晶粒生长形貌。可以看出，矩形算子很好地保持了晶粒的初始取向。

矩形生长捕获算子的缺点是不易推广到三维计算。

10.2.3.3 偏心生长捕获算子

A 二维纯扩散

二维纯扩散偏心生长捕获算子[22]中，形核晶粒和被捕获晶粒的生长轮廓均为正方形轮廓（二维情形）。在生长中心（自定义的虚拟节点）处，枝晶的生长轮廓为正方形。最初，形核点与生长中心重合，随着生长过程的进行，不断捕获邻点，该生长正方形不断长大。当经过一定时间步后，为防止该晶粒超常长大，捕获不该属于本晶核的单元节点，对该生长正方形依据某临界尺寸进行截取。这样，该正方形的生长中心就不断偏移，因此，

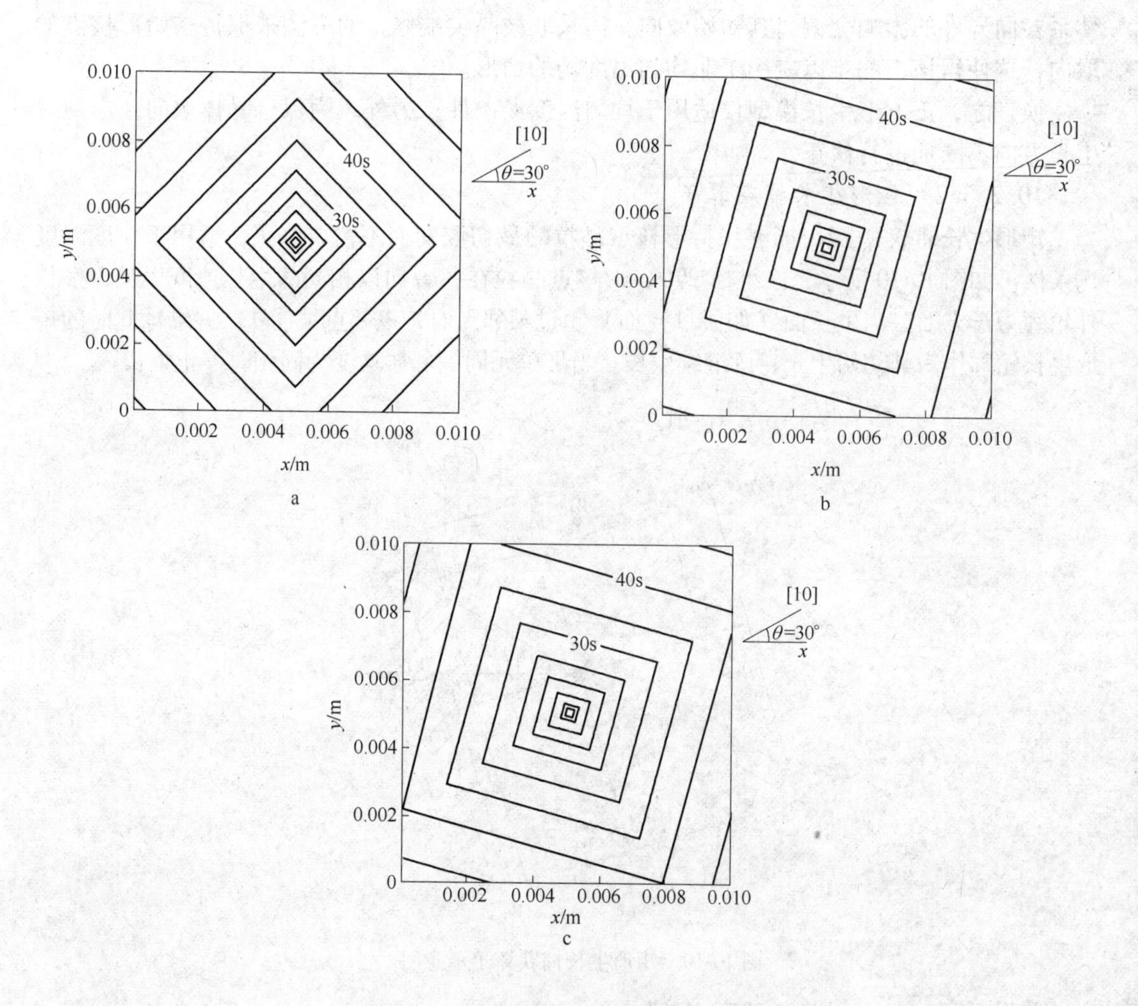

图 10-11 均匀温度场中单晶粒生长形貌

a—正方形算子；b—矩形算子；c—偏心算子

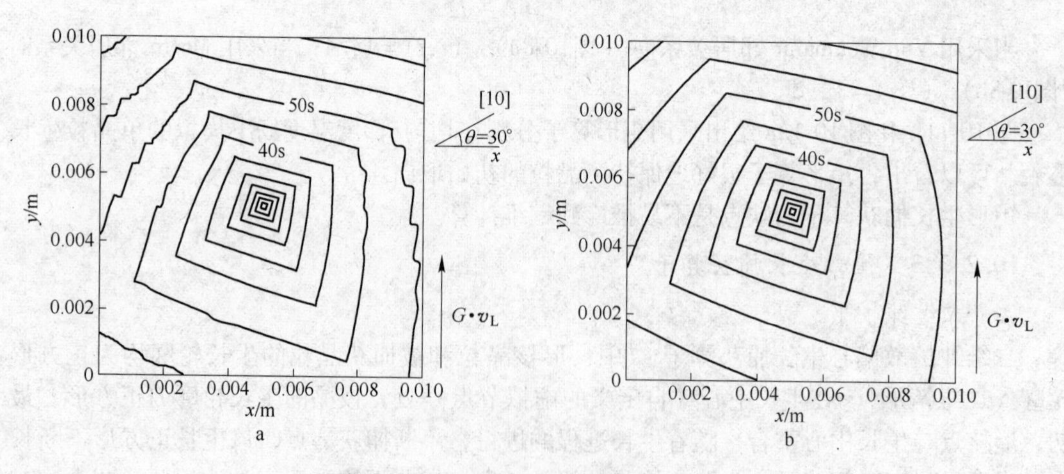

图 10-12 梯度温度场中单晶粒生长形貌

a—矩形算子；b—偏心算子

命名为偏心生长算子。

如图10-13，空心圆圈代表CA单元中心，实心圆圈代表虚拟生长中心。在二维生长中，设定单元范围内局部温度分布均匀，晶粒生长轮廓为正方形。对于单元 ν，其生长长度 L_ν^t 为中心在 C_ν 处的正方形轮廓的半长度，写为

$$L_\nu^t = L_\nu^{t-\delta t} + \frac{v_{\text{tip}}(\Delta T_\nu^{t-\delta t})\delta t}{\sqrt{2}} \tag{10-9}$$

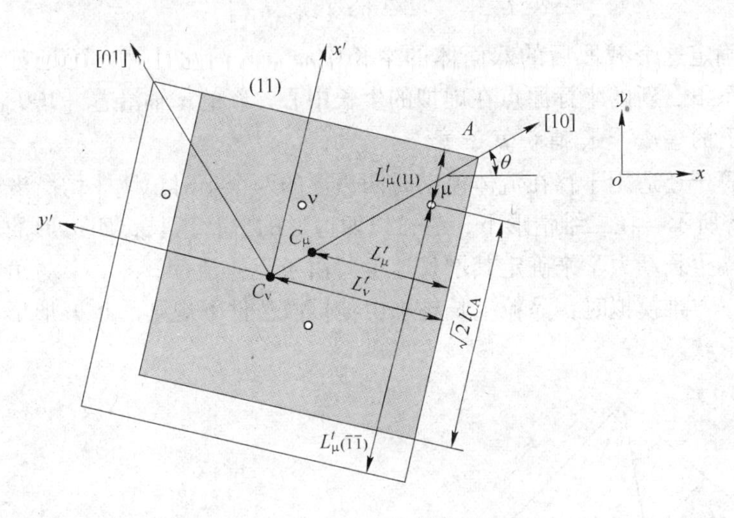

图10-13 偏心生长捕获算子示意图

对于生长单元，首先进行从原始 xoy 坐标系到以虚拟生长中心 C_ν 为新坐标原点的坐标系 $x'C_\nu y'$ 的坐标变换。如图10-13所示，对于生长单元 ν，新坐标轴 x' 沿生长面（11）的外法线方向。建立 $x'C_\nu y'$ 坐标系的目的在于方便地检查单元 μ_i 是否位于以 C_ν 为生长中心的晶粒生长轮廓内（即 $|x'_{\mu_i}| \leqslant L_\nu^t$ 且 $|y'_{\mu_i}| \leqslant L_\nu^t$），从而判断邻居单元 μ_i 是否被母单元 ν 所捕获。在 t 时刻，当单元 ν 的生长轮廓捕获了邻居单元 μ 的中心，单元 μ 转变状态至固态，但接下来单元 μ 是否长大仍然是个随机过程。该机制体现了实际凝固过程随机生长特性。当邻居单元 μ 被选中生长时，最邻近的角点"A"（隶属于以 C_ν 为生长中心的生长轮廓）固定不动，而将单元 μ 的生长长度 L_μ^t 基于一定判断规则进行截取以避免超常生长。在图10-13的算例中，点 μ 到以 C_ν 为中心的生长轮廓面（11）的距离 $L_{\mu(11)}^t$ 和到面 $(\bar{1}\,\bar{1})$ 的距离 $L_{\mu(\bar{1}\bar{1})}^t$ 以CA单元的对角线尺寸 $\sqrt{2}l_{\text{CA}}$ 为基准规则进行截取，公式如下

$$L_\mu^t = [\min(L_{\mu(11)}^t, \sqrt{2}l_{\text{CA}}) + \min(L_{\mu(\bar{1}\bar{1})}^t, \sqrt{2}l_{\text{CA}})]/2 \tag{10-10}$$

通过确定被捕获时距离点 μ 最近的以 C_ν 为生长中心的正方形轮廓角点 A，截取生长轮廓长度 L_μ^t，使得点 μ 的实际生长中心 C_μ 沿着以 C_ν 为生长中心的正方形轮廓的对角线方向向点 A 移动。C_μ 的坐标值在 $x'C_\nu y'$ 坐标系中由 L_ν^t 和 L_μ^t 的几何拓扑关系来计算，之后再转换回原 xoy 系。

B 三维纯扩散

偏心生长算子可以很容易地推广到三维情形[22]，如图10-14所示。此时，二维的正方形轮廓变为三维的八面体轮廓，生长长度，即由轮廓中心到其（111）面的长度计算为

$$L_{\nu}^{t} = L_{\nu}^{t_n} + \int_{t_n}^{t} v[\Delta T_{\nu}(\tau)] \cdot \mathrm{d}\tau / \sqrt{3} \tag{10-11}$$

八面体一边的长度依据以下规则截取

$$L_{13} = S_1S_3/2 = (\min[IS_1, \sqrt{3}l] + \min[IS_3, \sqrt{3}l])/2 \tag{10-12}$$

这个截取后的八面体的生长长度为

$$L_{\mu}^{t} = \sqrt{2/3}\max[L_{12}, L_{13}] \tag{10-13}$$

然后，可确定这个截取后的八面体的生长中心。为简化计算，还是首先进行坐标变换。在新坐标系下，新的坐标原点在虚拟的生长中心，新的 x 轴沿着［100］方向。

C 流场下的偏心生长捕获算子[23]

偏心生长算子还适用于存在流体流动时四边形的四个半对角线非均衡生长的情况。

如图 10-15 所示，在二维情形下，晶粒以四边形的形状生长，四边形的 4 个半对角线长度由枝晶尖端生长动力学来确定其增长速度。由于流体流动，4 个半对角线长度不再彼此相等，这样，二维模拟时，晶粒生长轮廓由纯扩散条件下规则的正方形形状变为不规则的偏心四边形形状。

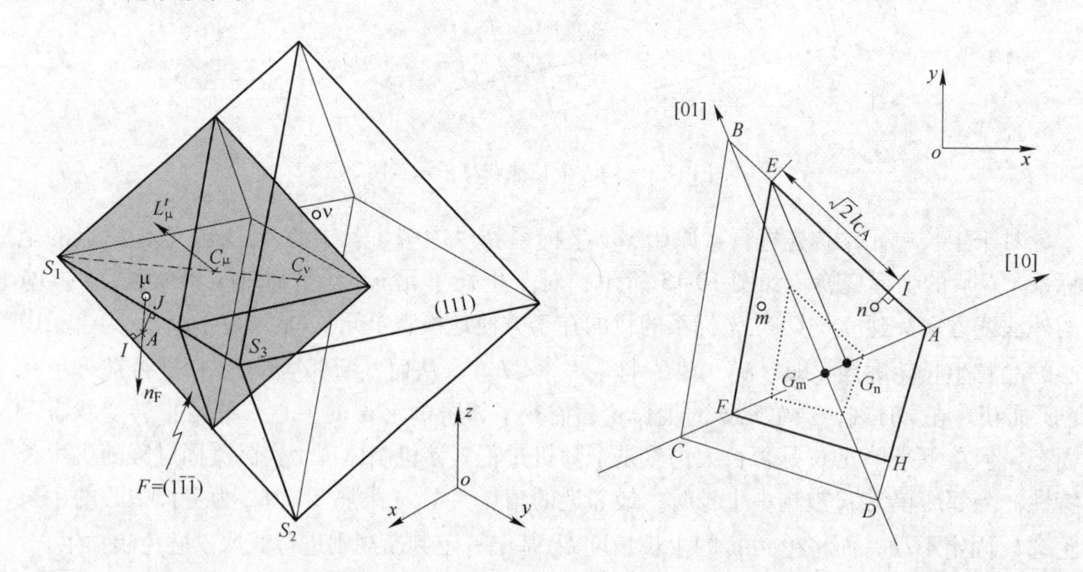

图 10-14 三维偏心八面体生长算子示意图[22]　　图 10-15 流场下二维偏心生长捕获算子示意图

由图 10-15，取 CA 网格中二相邻单元中心点 m、n，以空心圆圈标识。n 点在被捕获前为液态。在某时刻，m 点已为固相点，其晶体生长中心设为点 G_m，生长轮廓由图10-15 中虚线轮廓长大至细实线轮廓 $ABCDA$，可以看出，从生长中心出发构成生长轮廓四边形的四条枝晶臂长度（沿［10］方向）不等。此时 m 点晶体的生长面超过 n 点，但 n 点是否被 m 点晶体的生长所捕获由随机确定。当 n 点被 m 点晶体的生长所捕获时，n 点状态变为固态，n 点初始生长轮廓在继承 m 点生长轮廓的基础上依据截取规则截掉一部分，变为图 10-15 中的粗实线四边形 $AEFHA$。该截取依据最近邻 n 点的 AE 边长来确定。IA 和 IE 边长截取至不超过$\sqrt{2}l_{CA}$（l_{CA}为 CA 单元尺寸，I 为从 n 点到 AB 边的垂足）。当 AE 边长确定后，四边形 $AEFHA$ 的尺寸根据四边形 $ABCDA$ 进行几何相似计算获得；然后确定 n 点的生长中

心 G_n。为简化捕获与否的判断，对于每个如 m 点的 CA 网格单元点进行了由 xoy 坐标系到 AG_mB 系的坐标变换，新坐标系以 G_m 作为坐标原点，取向［10］（即 G_mA）作为新 x 轴，取向［01］（即 G_mB）作为新 y 轴，并通过几何关系确定从 G_n 出发的四条枝晶臂长度。虚拟生长中心坐标及枝晶臂长度的计算，细节详见文献［25］。

对生长轮廓进行截取的目的在于防止枝晶过度生长使得模拟结果失真。由于对生长四边形的不断截取，四边形的生长中心逐渐偏离原 CA 单元点；同时，由于各枝晶臂与流动方向夹角不同，导致各枝晶臂生长速度不同，即各枝晶臂长度不等。因此，二维模拟中，流场下的生长轮廓为不规则的四边形轮廓。对于每个 CA 单元点，需存储其对应的虚拟生长中心和各枝晶臂长度。

10.3 微观元胞自动机法

微观元胞自动机法（MCA）用来模拟 S/L 界面的迁移，即模拟枝晶的生长细节。模拟枝晶生长的 MCA 法分为两类：一类基于稳态枝晶尖端生长动力学模型；一类基于 S/L 界面边界条件的数值解。

前者在 CA 网格体系上求解传热、溶质传输方程，在各网格单元上算得的溶质成分和温度用于计算局部过冷度，从而依据稳态枝晶尖端生长动力学模型（如 KGT 或 LKT 模型）获得唯一的 S/L 界面速度。这类模型的基本假定是在 S/L 枝晶界面上任一点的移动均遵照同一稳态尖端动力学模型。Zhu 和 Hong[5,26~28]采用此类模型模拟了二维/三维单枝晶、多枝晶扩散生长和在流场下的生长，以及规则共晶、非规则共晶的组织形成过程。可以看出，这类模型可以用来模拟实验可观察到的各种合金凝固组织形貌。然而，界面迁移速度采用稳态生长动力学模型的假设使得结果更接近于定性分析。

第二类模型求解传热和溶质传输方程并联立 S/L 界面的局部平衡条件来求解枝晶生长。它避免了采用稳态生长动力学模型来获得界面迁移速度的假设，从而显现出独特的优越性。然而，为获得枝晶分支生长特征，在计算 S/L 界面固相分数增长或在捕获新的界面单元时需引入局部扰动（小的随机扰动）。在早期 Dilthey 和 Pavlik[6]以及 Nastac[7]模型中，枝晶生长受 CA 网格强各向异性的影响，生长方向朝向网格坐标轴方向。之后，Belteran-Sanchez 和 Stefanescu[8,9]采用虚拟跟踪 S/L 尖锐界面的方案解决了枝晶生长受网格各向异性影响的问题，实现模拟低 Peclet 数下的枝晶生长。

为克服上述缺点，Zhu 和 Stefanescu[29]又提出了二维前沿跟踪法（FT）来模拟低 Peclet 数下的枝晶生长。S/L 界面的生长速率采用局部界面成分平衡方法来确定，能够准确模拟枝晶由初始非稳态生长逐步发展到稳态生长阶段。该方法不需要采用稳态尖端生长动力学模型，同时，采用了 Belteran-Sanchez 和 Stefanescu[8,9]的虚拟跟踪 S/L 界面的方案来显示捕获新的界面单元。实际的 S/L 界面前沿由各界面单元的固相分数来隐式标定。这种混合方案可直接处理复杂的界面形状变化，并保持了液/固相尖锐界面转变的概念。后来，该方法又被 Zhu 等[30,31]拓展到三维和考虑熔体对流的情形（借助格子-Boltzmann 法，LBM）中去。

总之，介观 CA 法模拟的是晶粒轮廓的演变，可直接模拟铸锭中晶粒的凝固过程，近年来更用于模拟晶粒结构与宏观偏析形成的相互关系上[23,32,33]。微观 MCA 法模拟 S/L 界面的推进，可用来直接模拟枝晶结构、微观偏析、共晶结构等。微观 MCA 法是相场法和介观 CA 法之间的桥梁。将微观 MCA 法应用于多元合金体系将是其进一步的发展方向[34]。

10.4　介观 CA-FV 双向强耦合模型

将元胞自动机组织预测模型与控制容积法（CA-FV）相耦合，采用控制容积法建立宏观流动、传热、溶质传输模型，采用 CA 模型模拟微观形核、生长过程，由杠杆定律联系微观界面热力学平衡，实现双向强耦合，其计算流程如图 10-16 所示。模型反映了流场下

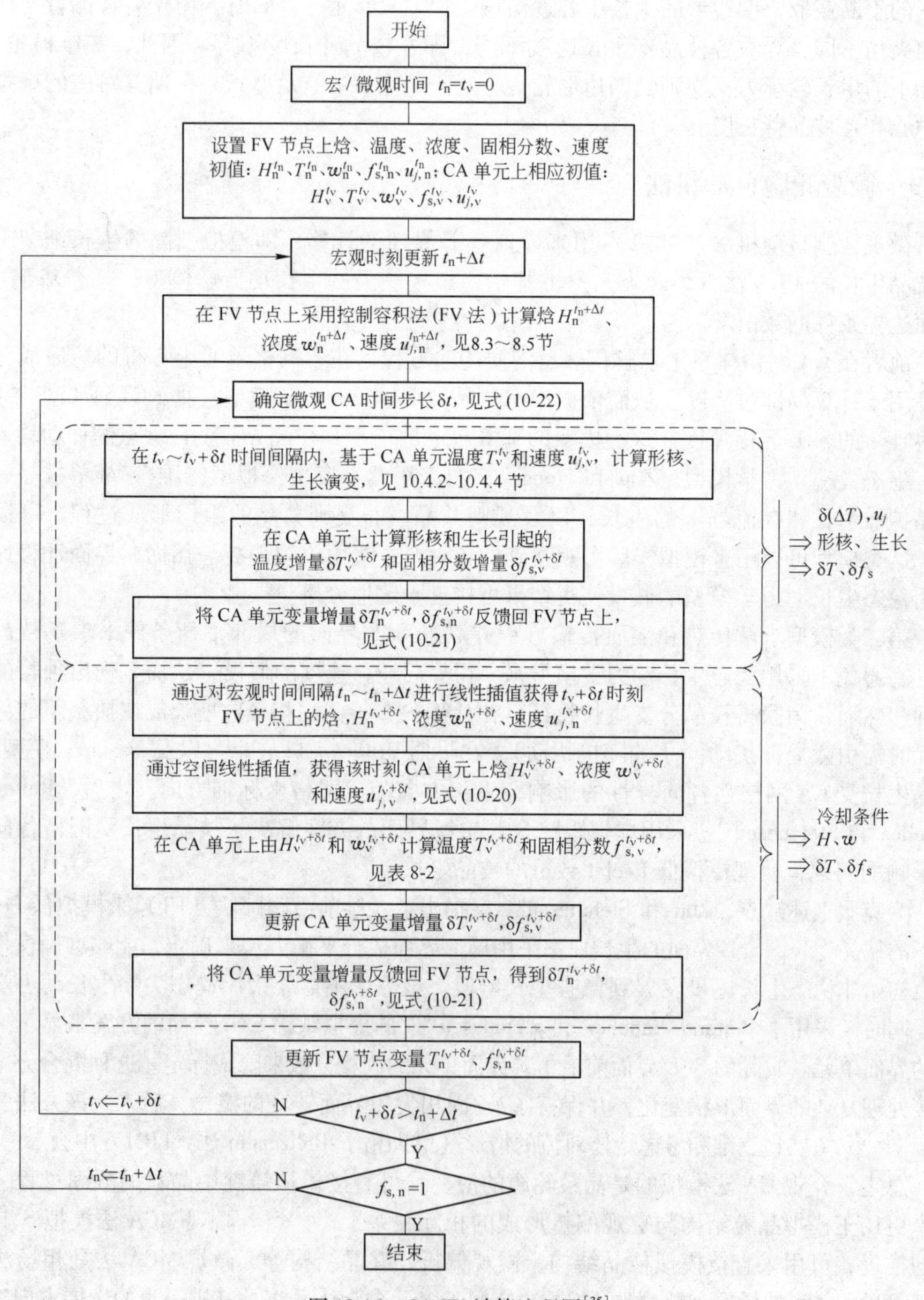

图 10-16　CA-FV 计算流程图[35]

晶体逆流生长特性，考虑了温降导致的形核、生长以及形核、生长引起的固相分数变化对宏观场的影响，能够预测凝固过程中再辉、晶间偏析等现象，反映合金液流动对合金的溶质分布以及凝固组织形貌的作用规律[35]。

10.4.1 宏观传输数学模型

模型假设条件同8.9节，并有：(1) 合金固、液相具有相同的密度 ρ 和比热容 c_p；导热系数 λ 为温度的函数，液相扩散系数 D_l 为常数；(2) 凝固过程以柱状晶生长方式进行，并忽略孔隙生成。

连续介质宏观传输方程采用8.3～8.5节公式。在计算过程中，需要注意单元热焓、浓度与温度、固相分数的转换，具体如下：

假定相界面处保持局部溶质守恒，这并不排除相中溶质存在梯度，但忽略了溶质原子通过相界面传输的阻力。由局部的动态热平衡，忽略固液相线的曲率，可得到杠杆定律描述的单元热焓、浓度与温度、固相分数的转换关系，见表8-2。

最后分别依据式(9-5)和式(9-6)更新液、固相成分。

10.4.2 微观形核模型

采用瞬间形核模型[36]。首先，预先设置铸型壁和熔液内部临界过冷度：依据高斯分布函数，在模拟区域内随机选定CA单元位置并预置一组连续分布的临界形核过冷度。一个CA单元仅能唯一分配一个形核过冷度值。之后，在凝固过程中，若模拟区域内某CA单元的过冷度达到该点预置的临界过冷度，则形核。由二维区域等轴枝晶生长的对称性，新生晶核的取向取 $\left(-\frac{\pi}{4}\sim\frac{\pi}{4}\right)$ 间的一随机角度；$\alpha=\frac{\pi}{2}(rand-0.5)$，$rand$ 为 (0～1) 之间的随机数。

10.4.3 流场下枝晶尖端生长动力学模型[25]

合金凝固过程中，流体流动加快了枝晶迎流方向边界层上的质量传输，提高了成分过冷度，从而使流场下枝晶尖端生长动力学与纯扩散生长条件相比，发生了显著的改变。此过程可采用GGAN模型[20]进行描述。

将枝晶尖端过冷度 ΔT 表示为成分过冷 ΔT_c 与曲率过冷 ΔT_r 之和：

$$\Delta T = mw_0\left(1-\frac{1}{1-(1-k_p)\Omega}\right)+\frac{2\Gamma}{r} \tag{10-14}$$

式中，超饱和度定义为

$$\Omega = (w^* - w_0)/[w^*(1-k_p)] \tag{10-15}$$

流场下超饱和度与生长Peclet数 Pe_ν 间关系式采用GGAN模型[20]

$$\Omega = Pe_\nu \exp(Pe_\nu)\left[E_1(Pe_\nu) - E_1\left(Pe_\nu\left(1+\frac{4}{ARe_{2r}^{B}Sc^{C}\sin\left(\frac{\theta}{2}\right)}\right)\right)\right] \tag{10-16}$$

界面稳定性准则表达为

$$r^2 v_{\mathrm{tip}} = \frac{D_1}{\sigma^*} \times \frac{\Gamma}{mw^*(k_\mathrm{p} - 1)} \tag{10-17}$$

式中，生长 Peclet 数

$$Pe_v = \frac{rv_{\mathrm{tip}}}{2D_1} \tag{10-18a}$$

流动 Peclet 数

$$Pe_\mathrm{u} = \frac{ru}{2D_1} \tag{10-18b}$$

Reynolds 数

$$Re_{2r} = \frac{2ru}{\nu} = \frac{4Pe_\mathrm{u}}{Sc} \tag{10-18c}$$

Schmidt 数

$$Sc = \frac{\nu}{D_1} \tag{10-18d}$$

式中，ν 为运动黏度；常数 $A=0.5773$、$B=0.6596$、$C=0.5249$。

指数积分函数

$$E_1(Pe_v) = \int_{Pe_v}^{\infty} \frac{\exp(-\tau)}{\tau} \mathrm{d}\tau \tag{10-19}$$

由多项式插值进行计算[37]，θ 为枝晶生长方向与流动方向夹角，u 为相对于固态枝晶尖端的流体流动速度；这里，假定固相枝晶静止，则 u 即为宏观流动计算出的局部速度。v_{tip}为枝晶尖端生长速度；D_1 为液相扩散系数；σ^* 为稳定性常数，取为 $(4\pi^2)^{-1}$；m 为液相线斜率；Γ 为 Gibbs-Thomson 系数。

联立式（10-14）~式（10-17），通过输入局部过冷度 ΔT、宏观流动速度 u 及方向夹角 θ，即可得到枝晶生长半径 r 和枝晶尖端生长速度 v_{tip}的值。

10.4.4　偏心生长捕获算子[23,25]

流场下合金凝固过程中，随着枝晶臂与流动方向夹角的不同，其尖端生长速度不同。这样，晶核的生长轮廓逐渐变为不规则形状。二维模拟时，晶核的生长轮廓为不规则四边形。为此，建立不规则四边形的生长捕获算子，模拟枝晶的生长演变。

图 10-17 给出了一个单晶粒在流场和温度场双重作用下的生长形貌演变过程。设定一沿 x 轴正向流速为 0.1m/s 的均匀流场，全场温度在 -0.1K/s 的冷却速率下均匀冷却。晶粒的[10]取向沿 x 轴正方向。由晶粒的生长形貌演变可以看出，流体流动破坏了枝晶生长的对称性。由于流动增强了逆流方向枝晶边界层上的质量传输，导致枝晶沿逆流方向生长速度加快。

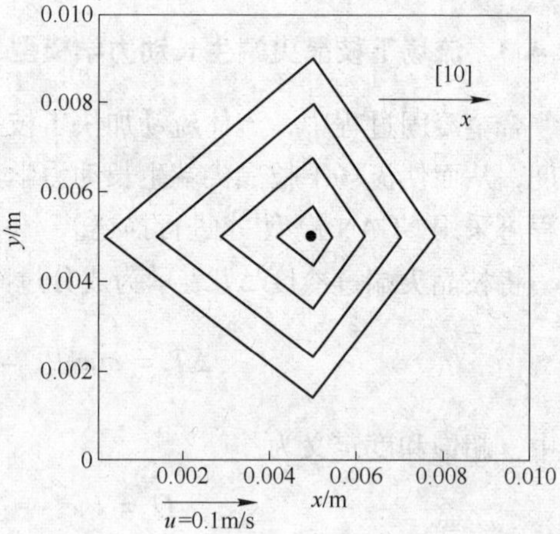

图 10-17　流场下的单晶粒生长形貌

10.4.5　宏观/微观耦合[23,25]

10.4.5.1　单元变量的几何对应关系

在二维计算区域中，划分宏观 FV 网格与微观 CA 网格。其中，宏观 FV 网格为采用内节点法划分的较大尺寸的矩形网格；微观 CA 网格为枝晶臂间距数量级尺寸上的正方形网格，采用外节点法划分，与 FV 网格叠加在同一计算区域上。在建立宏微观单元变量的几何对应关系时，每个宏观单元 F 由 4 个宏观节点构成，分别标识为 $n_i^{\mathrm{F}}(i=1\sim4)$。在一个宏观单元 F 中每一个微观单元 ν 由其中心坐标 $C_\nu=(x_\nu,y_\nu)$ 唯一确定。为了在宏观节点与微观 CA 单元之间交换信息，在每个宏观节点 n_i 和微观 CA 单元 ν 之间定义一个线性插值系数 $c_\nu^{n_i^{\mathrm{F}}}$，则可以通过以下线性插值公式由每一个宏观单元节点上的变量值 ξ_{n_i} 得到微观 CA 单元上的变量值 ξ_ν

$$\xi_\nu = \sum_{i=1}^{4} c_\nu^{n_i^{\mathrm{F}}} \xi_{n_i} \tag{10-20}$$

反之，当获知微观 CA 单元的变量值 ξ_ν 时，宏观节点的变量值通过式（10-21）得到

$$\xi_n = \frac{1}{\Lambda_n} \sum_{i=1}^{N_\nu^{\mathrm{n}}} c_{\nu_i}^{\mathrm{n}} \xi_{\nu_i} \tag{10-21}$$

式中，N_ν^{n} 为宏观节点 n 可见的微观 CA 单元 ν 的个数，包括 n 所属各宏观单元所辖内所有 CA 单元；Λ_{n} 为各插值系数的代数和

$$\Lambda_n = \sum_{i=1}^{N_\nu^{\mathrm{n}}} c_{\nu_i}^{\mathrm{n}} \tag{10-21a}$$

式中，$c_\nu^{n_i^{\mathrm{F}}}$ 表示在一个 FV 单元内各节点上变量值对内部一个 CA 单元 ν 上变量值的贡献；$c_{\nu_i}^{\mathrm{n}}/\Lambda_{\mathrm{n}}$ 表示一个 FV 单元 n 上变量值得到的 CA 单元 ν 上变量值的贡献；CA 单元 ν 指 FV 单元 n 可见的各 CA 单元。

10.4.5.2　宏/微观变量的更新

A　微观时间步长的确定

晶粒在一个微观时间步长内生长长度不应超过一个 CA 单元尺寸 l_{CA}，因此模拟枝晶演变过程需要不断调整微观时间步长，用于微观计算的时间步长满足式（10-22）

$$\delta t = \min(\alpha l_{\mathrm{CA}}/v_{\mathrm{tip}}^{\max}, \Delta t) \tag{10-22}$$

式中，$v_{\mathrm{tip}}^{\max}$ 为糊状区中枝晶尖端生长速度的最大值；α（$0<\alpha<1$）为控制微观时间步长的参数；Δt 为宏观时间步长。

B　宏观单元变量插值到微观单元

通过求解宏观控制方程（8.3 ~8.5 节公式）得到 FV 节点上变量在一个宏观时间步 Δt 内的变化：焓变（ΔH_{n}）、浓度变化（Δw_{n}）和速度变化（$\Delta u_{j,\mathrm{n}}$）。

对变量进行时间线性插值，得到宏观节点 n 上变量在微观时间步长 δt 处的变化值 δH_{n}、δw_{n}、$\delta u_{j,\mathrm{n}}$，再由式（10-20），进行空间线性插值得到微观节点 ν 上变量的变化值 δH_ν、δw_ν、$\delta u_{j,\nu}$。

C　微观单元热焓、浓度与温度、固相分数的转换

由微观 CA 单元上当前微观时刻的热焓 H_ν、浓度值 w_ν，采用表 8-2 公式计算出该单元的温度 T_ν 和固相分数 $f_{\mathrm{s},\nu}$。

D　更新宏微观节点上的变量

通过表 8-2 公式可以得出微观 CA 单元新的温度 T_ν 和固相分数 $f_{\mathrm{s},\nu}$，及其变化量 δT_ν 和

$\delta f_{s,\nu}$。将温度和固相分数变化量 δT_{ν}、$\delta f_{s,\nu}$通过式（10-21）再反馈给宏观节点，得到宏观节点上温度和固相分数的变化量 δT_{n}、$\delta f_{s,n}$。

10.4.6 初始条件和边界条件

10.4.6.1 *初始条件*

全场速度初值 $u=v=0$，初始浓度 $w_0=0.07$，初始温度 $T=620℃$，初始液相分数 $f_l=1$。

10.4.6.2 *边界条件*

四壁均为固体壁面，无壁面速度。仅左壁面与外界换热，给定以焓为变量的冷却速率 $\dot{h}$，其余三个壁面为绝热条件。各壁面上浓度梯度为零。

10.4.7 宏/微观耦合求解过程

宏/微观耦合求解过程如下：

（1）由冷却条件，通过宏观传输控制方程在 FV 节点上计算出热焓、浓度和速度分量，并插值到微观 CA 单元上。

（2）在 CA 单元上，由热焓和浓度计算得出新的温度和固相分数；根据液相单元的过冷度变化计算形核，根据固相单元的过冷度和局部流速计算生长和捕获，来更新 CA 单元状态（液相向固相）及温度和固相分数。

（3）将 CA 单元上的温度和固相分数反馈回 FV 节点。

（4）随着冷却进行，晶体不断形核和生长，直至全场完全凝固。当宏观全场固相分数 $f_s=1$ 时，计算结束。

宏/微观耦合计算采用的完整流程如图 10-16 所示。

10.5 介观 CA-FV/FD 单向弱耦合模型

10.5.1 宏观温度场

宏观温度场通过求解非稳态导热微分方程获得。例如，可采用 8.6.2 节以焓为求解变量的二维非稳态导热微分方程结合 8.6.3 节的 Kobayashi 的固相有限扩散微观偏析模型，联立公式（8-31）~式（8-34），采用控制容积法（FV）或有限差分法（FD）离散控制方程，最终求解得到宏观温度场。

10.5.2 微观形核、晶粒生长

微观形核常采用瞬间形核模型和连续形核模型。由过冷度的变化产生连续形核。晶粒生长动力学可采用 KGT 模型，由局部过冷度计算生长速率。采用偏心生长捕获算子描述晶粒的竞争长大。

10.5.3 宏/微观单向耦合

宏/微观单向耦合模型仅将温度作为联系宏观、微观计算过程的纽带；而且，仅是单向地将宏观 FV 或 FD 节点上的温度直接插值到微观 CA 节点上；微观形核、生长均由过冷度（局部温度与液相线温度的差值）决定。微观形核、生长引起的固相分数和温度等的变

化不反馈回宏观节点[36]。从宏观到微观的插值包括宏/微观时间、空间的双重插值，其空间线性插值方式如图 10-18 所示。

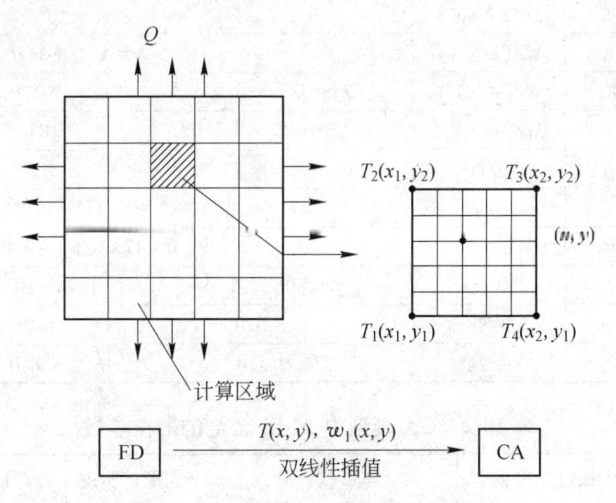

图 10-18 宏观、微观变量插值关系

宏观、微观单向耦合模型虽然是一种简化的弱耦合模型，但也可以反映出凝固组织与冷却条件变化的定量关系，同时计算简便、快捷，因此模型也得到广泛应用。

10.6 柱状晶/等轴晶（CET）转变机制

采用 10.5 节介绍的宏/微观单向耦合模型，联立热传导方程及微观偏析模型，求解焓场、温度场溶质场和固相分数变化，模拟 Al-7% Si 合金铸锭的传热凝固过程。采用高斯连续形核分布描述形核过程，采用 KGT 模型的幂函数简化形式计算枝晶尖端生长速率，对于 Al-7% Si 合金，其幂函数表达式为 $v_{tip} = 2.9 \times 10^{-6} \times \Delta T^{2.7}$ m/s。采用偏心生长及捕获算子描述晶粒的竞争生长，从而预测二元合金的凝固组织演变。最终分析柱状晶/等轴晶（CET）转变机制及其影响因素[38]。

模拟采用的热物性参数和形核参数分别见表 10-1 和表 10-2 。

表 10-1 CA-FD 耦合模型中 Al-Si 合金的热物性参数

参 数	符号	单位	Al-3% Si	Al-5% Si	Al-7% Si
初始浓度	w_0	%	3	5	7
纯铝熔点	T_m	℃	660.35		
液相线温度	T_{liq}	℃	642.816	632	618
初始温度	T_{ini}	℃	800		
一次枝晶臂距	λ_1	m	$220 \times 10^{-6} \times (\dot{T}_{S,表面})^{-0.55}$		
二次枝晶臂距	λ_2	m	$5 \times (Mt_{SL})^{1/3}$		
λ_2 表达式中系数	M	m^3/s	7.73×10^{-18}	6.30×10^{-18}	5.43×10^{-18}
局部凝固时间	t_{SL}	s	（局部时间-凝固开始时间）		
Si 在固相的扩散系数	D_S	m^2/s	$D_S = D_0 \exp(-Q/RT)$		
D_S 表达式中扩散常数	D_0	m^2/s	2.0×10^{-4}		
活化能	Q	J/mol	1.335×10^5		

续表 10-1

参　数	符号	单位	Al-3% Si	Al-5% Si	Al-7% Si
比热容	c_p	$J/(m^3 \cdot K)$	2.6×10^6		
导热系数	λ	$W/(m \cdot K)$	$\lambda = \lambda_s f_s + \lambda_l f_l$		
液相导热系数	λ_l	$W/(m \cdot K)$	$\lambda_l = 41.5 + 0.0312T$	90	$\lambda_l = 36.5 + 0.028T$
固相导热系数	λ_s	$W/(m \cdot K)$	$\lambda_s = 253 - 0.110T$	104	$\lambda_s = 233 - 0.110T$
密　度	ρ	kg/m^3	2452.5		
分配系数	k_p		$k_p = 0.1125 + 0.25w_{Si}$		
凝固潜热	ΔH_{LS}	kJ/kg	$397.0 - 473.68w_{Si} - 2004.5w_{Si}^2$		
Gibbs-Thomson 系数	Γ	K · m	1.96×10^{-7}	1.96×10^{-7}	1.96×10^{-7}
液相线斜率	m	K/%	−6.0	−6.25	−6.50
Si 在液相扩散系数	D_L	m^2/s	7.0×10^{-9}	6.725×10^{-9}	6.45×10^{-9}

表 10-2　CA 模型中 Al-Si 合金的形核参数

体形核过冷度最大值 ΔT_V/K	体形核过冷度偏差 $\Delta T_{V,\sigma}$/K	体形核密度 n_V^*/m^{-2}	面形核密度 ΔT_S/K	面形核过冷度偏差 $\Delta T_{S,\sigma}$/K	面形核密度 n_S^*/m^{-1}
参数拟合	0.1	调整参数与实验结果拟合	1	0.1	$n_S^* = 1/\lambda_1$

柱状晶/等轴晶转变（CET）采用 CA-FD 模型预测的凝固路径以及 Hunt 模型和 Stefanescu 模型给出的临界温度梯度曲线这两种准则来判定。这两种判定准则均依赖于形核过冷度和合金浓度参数，并且相互符合得很好。Al-Si 合金 CET 转变参数见表 10-3。

表 10-3　Al-Si 合金 CET 转变参数（ΔT_V、w_0 和 $\dot{T}$）

冷却速率 $\dot{T}$/$K \cdot s^{-1}$	w_0/%	ΔT_V/K		冷却速率 $\dot{T}$/$K \cdot s^{-1}$	w_0/%	ΔT_V/K	
		全 C→C+E	C+E→全 E			全 C→C+E	C+E→全 E
0.7	3	4~6	2.4~3	2.3	7	12~13	4~7
	5	7~8	4~5	5.0	7	13~14	4~6
	7	10~11	4~6				

10.6.1　由 CA-FD 耦合模型预测的凝固组织形貌判定 CET 转变

CET 转变由相互竞争的晶粒形核过程和生长过程来控制。在合金中最终形成三种稳定的生长形态：全柱状晶生长区（全 C）、柱状晶和等轴晶混合生长区（C+E）、全等轴晶生长区（全 E）。

10.6.1.1　由混合区向全柱状晶区的 CET 转变

由图 10-19 所示的 Al-7% Si 合金凝固组织形貌可见，在形核密度 n_V^* 处于 30~300cm^{-2} 范围时，形核密度 n_V^* 对于由全 C 向 C+E 转变的影响还不明确。对比 Al-3% Si、Al-5% Si、Al-7% Si 合金，在三种冷却速率（0.7K/s、2.3K/s、5.0K/s）下凝固形貌[38]，可以发现，合金初始硅溶质浓度 w_0、形核过冷度 ΔT_V 和合金体冷却速率 $\dot{T}$ 对 CET 的影响显而易见。随 w_0 的增加、ΔT_V 的降低和 $\dot{T}$ 的增加，极易产生由全 C 向 C+E 的转变。这表明，由全 C 向 C+E 的转变几乎由枝晶尖端生长速率唯一确定。基于图 10-19 的凝固组织形貌，图 10-20 给出了随参数 ΔT_V、w_0 和 $\dot{T}$ 的变化，全 C 向 C+E 转变的规律。

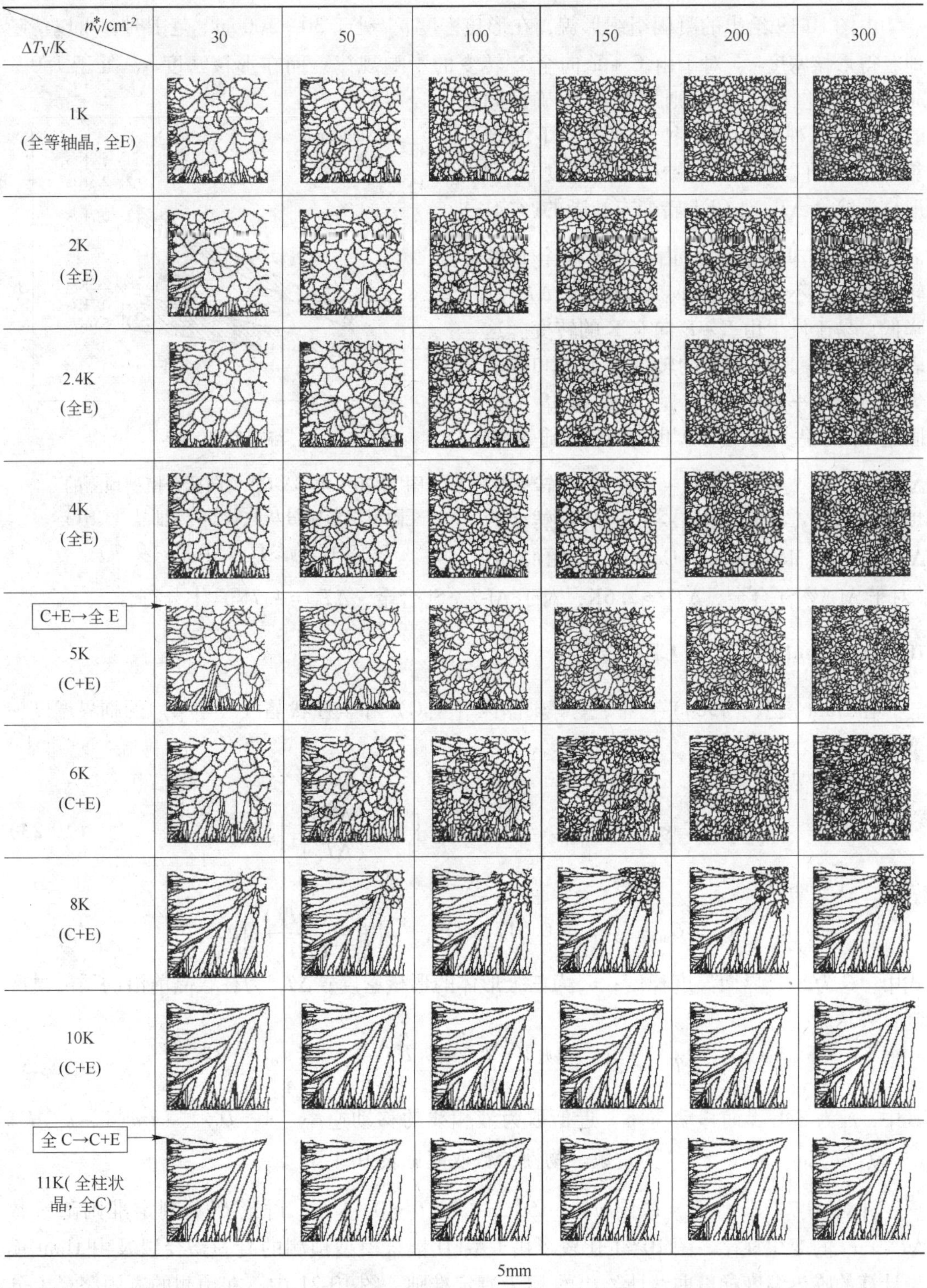

ΔT_V/K \ n_V^*/cm^{-2}	30	50	100	150	200	300
1K (全等轴晶, 全E)						
2K (全E)						
2.4K (全E)						
4K (全E)						
C+E→全 E 5K (C+E)						
6K (C+E)						
8K (C+E)						
10K (C+E)						
全 C→C+E 11K(全柱状晶, 全C)						

5mm

图 10-19 CA-FD 单向耦合模型预测的 Al-7% Si 合金铸锭凝固组织

（1/4 截面形貌，铸锭体冷却速率 $\dot{T}$ = 0.7K/s）

10.6.1.2 由混合区向全等轴晶区的CET转变

由图10-19给出的凝固组织形貌，在形核密度 n_V^* 处于30～100cm^{-2}范围时，可以清晰地获得形核密度 n_V^* 对于由C+E向全E转变的影响规律；而在形核密度 n_V^* 处于150～300cm^{-2}范围时，作用则不是很明确。同时，对比三种合金在三种冷却速率下的形貌[38]，也可以发现，初始硅溶质浓度 w_0 和形核过冷度 ΔT_V 对CET转变有清晰的影响，而合金体冷却速率 $\dot{T}$ 对由C+E向全E的转变影响还不明确。随 w_0 的增加和 ΔT_V 的降低，易于发生由C+E向全E的转变。这表明，由C+E向全E的转变由形核和枝晶尖端生长速率共同确定。基于图10-19的凝固组织形貌，图10-20也给出了随参数 ΔT_V、w_0 和 $\dot{T}$ 变化由C+E向全E转变的规律。本计算得到的由C+E向全E转变的 ΔT_V 范围与Martorano和Gandin[14]的预测值（对于Al-3%Si合金，$\Delta T_V=2.6$K；对于Al-7%Si合金，$\Delta T_V=4.7$K）十分符合。

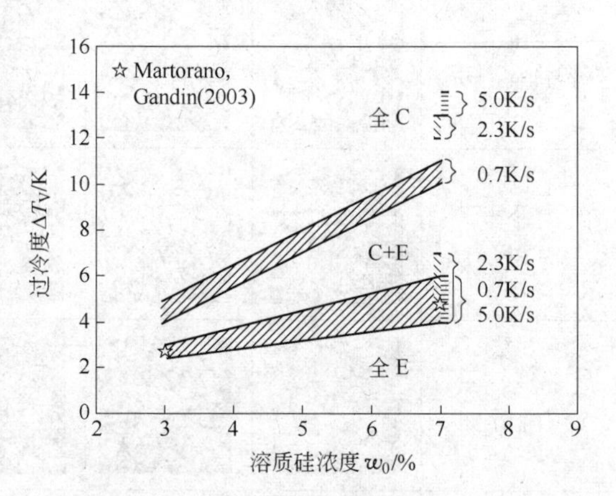

图10-20 由CA-FD单向耦合模型预测的凝固组织形貌分析柱状晶/等轴晶（CET）转变的影响参数（ΔT_V、w_0 和 $\dot{T}$）

10.6.2 Hunt模型判定CET转变

在Hunt模型（1984）[40]中，全等轴晶区（全C）和全柱状晶区（全E）的临界温度梯度条件如下：

全等轴晶区

$$G < G_{\text{critical-fully E}} = 0.617 n_V^{1/3}\left[1 - \frac{(\Delta T_V)^3}{(\Delta T_C)^3}\right]\Delta T_C \tag{10-23}$$

全柱状晶区

$$G > G_{\text{critical-fully C}} = 0.617(100 n_V)^{1/3}\left[1 - \frac{(\Delta T_V)^3}{(\Delta T_C)^3}\right]\Delta T_C \tag{10-24}$$

式中，G 为S/L界面温度梯度；n_V 为三维形体的形核密度；ΔT_C 为柱状晶前沿的局部过冷度，表示为

$$\Delta T_C = 2\left[-\frac{2m(1-k_p)w_0\bar{v}_L\Gamma}{D_L}\right]^{1/2} = \left(\frac{\bar{v}_L w_0}{A}\right)^{1/2} \tag{10-25}$$

其中，$\bar{v}_L$ 为S/L界面移动速率，近似取为液相线的移动速率。$A = D_L/(-8m(1-k_p)\Gamma)$（单位：%·m·s^{-1}·K^{-2}）为常数。物性参数取值见表10-1。

针对Al-7%Si合金，取定 $n_V^*=150$cm^{-2} 和 $\dot{T}=0.7$K/s，讨论CET判定准则随参数 ΔT_V、w_0 的变化规律。图10-21比较了由CA-FD耦合模型预测的凝固路径以及由Hunt模型计算的临界温度梯度曲线所给出的CET判定准则。图10-21中，在预测的凝固路径上分别采用符号Δ、■和◓表示全C区、全E区以及C+E区；而在计算的临界温度梯度曲线上分别用G_fully E和G_fully C表示全E区和全C区。在CET判定图的下面还示出了典型

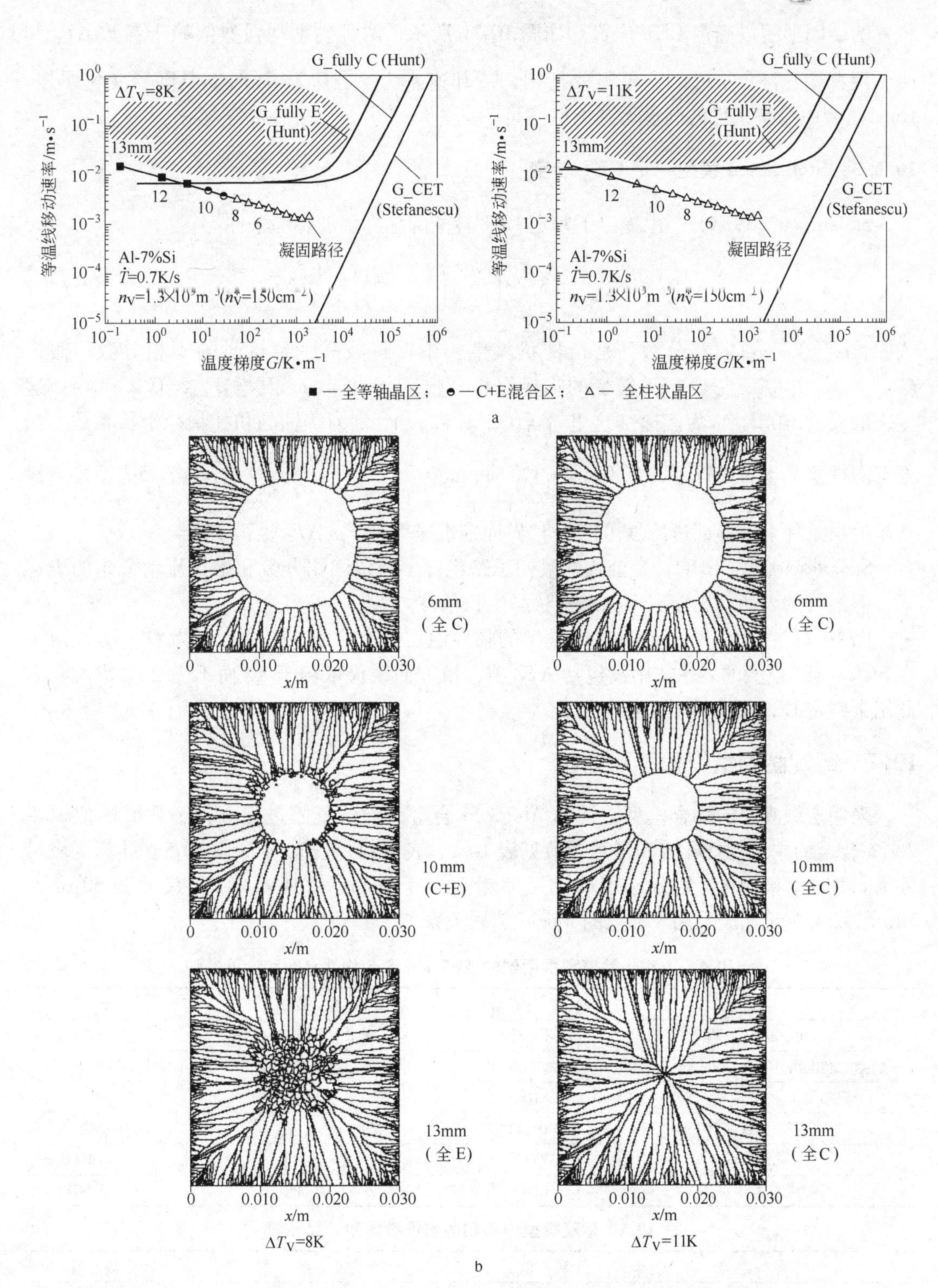

图 10-21 针对 Al-7% Si 合金，比较 CA-FD 预测的凝固路径、Hunt 模型和 Stefanescu 模型的 CET 判定准则，并给出典型位置的凝固形貌

a—预测的凝固路径及 CET 判定准则；b—典型位置的凝固形貌

位置的凝固形貌以确定 CET 位置。如图 10-21 所示，两种判据均强烈依赖于参数 ΔT_V 和 w_0，两者相互符合很好。这里需要指出，冷却速率为 $\dot{T}=0.7\text{K/s}$ 时，温度场变化缓慢，Hunt 模型中稳态条件的假设得到近似满足。

10.6.3 Stefanescu 模型判定 CET 转变

Stefanescu（1984）[41]也提出了判定 CET 转变的临界温度梯度条件

$$G \leqslant G_{\text{CET}} = 3.22\left[\frac{n_V}{f_{S,\text{coh}}}\left(1-\frac{v_L}{\bar{v}_L}\right)\right]^{1/3}\frac{\mu_e}{\mu_c}\Delta T \tag{10-26}$$

式中，$f_{S,\text{coh}}$为一致固相分数，是指柱状晶生长中保持枝晶一致性时的固相分数。假设 $f_{S,\text{critical}}=f_{S,\text{coh}}$（$f_{S,\text{critical}}$是 CET 转变的临界固相分数），Stefanescu 推荐$f_{S,\text{coh}}=0.2\sim0.4$。这里，取$f_{S,\text{coh}}=0.3$。$v_L$为流速（这里 $v_L=0$）；μ_e和μ_c 分别为等轴晶和柱状晶生长系数。在稳态的柱状晶生长条件下，当不计热过冷时，$\mu_c=\dfrac{k_pD_L}{\pi^2\Gamma m(k_p-1)w_0}$ 且 $\mu_e=0.5\mu_c$。稳态柱状晶生长条件下，局部过冷度可由 S/L 界面推进速率 $\bar{v}_L=\mu_c\Delta T^2$ 推得 $\Delta T=\sqrt{v_L/\mu_c}$。

Stefanescu 判定 CET 转变公式的最初思路包含了一致固相分数和熔体流动概念的表达式，但最终的表达式无需限定稳态柱状晶生长条件。

图 10-21 中也给出了 Stefanescu 模型的临界温度梯度曲线，图中标识为 G_CET。由于在 Stefanescu 模型的表达式中没包括 ΔT_V 项，模型曲线仅依赖于 w_0 而不受 ΔT_V 影响，因此用来判定 CET 转变有其局限性。

10.7 铸锭凝固组织预测及分析

采用宏微观双向耦合模型，针对 Al-7%Si 合金铸锭的凝固过程进行了数值模拟。Al-7%Si 合金的主要物性参数和计算参数见表 10-1、表 10-2、表 10-4 和表 10-5。计算区域尺寸为 0.01m × 0.01m，划分宏观单元尺寸为 1mm × 1mm，微观 CA 单元尺寸为 50μm × 50μm，CA 单元邻居采用 8 邻点的 Moore 邻居关系。

表 10-4 宏观传输模型中用到的 Al-7%Si 合金物性参数和计算参数

参 数	数 值	参 数	数 值
动力黏度 μ_l/Pa · s	1.38×10^{-3}	共晶线上液相浓度 w_e/%	12.6
凝固潜热 ΔH_{LS}/J · kg^{-1}	387400	共晶线上固相浓度 w_{es}/%	1.48
线膨胀系数 β_T[42]/K^{-1}	1×10^{-4}	浓度参考值 w_{ref}/%	7
溶质膨胀系数 β_w[42]/%$^{-1}$	-4.0×10^{-4}	渗透率系数 K_0/m^2	5.56×10^{-11} [25]
共晶温度 T_e/℃	577.0	左壁面以热焓表示的冷却速率 $\dot{h}$/J · (kg · s)$^{-1}$	−4000
温度参考值 T_{ref}/℃	620	宏观 FV 时间步 Δt/s	0.002

表 10-5 微观模型中用到的物性参数和计算参数

参 数	数 值	参 数	数 值
稳定性常数 σ^*	0.0253	体形核密度 n_V^*/m^{-2}	1.5×10^6
Schmidt 数 S_c	90.6	体形核过冷度最大值 $\Delta T_{V,\max}$/K	6.0
面形核密度 n_S^*/m^{-1}	9.6×10^3	面形核过冷度最大值 $\Delta T_{S,\max}$/K	1.0

10.7.1 宏/微观耦合典型模拟结果

CA-FV 耦合模型计算得到 Al-7% Si 合金的温降曲线以及温度、浓度、液相分数、凝固组织随时间演变云图以及速度矢量图，如图 10-22 所示。仅宏观控制容积法计算结果如图 10-23 所示。

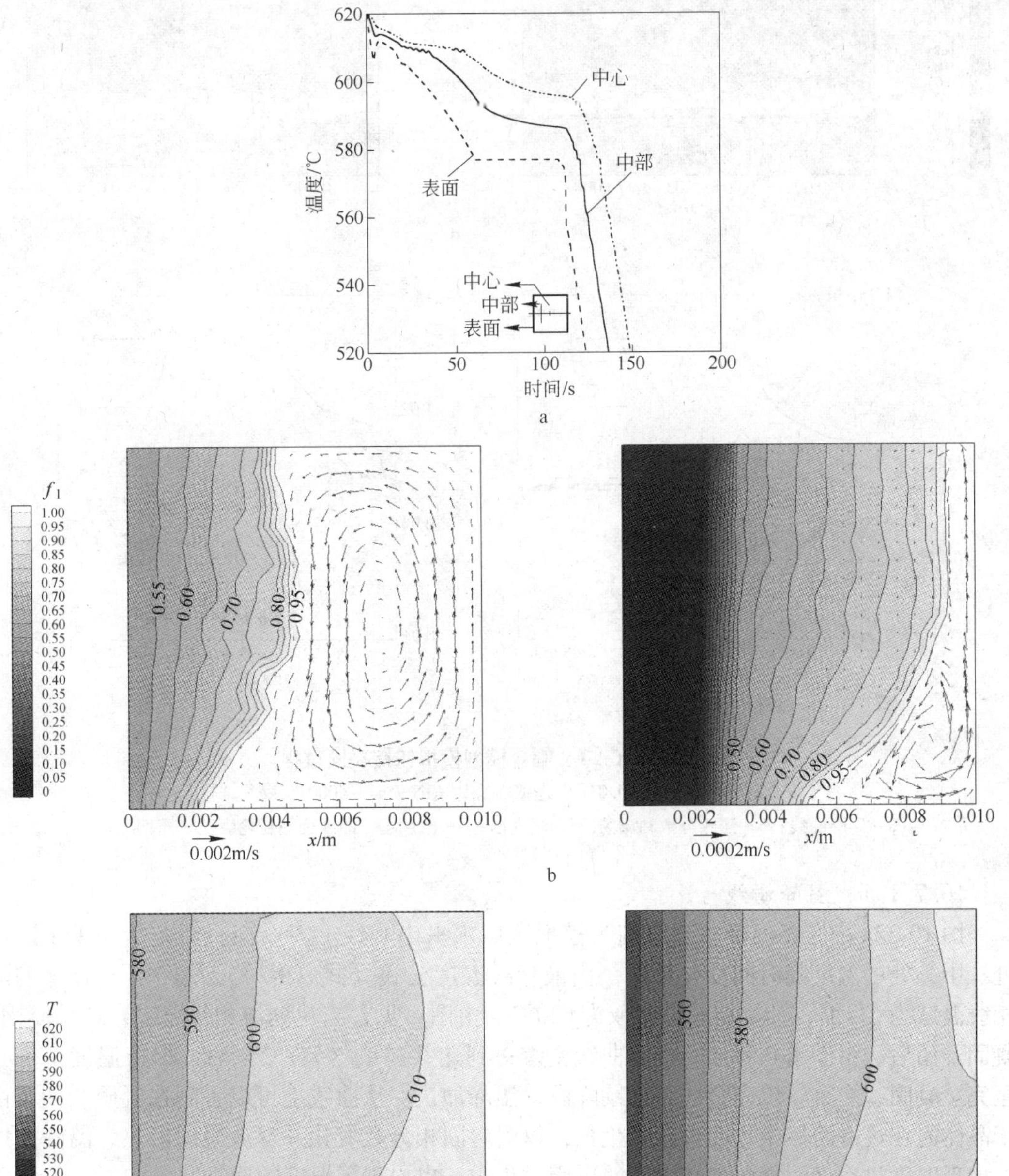

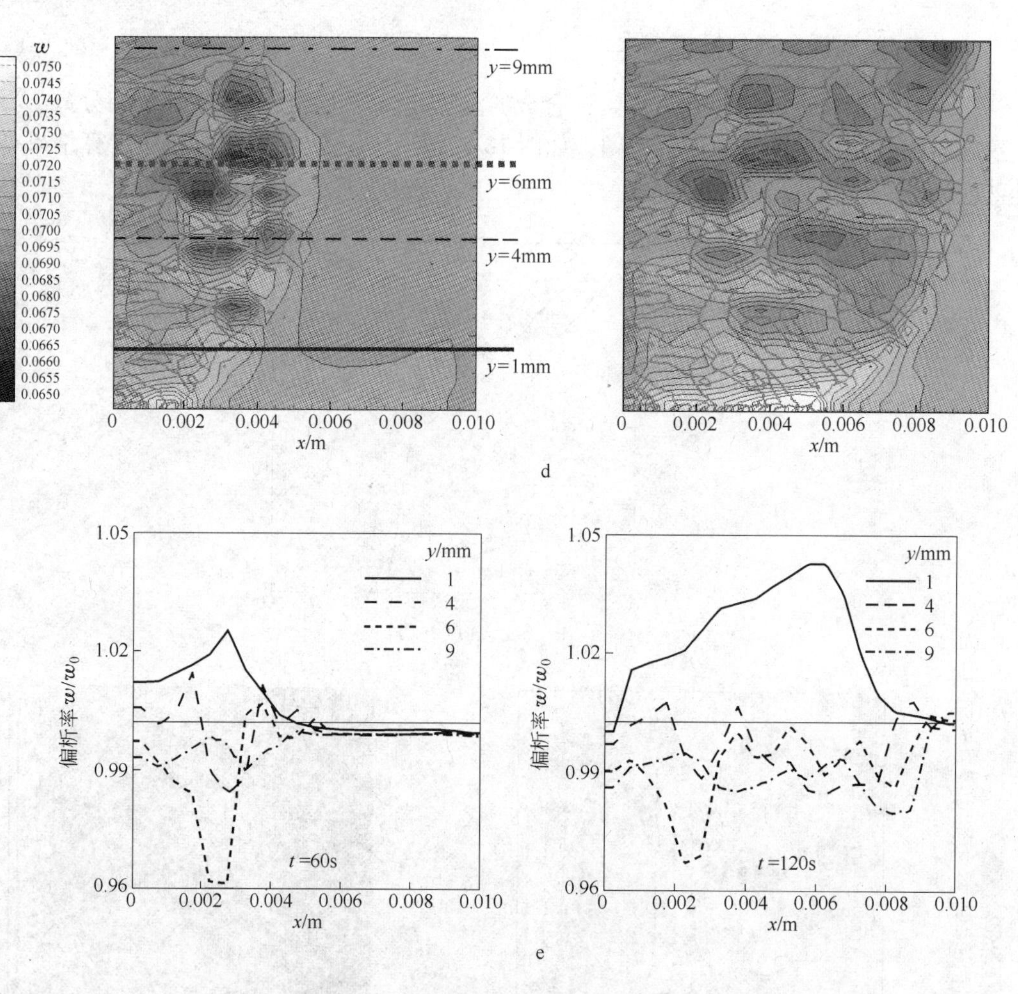

图 10-22　CA-FV 耦合模型模拟铸锭凝固过程

（铸型尺寸 0.01m×0.01m，左壁面冷却速率 $\dot{h}$ = -4000J/(kg·s)）

a—温降曲线；b—液相分数和流场；c—温度场；d—浓度场，圈线为晶粒轮廓；e—偏析率

10.7.1.1　温降曲线

图 10-22a 中三条温降曲线分别为模拟区域水平中心线上左壁面、距左壁面 1/4 区域处、中心处的温度随时间变化曲线。由液相线温度公式（式（9-2）），Al-7% Si 合金的液相线温度为 614℃，计算初始温度取为 620℃。由图可见，当达到液相线温度，开始凝固；凝固开始后，由于潜热释放，温降曲线变缓；到达共晶线（577℃）后，保持温度不变直至完全凝固，之后，以完全固相继续降温，温降加快。从曲线上可以看到在凝固初期，由于晶体需在过冷熔体中才能形核和生长，以引起固相分数变化并释放凝固潜热，温降曲线上出现温度过冷又回复的再辉过程；凝固过程中，也出现了温度的回复。

10.7.1.2　流场

合金凝固过程中的流体流动受热、溶质浮力双重驱动。本计算中，温度和浓度参考点均取为初始值。而随凝固进行，温度不断下降，液相浓度不断富集，并且合金线膨胀系数为正、溶质膨胀系数为负。这样，动量方程中热浮力及溶质浮力的方向均与重力方向相

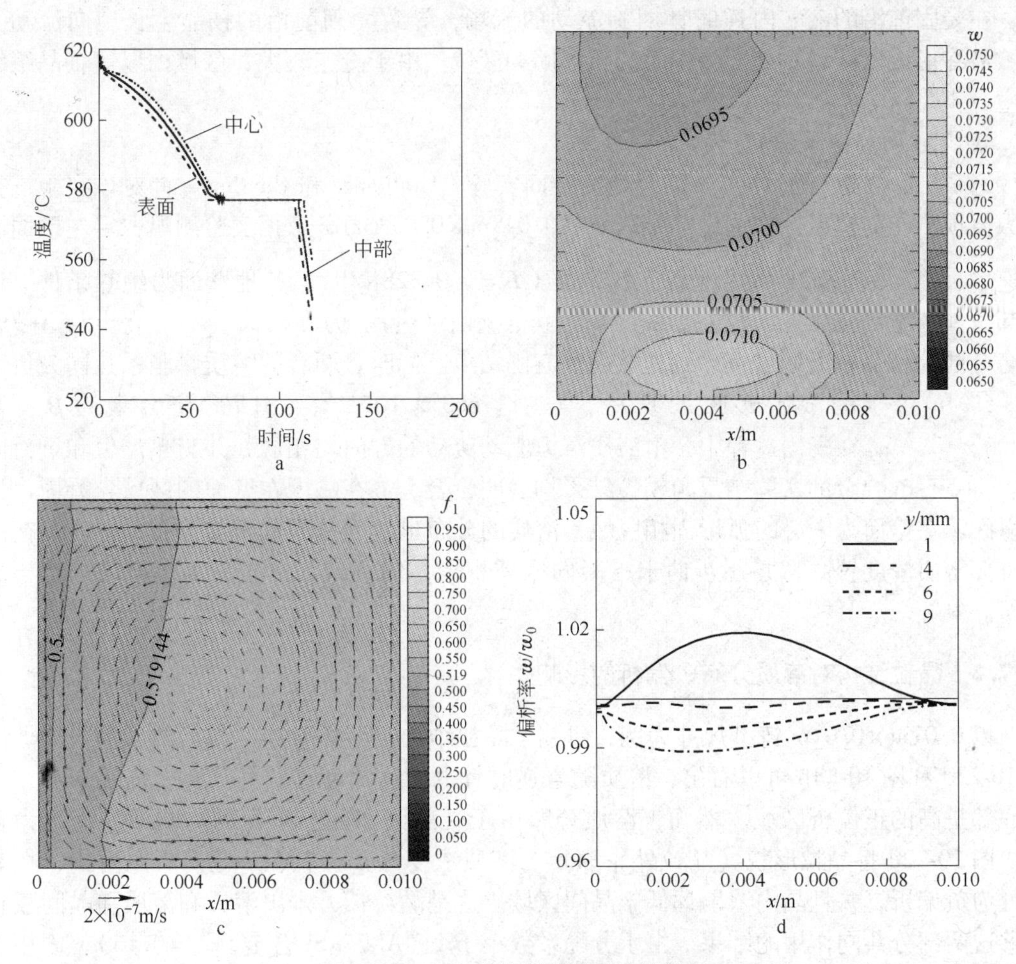

图 10-23 仅宏观控制容积法计算结果

（铸型尺寸 0.01m×0.01m，$t=60$s）

a—温降曲线；b—浓度场；c—液相分数和流场；d—偏析率

同，导致凝固前沿的合金液受向下的体积力的驱动。在左壁面冷却条件下，在不断缩小的液穴内形成逆时针的回旋流动（图 10-22b）。

10.7.1.3 温度场

由图 10-22c 可见，由于仅左壁面冷却，在近左壁面区域，温度分布受热流影响较大，呈现定向凝固平界面推进的特点；而在糊状区及凝固界面前沿，受热、溶质浮力双重驱动下流体流动的影响，在区域下部温度梯度较大。

10.7.1.4 浓度场

合金凝固过程中的流体受热浮力、溶质浮力双重驱动，在液穴内形成逆时针回旋流动。凝固前沿液相中不断富集的溶质受流动驱动，被流体带到区域下方并向区域右端迁移，使得区域内溶质浓度在上部较低、下部较高并逐步向区域右下端末端凝固区域积聚。同时，在已凝固区域和糊状区内，明显可见晶内、晶间偏析（图 10-22d 和图 10-22e）。

10.7.1.5 凝固组织

枝晶的迎流生长特性在这里得到很好的诠释。在左壁面冷却条件下，凝固从左壁面开始，在凝固前沿的液穴内逆时针回旋流动的流场，导致凝固前沿的枝晶生长迎向流动方向，最终形成以区域左壁面为中心的弧形固相区域。由于冷速较大，区域内以等轴晶组织为主。

10.7.1.6 结果验证

Yin 等人[43]进行了 Ga-5% In 合金的凝固实验，Guillemot 和 Gandin[32]针对该实验进行了数值预测。其模拟计算选定二维区域（0.048m×0.033m），依据实验测温取定左壁面冷却速率（$\dot{T}=-2.362\text{K/h}$）远高于右壁面（$\dot{T}=-0.328\text{K/h}$），其他壁面为绝热条件。该冷却条件与本研究相近（仅左壁面冷却，其他壁面绝热）。另外，Ga-5% In 合金与 Al-7% Si 合金同为枝晶相凝固过程，到达共晶点凝固结束。同时，两者的溶质膨胀系数同为负值（Ga-5% In 合金的溶质膨胀系数 $\beta_{w,\text{In}}=-1.663\times10^{-1}$[43]，Al-7% Si 合金为 $\beta_{w,\text{Si}}=-4.0\times10^{-2}$），在凝固过程中，由溶质浮力驱动流动的方向均相同，并与热浮力和重力同向。Ga-5% In 合金的实验结果与模拟结果均表明，合金液在靠近左壁面的区域先凝固，形成以区域左壁面为中心的弧形固相区域，溶质的分布也呈现晶间偏析的分布，同时，在区域下部溶质浓度较高，并逐步向末端凝固区域积聚，偏析较为严重。本模拟结果均与之相符。

10.7.2 晶粒结构对溶质分布、偏析的影响

以 0.01m×0.01m 铸型尺寸为例，研究了晶粒结构对溶质分布、偏析的影响规律。由图 10-22d 和图 10-23b 可以看出，溶质随着逆时针的熔体流动迁移。从整个铸锭来看，区域底部是高的正偏析区域。然而，溶质分布由于受凝固和晶粒生长的影响而变得更为复杂。图 10-22d 将晶粒形貌（晶粒外轮廓）与溶质浓度分布交叠在一起。可以看出，在晶粒处为负偏析，并且晶内浓度远低于晶间区域。这是晶粒长大排出溶质和溶质随晶间液相迁移这两部分共同作用的结果。由于分配系数小于 1（Al-7% Si 合金，$k_p=0.13$），固相多余的溶质排向晶间液相。而晶间流体流动由浮力驱动，不是很强烈，不足以带动全部富集的溶质随之流动或使其均匀混合。因此溶质在晶间和晶内区域分布不均匀。图 10-22e 给出图 10-22d 中 $y=1\text{mm}$、4mm、6mm 和 9mm 四条水平线上的偏析率（即局部溶质浓度与初始浓度之比）分布。图 10-22e 中 $y=4\text{mm}$、6mm 和 9mm 曲线上偏析率在较大和较小值间的上下波动正对应于图 10-22d 中晶间到晶内位置的变化。

此外，图 10-22e 中在 $y=1\text{mm}$ 曲线上偏析率的最大值对应于铸锭底部的凝固前沿位置，这是溶质随熔体逆时针循环流动时溶质富集的位置。在剩余液相的大部分区域中，由于存在相对强的熔体流动，溶质分布近乎均匀，但从图 10-22b 可以看出，在铸锭底部的凝固前沿是一个流动“死区”。从 60s 和 120s 时的图 10-22e 可以看出，溶质滞留在那里，成为最终的高溶质区。凝固前沿与铸型底部接壤的位置正是正偏析最大值位置，尽管最终的凝固区在铸型的右下角处。

总之，多晶粒凝固组织在晶粒尺度范围强烈影响了溶质浓度分布。与初始浓度相比，溶质局部相对浓度在晶间为正、在晶内为负。总体而言，先凝固区域呈现负偏析。

10.7.3 与仅模拟宏观传输结果的比较

图 10-23 给出在相同冷却条件下，仅进行宏观传输计算，依据杠杆定律获得温度和固

相分数的更新，而不计算微观形核、生长过程的模拟结果。可以看出，仅宏观传输的模型不能模拟出再辉现象，凝固时间较短。虽然模型能预测出液穴内热浮力和溶质浮力驱动的熔体的逆时针循环流动。通过对比图 10-22b 和图 10-23c 中速度的数量级可知，仅宏观传输模拟预测出的流动很弱。溶质在糊状区进行再分配并随流动迁移，形成了铸锭底部的正偏析和顶部的负偏析。对比在 60s 时的图 10-23d 和 图 10-22e 可见，仅模拟宏观传输的模拟仅能预测出宏观尺度偏析，从图 10-23d 中能清晰地看到溶质富集的趋势，曲线平滑。然而，不能模拟出如图 10-22d 和图 10-22e 所示的晶粒间或枝晶臂内的微观偏析，而这正是晶内、晶间偏聚、铸件热裂的成因。

10.7.4 流动对合金凝固过程的影响

采用宏/微观耦合模型，对比了有无流场条件下合金凝固过程模拟结果。无流场影响的凝固过程是指全场保持熔体静止状态，仅是温度场和浓度场相耦合的过程，模拟结果如图 10-24 所示。

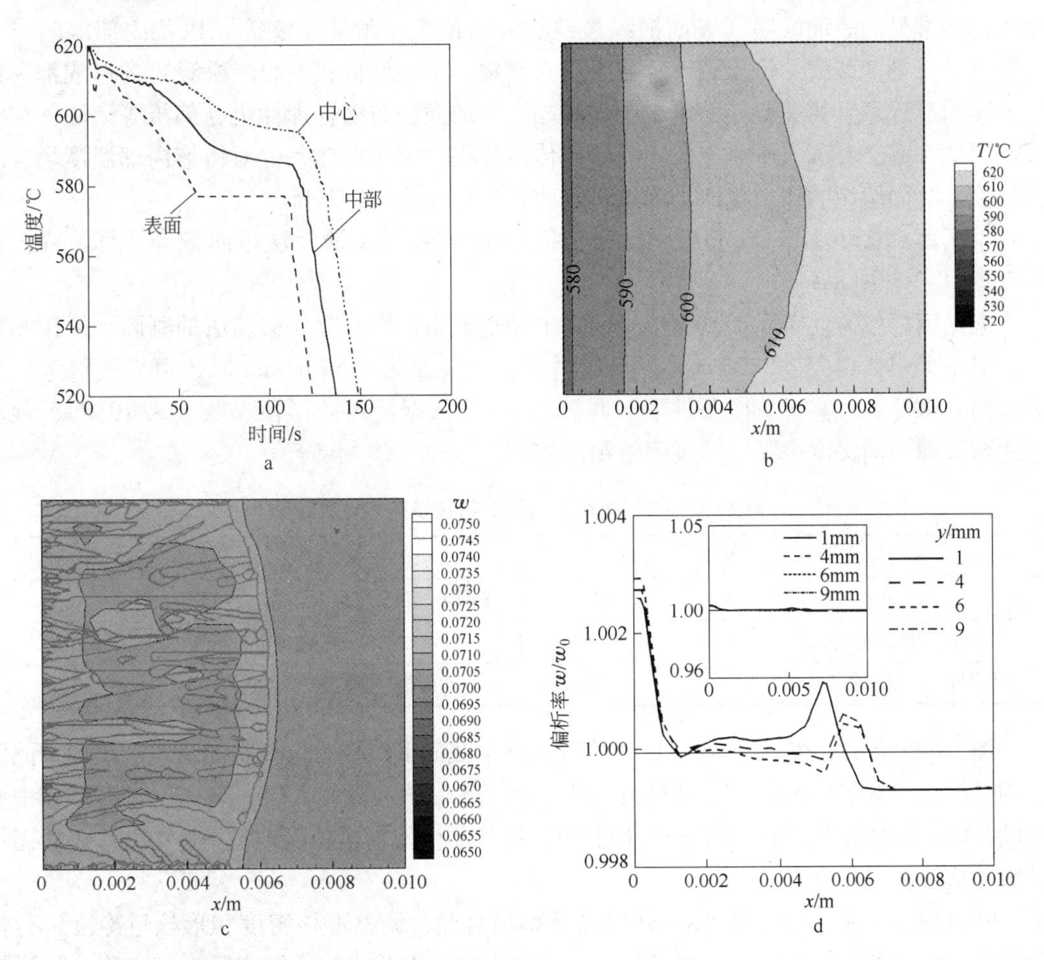

图 10-24 采用 CA-FV 耦合模型，未耦合流场的计算结果

（铸型尺寸 0.01m×0.01m，t=60s，左壁面冷却速率 $\dot{h}$ = −4000J/(kg · s)）

a—温降曲线；b—温度场；c—浓度场，折线为晶粒轮廓；d—截面上偏析率

对比图10-24 和 图10-22，在不考虑流动的情况下，分别靠传导和扩散进行温度传递和溶质迁移。在左壁冷却条件下，呈现定向凝固趋势，温度、溶质分布均呈现出与凝固前沿（平行左壁面方向）平行的梯度分布。溶质在左壁浓度最低、右壁最高。最终凝固区域在铸型的正右方。而耦合流场的计算条件下，受热、溶质浮力作用，区域上、下部均呈现温度、溶质浓度的非均匀分布，凝固最终结束在铸型的右下角部。

合金液流动还显著改变了凝固组织形貌。不考虑流动模拟出的组织形貌呈定向凝固趋势，以柱状晶为主，沿热流方向生长；而考虑流动的耦合模型给出柱状晶和等轴晶的竞争生长，并受流场影响，沿逆流方向生长较快。

10.8 连铸坯组织预测

随着连铸技术的成熟，连铸生产已经实现了高产、高效。目前，各生产厂商所关心的问题是如何生产出高质量的产品。高质量的产品是指铸坯的高洁净度和无缺陷。在连铸坯的生产过程中，铸坯的洁净程度可以在炉外精炼中实现，而铸坯的缺陷要在连铸过程中控制。铸坯常见的表面缺陷（表面横纵裂纹、表面龟裂、角部裂纹等）以及内部缺陷（中心裂纹、三角区裂纹、挤压裂纹、非金属夹杂物、中心偏析和中心疏松等）的形成都和铸坯的凝固过程息息相关。凝固组织中柱状晶、等轴晶分布的合理性也与偏析等缺陷密切相关。因此，有必要深入研究连铸坯的凝固传热过程，阐明换热条件对铸坯内部温度场、凝固坯壳、凝固组织的作用规律，为进一步改善铸坯质量奠定基础。

采用薄片移动法与CA模型相耦合模拟组织形貌。CA-薄片法单向耦合计算流程图可参考图10-2 和图8-3。

根据钢厂连铸坯实际工艺参数，建立了元胞自动机耦合薄片移动法的凝固组织预测模型。对于Fe-1%C 合金280mm×250mm 铸坯，在拉速为0.52m/min 时，边界换热考虑结晶器内、水冷、气雾、空冷条件下（见8.8 节），依据给定的形核参数（表10-6），预测了距弯月面不同深度位置上的凝固组织形貌。

表10-6 微观模型中用到的物性参数和计算参数

参 数	数 值	参 数	数 值
面形核密度 n_s^*/m^{-1}	3.8×10^3	面形核过冷度最大值 $\Delta T_{S,max}$/K	1.0
体形核密度 n_V^*/m^{-2}	1.5×10^6	体形核过冷度偏差 $\Delta T_{V,\sigma}$/K	0.1
体形核过冷度最大值 $\Delta T_{V,max}$/K	6.0	面形核过冷度偏差 $\Delta T_{S,\sigma}$/K	0.1

图10-25 表明，按表10-6 中形核参数，整个截面上铸坯为全柱状晶组织。壁面细晶区中的晶粒经过竞争生长，部分晶粒被淘汰。由于体形核过冷度 $\Delta T_{V,max}$ 较大，没有形成中心等轴晶区。与图8-18 固相分数分布相对照，柱状晶生长前沿位置与 $f_S=0.01\sim0.2$ 的固相分数等值线位置相符。

通过与实际铸坯截面等轴晶/柱状晶比率相对照，调整形核密度和形核过冷度进行数值拟合，可以获得与实际铸坯组织相符的凝固组织。因此能够推知实际生产过程中的形核参数，为调整工艺参数以获得需要的组织结构提供参考。

总之，凝固组织模拟对指导生产实际极具参考价值。

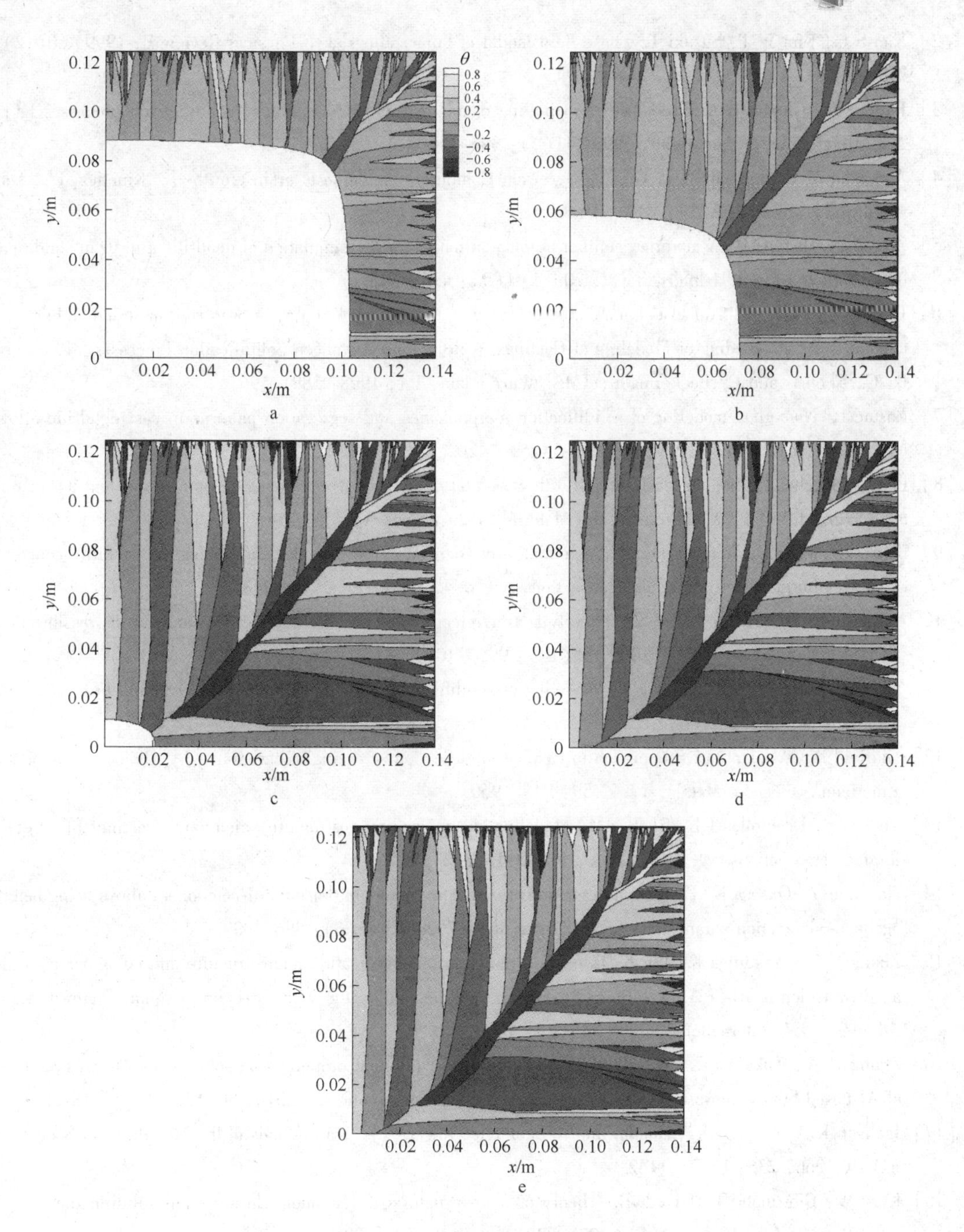

图 10-25　沿拉坯方向组织演变

a—结晶器出口（距弯月面 0. 8m）；b—二冷区上部（距弯月面 2. 945m）；

c—二冷区下部（距弯月面 6. 015m）；d—距弯月面 9. 35m；e—距弯月面 10. 64m

参 考 文 献

[1] Hoyt J J, Asta M, Karma A. Method for computing the anisotropy of the solid - liquid interfacial free energy [J]. Physical Review Letters, 2001, 86(6): 5530 ~ 5533.

[2] Kim S G, Kim W T, Suzuki T. Phase-field model of binary alloys[J]. Physical Review E, 1999, 60(12): 7186 ~ 7197.

[3] Rappaz M, Gandin C A. Probabilistic modelling of microstructure formation in solidification processes [J]. Acta Metallurgica et Materialia, 1993, 41(2): 345 ~ 360.

[4] Anderson M P, Srolovitz D J, Grest G S, et al. Computer simulation of grain growth- Ⅰ. Kinetics[J]. Acta Metallurgica, 1984, 32(5): 783 ~ 791.

[5] Zhu M F, Hong C P. A modified cellular automaton model for the simulation of dendritic growth in solidification of alloys [J]. ISIJ International, 2001, 41(5): 436 ~ 445.

[6] Dilthey U, Pavlik V. Numerical simulation of dendrite morphology and grain growth with modified cellular automata[C]// Proceeding of Modeling of Casting, Welding and Advanced Solidification Processes Ⅷ, ed. by B. G. Thomas and C. Beckermann, TMS, Warrendale, PA, 1998: 589 ~ 596.

[7] Nastac L. Numerical modeling of solidification morphologies and segregation patterns in cast dendritic alloys [J]. Acta Metallurgica, 1999, 47(17): 4253 ~ 4262.

[8] Beltran-Sanchez L, Stefanescu D M. Growth of solutal dendrites: A cellular automaton model and its quantitative capabilities[J]. Metallurgical and Materials Transactions A, 2003, 34A(2): 367 ~ 382.

[9] Beltran-Sanchez L, Stefanescu D M. A quantitative dendrite growth model and analysis of stability concepts [J]. Metallurgical and Materials Transactions A, 2004, 35A(8): 2471 ~ 2485.

[10] Losasso F, Fedkiw R, Osher S. Spatially adaptive techniques for level set methods and incompressible flow [J]. Computers and Fluids, 2006, 35(10): 995 ~ 1010.

[11] Stefanescu D M. Methodologies for modeling of solidification microstructure and their capabilities [J]. ISIJ International, 1995, 35(6): 637 ~ 650.

[12] Oldfield W. A quantitative approach to casting solidification, freezing of cast iron [J]. Transactions of the American Society for Metals, 1966, 59: 945 ~ 960.

[13] Thevoz P, Desbiolles J L, Rappaz M. Modeling of equiaxed microstructure formation in casting[J]. Metallurgical Transactions. A, 1989, 20A(18): 311 ~ 322.

[14] Natsume Y, Ohsasa K. Prediction of casting structure in aluminum-base multi-component alloys using heterogeneous nucleation parameter[J]. ISIJ International, 2006, 46(6): 896 ~ 902.

[15] Zhang H W, Nakajima K, Wu R Q, et al. Prediction of solidification microstructure and columnar-to-equiaxed transition of Al-Si Alloy by two-dimensional cellular automaton with "decentred square" growth algorithm[J]. ISIJ International, 2009, 49(7): 1000 ~ 1009.

[16] Zhang H W, Nakajima K, Lei H, et al. Restrictions of physical properties on solidification microstructures of Al-based binary alloys by cellular automaton[J]. ISIJ International, 2010, 50(12): 1835 ~ 1842.

[17] Jackson K A, Hunt J D. Lamellar and rod eutectic growth [J]. Transactions of the Metallurgical Society of AIME, 1966, 236: 1129 ~ 1142.

[18] Kurz W, Giovanola B, Trivedi R. Theory of microstructural development during rapid solidification [J]. Acta Metallurgica, 1986, 34(5): 823 ~ 830.

[19] Lipton J, Kurz W, Trivedi R. Rapid dendrite growth in undercooled alloys[J]. Acta Metallurgica, 1987, 35(4): 957 ~ 964.

[20] Gandin C A, Guillemot G, Appolaire B, et al. Boundary layer correlation for dendrite tip growth with fluid flow [J]. Materials Science and Engineering A, 2003, 342(1): 44 ~ 50.

[21] Gandin C A, Rappaz M. A coupled finite element-celluar automaton model for the prediction of dentritic grain structures in solidification processes[J]. Acta Metallurgica, 1994, 42(7): 2233 ~ 2246.

[22] Gandin C A, Rappaz M. A 3D cellular automation algorithm for the prediction of dendritic grain groeth[J].

Acta Metallurgica, 1997, 45(5): 2187 ~ 2195.

[23] Guillemot G, Gandin C A, Combeau H, et al. Modeling of macrosegregation and solidification grain structures with a coupled cellular automaton-finite element model [J]. ISIJ International, 2006, 46(6): 880 ~ 895.

[24] Ovsienko D E, Alfintsev G A, Maslov V V. Kinetics and shape of crystal growth from the melt for substances with low L/kT values [J]. Journal of Crystal Growth, 1974, 26(2): 233 ~ 238.

[25] Zhang H W, Nakajima K, Xing W, et al. Influences of flow intensity, cooling rate and nucleation density at ingot surface on deflective growth of dendrites for Albased alloy [J]. ISIJ International, 2009, 49(7): 1010 ~ 1018.

[26] Zhu M F, Hong C P. A three dimensional modified cellular automaton model for the prediction of solidification microstructures[J]. ISIJ International, 2002, 42(5): 520 ~ 526.

[27] Zhu M F, Lee S Y, Hong C P. Modified celullar automaton model for the simulation of dendritic growth with melt convection[J]. Physical Review E, 2004, E69: 061610.

[28] Zhu M F, Hong C P. Modeling of irregular eutectic microstructures in solidification of Al-Si alloys[J]. Metallurgical and Materials Transactions A, 2004, 35A(5): 1555 ~ 1563.

[29] Zhu M F, Stefanescu D M. Virtual front tracking model for the quantitative modeling of dendritic growth in solidification of alloys[J]. Acta Metallurgica, 2007, 55(5): 1741 ~ 1755.

[30] Sun D K, Zhu M F, Pan S Y, et al. Lattice boltzmann modeling of dendritic growth in a forced melt convection[J]. Acta Metallurgica, 2009, 57(6): 1755 ~ 1767.

[31] Pan S Y, Zhu M F. A three-dimensional sharp interface model for the quantitative simulation of solutal dendritic growth [J]. Acta Metallurgica, 2010, 58(1): 340 ~ 352.

[32] Guillemot G, Gandin C A, Bellet M. Interaction between single grain solidification and macrosegregation: Application of a cellular automaton-finite element model[J]. Journal of Crystal Growth, 2007, 303(1): 58 ~ 68.

[33] Gandin C A, Steinbach I. Direct modeling of structure formation[J]. ASM Handbook: Casting, 2008, 15: 435 ~ 444.

[34] Zhu M F, Cao W, Chen S L, et al. Modeling of microstructure and microsegregation in solidification of multi-component alloys[J]. Journal of Phase Equilibria and Diffusion, 2007, 28(1): 130 ~ 138.

[35] 张红伟，中岛敬治，王恩刚，等：Al-Si 合金宏观偏析、凝固组织演变的元胞自动机-控制容积法耦合模拟．中国有色金属学报，2012，22(7)：1883 ~ 1896.

[36] Gandin C A, Desbiolles J L, Rappaz M, et al. A three dimensional cellular automaton-Finite element model for the prediction of solidification grain structures[J]. Metallurgical and Materials Transactions, 1999, 30A (12): 3153 ~ 3165.

[37] Abramowitz M, Stegun I A. Handbook of mathematical functions[J]. 10th ed. New York: Dover Publications, 1972: 231.

[38] Zhang H W, Nakajima K, Wu R Q, et al. Prediction of solidification microstructure and columnar-to-equiaxed transition of Al-Si alloy by two-dimensional cellular automaton with "decentred square" growth algorithm[J]. ISIJ International, 2009, 49 (7): 1000 ~ 1009.

[39] Martorano M A, Beckermann C, Gandin C A. A solutal interaction mechanism for the columnar-to-equiaxed transition in alloy solidification [J]. Metallurgical and Materials Transactions A, 2003, 34A(8): 1657 ~ 1674.

[40] Hunt J D. Stead state columnar and equiaxed growth of dendrites and eutectic[J]. Materials Science and Engineering, 1984, 65(1): 75 ~ 83.

[41] Stefanescu D M. Science and engineering of casting solidification[M]. New York: Plenum Publishing Corporation, 2002: 180.
[42] Zhou B. H, Jung H, Mangelinck-Noel N, et al. Comparative study of the influence of natural convection on directional solidification of Al-3. 5wt% Ni and Al-7wt% Si alloys[J]. Advances in Space Research, 2008, 41(12): 2112 ~ 2117.
[43] Yin H B, Koster J N. In situ observation of concentrational stratification and solid liquid interface morphology during Ga5% In alloy melt solidification[J]. Journal of Crystal Growth, 1999, 205(4): 590 ~ 606.

附　　录

附录 1　连续介质的混合密度

根据混合理论[1]，固液相混合物中，相 k 的标量变量 ϕ_k 的传输方程的微分形式为

$$\nabla \cdot (\bar{\rho}_k \boldsymbol{V}_k \phi_k) = -\nabla \cdot (g_k \boldsymbol{J}_k) + g_k S_k \tag{A1-1}$$

式中，$\boldsymbol{V}_k$ 为相 k 的速度；$\boldsymbol{J}_k$ 为表面通量向量；S_k 为体积源项，反映相 k 的生成或消失；$\bar{\rho}_k$ 为相 k 的局部密度。

$$\bar{\rho}_k = g_k \rho_k \tag{A1-2}$$

式中，ρ_k，g_k 分别为相 k 的实际密度和体积分数。相 k 的质量分数 f_k 表达为

$$f_k = \frac{\bar{\rho}_k}{\sum_k \bar{\rho}_k} = \frac{\bar{\rho}_k}{\rho} \tag{A1-3}$$

式中，ρ 为混合密度。

$$\rho = \sum_k \bar{\rho}_k \tag{A1-4}$$

对于固液体系，由式（A1-2）~（A1-4），得到恒等关系

$$g_l = (\rho/\rho_l) f_l \quad g_s = (\rho/\rho_s) f_s \tag{A1-5}$$

式中，下标 l 为液相，下标 s 为固相。

附录 2　推导连续介质的质量守恒方程

用 $\phi_k = 1$、$\boldsymbol{J}_k = 0$ 及 $S_k = \dot{M}_k$ 代换方程（A1-1），得到相 k 的质量守恒方程

$$\nabla \cdot (\bar{\rho}_k \boldsymbol{V}_k) = g_k \dot{M}_k \tag{A2-1}$$

对单相质量守恒方程求和，根据 k 相的产生与其他相的消耗相抵消，即 $\sum_k g_k \dot{M}_k = 0$，得到连续介质守恒方程

$$\nabla \cdot (\rho \boldsymbol{V}) = 0 \tag{A2-2}$$

式中，质量平均的速度为

$$\boldsymbol{V} = \frac{1}{\rho} \sum_k \bar{\rho}_k \boldsymbol{V} = \sum_k f_k \boldsymbol{V}_k \tag{A2-3}$$

附录 3　推导连续介质的动量守恒方程

在直角坐标系下，相 k 的速度表示为

$$\boldsymbol{V}_{\mathrm{k}} = u_{\mathrm{k}}\boldsymbol{i} + v_{\mathrm{k}}\boldsymbol{j} + w_{\mathrm{k}}\boldsymbol{k}$$

以 x 方向的动量守恒方程为例，用 $\phi_{\mathrm{k}} = u_{\mathrm{k}}$、$\boldsymbol{J}_{\mathrm{k}} = -\boldsymbol{\sigma}_{\mathrm{k}x}$ 及 $S_{\mathrm{k}} = \rho_{\mathrm{k}} B_{\mathrm{k}x} + \dot{G}_{\mathrm{k}x}$ 代换方程（A1-1），得到相 k 的 x 方向动量守恒方程

$$\nabla \cdot (\bar{\rho}_{\mathrm{k}} \boldsymbol{V}_{\mathrm{k}} u_{\mathrm{k}}) = \nabla \cdot (g_{\mathrm{k}} \boldsymbol{\sigma}_{\mathrm{k}x}) + \bar{\rho}_{\mathrm{k}} B_{\mathrm{k}x} + g_{\mathrm{k}} \dot{G}_{\mathrm{k}x} \tag{A3-1}$$

式中，$\boldsymbol{\sigma}_{\mathrm{k}x}$ 为应力张量在 x 向的分量；$B_{\mathrm{k}x}$ 为相 k 在 x 方向的体积力；$\dot{G}_{\mathrm{k}x}$ 为相间作用导致的动量生成项。

对各相依式（A3-1）求和，得到下式

$$\nabla \cdot \left(\sum_k \bar{\rho}_{\mathrm{k}} \boldsymbol{V}_{\mathrm{k}} u_{\mathrm{k}}\right) = \nabla \cdot \left(\sum_k g_{\mathrm{k}} \boldsymbol{\tau}_{\mathrm{k}x}\right) - \frac{\partial}{\partial x}\left(\sum_k g_{\mathrm{k}} p_{\mathrm{k}}\right) + \sum_k (\bar{\rho}_{\mathrm{k}} B_{\mathrm{k}x}) + F_x \tag{A3-2}$$

式中，通量向量 $\boldsymbol{\sigma}_{\mathrm{k}x}$ 分解为时均值 $p_{\mathrm{k}}\boldsymbol{i}$ 和脉动值 $\boldsymbol{\tau}_{\mathrm{k}x}$ 之和，$\boldsymbol{\sigma}_{\mathrm{k}x} = -p_{\mathrm{k}}\boldsymbol{i} + \boldsymbol{\tau}_{\mathrm{k}x}$，见式（A3-2）右边第 1，2 项；$p_{\mathrm{k}}$ 为与黏性无关的各向同性的应力分量；$\boldsymbol{\tau}_{\mathrm{k}x}$ 为由于体积膨胀或压缩引起的各向同性的黏性应力向量；F_x 为相间相互作用力在 x 方向的分量，$F_x = \sum_k g_{\mathrm{k}} \dot{G}_{\mathrm{k}x}$。

将对流动量通量分解为平均的混合运动和相间相对运动两部分

$$\sum_k \bar{\rho}_{\mathrm{k}} \boldsymbol{V}_{\mathrm{k}} u_{\mathrm{k}} = \rho \boldsymbol{V} u + \sum_k \bar{\rho}_{\mathrm{k}} (\boldsymbol{V}_{\mathrm{k}} - \boldsymbol{V})(u_{\mathrm{k}} - u) \tag{A3-3}$$

并且 x 方向的混合体积力定义为

$$B_x = \frac{1}{\rho} \sum_k (\bar{\rho}_{\mathrm{k}} B_{\mathrm{k}x}) = \sum_k f_{\mathrm{k}} B_{\mathrm{k}x} \tag{A3-4}$$

则方程式（A3-2）代换为

$$\nabla \cdot (\rho \boldsymbol{V} u) = \nabla \cdot \left(\sum_k g_{\mathrm{k}} \boldsymbol{\tau}_{\mathrm{k}x}\right) - \nabla \cdot \left(\sum_k \bar{\rho}_{\mathrm{k}} (\boldsymbol{V}_{\mathrm{k}} - \boldsymbol{V})(u_{\mathrm{k}} - u)\right) - \frac{\partial}{\partial x}\left(\sum_k g_{\mathrm{k}} p_{\mathrm{k}}\right) + \rho B_x + F_x \tag{A3-5}$$

对于任一连续相，平均的应力向量表达为

$$g_{\mathrm{k}} \boldsymbol{\tau}_{\mathrm{k}x} = \mu_{\mathrm{k}} \nabla (g_{\mathrm{k}} u_{\mathrm{k}}) - \frac{2}{3} \mu_{\mathrm{k}} \nabla \cdot (g_{\mathrm{k}} \boldsymbol{V}_{\mathrm{k}}) \boldsymbol{i} + \boldsymbol{\tau}_{\mathrm{k}0} \tag{A3-6}$$

式中，右边第二项代表由流体应变率引起的黏性应力，$\boldsymbol{\tau}_{\mathrm{k}0}$ 为不包括在 $\mu_{\mathrm{k}} \nabla (g_{\mathrm{k}} u_{\mathrm{k}})$ 中的黏性应力，直角坐标系中表达为

$$\boldsymbol{\tau}_{\mathrm{k}0} = \mu_{\mathrm{k}} \left[\frac{\partial}{\partial x}(g_{\mathrm{k}} u_{\mathrm{k}}) \boldsymbol{i} + \frac{\partial}{\partial x}(g_{\mathrm{k}} v_{\mathrm{k}}) \boldsymbol{j} + \frac{\partial}{\partial x}(g_{\mathrm{k}} w_{\mathrm{k}}) \boldsymbol{k}\right] \tag{A3-7}$$

假定相密度为常量

$$\rho = \rho_{\mathrm{s}} = \rho_{\mathrm{l}} \tag{A3-8}$$

固相基体不受内部应力约束，则有

$$\nabla(g_s u_s) = \mathbf{0} \tag{A3-9}$$

并忽略由局部密度梯度变化产生的黏性应力，则

$$\nabla(\rho/\rho_l) = \mathbf{0} \tag{A3-10}$$

又由式（A3-8）与式（A3-10），得

$$\nabla(\rho_s/\rho) = \mathbf{0} \tag{A3-11}$$

采用关系式（A1-2）~式(A1-5）和式（A3-8）~式(A3-11）来推导方程式（A3-5）右边第一项的后两部分（这里没有相黏度为常量的假定），对固液两相体系，得到

$$\nabla \cdot \left(\sum_k \left[\boldsymbol{\tau}_{k0} - \frac{2}{3}\mu_k \nabla \cdot (g_k \boldsymbol{V}_k)\boldsymbol{i} \right] \right) = \nabla \cdot \left(\mu_l \frac{\rho}{\rho_l} \frac{\partial \boldsymbol{V}}{\partial x} \right) \tag{A3-12}$$

式中，下标 l 代表液相。

用式（A3-6）、式（A3-12）回代式（A3-5），得到

$$\nabla \cdot (\rho \boldsymbol{V} u) = \nabla \cdot \left[\sum_k \mu_k \nabla(g_k u_k) \right] - \nabla \cdot \left[\sum_k \bar{\rho}_k (\boldsymbol{V}_k - \boldsymbol{V})(u_k - u) \right] - \frac{\partial p}{\partial x} + \rho B_x + F_x + S_x \tag{A3-13}$$

式中，$\rho = \sum_k g_k \rho_k$；$S_x = \nabla \cdot \left(\mu_l \frac{\rho}{\rho_l} \frac{\partial \boldsymbol{V}}{\partial x} \right)$。

相间相互作用力 F_x 由多相区域组织结构来确定。对于大部分的多元固液相变体系，多相区域表现为一个可渗透的致密的固相基体，该体系类似于通过多孔介质的流动。由达西定律，相间相互作用力与液相对于多孔固相的表观速度成正比，表达为

$$F_x = \frac{\mu_l}{K_{px}}(g_l u_r) \tag{A3-14}$$

式中，K_{px}表示各向异性的渗透率在 x 方向的分量；$u_r = u_l - u_s$，表示 x 方向的相对相速度。由式（A1-5）及恒等关系 $f_l u_r = u - u_s$，可推得

$$F_x = \frac{\mu_l}{K_{px}}(g_l u_r) = \frac{\mu_l}{K_{px}} \frac{\rho}{\rho_l}(u - u_s) \tag{A3-15}$$

对式（A3-13）右边第一、二项利用恒等关系进一步化简，得

$$\nabla \cdot (\rho \boldsymbol{V} u) = \nabla \cdot \left(\mu_l \frac{\rho}{\rho_l} \nabla u \right) - \frac{\mu_l}{K_{px}} \frac{\rho}{\rho_l}(u - u_s) - \nabla \cdot (\rho f_s f_l \boldsymbol{V}_r u_r) - \frac{\partial p}{\partial x} + \rho B_x + S_x \tag{A3-16}$$

式（A3-16）右边第三项代表由于相对相速度的变化而产生的惯性力，此惯性作用仅出现在多相区，由于多相区渗透率极小，其作用与达西衰减力相比可忽略。

最终，连续介质的动量守恒方程为

$$\nabla \cdot (\rho \boldsymbol{V} u) = \nabla \cdot \left(\mu_l \frac{\rho}{\rho_l} \nabla u \right) - \frac{\mu_l}{K_{px}} \frac{\rho}{\rho_l}(u - u_s) - \frac{\partial p}{\partial x} + \rho B_x + S_x \tag{A3-17}$$

附录 4　推导连续介质的能量守恒方程

用 $\phi_k = h_k$、$\boldsymbol{J}_k = -\lambda_k \nabla T$ 及 $S_k = \dot{E}_k$ 代换方程式（A1-1），得到相 k 的能量守恒方程

$$\nabla \cdot (\bar{\rho}_k \boldsymbol{V}_k h_k) = \nabla \cdot (g_k \lambda_k \nabla T) + g_k \dot{E}_k \tag{A4-1}$$

式中，$\dot{E}_k$ 为相 k 的能量生成项，对各相求和，有 $\sum_k g_k \dot{E}_k = 0$。

对各相依式（A4-1）求和，得到连续介质的能量守恒方程：

$$\nabla \cdot (\sum_k \bar{\rho}_k \boldsymbol{V}_k h_k) = \nabla \cdot (\lambda \nabla T) \tag{A4-2}$$

各相混合的导热系数

$$\lambda = \sum_k g_k \lambda_k \tag{A4-3}$$

将对流项分解

$$\sum_k \bar{\rho}_k \boldsymbol{V}_k h_k = \rho \boldsymbol{V} h + \sum_k \bar{\rho}_k (\boldsymbol{V}_k - \boldsymbol{V})(h_k - h) \tag{A4-4}$$

式中，h 为混合焓

$$h = \frac{1}{\rho} \sum_k \bar{\rho}_k h_k = \sum_k f_k h_k \tag{A4-5}$$

将式（A4-4）代入式（A4-2），得

$$\nabla \cdot (\rho \boldsymbol{V} h) = \nabla \cdot (\lambda \nabla T) - \nabla \cdot [\sum_k \bar{\rho}_k (\boldsymbol{V}_k - \boldsymbol{V})(h_k - h)] \tag{A4-6}$$

式中，相 k 的焓表达为

$$h_k = \int_0^T c_{pk} \mathrm{d}T + h_k^0 \tag{A4-7}$$

式中，c_{pk} 代表相 k 的有效比热容；h_k^0 为基准态的焓值，设定 $h_s|_{T=0} = 0$ 及 $(h_l - h_s)|_{T=T_e} = \Delta H_{LS}$，则相焓表达为[1]

$$h_s = c_{ps} T \tag{A4-8}$$

$$h_l = c_{pl} T + [(c_{ps} - c_{pl}) T_e + \Delta H_{LS}] \tag{A4-9}$$

对式（A4-6）采用恒等代换

$$\nabla T = \frac{1}{c_{pk}} \nabla h + \frac{1}{c_{pk}} \nabla (h_k - h) \tag{A4-10}$$

得到

$$\nabla \cdot (\rho \boldsymbol{V} h) = \nabla \cdot \left(\frac{\lambda}{c_{pk}} \nabla h\right) + \nabla \cdot \left(\frac{\lambda}{c_{pk}} \nabla (h_k - h)\right) - \nabla \cdot (\sum_k \bar{\rho}_k (\boldsymbol{V}_k - \boldsymbol{V})(h_k - h)) \tag{A4-11}$$

对于固液两相体系，化简式（A4-11），右边最末一项采用式（A1-3）、式（A1-4）和式（A2-3）推导，得

$$\nabla\cdot(\rho\boldsymbol{V}h)=\nabla\cdot\left(\frac{\lambda}{c_{ps}}\nabla h\right)+\nabla\cdot\left(\frac{\lambda}{c_{ps}}\nabla(h_{s}-h)\right)-\nabla\cdot[\rho f_{s}(h_{l}-h_{s})(\boldsymbol{V}-\boldsymbol{V}_{s})] \tag{A4-12}$$

式中，右边前两项代表净傅立叶扩散流量，这里，温度不再作为显式变量，而隐含在相焓定义式（A4-7）中；右边末一项代表由于相对相运动产生的能量流量，当各相均以质量平均速度移动（$\boldsymbol{V}_{k}=\boldsymbol{V}$）或相焓均等于混合焓（$h_{k}=h$）时，该项为零。

附录5　推导连续介质的溶质守恒方程

用 $\phi_{k}=w_{k}^{\alpha}$、$\boldsymbol{J}_{k}=-\rho_{k}D_{k}^{\alpha}\nabla w_{k}^{\alpha}$ 及 $S_{k}=\dot{M}_{k}^{\alpha}$ 代换方程式（A1-1），得到在相 k 中溶质 α 的守恒方程

$$\nabla\cdot(\bar{\rho}_{k}\boldsymbol{V}_{k}w_{k}^{\alpha})=\nabla\cdot(\rho f_{k}D_{k}^{\alpha}\nabla w_{k}^{\alpha})+g_{k}\dot{M}_{k}^{\alpha} \tag{A5-1}$$

式中，$\dot{M}_{k}^{\alpha}$ 代表溶质 α 在相 k 中的生成或消失。注意到，溶质 α 在相 k 中的生成必与其在其他相中的消失相抵消，即有 $\sum_{k}g_{k}\dot{M}_{k}^{\alpha}=0$。

对各相中溶质 α 的守恒方程求和，得到连续介质的溶质守恒方程

$$\nabla\cdot\left(\sum_{k}\bar{\rho}_{k}\boldsymbol{V}_{k}w_{k}^{\alpha}\right)=\nabla\cdot\left(\sum_{k}\rho f_{k}D_{k}^{\alpha}\nabla w_{k}^{\alpha}\right) \tag{A5-2}$$

将对流项分解，得

$$\sum_{k}\bar{\rho}_{k}\boldsymbol{V}_{k}w_{k}^{\alpha}=\rho\boldsymbol{V}w^{\alpha}+\sum_{k}\bar{\rho}_{k}(\boldsymbol{V}_{k}-\boldsymbol{V})(w_{k}^{\alpha}-w^{\alpha}) \tag{A5-3}$$

溶质 α 的混合浓度

$$w^{\alpha}=\frac{1}{\rho}\sum_{k}\bar{\rho}_{k}w_{k}^{\alpha}=\sum_{k}f_{k}w_{k}^{\alpha} \tag{A5-4}$$

将式（A5-3）、式（A5-4）代入式（A5-2）中，得到

$$\nabla\cdot(\rho\boldsymbol{V}w^{\alpha})=\nabla\cdot\left(\sum_{k}\rho f_{k}D_{k}^{\alpha}\nabla w_{k}^{\alpha}\right)-\nabla\cdot\left[\sum_{k}\bar{\rho}_{k}(\boldsymbol{V}_{k}-\boldsymbol{V})(w_{k}^{\alpha}-w^{\alpha})\right] \tag{A5-5}$$

对于固液两相体系，在固相中的扩散相对于液相可以忽略（$D_{l}^{\alpha}\gg D_{s}^{\alpha}$），再利用恒等式

$$\nabla w_{l}^{\alpha}=\nabla w^{\alpha}+\nabla(w_{l}^{\alpha}-w^{\alpha}) \tag{A5-6}$$

则方程式（A5-5）代换为

$$\nabla\cdot(\rho\boldsymbol{V}w^{\alpha})=\nabla\cdot(\rho D\nabla w^{\alpha})+\nabla\cdot[\rho D\nabla(w_{l}^{\alpha}-w^{\alpha})]-\nabla\cdot[\rho f_{s}(w_{l}^{\alpha}-w_{s}^{\alpha})(\boldsymbol{V}-\boldsymbol{V}_{s})] \tag{A5-7}$$

式中，D 为混合的质量扩散系数，$D=f_{l}D_{l}^{\alpha}$。

方程式（A5-7）中，右边的前两项代表净扩散（菲克扩散，Fickian）的溶质流量；最后一项代表由于相对相运动产生的溶质流量，当各相速度均等于质量平均速度（$\boldsymbol{V}_{k}=\boldsymbol{V}$）或相浓度均等于混合浓度（$w_{k}^{\alpha}=w^{\alpha}$）时，该项为零。

对于二元体系，溶质守恒方程仅需考虑其中的一个组元，因为总的溶质守恒已要求 $\sum_{\alpha}w^{\alpha}=1$。

附录 6　连续介质的层流传输方程

归纳前述推导，层流下采用混合理论建立的适用于二元固液相变体系的传输方程为：

（1）连续性方程。式（A2-2）

（2）动量方程，即式（A3-17）以 x 方向动量方程为例，其余两方向方程相仿。

（3）能量方程，即式（4-12）。

（4）溶质守恒方程，即式（A5-7）（式中的密度 ρ、速度 $\boldsymbol{V}$、焓 h 及组元浓度 w^{α}、导热系数 λ 等均为固液相混合值）。

附录 7　连续介质的紊流传输方程

在紊流流动条件下，连续性方程不变。动量方程中黏度采用有效黏度，而 Darcy 衰减项中的黏度仍采用层流黏度，方程式（A3-17）变换为

$$\nabla\cdot(\rho\boldsymbol{V}u)=\nabla\cdot\left(\mu_{\mathrm{eff}}\frac{\rho}{\rho_{\mathrm{l}}}\nabla u\right)-\frac{\mu_{\mathrm{l}}}{K_{\mathrm{p}x}}\frac{\rho}{\rho_{\mathrm{l}}}(u-u_{\mathrm{s}})-\frac{\partial p}{\partial x}+\rho B_{x}+S_{x}\tag{A7-1}$$

式中，有效黏度 $\mu_{\mathrm{eff}}=\mu_{\mathrm{l}}+\mu_{\mathrm{t}}$。

能量方程中的扩散系数也采用层流与紊流综合的有效值，方程式（A4-12）变换为

$$\nabla\cdot(\rho\boldsymbol{V}h)=\nabla\cdot(\Gamma_{\mathrm{eff}}^{h}\nabla h)+\nabla\cdot(\Gamma_{\mathrm{eff}}^{h}\nabla(h_{\mathrm{s}}-h))-\nabla\cdot[\rho f_{\mathrm{s}}(h_{\mathrm{l}}-h_{\mathrm{s}})(\boldsymbol{V}-\boldsymbol{V}_{\mathrm{s}})]\tag{A7-2}$$

式中，有效扩散系数为固液、层流紊流的混合值 $\Gamma_{\mathrm{eff}}^{h}=f_{\mathrm{l}}\left(\frac{\mu_{\mathrm{l}}}{Pr}+\frac{\mu_{\mathrm{t}}}{Pr_{\mathrm{t}}}\right)+f_{\mathrm{s}}\frac{\mu_{\mathrm{l}}}{Pr}$（紊流的普朗特数取为 0.9，层流的普朗特数与物质的比热容和导热系数具有恒等关系，$\frac{\mu_{\mathrm{l}}}{Pr}=\frac{\lambda}{c_{ps}}$）。

同样，溶质守恒方程变换为

$$\nabla\cdot(\rho\boldsymbol{V}w^{\alpha})=\nabla\cdot[\Gamma_{\mathrm{eff}}^{\mathrm{f}}\nabla w^{\alpha}]+\nabla\cdot[\Gamma_{\mathrm{eff}}^{\mathrm{f}}\nabla(w_{\mathrm{l}}^{\alpha}-w^{\alpha})]-\nabla\cdot[\rho f_{\mathrm{s}}(w_{\mathrm{l}}^{\alpha}-w_{\mathrm{s}}^{\alpha})(\boldsymbol{V}-\boldsymbol{V}_{\mathrm{s}})]\tag{A7-3}$$

式中，忽略溶质在固相中的扩散，有效扩散系数 $\Gamma_{\mathrm{eff}}^{f}=f_{\mathrm{l}}\left(\frac{\mu_{\mathrm{l}}}{Sc}+\frac{\mu_{\mathrm{t}}}{Sc_{\mathrm{t}}}\right)$（紊流的施密特数认为为 1，层流的施密特数 $Sc=\frac{\mu_{\mathrm{l}}}{\rho D}$）。

整理上述结论，适用于二元固液相变体系，不可压缩流、紊流、稳态、矢量形式的传输方程如下：

（1）连续性方程，即式（A2-2）。

（2）动量方程（以 x 向为例）

$$\nabla\cdot(\rho\boldsymbol{V}u)=\nabla\cdot(\mu_{\mathrm{eff}}\nabla u)-\frac{\mu_{\mathrm{l}}}{K_{\mathrm{p}}}(u-u_{\mathrm{s}})-\frac{\partial p}{\partial x}+\rho B_{x}+S_{x}\tag{A7-4}$$

式中，$S_x = \nabla \cdot \left(\mu_{\text{eff}} \frac{\partial \boldsymbol{V}}{\partial x}\right)$，并认为渗透率各向相同性 $K_{px} = K_{py} = K_{pz}$，以 K_p 表示。

(3) 能量方程，即式（A7-2）。

(4) 溶质守恒方程，即式（A7-3）。

张量形式的稳态传输方程如下：

连续性方程

$$\frac{\partial(\rho u_i)}{\partial x_i} = 0 \tag{A7-5}$$

动量方程

$$\frac{\partial(\rho u_i u_j)}{\partial x_j} = -\frac{\partial p}{\partial x_i} + \frac{\partial}{\partial x_j}\left[\mu_{\text{eff}}\left(\frac{\partial u_i}{\partial x_j} + \frac{\partial u_j}{\partial x_i}\right)\right] - \frac{\mu_1}{K_p}(u_i - u_{si}) + \rho B_i \tag{A7-6}$$

在沿竖直方向的动量方程中，考虑热浮力及溶质浮力影响，在方程右端的体积力项为 $-\rho g\,[\beta_T\,(T - T_{\text{ref}}) + \beta_w\,(w_1 - w_{\text{ref}})]$，其余两个方向的体积力 ρB_i 为零。

能量方程

$$\frac{\partial(\rho u_j h)}{\partial x_j} = \frac{\partial}{\partial x_j}\left(\lambda_{\text{eff}} \frac{\partial T}{\partial x_j}\right) - \frac{\partial}{\partial x_j}[\rho(u_j - u_{sj})(h_1 - h)] \tag{A7-7}$$

式中，有效导热系数为固液相的混合值 $\lambda_{\text{eff}} = \lambda_{1,\text{eff}} f_1 + \lambda_s f_s$，而液相的有效导热系数为层流、紊流的混合值 $\lambda_{1,\text{eff}} = \lambda_1 + \frac{\mu_t}{Pr_t} c_p$。

(5) 溶质传输方程：对二元合金，将式（A7-3）中变量 w^α 换为溶质浓度 w，则溶质传输方程为

$$\frac{\partial(\rho u_j w)}{\partial x_j} = \frac{\partial}{\partial x_j}\left(\Gamma_{\text{eff}}^{\text{f}} \frac{\partial w}{\partial x_j}\right) + \frac{\partial}{\partial x_j}\left[\Gamma_{\text{eff}}^{\text{f}} \frac{\partial}{\partial x_j}(w_1 - w)\right] - \frac{\partial}{\partial x_j}[\rho(u_j - u_{sj})(w_1 - w)] \tag{A7-8}$$

式中，有效扩散系数 $\Gamma_{\text{eff}}^{\text{f}} = f_1\left(\frac{\mu_1}{Sc} + \frac{\mu_t}{Sc_t}\right)$。

附录8　对流-扩散方程的上风方案离散[2]

传输过程的控制方程式（A7-5）~式（A7-8），可写成通式

$$\frac{\partial}{\partial x_j}(\rho u_j \phi) = \frac{\partial}{\partial x_j}\left(\Gamma_\phi \frac{\partial \phi}{\partial x_j}\right) + S_\phi \tag{A8-1}$$

式中，ϕ 为控制方程主要变量；Γ_ϕ 为扩散系数；S_ϕ 为方程源项。

式（A8-1）中的源项 S_ϕ 为由于相变和相间相对运动所引起的混合因变量 ϕ 的生成或消失。另外，能量及溶质守恒方程中的 $\rho u_j \phi$ 及 $-\Gamma_\phi \frac{\partial \phi}{\partial x_j}$ 都并不代表实际的对流和扩散通量，因此，采用帕坦卡 Patankar[3] 处理对流-扩散的方案来描述相变问题有困难。举例来说，能量方程中，实际的傅立叶扩散通量向量 $\boldsymbol{J}^{\text{D}}$ 是 $-\Gamma_\phi \frac{\partial \phi}{\partial x_j}$ 和源项 S_ϕ 中“扩散”部分之

和，即

$$\boldsymbol{J}^{\mathrm{D}} = -\frac{\lambda}{c_{ps}}\nabla h - \frac{\lambda}{c_{ps}}\nabla(h_{\mathrm{s}} - h) = -\lambda\nabla T \tag{A8-2}$$

同样，实际的对流能量通量向量为

$$\boldsymbol{J}^{A} = \rho \boldsymbol{V} h + \rho(h_{1} - h)(\boldsymbol{V} - \boldsymbol{V}_{\mathrm{s}}) \tag{A8-3}$$

作为实际通量的分解部分，采用基于混合贝克列数（$P_{\mathrm{e}} = \rho u \delta y / \Gamma_{\phi}$）的离散方案（如指数、混合及幂方案），没有正确的物理意义，模拟计算将导致非真实的结果。

若需同时求解固相对流-扩散与液相对流-扩散这两个问题，所采用的对流 - 扩散方案应基于各相的贝克列数，即

$$Pe = \frac{\rho_{\mathrm{k}} u_{\mathrm{k}} \delta y}{\Gamma_{\mathrm{k}}} \tag{A8-4}$$

而上风方案对数值计算结果的影响不仅依赖于所选择的网格，还与各相的热物理特性及速度相关。通常，固液相体系中，因为与相动量及溶质传输相关的贝克列数足够大，适于采用上风方案。然而，上风方案虽可提供物理上真实的结果，它通常过分估计了扩散能量传输的影响，尤其对由金属等高导热系数的相所组成的体系。

另外，在采用上风方案数值求解连续介质方程时，应认识到假扩散的潜在影响。假扩散在流动方向与正交网格倾斜时产生，而大的贝克列数会使其加剧。它不是采用上风方案的结果，而是由于将流动处理为局部一维问题引起的。为降低假扩散可采用细分计算网格的方法，但不能根除。对于二元固液体系而言，在溶质传输方程中，由于局部质量传输的贝克列数大而实际的菲克扩散小，假扩散将更为严重。

附录 9 源项的线性化处理[2]

将控制方程通式（A8-1）中的源项 S_{ϕ} 进行线性化离散处理，即有

$$\overline{S} = \iiint_{\mathrm{vol}} S_{\phi} \mathrm{d}V = S_{\mathrm{C}} + S_{\mathrm{P}} \phi_{\mathrm{P}} \tag{A9-1}$$

对于动量方程，需处理（达西 Darcy）黏性衰减项，假定在控制容积内呈阶梯式分布，则有

$$\overline{S}^{\mathrm{Da}} = -\frac{\mu_{1}}{K_{\mathrm{p}}}(u_{i} - u_{\mathrm{s}i})\Delta x \Delta y \Delta z = S_{\mathrm{C}}^{\mathrm{Da}} + S_{\mathrm{P}}^{\mathrm{Da}} u_{i,\mathrm{p}} \tag{A9-2}$$

式中

$$S_{\mathrm{C}}^{\mathrm{Da}} = \frac{\mu_{1}}{K_{\mathrm{p}}} u_{\mathrm{s}i} \Delta x \Delta y \Delta z \tag{A9-3a}$$

$$S_{\mathrm{P}}^{\mathrm{Da}} u_{i,\mathrm{p}} = -\frac{\mu_{1}}{K_{\mathrm{p}}} \Delta x \Delta y \Delta z \tag{A9-3b}$$

能量及浓度守恒方程中的扩散源项，具有如下形式

$$S^{\mathrm{D}} = \frac{\partial}{\partial x_{j}}\left(\Gamma_{\mathrm{eff}}^{\mathrm{f}} \frac{\partial \Psi}{\partial x_{j}}\right) \tag{A9-4}$$

变量 Ψ 分别代表能量方程中的（$h_s - h$）及浓度守恒方程中的（$w_l - w$）。假定 Ψ 为分段线性分布，对式（A9-4）采用中心差分离散，得到

$$S_C^D = D_e\Psi_E^* + D_w\Psi_W^* + D_n\Psi_N^* + D_s\Psi_S^* + D_h\Psi_H^* + D_l\Psi_L^* - (D_e + D_w + D_n + D_s + D_h + D_l)\Psi_P^* \tag{A9-5a}$$

$$S_P^D = 0 \tag{A9-5b}$$

变量 Ψ^* 代表前次迭代的值。D 表示扩散传导性，D_e、D_w 等的定义如下

$$D_e = \Gamma_e\sigma_e/(\delta x)_e \tag{A9-6a}$$

$$D_w = \Gamma_w\sigma_w/(\delta x)_w \tag{A9-6b}$$

式中，δ 为相邻两控制体中心节点的间距。

与相间相对运动相关的对流源项，具有如下形式

$$S^A = -\frac{\partial}{\partial x_j}[\rho(u_j - u_{sj})(\phi_l - \phi)] \tag{A9-7}$$

正如式（A8-3）所指出的那样，$\rho u_j\phi$ 通常并不代表实际的对流通量向量。对 S^A 需特别处理，以确保实际的能量或溶质的传输可由每一独立相的贡献计算出。采用恒等变换

$$\rho(u_j - u_{sj})(\phi_l - \phi) = \rho f_s u_{sj}\phi_s + \rho f_l u_{lj}\phi_l - \rho u_j\phi \tag{A9-8}$$

则 S^A 的表达为

$$S^A = S_m^A - (S_s^A + S_l^A) \tag{A9-9}$$

这里

$$S_k^A = \frac{\partial}{\partial x_j}(\rho f_k u_{kj}\phi_k) \tag{A9-10}$$

这样，S^A 为混合因变量 ϕ（具有混合速度 u_j）的净对流传输与各相 ϕ_k 的净对流传输的差值，具有清晰的物理意义。对式（A9-10）积分，得到

$$S_C^A = \bar{S}_m^A - (\bar{S}_s^A + \bar{S}_l^A) \tag{A9-11}$$

$$S_P^A = 0 \tag{A9-12}$$

这里

$$\bar{S}_k^A = F_{k,e}\phi_{k,e}^* - F_{k,w}\phi_{k,w}^* + F_{k,n}\phi_{k,n}^* - F_{k,s}\phi_{k,s}^* + F_{k,h}\phi_{k,h}^* - F_{k,l}\phi_{k,l}^* \tag{A9-13}$$

采用上风方案离散，式（A9-13）离散为

$$\bar{S}_k^A = [(F_{k,e},0) + (-F_{k,w},0) + (F_{k,n},0) + (-F_{k,s},0) + (F_{k,h},0) + (-F_{k,l},0)]\phi_{k,P}^* - (-F_{k,e},0)\phi_{k,E}^* - (F_{k,w},0)\phi_{k,W}^* - (-F_{k,n},0)\phi_{k,N}^* - (F_{k,s},0)\phi_{k,s}^* - (-F_{k,h},0)\phi_{k,H}^* - (F_{k,l},0)\phi_{k,L}^* \tag{A9-14}$$

附录 10　固/液相质量分数的迭代更新

在迭代过程中质量分数（f_s，f_l）的更新方式，会强烈影响内迭代的收敛性。最简单

的方法，采用公式

$$f_1 = 1 - \frac{1}{1 - k_p} \frac{T - T_{liq}}{T - T_m} \tag{A10-1}$$

直接由 T 和 w 的最新值来计算质量分数。式中，液相线温度由 $T_{liq} = T_m + (T_e - T_m)\frac{w}{w_e}$ 计算，其中 T_e、w_e 为共晶（或包晶）转变温度及相应的液相溶质浓度。但质量分数的值不稳定，发生振荡。为此，需推导更新质量分数的新方法。

据文献［4］，式（A10-1）可写成函数关系

$$T = F(f_1, c) \tag{A10-2}$$

由混合焓的定义式（A4-5）及相焓定义式（A4-8）、式（A4-9），可得

$$h = f_1 h_1 + f_s h_s = c_{p,mix} T + f_1 [\Delta H_{LS} + (c_{ps} - c_{pl}) T_e] \tag{A10-3}$$

在假定两相的比热为同一常数 c_p 时，式（A10-3）简化为

$$h = c_p T + f_1 \Delta H_{LS} \tag{A10-4}$$

采用上标 n 代表第 n 次迭代的值，有

$$h^n = c_p T^n + f_1^n \Delta H_{LS} \tag{A10-5}$$

联立式（A10-2）、式（A10-5），得到第 $n+1$ 次迭代时液相分数的值

$$c_p F(f_1^{n+1}, c^n) + f_1^{n+1} h_f = c_p T^n + f_1^n \Delta H_{LS} \tag{A10-6}$$

又由式（A10-1），得到温度 T 的公式

$$T = F(f_1, c) = \frac{T_{liq} - (1 - f_1)(1 - k_p) T_m}{1 - (1 - f_1)(1 - k_p)} \tag{A10-7}$$

将式（A10-7）代入式（A10-6），得到 f_1 的二次方程

$$a(f_1^{n+1})^2 + b(f_1^{n+1}) + d = 0 \tag{A10-8}$$

式中

$$a = (1 - k_p) \tag{A10-9a}$$

$$b = k_p - f_1^n (1 - k_p) + \frac{c_p}{\Delta H_{LS}} (1 - k_p)(T_m - T^n) \tag{A10-9b}$$

$$d = -\left(f_1^n + \frac{c_p}{\Delta H_{LS}} T^n\right) k_p + \frac{c_p}{\Delta H_{LS}} [T_{liq}^n - (1 - k_p) T_m] \tag{A10-9c}$$

而

$$T_{liq}^n = T_m + (T_e - T_m) \frac{w^n}{w_e} \tag{A10-10}$$

求解二次方程式（A10-8），得

$$f_1^{n+1} = \frac{-b + \sqrt{b^2 - 4ad}}{2a} \tag{A10-11}$$

及限制条件

$$f_1^{n+1} = \begin{cases} 1 & f_1^{n+1} \geqslant 1 \\ 0 & f_1^{n+1} \leqslant 0 \end{cases} \tag{A10-12}$$

在共晶或包晶点进行等温相变。为此，对式（A10-6）中温度函数用 T_e 替换，则求液相分数的公式化简为

$$f_1^{n+1} = f_1^n + \frac{c_p}{\Delta H_{LS}}(T^n - T_e) \tag{A10-13}$$

当各相比热容不相等时，依据式（A10-3）进行推导，仍求解二次方程式（A10-8）获得液相分数的值，仅需将式（A10-9）、式（A10-13）中的常比热容值 c_p 替换为混合比热容 $c_{p,\mathrm{mix}} = f_s c_{ps} + f_1 c_{pl}$，潜热项 ΔH_{LS} 替换为 $\Delta H_{LS} + (c_{ps} - c_{pl})T_e$ 即可。

附录 11　推导偏平衡模型中间隙溶质的质量守恒方程

在偏平衡前后，局部碳的浓度表达为混合浓度，如方程式（A11-1）和方程式（A11-2）所示。因质量守恒，浓度需满足方程式（A11-3）

$$w_C = w_C^l f^l + w_C^{s_1} f^{s_1} \tag{A11-1}$$

$$w_C' = (w_C^l)'(f^l)' + (w_C^{s_1})'(f^{s_1})' \tag{A11-2}$$

$$w_C' - w_C = 0 \tag{A11-3}$$

用式（9-32）的表达式代换方程式（A11-2）中的相分数 $(f^l)'$ 和 $(f^{s_1})'$，得到

$$w_C' = (w_C^l)' \frac{1 - w_C^l}{1 - (w_C^l)'} f^l + (w_C^{s_1})' \frac{1 - w_C^{s_1}}{1 - (w_C^{s_1})'} f^{s_1} \tag{A11-2*}$$

再将方程式（A11-2*）和方程式（A11-1）中碳浓度的表达式代入方程式（A11-3）中，则有

$$\left((w_C^l)' \frac{1 - w_C^l}{1 - (w_C^l)'} - w_C^l\right) f^l + \left((w_C^{s_1})' \frac{1 - w_C^{s_1}}{1 - (w_C^{s_1})'} - w_C^{s_1}\right) f^{s_1} = 0 \tag{A11-4}$$

整理后，得到

$$\left(\frac{(w_C^l)' - w_C^l}{1 - (w_C^l)'}\right) f^l + \left(\frac{(w_C^{s_1})' - w_C^{s_1}}{1 - (w_C^{s_1})'}\right) f^{s_1} = 0$$

即为偏平衡模型中间隙溶质的质量守恒方程，见式（9-30）。

参 考 文 献

[1] Bennon W D, Incropera F P. A continuum model for momentum, heat and species transport in binary solid-liquid phase change systems[J]. International journal of heat and mass transfer, 1987, 30(10): 2161 ~ 2187.

[2] Bennon W D, Incropera F P. Numerical analysis of binary solid-liquid phase change using a continuum model [J]. Numerical heat transfer, 1988, 13(3): 277 ~ 296.

[3] Patankar S V. Numerical heat transfer and fluid flow. Hemisphere publishing corp., 1980.

[4] Prakash C, Voller V. On the numerical solution of continuum mixture model equations describing binary solid-liquid phase change[J]. Numerical heat transfer, 1989, 15B(2): 171 ~ 189.